사출 프레스

금형공작법

박사 정인룡 저

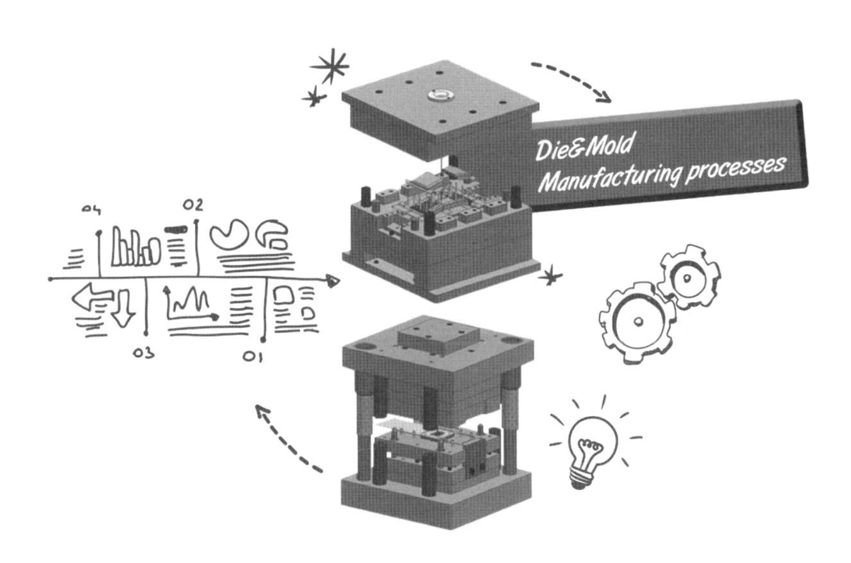

일진사

머리말

우리나라의 금형 산업은 금형 제작기술의 향상으로 인하여 세계적인 선도 산업으로 고도 성장하며 많은 발전을 이루었다. 자동차 산업 및 전기 · 전자 분야의 발전과 함께 가전, 스마트폰, 컴퓨터, 반도체 분야 등의 산업이 발전함에 따라 4차 산업혁명 분야에서도 금형이 중요한 역할을 하게 되었다.

금형은 금형 설계 및 가공기술, 신소재 성형기술 등이 IT(CAD/CAM/CAE) 및 인공지능(AI)과 접목된 융합기술로 전환되고 있으며, 많은 산업 분야의 생산품을 제조하기 위해 필수적으로 활용되고 있다. 금형의 응용산업 분야가 넓어짐에 따라 관련 업무들은 더욱 복잡하고 정밀하며 광범위해졌다. 이를 위하여 금형 관련 기본지식과 기술을 갖추고, 금형을 통해 다양한 고품질 제품을 만들기 위한 금형 제작 관련 이론을 중심으로 이 교재를 출간하게 되었다.

이 교재는 제품을 다양하게 디자인하고 금형 제작에 필요한 제작 방법에 대하여 다음 사항에 역점을 두고 교재를 집필하였다.

첫째, 금형 제작에 필요한 기초적인 기술과 프레스 금형 및 사출 금형 제작에 필요한 공작기계와 기술을 다루었다.

둘째, 사출 및 프레스 금형 제작의 기초 지식을 토대로 금형 제작과 생산에 활용할 수 있도록 하였다.

셋째, 본 교과 내용의 그림과 도표는 최신 자료를 수록함으로써 실무 현장에서 곧바로 응용할 수 있도록 하였다.

이 교재를 활용하여 학습자들이 금형 제작에 필요한 기초 지식과 기술을 충분히 습득하고 산업 현장의 실무에 활용할 수 있는 능력을 기를 수 있도록 함으로써 금형 산업의 발전에 많은 기여를 할 수 있기를 바란다.

차 례

제 1 장 금형 제작

차 례

금|형|공|작|법

금형 제작

제 1 장 금형 제작

1. 금형 제작의 개요

1-1 개요

우리나라 경제성장의 기반은 자동차, 반도체, 가전제품으로 대표되는 내구성 소비재의 대량 생산 체제의 확립에 있다. 이러한 대량 생산 기술이 가능한 것은 금형 산업의 발전으로 인한 것이며 금형을 사용한 프레스 가공, 플라스틱 가공에 의한 단일품종의 대량 생산 방식이기 때문이다.

그러나 기계 부품의 고도화와 다양화가 진행되면서 제품 수량의 단축화를 도모함으로써 모델 체인지형의 다품종 소량 생산 방식으로 전환이 되었다. 따라서 지금까지의 모방 공작 기계, 범용 방전기, 그리고 손 다듬질 가공에 의지하는 기능 산업 형태에서 수치제어, 컴퓨터 시스템을 이용하는 금형 가공 자동화 기술을 중심으로 하는 장치 산업 형태로 변화되고 있다.

이것은 금형 납기의 단축, 제조원가의 절감, 부품의 미적 고급화, 그리고 구조 부품의 정밀도 향상으로 인한 금형 기능의 복합화 및 고기능화를 가능하게 하였으며, 현재는 금형 제조 기술의 새로운 자동화도 진행되고 있다.

특히 컴퓨터의 지원을 받아 설계에서 가공 검사까지 제조의 전 공정을 도형처리 기술과 수치제어 기술을 기초로 하여 CAD/CAM 시스템을 금형 생산 공정에 응용하는 것이 일반화됨으로써 제작 일정이 많이 단축되었다.

따라서 금형에 대한 최근의 기술적 요구는 금형의 용도별 다양성 이외에 자동화를 위한 CNC화, 금형 설계(2D, 3D), 금형 제작 기술, 성형 해석 기술 등 다방면에서 종합적인 것을 요구하는 동시에, 단시간에 금형의 완성을 필요로 하게 되었다.

1-2 금형의 분류

금형의 종류는 금형의 구조, 크기, 수량, 가공품의 종류, 성형 방법, 재질에 따라 다양하게 분류된다.

〈표 1-1〉은 금형의 종류를 나타낸 것이다.

〈표 1-1〉 금형의 종류

분류	성형별 종류	재료	금형 재질
프레스 금형	전단 벤딩 드로잉 압축 성형 가공	금속 〃 〃 금속, 비금속 〃	공구강, 초경합금 공구강, 주철 〃 공구강, 초경합금 〃
플라스틱 금형	압축 성형 이송 성형 사출 성형 진공 성형 블로 성형	열경화성 수지 〃 열가소성 수지 〃 〃	경강 〃 〃 알루미늄, 연 · 견강 〃
다이 캐스팅	–	용융 합금, 아연 합금, 알루미늄, 주석, 납 합금, 동 합금, 마그네슘	내열강
단조형	–	금속	단조 형강
분말야금	–	요업 분말	강, 주철, 알루미늄
고무형		고무	
유리형	압형 흡형	유리	주철, 내열강 주철
주조금형	사출용형 셸 몰드형 로스트 왁스 주조형 중력 주조형 압력 주조형	모래 수지혼입사 왁스 플라스틱 용융 합금 외	알루미늄, 포금, 주철 주철, 포금 강 주철 주철

1-3 금형 제작 공정

금형은 사용 목적에 따라 재질, 형상, 치수, 정밀도, 내구성 등의 조건과 가공 기계 및 가공 방법을 선정하여 우수한 금형 제작을 할 수 있도록 제작 계획을 세운다.

금형 재료의 선정, 가공 기계, 가공 방법, 열처리 등 세부 제작 계획서를 작성하고 제작 계획이 결정되면 도면을 작성한 후 제작에 착수한다.

1 금형 계획 검토(제품도 및 금형)

제품 개발자와 충분한 협의를 한 후 각 제품의 특성을 고려 · 분석하여 디자인한다.

〈그림 1-1〉 제품 개발 디자인 검토

2 제품 모델링 검토 및 성형 해석

성형 해석을 통하여 변형 및 웰드라인, 에어트랩, 기타수지 충진과정, 제품 벤딩 시 불량 등을 예측하여 금형 설계 시 참조한다.

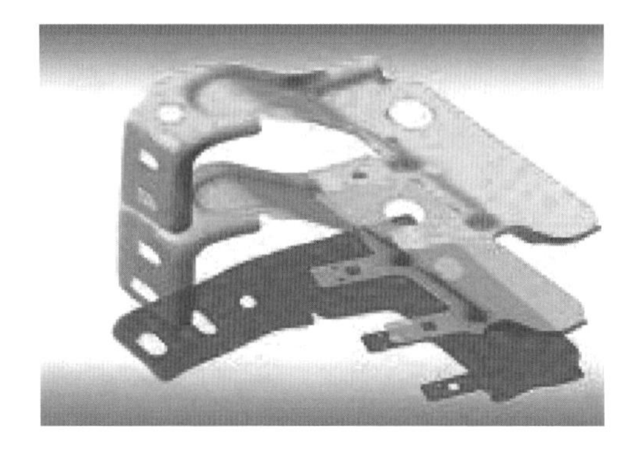

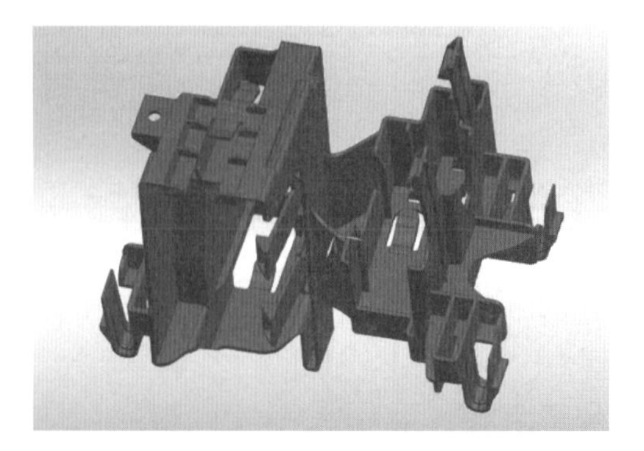

〈그림 1-2〉 제품 모델링 검토 및 성형 해석

3 금형 설계

(1) 금형 전체 모델링(조립도)

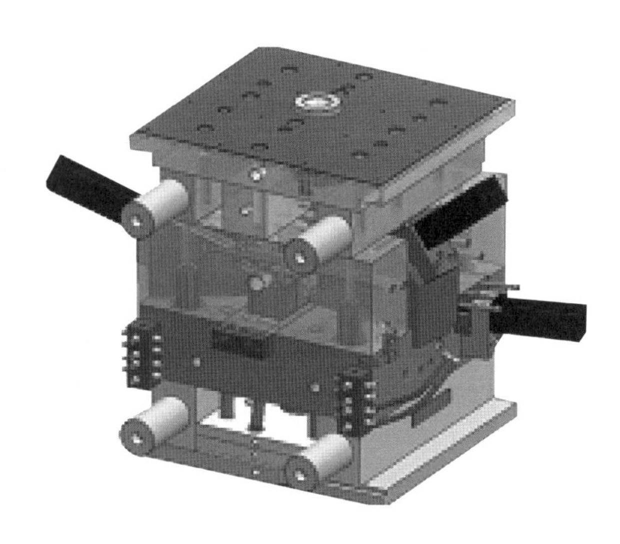

〈그림 1-3〉 금형 전체 모델링(조립도)

(2) 프로그레시브 금형

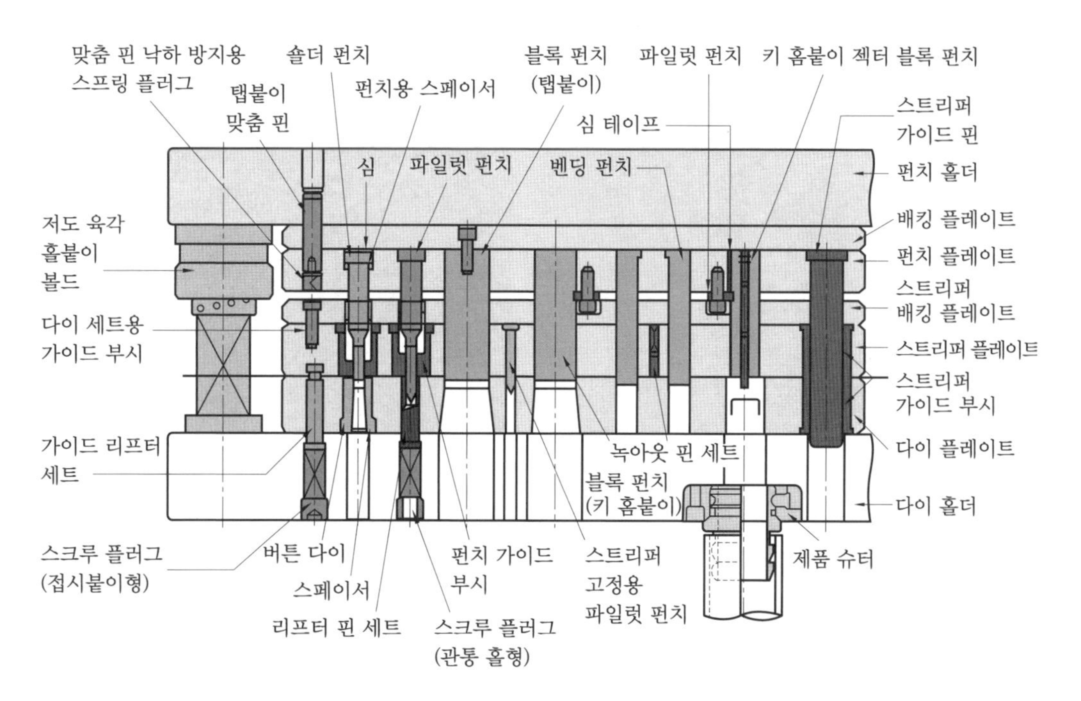

〈그림 1-4〉 프로그레시브 금형

4 금형 제작

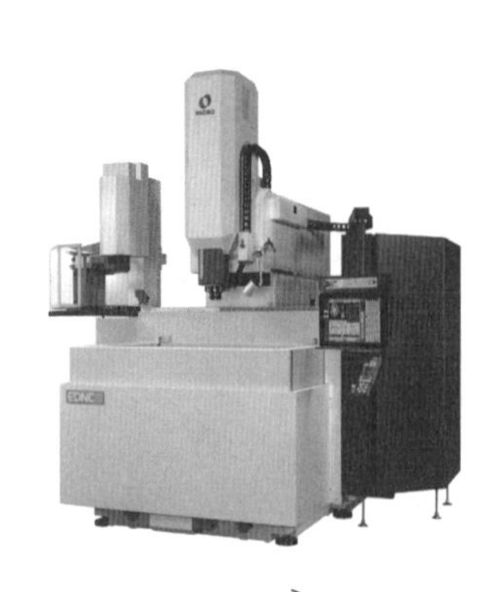
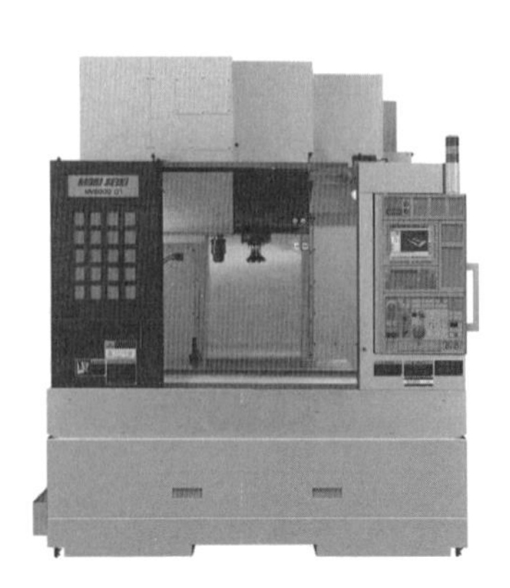

〈그림 1-5〉 몰드 및 코어 가공 금형 제작

(1) 금형 공정 흐름도

몰드 베이스 코어 발주 → 코어 입고 → 건 드릴 → 와이어 커팅 → NC PRO → 전극 가공 → NC 가공, 밀링, 연마, 선반 → 방전 → 래핑 → 사상 코어 승합 → 상하 전체 승합 → 금형 조립 → 전체 점검 → 금형 제작 완료

(2) 금형 조립

〈그림 1-6〉 금형 조립

5 시험 사출 및 타발

금형 제작이 완료되면 개발된 금형을 적합한 사출기 크기(형체력)에 맞도록 선정하여 하트런너, 냉각 관련 주변 기기 등을 연결한 후 원재료를 건조하여 호퍼를 통해 사출기 실린더를 적정한 온도로 설정하고 사출, 압력, 보압 등의 조건을 다단으로 입력한다.

제품의 변형 및 치수를 고려한 적정한 냉각을 적용하여 여러 단계로 시험 사출을 하여 대량 생산 시 제품에 영향이 없는 최적의 조건으로 제품의 특성에 맞도록 개선 사항을 분석하는 공정이다.

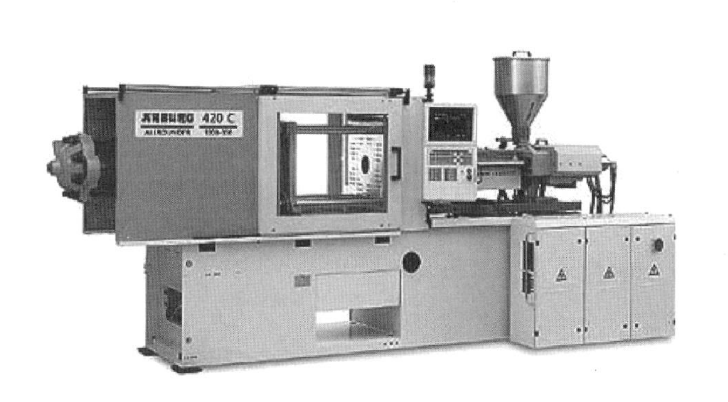

〈그림 1-7〉 시험 사출 및 타발

6 치수 측정 및 수정

시험 사출이 완료된 제품은 여러 가지의 측정기기를 사용하여 치수를 측정한다. 잘못된 형상 또는 개선되어야 할 부분을 검출한 후 치수 성적서를 작성하여 담당자들과 의견을 조합함으로써 금형 설계를 재검토하고 수정하는 공정이다.

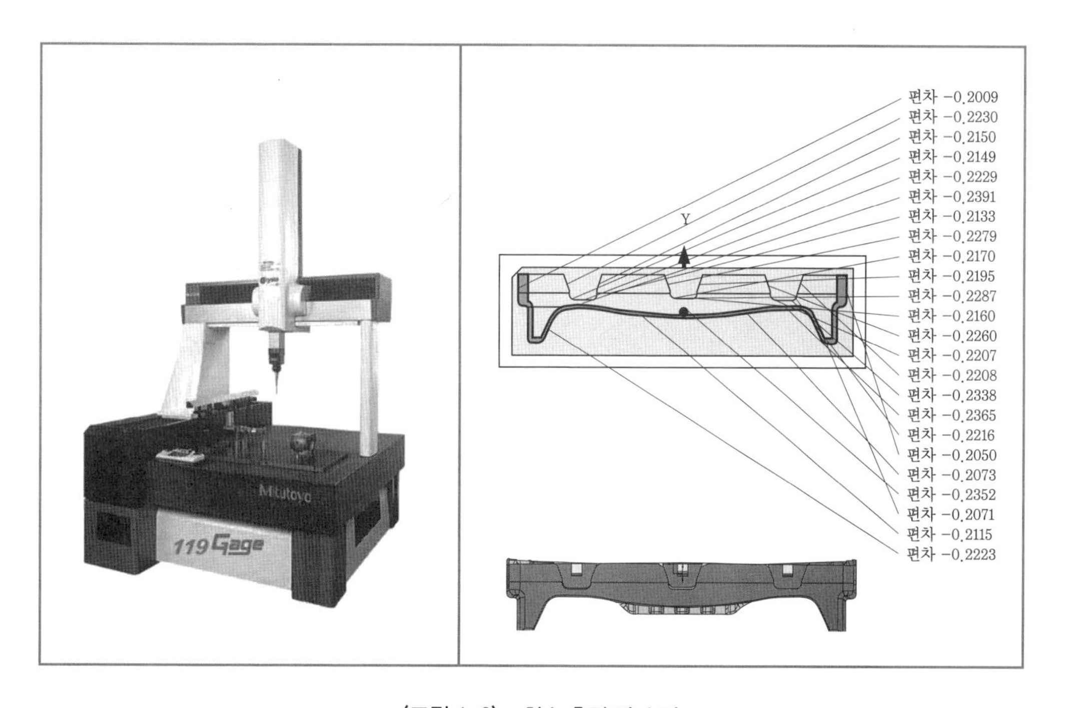

〈그림 1-8〉 치수 측정 및 수정

금형을 사용하면 기계 가공을 하여 제품을 생산하는 경우보다 원가절감, 시간단축 등의 장점이 생긴다.

■ 금형을 사용하여 얻는 장점

① 생산 제품 및 부품의 치수 정밀도가 높다.
② 제품 규격이 동일하여 호환성이 있고 조립 생산이 쉽다.
③ 특수 기술이나 숙련 기술 없이도 제품을 만들 수 있다.
④ 제품의 품질을 균일화시킬 수 있다.
⑤ 신제품의 개발 또는 모델의 변경이 쉽다.
⑥ 제품의 생산 기간을 단축하고 생산 원가를 줄일 수 있다.
⑦ 컴퓨터나 자동화 시스템을 이용한 무인 생산 공장 운영이 가능하다.
⑧ 두께가 얇은 제품의 생산이 가능하다.
⑨ 제품에 따라 조립, 용접 등 2차 가공을 생략할 수 있다.
⑩ 제품의 표면이 깨끗하여 도금 페인팅을 생략할 수 있다.

익 / 힘 / 문 / 제

1 프레스 금형의 성형별 종류를 나열하시오.

2 플라스틱 금형에 사용하는 재질에 대하여 나열하시오.

3 다이 캐스팅 금형으로 성형할 수 있는 재료를 나열하시오.

4 금형 제작 공정도에 대하여 설명하시오.

5 공작기계를 사용하여 생산하는 것보다 금형을 사용함으로써 얻을 수 있는 장점에 대하여 설명하시오.

2. 금형의 수기 가공

2-1 금형의 다듬질 작업

공작기계에 의한 작업 후 공구(tool)를 사용하여 손으로 금형을 가공하는 작업을 손 다듬질(hand finishing)이라 한다. 손 다듬질을 하여 작업하는 금형의 다듬질은 기계 가공이 끝난 후 조립까지의 과정으로 매우 중요한 가공 공정이다.

기계 가공을 하기 전의 준비 작업으로 금긋기 작업, 센터 펀치 작업, 게이지 제작(필요에 따라) 등이 있으며, 기계 가공 후에는 금형의 조립에 필요한 다듬질 작업과 성형품에 필요한 가공면의 정도에 따른 다듬질 작업이 있다.

고속 가공기, 복합기 등 공작기계의 발달과 새로운 공구의 개발로 가공 방법이 발달하면서 다듬질 작업에 의한 가공 부분이 많이 축소되었지만 사출 금형의 캐비티와 코어의 다듬질 작업에는 지금도 많이 사용되고 있다.

1 금긋기 작업(marking off)

금긋기 작업은 금형을 제작할 때 기준면을 가공한 후 가장 먼저 작업하는 중요한 공정으로, 금형을 가공할 치수와 위치를 표시함으로써 가공을 하기 위한 기준이 된다.

금긋기는 점과 선으로 나타내는 데, 필요한 위치에만 표시함으로써 가공 후 자국이 남지 않도록 하는 것이 좋다.

일반적으로 금긋기에 사용하는 공구는 다음과 같다.

(1) 금긋기용 정반(surface plate)

금긋기용 정반은 재질에 따라 주철제와 석정반으로 구분한다. 주철제 정반은 표면의 정도를 유지하기 위하여 녹이나 상처가 나지 않도록 주의하며, 일반적으로 대형 금형을 금긋기 할 때 사용한다. 사용하지 않을 때에는 기름을 발라 보관한다.

석정반은 화강암을 매끈하게 연마한 것으로 마모가 적고 온도 변화에 영향을 받지 않아 많이 사용하고 있다. 주로 소형 금형의 금긋기에 많이 사용한다.

(2) 금긋기용 바늘(scriber)

금긋기용 바늘은 직선자나 형판에 따라 공작물에 금을 긋는 공구로, 바늘의 끝을 담금질하거나 초경합금을 붙여 사용하며 나사로 고정하였다가 필요에 따라 교환하여 사용할 수 있는 것들이 있다.

공작물과 금긋기 바늘의 각도는 60°가 되게 하며 바늘 끝이 스케일 면에 닿지 않게 한다.

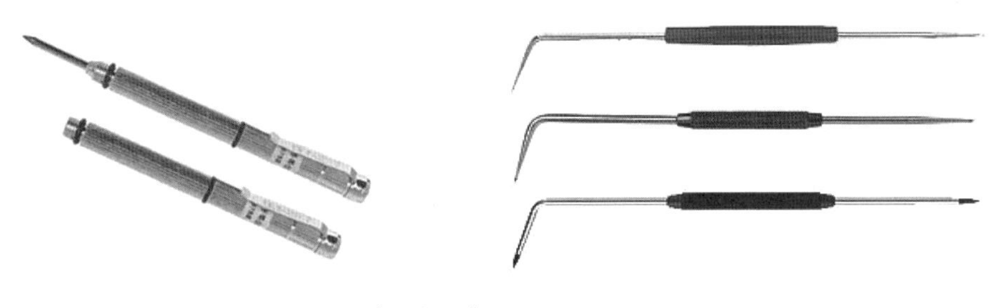

〈그림 1-9〉 금긋기용 바늘

(3) 서피스 게이지(surface gauge)

서피스 게이지는 금형 부품 가공 시 중심을 잡거나 정반 위에서 공작물을 이동시켜 평행선을 그을 때 또는 평행면의 검사용으로 사용한다.

금긋기용 바늘은 견고한 구조로 되어 있으며, 금을 긋는 방향으로 60~70° 기울여 작업하고 한 번에 정확하게 금긋기를 하여야 한다.

〈그림 1-10〉 서피스 게이지

(4) 펀치(punch)

금긋기 선과 원의 중심 등의 위치를 확실하게 나타내기 위하여 펀치 마크(mark)를 찍는다. 일반적으로 펀치의 종류는 〈그림 1-11〉과 같으며 (a)는 금긋기를 위해 작업하는 펀치로 각도는 50° 이하이고 (b)는 센터 펀치(center punch)용으로 끝이 60~70°의 원뿔로 되어 있다. (c)는 자동 펀치로 내부 스프링에 의하여 스핀들(spindle)이 작동하므로 한 번에 많은 양의 펀치 작업을 할 때 사용한다.

사용할 때에는 펀치의 끝을 목표물에 수직이 되게 하고 작은 해머로 때려서 위치를 수정한 후 다시 펀칭을 하여야 한다.

(5) 컴퍼스와 캘리퍼스

컴퍼스는 원을 그릴 때나 원과 선을 분할할 때 사용하며 표준형과 스프링이 붙어 있는 것이 있다. 캘리퍼스는 원동의 중심이 어떤 기준면에 대하여 평형선을 금긋기 할 때 사용하는 것으로 한쪽 다리 끝이 구부러져 있다.

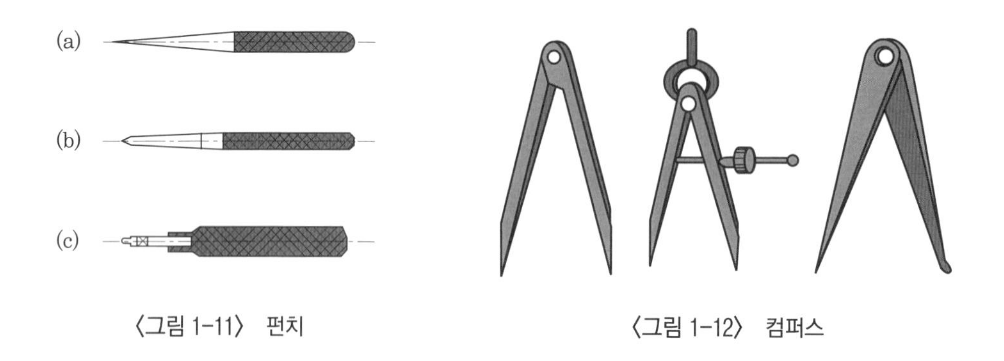

〈그림 1-11〉 펀치

〈그림 1-12〉 컴퍼스

(6) V 블록(V-block)

V 블록은 원통형이나 육면체의 금긋기에 사용하고 일반적으로 90° 각도를 가지고 있으며 〈그림 1-13〉과 같이 같은 2개를 한 조로 구성하여 사용할 때도 있다.

〈그림 1-13〉 V 블록의 종류

(7) 기타 공구

기타 금긋기 작업의 공구에는 직각자, 평행대, 바이스 해머, 스패너, 드라이버, 앵글 플레이트, 각도 분도기, 버니어 캘리퍼스, 하이트 게이지, 정, 디바이더 등이 있다.

공작물에 금긋기 작업을 하기 전, 선이 잘 보이도록 도료(물감)를 칠하는데 일반적으로 백묵, 마킹 페인트, 매직잉크, 청죽(바니시를 첨가한 도료) 등을 사용한다.

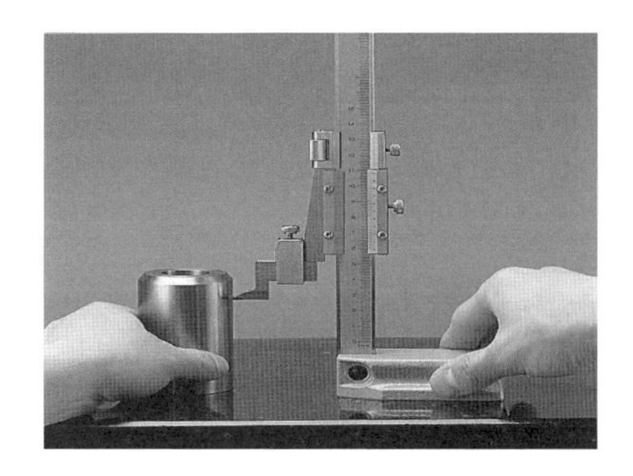

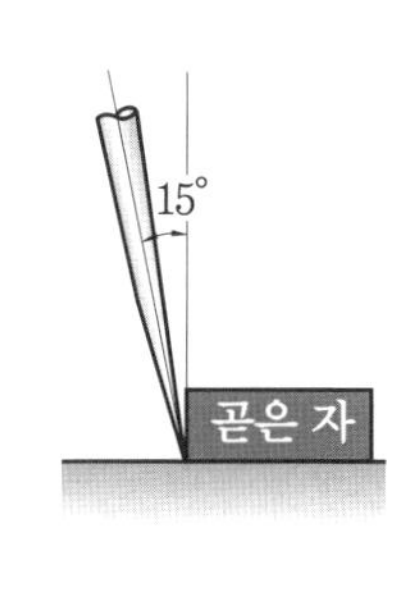

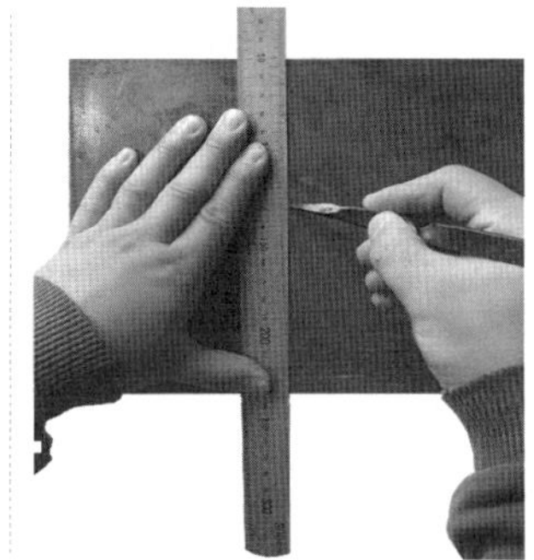

〈그림 1-14〉 금긋기 작업의 예

2-2 드릴 작업

드릴 작업(drilling)은 드릴 머신 주축에 드릴을 고정시켜 회전하면서 회전축 방향으로 이송을 주어 공작물에 구멍을 뚫는 작업이다.

드릴 작업을 할 때 드릴 회전에 의한 비틀림 모멘트와 이송에 의한 추력(thrust)이 발생하며 가공물에 구멍을 뚫는 가공을 한다.

사출 금형의 냉각 구멍과 같은 구멍을 뚫을 때 롱 드릴 또는 심공 드릴을 사용하며 드릴의 냉각을 위하여 냉각수를 충분히 공급한다.

드릴 작업에 사용하는 기계는 탁상 드릴링 머신(bench type drilling machine), 직립 드릴링 머신(up light drilling machine), 레이디얼 드릴링 머신(radial drilling machine), 다축 드릴링 머신(multiple drilling machine), 다두 드릴링 머신 (multi headed drilling machine), 심공 드릴링 머신(deep hole drilling machine) 등이 있다.

1 드릴 작업 공구

(1) 드릴의 종류

드릴을 재료에 따라 분류하면 연강 가공에 일반적으로 사용하는 고속도강 드릴, 합금강 드릴, 드릴의 날 부분에만 초경합금 팁을 붙인 팁 드릴이 있다.

또한 내구성을 증가시키고 미끄럼 저항과 재결정 과정에서 발생 가능한 콜드 웰딩(cold welding) 경향을 감소시키기 위하여 티타늄 질화(TiN-coating), 티타늄 알루미늄 질화(TiAlN-coating), 티타늄 카본 질화(TiCN-coating)와 같이 표면 처리한 새로운 드릴이 많이 개발되어 실용화되고 있다.

〈표 1-2〉 코팅의 종류

종류	용도	특징
티타늄 질화	• 강의 작업	• 비용 절감 • 성능 향상
티타늄 알루미늄 질화	• 연마 재질(주철, AlSi) 작업 • 깊은 구멍 작업 • 지름이 작은 구멍 작업	• 높은 이송속도 • 절삭유 불필요
티타늄 카본 질화	• 강의 작업	• 경도와 인성이 높은 재료에 적합
Fire-coating	• 건식 작업	• 열저항성 우수 • 고인성

(2) 드릴의 형상

드릴의 형상에 따라 일반적으로 가장 많이 사용하는 트위스트 드릴, 박판 등에 작업을 할 때 사용하는 평 드릴 및 특수 드릴 등이 있다.

〈그림 1-15〉 드릴의 종류

(3) 드릴의 각부 명칭

드릴은 〈그림 1-16〉과 같이 자루, 몸체, 날 끝 등으로 이루어져 있다.

① 드릴 끝(drill point) : 드릴 절삭 날의 끝부분으로 드릴 끝부분에서 연삭한다.

② 몸체(body) : 드릴의 본체가 되는 부분으로 칩을 유출하거나 절삭유를 공급하는 안내 홈이 있다.

③ 자루(shank) : 드릴을 드릴링 머신에 고정하는 부분으로 곧은 자루와 테이퍼 자루가 있다. 일반적으로 지름이 13 mm 이하일 때 곧은 자루를 사용하고 13 mm 이상일 때 테이퍼 자루를 사용한다.

④ 탱(tang) : 테이퍼 자루 드릴의 끝부분을 납작하게 한 부분으로, 드릴이 미끄러져 헛

돌지 않고 테이퍼 부분을 상하지 않도록 하면서 회전력을 전달하는 부분이다.

⑤ 사심(dead center) : 드릴 날의 끝부분에서 만나는 부분이다.

⑥ 절삭 날(lips) : 드릴 끝부분으로 공작물을 절삭하는 부분이다.

⑦ 마진(margin) : 드릴의 홈을 따라 만들어진 좁은 날이며, 드릴의 크기를 정하고 드릴의 위치를 잡아 안내하는 역할을 한다.

⑧ 웨브(web) : 드릴 홈 사이의 좁은 단면 부분이다.

⑨ 몸통 여유(body clearance) : 마진보다 지름을 적게 한 몸체 부분이며 절삭 시 공작물과의 마찰을 줄이기 위하여 여유를 준 부분이다.

⑩ 홈 나사선(helix angle) : 드릴의 중심축과 홈의 비틀림이 이루는 각이다.

⑪ 날 여유각(lip clearance) : 공작물과 접촉에 의한 마찰을 줄이기 위하여 절삭 날 면에 주는 여유각이다.

(4) 드릴의 각도

일반적으로 드릴의 선단은 〈그림 1-16〉과 같이 원추형이며 선단에서 트위스트 홈이 만나는 부분에 2개의 날이 있다. 드릴의 표준각은 118°이다.

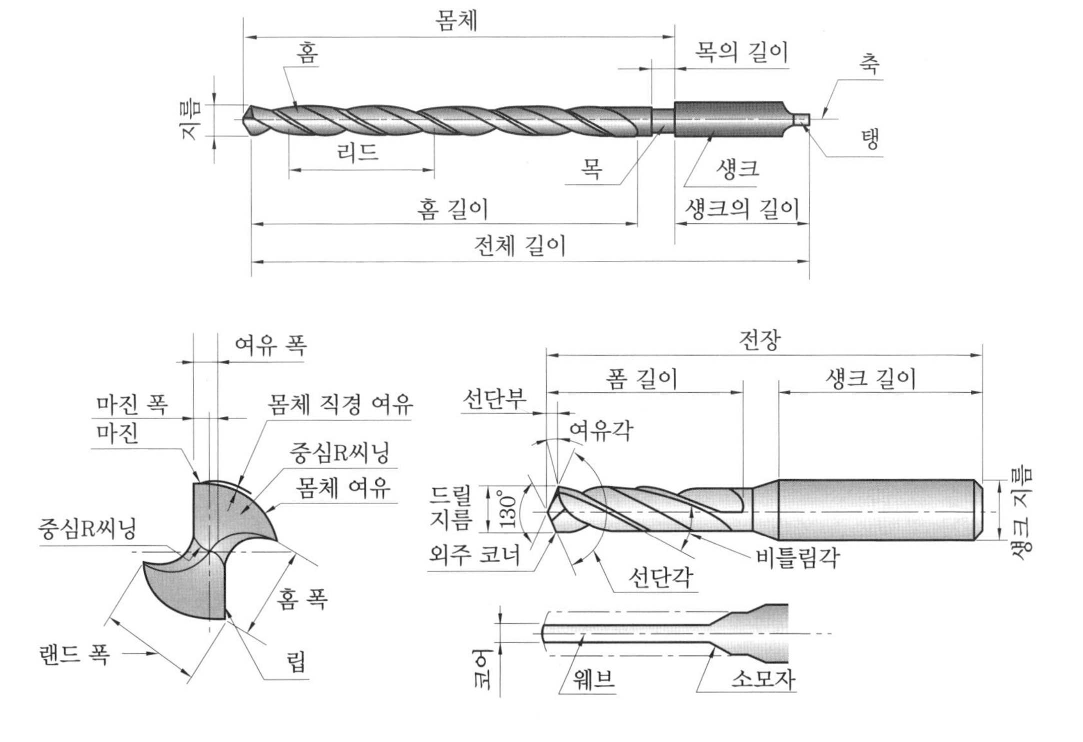

〈그림 1-16〉 드릴의 각부 명칭

〈표 1-3〉 공작물의 재질과 드릴의 각도

공작물의 재질	드릴의 선단각(θ)	여유각(α)
연강, 저탄소강	118°	12~15°
심공 작업	120~170°	9°
열처리강	125°	12°
동 및 동 합금	100~120°	10~15°
주철	90°	12~15°
경질 고무	60~90°	12~15°
적층 플라스틱	90~118°	12~15°

2 절삭 조건

드릴의 절삭 속도는 드릴의 지름과 회전수에 대한 관계식으로 나타내며 드릴의 이송은 1회전당 축 방향의 이송거리로 나타낸다. 드릴의 회전수와 이송속도는 드릴의 재질, 가공물의 재질, 절삭유의 사용 등 작업 조건에 따라 달라진다.

드릴 작업을 할 때 구멍의 깊이가 깊어지면 칩의 배출과 절삭유의 공급이 어려워지므로 절삭 속도와 이송을 줄여야 한다. 일반적으로 드릴의 가공 깊이가 드릴 지름의 3배일 때 10 %, 4배일 때 20 %, 5배일 때 30 %, 6~8배일 때 35~40 % 정도 절삭 속도를 줄이고, 이송은 지름의 4배일 때 10 % 정도, 6배 이상일 때 20 % 정도 줄여서 작업을 한다.

드릴의 절삭 속도(V)를 식으로 나타내면 다음과 같다.

$$V=\frac{\pi \times D \times n}{1000}\,(\mathrm{m/min})$$

D : 드릴의 지름(mm), n : 회전수(rpm)

드릴의 이송(f)은 mm/rev로 나타낸다. 드릴의 원추 높이를 h(mm), 구멍의 깊이를 t(mm)라 하면 드릴로 구멍을 뚫는데 소요되는 시간 T(mm)는 다음과 같다.

$$T=\frac{t+h}{n \times f}=\frac{\pi \times D(t+h)}{1000 \times V \times f}$$

〈표 1-4〉는 일반적으로 사용하는 고속도강 드릴의 절삭 속도와 이송을 나타낸 것이다.

〈표 1-4〉 고속도강 드릴의 절삭 속도와 이송

(v : 절삭 속도 m/min, s : 이송 m/min)

재료	단위	드릴의 지름(mm)				
		2~5	6~11	12~18	19~25	25~30
강 (인장강도 50 kgf/㎠)	v	20~25	20~25	30~35	25~35	25~30
	s	0.1	0.2	0.25	0.3	0.4
강 (인장강도 50~70 kgf/㎠)	v	20~25	20~25	20~25	25~30	25
	s	0.1	0.2	0.25	0.3	0.4
주철 (인장강도 10~30 kgf/㎠)	v	12~18	14~18	16~20	16~20	16~18
	s	0.1	0.15	0.2	0.3	0.4
알루미늄	v	150~200	150~200	150~200	150~200	150~200
	s	0.1	0.2	0.25	0.3	0.4

㈜ 탄소 공구강 드릴의 절삭 속도는 강의 40~50 %로 한다.

| 예제 1 | 지름이 10 mm인 드릴로 이젝터 플레이트판(연강)에 절삭 속도 20 m/min으로 드릴 가공할 때 적합한 회전수를 구하시오.

풀이 $V=\dfrac{\pi\times D\times n}{1000}$ 이므로 $n=\dfrac{1000\times V}{\pi\times D}=\dfrac{1000\times 20}{3.14\times 10}=637\text{ rpm}$

| 예제 2 | 지름이 20 mm인 드릴로 두께가 30 mm 다이 세트(주철)에 절삭 속도 20 m/min, 이송 0.3 mm/rev로 구멍을 관통할 때 소요되는 절삭 시간을 구하시오. (단, 드릴의 원추 높이는 5.8 mm이다.)

풀이 먼저 회전수 n을 구한다.

$T=\dfrac{t+h}{n\times f}=\dfrac{\pi\times D(t+h)}{1000\times V\times f}$ 이므로 $n=\dfrac{1000\times V}{\pi\times D}=\dfrac{1000\times 20}{\pi\times 20}\fallingdotseq 318\text{ rpm}$

$\therefore\ T=\dfrac{t+h}{n\times f}=\dfrac{30+5.8}{318\times 0.3}\fallingdotseq 0.375\text{분}=22.5\text{초}$

$T=\dfrac{t+h}{n\times f}$ 에 $n=\dfrac{1000\times V}{\pi\times D}$ 를 대입하면

$\therefore\ T=\dfrac{t+h}{n\times f}=\dfrac{\pi\times D(t+h)}{1000\times V\times f}=\dfrac{\pi\times 20(30+5.8)}{1000\times 20\times 0.3}\fallingdotseq 0.375\text{분}=22.5\text{초}$

2-3 탭 작업

다듬질이나 금형의 조립 작업에서는 탭(tap)으로 암나사 작업을 하며 다이스(dies)로 수나사 작업을 한다.

1 탭 작업

탭은 나사부와 자루 부분으로 되어 있으며 암나사를 가공하는 공구이다. 손 다듬질용 탭은 1번, 2번, 3번 탭의 3개가 1조로 되어 있고 1번 탭(황삭)으로 최초의 나사 작업을 하고 2번 탭(중간 탭)으로 중간 다듬질을 하며 3번 탭(다듬질)으로 필요한 치수대로 최종 가공 작업을 한다.

금형에서 탭 작업은 주로 금형 조립에 사용하며, 탭 가공을 위한 드릴 지름은 다음과 같다.

$$D = M - P$$

D : 드릴의 지름(mm), M : 나사 호칭지름(mm), P : 나사 피치(mm)

| 예제 1 | 미터나사 M6×1, 유니파이나사(인치) 1/4-20의 탭 가공을 위한 드릴 지름을 구하시오.

풀이

- 미터나사 M6×1 : $D = 6 - 1 = 5$ mm
- 유니파이나사 1/4 - 20 : 수나사의 바깥지름 $= 1/4 \times 25.4 = 6.35$ mm,
  피치 $= 20/25.4 = 1.27$ mm

$\therefore D = 6.35 - 1.27 = 5.08 \fallingdotseq 5.1$ mm

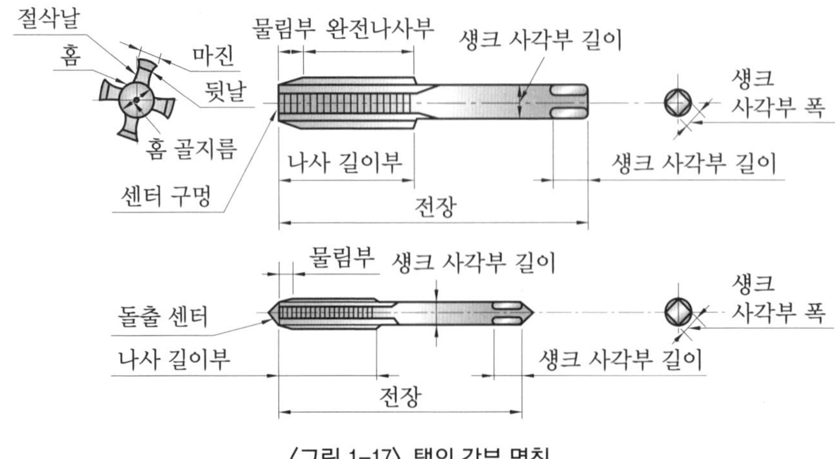

〈그림 1-17〉 탭의 각부 명칭

2 기타 특수한 탭의 특징과 용도

〈표 1-5〉 기타 특수한 탭의 특징과 용도

명칭	형상	특징	용도
핸드 탭		• 스트레이트 홈 • 재연삭이 용이 • 날 끝 강도가 큼 • 날 부위 길이 선정이 용이	• 고경도의 피삭재 • 나사 길이가 짧은 구멍 • 칩이 분단 형상으로 되는 피삭재
포인트 탭		• 포인트 홈 • 절삭성이 좋음 • 칩 막힘이 없음 • 파손 강도가 높음 • 칩을 전방으로 배출	• 뚫린 구멍 • 고속 탭핑 • 칩이 코일 형상으로 말리는 피삭재
스파이널 탭		• 비틀림 홈 • 절삭성이 좋음 • 밑구멍에 안착이 쉬움 • 칩이 구멍에 남지 않음 • 막힌 구멍의 바닥까지 탭핑 가능	• 막힌 구멍 • 칩이 코일 형상으로 말리는 피삭제
홈 없는 탭		• 파손 강도가 큼 • 칩을 배출하지 않음 • 암나사 정도가 안정 • 암나사를 소성으로 성형 가공	• 전연성이 양호한 재질 • 뚫린 구멍, 막힌 구멍 겸용 가능

3 탭의 파손 원인

금형 제작에 필요한 탭 작업 중 탭의 파손은 작업 공정에 많은 영향을 미치므로 파손되지 않도록 주의하여야 한다. 파손은 다음과 같은 경우에 많이 발생한다.

① 탭이 경사지게 들어간 경우

② 구멍이 너무 작거나 구부러진 경우

③ 탭의 지름에 적합한 핸들을 사용하지 않은 경우

④ 막힌 구멍의 밑바닥에 탭의 선단이 닿은 경우

⑤ 너무 무리하게 힘을 가하거나 빠르게 가공한 경우

4 다이스 가공

다이스는 수나사를 가공하는 공구로, 내면은 나사로 되어 있으며 칩이 흘러나올 수 있는 홈이 있다. 앞면에 2~2.5산, 뒷면에 1~1.5산 정도가 테이퍼로 가공되어 있으며, 앞면을 공작물에 접촉시켜 작업을 한다.

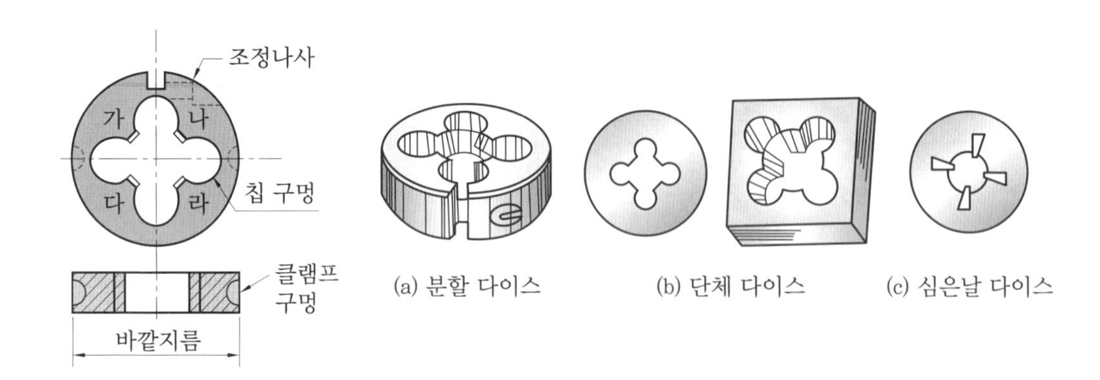

〈그림 1-18〉 다이스 명칭과 종류

2-4 리머(reamer) 작업

드릴 작업을 하여 뚫은 구멍은 진원도 및 내면의 다듬질 정도가 양호하지 않다. 이때 리머를 사용하여 내면을 매끈하고 정밀하게 가공하게 하는 작업을 리머 작업 또는 리밍(reaming)이라 한다.

작은 구멍의 리머 작업의 여유는 0.2~0.3 mm 정도를 사용한다.

금형을 제작할 때 리머 작업은 파일롯 핀, 피어싱 펀치, 이젝터 핀, 스프루 록 핀, 러너 록 핀 등의 구멍을 가공할 때 주로 사용한다.

1 리머의 각부 명칭

리머는 보통 〈그림 1-19〉와 같이 날 부분과 자루 부분으로 되어 있으며, 자루는 평행 자루와 테이퍼 자루의 두 종류가 있다. 날 모양에는 평행 날과 비틀림 날이 있으며 일반적으로 고속도강을 사용한다.

(1) 모따기 각부

리머는 모따기 부분에서 절삭작용으로 이루어지므로 절삭 날이 균일하여야 하며, 모따기 절삭 날 뒷부분에는 여유각이 있도록 한다.

(2) 몸통

몇 개의 홈과 랜드(land)로 되어 있다. 랜드는 홈과 홈 사이의 부분이며, 그 꼭지각에는 모따기 각부에서 홈의 뒤끝까지 마진이 있다.

(3) 경삭각과 여유각

절삭 날을 경사각이라 하며, 축선에 대하여 강은 5~10°, 연질 금속은 15° 정도이고 여유각은 2번 각이라 한다. 마찰을 적게 하여 절삭을 쉽게 하도록 하기 위하여 여유각을 준다.

(4) 홈

절삭 날의 수는 많은 것이 좋으나 날의 수가 짝수이며 등간격일 때에는 절삭력을 동시에 받기 때문에 채터링(chattering : 떨림과 뜯김)이 생기므로, 날의 수가 홀수이며 부등 간격으로 배치하는 것이 좋다.

(5) 자루

핸드 리머의 자루는 곧은 자루에 사각으로 되어 있다. 기계 리머는 곧은 것과 테이퍼 자루가 있으며 테이퍼는 모스 테이퍼로 되어 있다.

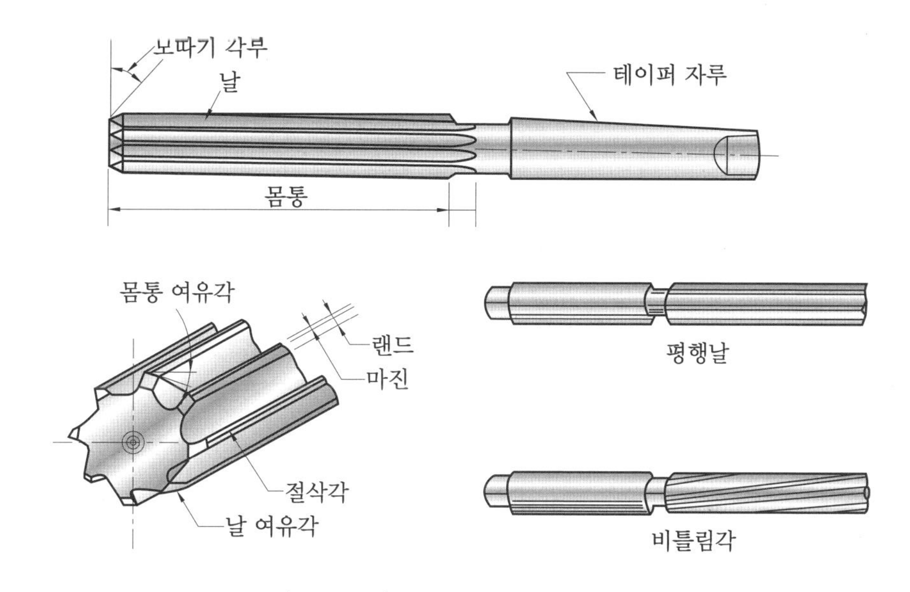

〈그림 1-19〉 리머의 각부 명칭과 형태

2 리머의 종류와 특징

작업 방법에 따라 핸드 리머와 기계 리머로 구분하며, 모양에 따라 분류하면 다음과 같다.

① 솔리드 리머(solid reamer) : 자루와 날 부가 같은 소재로 되어 있는 리머

② 셸 리머(shell reamer) : 자루와 날 부가 별개로 되어 있는 리머

③ 조정 리머(adjustable reamer) : 날을 조정할 수 있는 리머

④ 팽창 리머(expansion reamer) : 조금 팽창할 수 있게 틈을 판 리머

익/힘/문/제

1 금형의 금긋기 작업에 사용하는 공구를 나열하시오.

2 드릴의 마진(margin)에 대하여 설명하시오.

3 지름이 20 mm인 드릴로 캐비티 플레이트 판(연강)에 절삭 속도 15 m/min으로 드릴 가공할 경우 적합한 회전수를 구하시오.

4 두께가 40 mm 다이세트(주철)에 지름이 18 mm인 드릴로 절삭 속도 16 m/min, 이송을 0.3 mm/rev로 구멍을 관통할 때 소요되는 절삭 시간을 구하시오. (단, 드릴의 각도는 118°이다.)

5 탭의 파손 원인에 대하여 설명하시오.

6 리머의 종류에 대하여 나열하시오.

3. 공작기계

3-1 절삭 가공의 개요

절삭 가공은 절삭 공구(cutting tool)와 공작물의 상대적 운동을 이용하여 칩(chip)을 발생시켜, 필요한 부분을 남기고 필요하지 않은 부분을 가공함으로써 원하는 형상을 가공하는 방법이다. 절삭 가공을 하기 위하여 사용하는 기계를 공작기계라 한다.

비절삭 가공이란 칩을 발생시키지 않고 필요한 제품의 형상으로 가공하는 방법이다. 주조, 소성 가공, 다이 캐스팅 등이 비절삭 가공에 속하며, 비절삭 가공의 목적으로 사용되는 기계를 금속 가공 기계라 한다.

좁은 의미의 공작기계는 금속 재료의 가공물을 절삭 또는 연삭(grinding), 특수 가공 등의 방법에 의해 불필요한 부분을 제거하여 필요한 형상으로 가공하는 기계류를 말한다.

또한 넓은 의미의 공작기계는 금속 재료 이외에 플라스틱(plastic), 세라믹(ceramic), 석재(石材) 및 목재(木材) 등을 절삭 또는 연삭, 특수 가공 등의 방법에 의하여 가공물을 가공하는 공작기계를 포함한다.

1 공작기계의 특성

금형 제작에 사용되는 기계, 기구, 제품 등을 적은 비용으로 정밀하고 능률적인 생산을 하여야 한다. 이러한 공작기계의 구비 조건으로 여러 가지가 있지만 그중 중요한 조건으로 대표적인 것은 다음과 같다.

① 높은 정밀도를 가질 것
② 가공 능률이 클 것
③ 내구력이 클 것
④ 가격이 싸고 운전 비용이 저렴할 것

(1) 가공된 제품의 정밀도(accuracy)

가공된 제품의 정밀도, 즉 치수, 형상, 표면 거칠기, 기하학적 형상의 정밀도가 높아야 한다. 제품이 정밀도에 영향을 주는 인자는 공작기계, 가공재료, 절삭조건, 냉각제, 작업자의 숙련도 등 다양하지만 이중 공작기계 자체에 관한 사항에 대하여 설명한다.

공작기계 자체의 정밀도는 주축(spindle)의 회전 정밀도, 안내면의 직선 정밀도, 온도 변화에 따른 변형, 강성, 뒤틈(black lash), 공작기계의 진동 등을 들 수 있다.

이러한 인자들을 충분히 검토하여 정밀도가 높은 제품을 가공할 수 있어야 한다.

(2) 가공 능률

기계공업이 발달하고 수요자의 요구가 더욱 다양화되어 공작기계의 높은 생산성(productivity)이 요구되고 있다. 공작기계 생산 능률의 기준이 되는 절삭효율(cutting efficiency)은 단위동력, 단위시간당 절삭된 칩의 양으로 표시하며, 기계효율(machine efficiency)도 중요한 인자로 볼 수 있다.

(3) 융통성

일반적으로 융통성이 크면 이용범위가 넓어지고 생산능률은 떨어지므로 목적에 따라 융통성의 범위를 정한다. 제품의 종류, 형상, 크기, 정밀도 등에 따라 규격을 정할 때 결정된 공작기계에서 다양화되고 변화되는 제품을 가공할 수 있는 정도를 융통성이라 하며, 이러한 정도를 고려하여 융통성을 결정한다.

(4) 안정성(safety)

안정성에는 공작기계를 운전하는 작업자의 안전과 공작기계 자체의 안전으로 분류할 수 있다. 공작기계를 운전할 때 절삭 속도(cutting speed)의 선정, 위치 조정, 가공물의 탈착, 부착을 위한 핸들, 레버 등의 사용, 칩의 비산, 전동 장치로부터 작업자를 보호할 수 있는 안정성이 있어야 한다.

또한 진동, 충격, 온도 변화, 칩으로부터 공작기계를 보호할 수 있는 공작기계 자체의 안전성도 있어야 한다.

(5) 강성(rigidity)

공작기계는 자체의 하중, 가공물의 중량, 절삭저항 등의 외력을 받아 각 부분에 변형을 일으키며, 이러한 변형으로 가공물의 형상, 치수, 정밀도, 표면 거칠기 등에 영향을 미친다.

강성은 정적 강성(static rigidity), 동적 강성(dynamic rigidity), 열적 강성(thermal rigidity)으로 분류할 수 있다. 정적 강성은 하중을 받을 때의 변형 특성으로 발생하는 복잡한 기계적인 진동 및 관성역에 대한 변형 특성을 말하며 열적 강성은 절삭열 등의 영향에 따른 변형 특성을 말한다.

따라서 열러 가지 응력에 따른 변형에 충분히 견딜 수 있는 강성이 필요하다. 공작기계의 모든 특성을 100 % 구비한 공작기계를 제작하는 것은 불가능하므로 제작 목적에 따라 각각의 특성에 중점을 두어 설계하고 제작하는 것이 일반적이다.

2 공작기계의 분류 방법

공작기계의 대표적인 분류 방법은 다음과 같다.

(1) 용도에 따른 공작기계의 분류

① 표준 공작기계(standard machine) : 가공할 제품이 정해지지 않고 넓은 용도로 사용되며 일반 공작기계라 부르기도 한다.

② 전용 공작기계(special machine) : 가공할 제품을 미리 정하여 능률이 좋고 편리하게 사용하며 특수 공작기계라 부르기도 한다.

(2) 가공 능률에 따른 분류

① 범용 공작기계

가공할 수 있는 기능이 다양하고 절삭 및 이송속도의 범위도 크기 때문에 제품에 맞추어 절삭조건을 선정하여 가공할 수 있다.

② 전용 공작기계

특정한 제품을 대량 생산할 때 적합한 공작기계로 구조가 간단하고 사용이 편리하다.

③ 단능 공작기계

단순한 기능의 공작기계로 한 가지 가공만이 가능하다.

④ 만능 공작기계

여러 가지 종류의 공작기계에서 할 수 있는 가공을 가능하게 제작한 공작기계이다.

예를 들면 선반, 밀링, 드릴링 머신의 기능을 한 대의 공작기계로 가능하도록 하였으나 대량 생산에는 적합하지 못하다. 공작기계를 설치한 공간이 좁고 여러 가지 기능이 필요하나 가공이 많지 않으며 장소가 좁은 선박의 정비실 등에서 사용이 편리하다.

3 금형 제작에 이용되는 금속의 성질

금속 재료를 가공하는데 있어서 각각의 금속 및 합금의 물리적인 여러 가지 성질을 이용하여 그 성질에 적합한 가공 방법을 선택하여야 한다.

(1) 융해성(fusibility)

융해성은 금속을 용융 온도 이상으로 가열하면 녹아서 액체로 변하는 성질을 말한다.

용융될 때 빠르게 액화되는 금속과 느리게 액화되는 금속이 있다.

유동성(fluidity)은 용융되어 액체 상태에서 금속이 표시하는 점성에 관한 성질로, 가공성이 좋고 나쁨을 표시한다.

융해성을 이용한 가공 방법에는 주조(casting), 다이 캐스팅(die casting) 등이 있다.

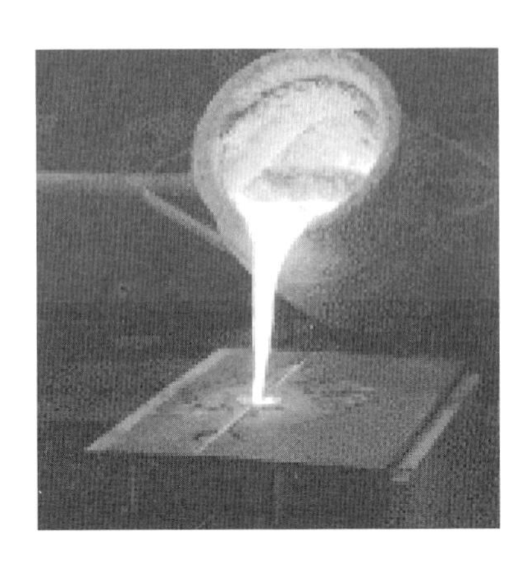

〈그림 1-20〉 융해성

(2) 전연성(malleability)

금속 재료에 압력을 가하거나 타격을 가할 때 금속 재료가 깨어지지 않고 영구 변형되는 형태로, 종이처럼 얇게 잘 펴지는 성질을 전성이라 하며 선(wire)을 뽑을 때 끊어지지 않고 길이 방향으로 잘 늘어나는 성질을 연성이라 한다.

일반적으로 순금속(純金屬)은 합금(合金)에 비하여 연성과 전성이 크다.

전연성을 이용한 가공법에는 단조(forging), 압출(extrusion), 압연(rolling), 인발(drawing), 전조(form rolling), 프레스 가공(press working) 등이 있다. 전성이 좋은 금속에는 Au, Ag, Cu 등이 있으며 연성이 좋은 금속에는 Au, Pt, Ag, Fe, Cu, Al 등이 있다.

(3) 접합성(weldability)

금속의 융해성을 이용하여 접합할 부분에 열을 가하여 융해시키고 융액이 친화력에 의하여 일체로 접합되는 성질로, 금속의 종류에 따라 친화력이 다르다.

접합성을 이용하여 금형의 수리와 보수에 많이 사용한다.

(4) 절삭성(machinability)

절삭 공구를 사용하여 재료를 가공할 때 결함 없이 절삭이 잘되는 척도(尺度)를 절삭성이라 한다. 절삭성에 영향을 주는 인자에는 절삭 공구, 가공물 재질, 절삭조건 등이 있다. 절삭성을 이용한 가공 방법에는 절삭, 연삭 등이 있다.

〈그림 1-21〉 접합성

〈그림 1-22〉 절삭성

4 공작기계의 기본 운동과 절삭 조건

(1) 공작기계의 기본 운동

공작기계에서 경도가 높은 절삭 공구를 가공물(재료)에 접촉시켜 칩을 발생시킴으로써 필요한 형상의 치수로 가공하는 절삭 가공이 이루어지기 위하여 절삭 운동, 이송 운동, 위치 조절 운동의 3가지 기본 운동을 한다.

① 절삭 운동(cutting motion)

절삭 운동은 회전 운동과 직선 운동에 의하여 이루어진다. 칩이 흘러 나가는 반대 방향으로 작용하며 이것을 주 운동이라 한다.

㈎ 공구를 일정 위치에 고정하고 가공물을 운동시키는 절삭 운동 : 밀링, 플레이너 등

㈏ 가공물을 일정 위치에 고정하고 공구를 운동시키는 절삭 운동 : 드릴링, 지그 보링, 선반, 브로칭 등

② 이송 운동(feed motion)

선반에서 절삭 운동을 살펴보면 가공물이 회전할 때 왕복대 부분에 설치된 바이트(bite)가 가공물의 길이 방향 또는 단면 방향으로 조금씩 이동한다. 이렇게 절삭 운동과 직각으로 이동되는 운동을 이송 운동(feed motion)이라 하며, 일정한 이송을 하기 위하여 이송 기구를 사용한다.

단위는 회전 운동을 하며 절삭할 때 mm/rev, 직선 운동을 할 때 mm/min, 왕복 운동을 할 때 mm/stroke로 나타낸다. 이송 운동은 일반적으로 다음과 같은 원칙이 있다.

㈎ 1회 이송량은 절삭 공구의 폭보다 적게 한다.

㈏ 이송 운동의 방향은 절삭 운동의 방향과 직각으로 이루어지며, 가공면과 평행 또는 직각으로 한다.

(다) 이송 운동은 절삭 운동과 일정한 관계가 있으며 규칙적으로 진행한다.

③ 위치 조정 운동(positioning motion)

가공물과 절삭 공구를 선정한 절삭 조건으로 가공할 위치(가로 방향, 세로 방향, 절삭 깊이 등)를 조정하는 것을 말한다.

(가) 기계 운동의 중심과 가공물의 중심 또는 가공면의 상대 위치 거리를 조정한다.
(나) 이송을 시작하는 위치와 이송이 끝나는 위치를 조정한다.
(다) 절삭 깊이와 이송 위치를 조정하여 필요한 부품으로 가공한다. 일반적으로 이송 장치와 보완 장치를 겸하여 사용한다.

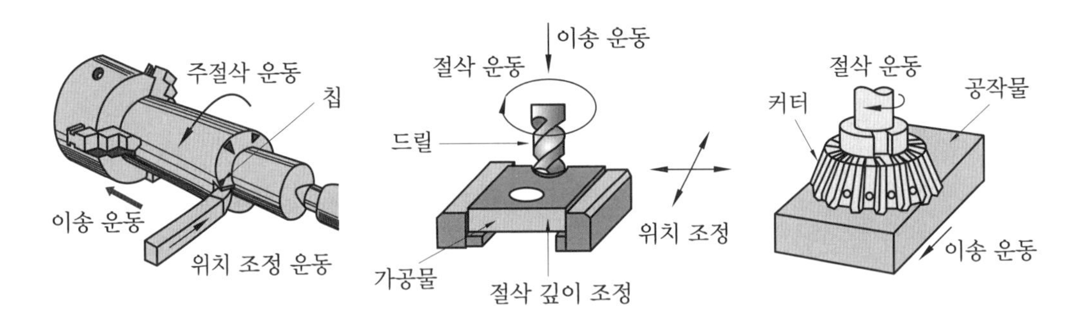

〈그림 1-23〉 공작기계의 기본 운동

(2) 절삭 이론

절삭이란 가공물을 필요한 외형과 치수, 치수 정밀도, 표면 거칠기 등에 따라 경제적으로 가공하는 것을 말한다. 경제적인 절삭을 위하여 절삭과 관련된 절삭 공구의 각도, 형상, 절삭 속도, 이송 속도, 절삭 깊이, 절삭 공구의 재질, 절삭제, 절삭열, 가공물의 재질 등의 영향을 받게 되는데 이러한 절삭에 관한 이론적 배경을 절삭 이론이라 한다.

① 절삭 조건(cutting condition)

단위시간에 가공되는 칩의 양에 관한 사항, 즉 절삭유에 영향을 미치는 여러 인자들을 절삭 조건이라 하며, 절삭 공구의 재질 및 형상, 가공물의 재질, 절삭 속도, 절삭 깊이, 이송, 절삭제의 사용 여부 등이 포함된다.

(가) 절삭 속도(cutting speed) : 절삭 속도는 가공물과 절삭 공구 사이에서 발생하는 상대적인 속도이며, 단위시간에 인선(바이트의 날 끝)을 통과하는 거리이다. 절삭 속도는 가공물의 표면 거칠기, 절삭능률, 절삭 공구의 수명에 많은 영향을 주는 인자로 절삭 조건에서 기본적인 변수이다.

$$V = \frac{\pi \times D \times n}{1000}$$

D : 드릴의 지름(mm)
n : 회전수(1분 동안 회전하는 수 : rpm)
V : 절삭 속도(m/min)

절삭 속도는 가공물의 지름, 절삭 공구의 재질, 가공물의 재질, 절삭제의 사용 유무에 따라 큰 차이가 있으므로 동일한 조건에서는 절삭 깊이와 이송의 관계를 고려하여 선정한다.

절삭 속도가 빠르면 가공물의 표면 거칠기가 좋아지고 가공 시간도 단축되지만 절삭 공구와 가공물의 마찰력 증가로 인한 절삭 온도의 상승으로 절삭 공구의 수명이 단축된다. 따라서 경제적 절삭 속도(60~120 m/min)로 선정하여 가공하는 것이 바람직하다.

절삭 속도는 실제로 범용 공작기계에 적용할 때에는 절삭 속도에 의한 회전수를 계산하여 적용한다.

회전수와 절삭 속도의 관계는 다음과 같다.

$$n = \frac{1000 \times V}{\pi \times D} (\text{rpm})$$

예를 들어, 선반에서 초경합금 절삭 공구로 지름 30 mm의 저탄소 강재를 절삭 속도 100 m/min으로 가공할 때 절삭 속도를 공작기계에 적용하려면 회전수를 구하는 공식에 의하여 먼저 n을 구한다.

$$n = \frac{1000 \times 100}{3.14 \times 30} \fallingdotseq 1062 \text{ rpm}$$

따라서 선반의 주축 속도를 변환하는 회전수 중에서 1062 rpm에 가까운 회전수를 선정하여야 한다. 그러나 범용 공작기계에서는 계산된 회전수를 선정하기 곤란하므로 회전수에 근접하게 선정한다.

절삭 속도와 회전수는 비례 관계가 있기는 하지만 매우 다르다. 동일한 회전수에서 지름이 커질수록 절삭 속도는 빨라지고 지름이 작아질수록 절삭 속도는 느려진다.

(나) 절삭 깊이(depth of cut) : 절삭 깊이는 절삭 공구로 가공물을 절삭하는 깊이이며, 절삭 공구의 형상에 관계없이 가공하는 방법에 수직으로 측정한다. 단위는 mm로 나타내며 원통 가공을 할 때에는 절삭 깊이의 2배로 지름이 적어진다.

(다) 이송 속도(feed speed) : 이송 운동(feed speed)의 속도를 이송 속도라 한다. 절삭 공구와 가공물 사이에 가로 방향(절삭 방향에 대하여)의 상대운동의 크기를 말한다.
선반이나 드릴 가공에서는 주축 1회전마다 이송(mm/rev)으로, 평삭에서는 절삭 공구 가공물의 1왕복마다 이송(mm/stroke)으로, 밀링에서는 mm/min, mm/rev(커터 1회전에 대한 이송)으로 나타낸다.
절삭 면적 F(cm^2)과 절삭율 Q(cm^2/min)은 다음과 같다.

$$F = s \times t,\ Q = v \times s \times t$$

s : 이송, t : 절삭 깊이

(라) 절삭 동력 : 공작기계의 전소비 동력(total consumption) N은 실제 절삭 동력(effective cutting power) N_e, 이송에 소비되는 동력(feed power) N_f, 손실 동력(loss power) N_l로 나타낸다.

$$N = N_e \times N_t \times N_l$$

유효 절삭 동력은 주 분력을 P_1(kgf), 절삭 속도를 V(m/min), 기계적 효율을 η, 회전수를 n(rpm)이라 할 때

$$N_e = \frac{P_1 \times V}{75 \times 60 \times \eta}(\text{PS}) = \frac{P_1 \times V}{102 \times 60 \times \eta}(\text{kW})$$

이고, 이송 동력은 이송 분력을 P_2(kgf), 이송을 f(mm/rev), 회전수를 n이라 할 때

$$N_f = \frac{P_2 \times n \times f}{75 \times 60 \times 10^3 \times \eta}(\text{PS}) = \frac{P_2 \times n \times f}{102 \times 60 \times 10^3 \times \eta}(\text{kW})$$

이다.
손실 동력 N_l은 다음과 같다.

$$N_l = N - N_e$$

그러나 이송 동력과 손실 동력은 매우 작은 값이기 때문에 유효 절삭 동력만으로 계산하는 경우가 대부분이다.

② 절삭 저항(sutting resistance)

가공물을 절삭할 때 절삭 공구는 가공물로부터 큰 저항을 받게 되는데 이 힘을 절삭저항이라 한다.

절삭 저항의 크기는 절삭 동력을 결정하는 매우 중요한 인자이며 절삭 공구의 수명, 가공물의 표면 거칠기, 가공물 피삭성의 기준이 되기도 한다. 또한 절삭 저항의 방향과 크기는 가공 방법, 절삭 조건, 가공물의 재질에 따라 크게 변화한다.

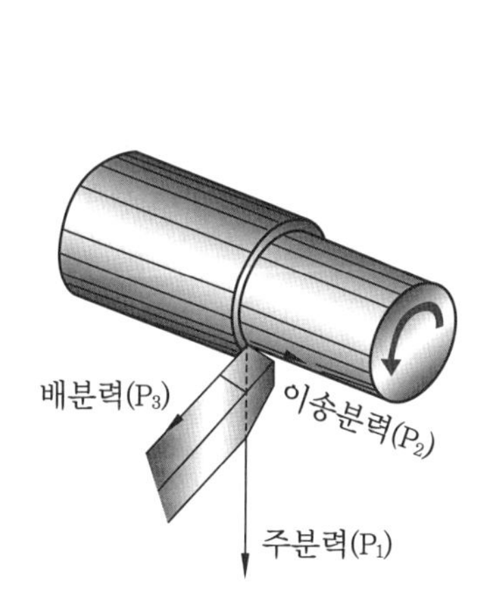

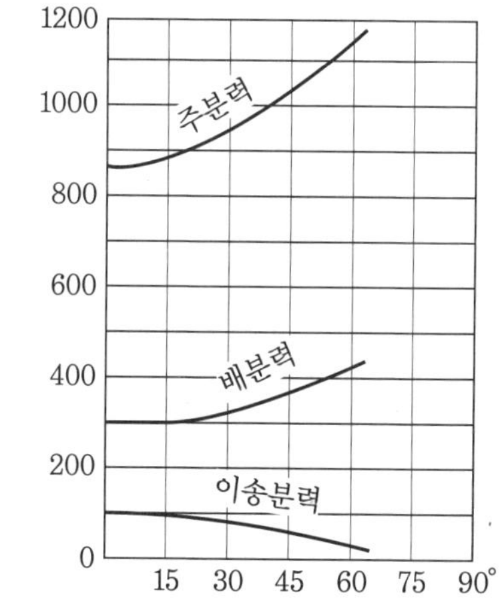

일감 : 탄소강
(70~80 kgf/mm²)
절삭 속도 : 15 m/min
절삭 면적 : 4 mm²

〈그림 1-24〉 절삭저항 3분력

절삭 저항의 크기는 가공물의 재질, 절삭 공구의 재질, 절삭 조건 등에 따라 다르지만 저탄소강재를 가공할 때 주분력이 가장 크고 중요하며, 각 분력의 크기는 대략

$$P_1 : P_2 : P_3 = 10 : (1\sim2) : (2\sim4)$$

와 같다. 절삭 저항은 경사각이 감소하거나 절삭 면적이 증가할 때 커지고, 절삭 속도가 증가할 때 감소하는 경향이 있다.

절삭 저항의 합력 P는 다음과 같다.

$$P = \sqrt{(P_1)^2 + (P_2)^2 + (P_3)^2}$$

5 칩의 생성과 구성 인선

(1) 칩의 생성(chip formation)

가공물이 절삭 공구에 의해 절삭되는 모양은 매우 복잡하지만 어떤 절삭 방법을 사용하더라도 원리는 변하지 않는다.

가공물 절삭 시 발생하는 칩의 형태는 절삭 공구의 형상, 절삭 깊이, 가공물의 재질, 절삭 조건 등에 따라 다르며, 어느 한 가지 조건이라도 부적당하면 그 정도에 따라 불만족한 칩이 생성되고 가공면의 표면 거칠기도 나빠진다.

칩이 생성되는 4가지 기본 형태는 다음과 같다.

① 유동형(流動形) 칩(flow type chip)

경사면 위를 연속적으로 흘러 나가는 모양의 칩(chip)으로 연속 칩이라고도 하며 가장 바람직한 칩의 형태이다. 절삭 공구 선단부에서 칩은 전단응력(剪斷應力 : shear stress)을 받고, 항상 미끄럼이 생기면서 절삭 작용이 이루어지므로 진동이 적고 가공표면이 매끄러운 면을 얻을 수 있다. 유동형 칩이 발생하는 조건은 다음과 같다.

㈎ 연성의 재료(연강, 구리, 알루미늄 등)를 가공할 때

㈏ 절삭 깊이가 적을 때

㈐ 절삭 속도가 빠를 때

㈑ 경사각이 클 때

㈒ 윤활성이 좋은 절삭제를 사용할 때

② 전단형(剪斷形) 칩(shear type ship)

칩이 경사면 위를 원활하게 흐르지 못하고 칩을 밀어내는 압축력이 커지면서 칩이 연속적으로 가공되기는 하나 분자 사이에 전단이 일어나는 형태의 칩을 전단형 칩이라 한다.

전단형 칩은 칩의 두께가 수시로 변하므로 진동이 발생하기 쉽고 표면 거칠기도 나빠진다. 일반적으로 전단형 칩은 연선의 재료를 저속 절삭(low speed cutting)으로 절삭할 때나 절삭 깊이가 클 때 많이 발생한다.

③ 경작형(耕作形) 칩(tear type chip)

점성이 큰 가공물을 경사각이 작은 절삭 공구로 가공할 때나 절삭 깊이가 클 때 발생하기 쉬운 칩의 형태로, 〈그림 1-25〉의 (c)와 같이 가공물이 경사면에 점착(粘着)되어 원활하게 흘러 나가지 못하고 절삭 공구의 전진에 따라 압축되어 가공재료의 일부에 터짐이 일어나는 현상이 발생한다.

절삭력의 가공된 면이 뜯어진 것과 같은 자리를 남기면 땅을 파는 것과 같이 불규칙한 면으로 가공된다 하여 경작형 칩으로 불리며, 연단형 칩이라 한다.

④ 균열형(龜裂形) 칩(crack type chip)

주철(cast)과 같이 메진 가공재료를 저속으로 절삭할 때 발생하는 칩의 형태로, 순간적인 균열이 발생하여 생기는 칩이다. 균열이 발생하는 진동으로 절삭 공구 인선에 치핑(chipping)이 발생하여 절삭 공구의 수명이 단축되고 가공된 면의 거칠기도 불량하게 된다.

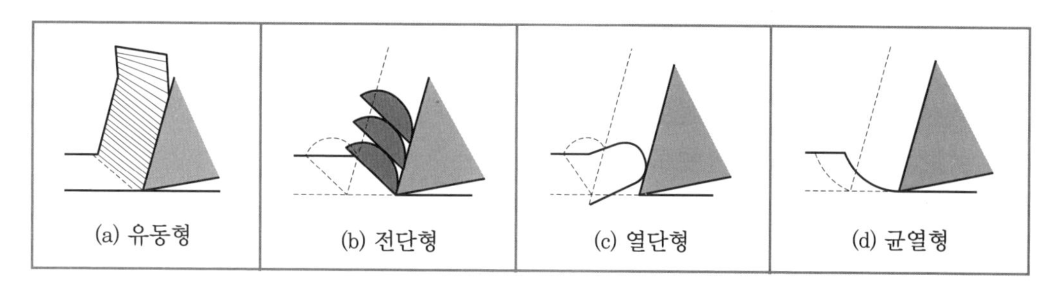

〈그림 1-25〉 칩의 생성 모양

〈표 1-6〉 절삭 조건과 칩의 상태

칩의 구분	가공물의 재질	절삭 공구 경사각	절삭 속도	절삭 깊이
유동형 칩	연하고 점성이 크다.	크다.	빠르다.	적다.
전단형 칩	↓	↓	↓	↓
경작형 칩	↓	↓	↓	↓
균열형 칩	굳고 취성이 크다.	작다.	느리다.	많다.

(2) 구성 인선(build-up edge)

① 구성 인선의 발생

연강, 스테인리스강, 알루미늄 등의 연성 가공물을 절삭할 때 절삭 공구에 국부적으로 고온, 고압이 작용하여 절삭 공구 인선에 매우 경(硬)하고 미소(微小)한 입자가 압착 또는 융착되어 나타나는 현상으로, 공구각을 변화시키고 가공면의 표면 거칠기를 나쁘게 한다.

또한 공구의 떨림(chattering) 현상으로 절삭 공구의 마모를 증가시키고 절삭에 나쁜 영향을 준다. 이렇게 절삭 공구 인선에 부착된 경한 물질이 절삭 공구 인선을 대리하여 절삭하는 현상을 구성 인선이라 한다.

구성 인선의 발생과정은 〈그림 1-26〉과 같이

발생 ⇨ 성장 ⇨ 최대 성장 ⇨ 분열 ⇨ 탈락

의 과정을 반복하며, 그 주기(cycle)를 1/100~1/300 s 정도로 극히 짧은 시간에 반복하기 때문에 가공면에 흠집을 만들고 진동을 발생시켜 가공면을 나쁘게 한다.

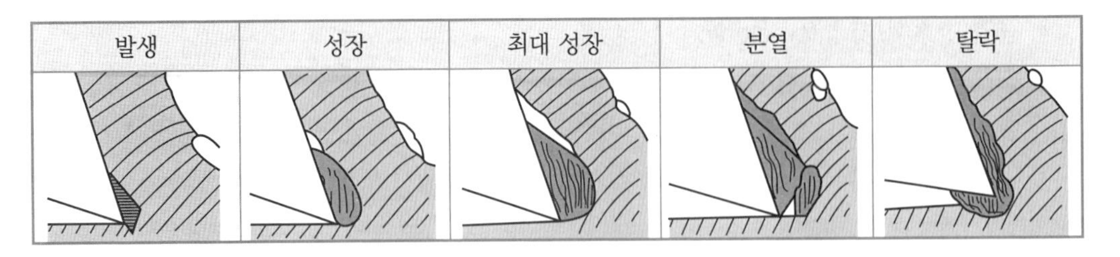

〈그림 1-26〉 구성 인선의 발생 과정

② 구성 인선을 이용한 절삭 방법

호시노(Hoshino)에 의하여 구성 인선을 의도적으로 발생시켜 절삭 공구의 인선을 보호하고 수명을 연장시키는 방법이 제안되었으며, 이 방법으로 절삭되는 칩의 색이 은백색으로 나타나기 때문에 SWCM(silver white cutting method)라고 한다.

이것은 구성 인선을 안전하게 부착할 수 있는 부분을 만들어 절삭 공구의 인선을 보호하고 절삭열의 일부를 흡수시켜 공구의 수명을 연장시키는 방법이다.

절삭 속도 200 m/min의 영역에서도 칩의 색깔이 은백색을 나타낸다.

③ 구성 인선의 방지 대책

진동 발생의 원인이 되는 구성 인선의 방지대책은 다음과 같다.

㈎ 절삭 깊이(depth of out)를 적게 한다.

㈏ 경사각(rack angle)을 크게 한다.

㈐ 절삭 공구의 인선을 예리하게 한다.

㈑ 윤활성이 좋은 절삭제를 사용한다.

㈒ 절삭 속도를 크게 한다.

일반적으로 구성 인선이 발생하기 쉬운 절삭 속도는 고속도강 절삭 공구를 사용하여 저탄소강재를 절삭할 때 10~25 m/min이며, 절삭 속도가 120 m/min 이상이 되면 구성 인선(built-up edge)이 발생하지 않는다. 따라서 절삭 속도 120 m/min을 구성 인선 임계 속도라 한다.

경사각이 30°보다 크면 구성 인선이 발생하지 않지만 절삭 공구의 인선이 약해지므로 실용적으로 사용하기는 어렵다.

④ 칩 브레이커(chip bracker)

유동형 칩은 가장 바람직한 칩의 형태이지만 가공물에 휘말리어 가공된 표면을 상하게 하거나 작업자의 안전을 위협하는 경우가 발생하므로 칩을 인위적으로 짧게 끊어지도록 칩 브레이커를 만든다.

칩 브레이커는 여러 가지의 형식이 있으며 크게 연삭형 칩 브레이커와 상치형 칩 브레이커로 구분한다. 연삭형 칩 브레이커는 절삭 공구에 칩 브레이커의 형상을 연삭하는 방식이며 상치형 칩 브레이커는 인서트 절삭 공구에 설치하는 방식이다.

일반적으로 사용하는 연삭형 칩 브레이커에는 평행형, 각도형, 홈 달린형, 역 각도형 등이 있다.

(가) 강인한 재료 : 평행형, 각도형

(나) 절삭 깊이가 자유일 때 : 홈 달림형

(다) 절삭 깊이가 크게 변할 때 : 역 각도형

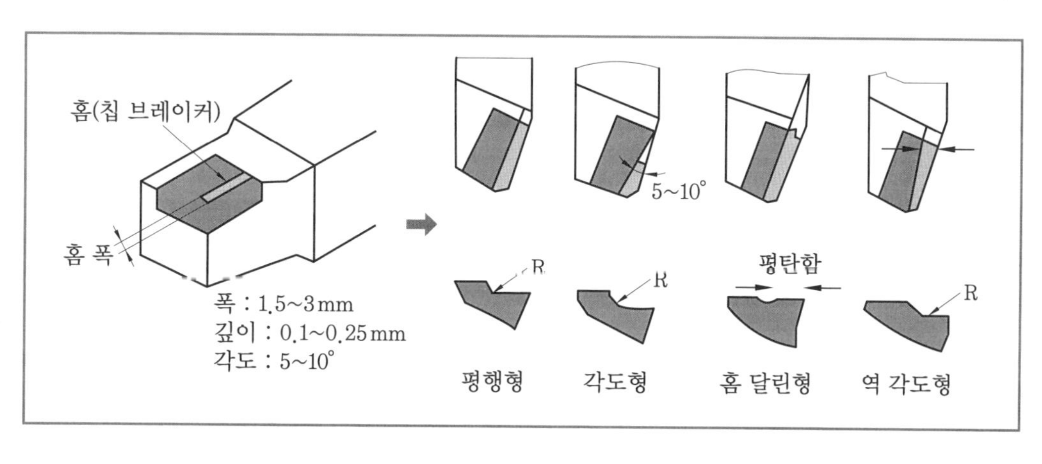

〈그림 1-27〉 칩 브레이커

■ 긴 칩이 발생한 경우

- 생산성이 저하된다.
- 작업자에게 위험을 준다.
- 칩 처리(청소)가 어렵다.
- 공구와 공작물에 손상을 준다.

■ 칩 브레이커를 설치한 경우

- 절삭 날이 강해진다.
- 공구 마모를 줄인다.
- 절삭 저항을 감소시킨다.
- 계속적인 작업을 할 수 있다.

6 공구의 수명(tool life)

(1) 공구의 수명

가공 재료의 피삭성을 분석하거나 절삭 공구의 성능을 분석하기 위해서는 절삭 공구의 수명을 파악하는 것이 필요하다. 절삭 공구로 절삭 가공 시 고온과 고압으로 인한 마찰력으로 공구가 마모되어 절삭성이 감소하고, 가공 치수의 정밀도가 낮아지며, 가공된 면의 표면 거칠기의 불량을 동반한다.

또한 절삭 공구 본래의 형상을 잃게 되며 소요되는 절삭 동력도 증가하게 된다. 이러한 현상이 어느 한계를 넘어서게 되면 절삭 공구를 교환하거나 재연삭하여야 한다.

이와 같이 새로운 절삭 공구로 가공물을 일정한 절삭 조건으로 절삭을 시작하여 공구의 교환 또는 재연삭할 때까지의 실제 절삭 시간의 합을 절삭 공구 수명 시간이라 하며, 단위는 분(min)으로 나타낸다.

공구의 수명에 영향을 주는 인자는 마모가 가장 중요한 원인이며 절삭열도 원인이 된다. 이러한 원인의 결과로 절삭 공구 경사면의 마모, 여유면의 마모, 치핑(chipping), 온도 파손 등이 복합적으로 나타난다.

공구 수명의 판정 기준은 다음과 같다.

① 가공면 거칠기가 나빠졌을 때
② 절삭 날의 마모가 일정량에 도달하였을 때
③ 공작물의 치수 변화가 일정량에 도달하였을 때
④ 절삭 동력의 변화가 증대하였을 때
⑤ 칩의 색깔 및 형상의 변화와 불꽃이 발생하였을 때

절삭 공구의 수명식과 공구 수명 상수는 다음과 같다.

절삭 공구의 수명식 : Taylor(1907년)

$$VT^n = C$$

V : 절삭 속도(m/min), T : 공구 수명(min), n : 지수, C : 상수
n : 절삭 공구와 가공물에 의하여 변화하는 지수
고속도강 : 0.05~0.2
초경합금 : 0.125~0.25
세라믹 : 0.4~0.55이며 일반적으로 $n = 1/5 \sim 1/10$이 많이 사용
C : 가공물의 절삭 조건에 따라 변화하는 값으로 공구 수명을 1분(min)으로 할 때의 절삭 속도

〈표 1-7〉 공구 수명 상수 C

가공 재료	18-4-1(SKH)		초경 공구
	건식 절삭	습식 절삭	건식 절삭
주강	70	112	398
황동	350	–	1750
경합금	1320	–	6590

(2) 공구 인선의 파손

절삭 공구는 강을 절삭할 때 물리적, 화학적 반응으로 인하여 복합적인 마모가 발생하며 일반적으로 다음과 같이 분류한다.

① 크레이터 마모(crater wear)

크레이터 마모는 〈그림 1-28〉의 (a)와 같이 칩이 경사면 위를 미끄러질 때 마찰력에 의하여 〈그림 1-28〉의 (b)와 같이 경사면이 오목하게 파여지는 현상이다. 크레이터 마모는 칩에 의하여 절삭 공구 경사면이 긁히는(scratch) 작용과, 고온 고압으로 인하여 절삭 공구 경사면이 절착(切着)과 융착(融着)을 일으켜 표층(表層)이 절삭 도중에 미세하게 탈락되므로 융착 마모로 볼 수 있다.

크레이터 마모는 유동형 칩에서 가장 뚜렷하게 나타나며, 크레이터 마모 자체는 크게 문제가 되지 않지만 크레이터 마모가 크게 되면 공구 인선이 약화되어 파손의 우려가 있다.

■ 마모를 줄이기 위한 방법

㈎ 절삭 공구 경사면 위의 압력을 감소시킨다. (경사각을 크게 한다.)

㈏ 절삭 공구 경사면 위의 마찰계수를 감소시킨다. (경사면의 표면 거칠기를 양호하게 하거나 또는 윤활성이 좋은 냉각제를 사용한다.)

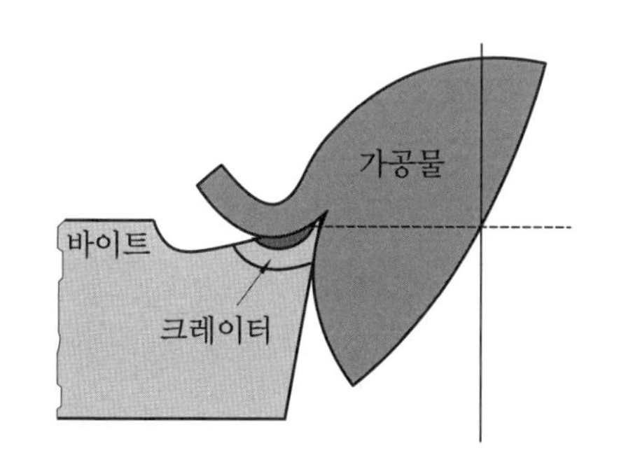

(a) 크레이터 마모

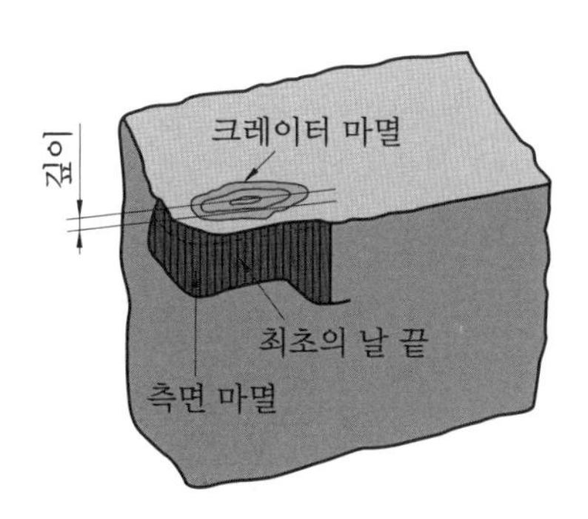

(b) 크레이터 마모의 예

〈그림 1-28〉 크레이터 마모

② 플랭크 마모(flank wear)

절삭 공구의 플랭크(옆면 : flank)면과 가공물의 마찰에 의하여 플랭크면이 평행하게 마모되는 것을 말한다. 일반적으로 마모 폭을 공구 수명 판정의 기준으로 한다.

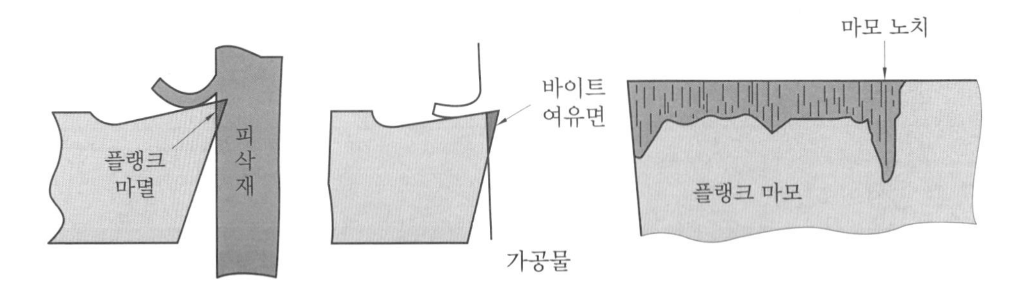

〈그림 1-29〉 플랭크 마모

〈표 1-8〉 초경공구 수명을 판정하는 마모 폭(VB)

플랭크면의 마모 폭(VB)	정밀 절삭, 비철합금 등의 다듬질 절삭	0.2 mm
	합금강 등의 절삭	0.4 mm
	주철, 강 등의 일반 절삭	0.7 mm
	보통 주철 등의 절삭	1~1.5 mm

③ 치핑(chipping)

절삭 공구 인선의 일부가 미세하게 탈락되는 현상을 치핑이라 한다. 치핑은 단속 절삭과 같이 절삭 공구 인선에 충격을 받거나 충격에 약한 절삭 공구를 사용할 때, 공작기계의 진동에 의하여 절삭 공구 인선에 가해지는 절삭 저항의 변화가 클 때 많이 발생한다.

초경공구, 세라믹 공구에 발생하기 쉽고 고속도강과 같이 점성이 큰 재질의 절삭 공구에는 적게 발생한다. 치핑은 충격적인 힘을 받을 때 발생하는 현상으로 절삭 공구의 탄성 부족, 재질적 결함, 연삭 시 과열에 의해서도 발생한다.

〈그림 1-30〉 치핑

④ 온도 파손(temperature failure)

절삭 공구의 경도와 강도는 절삭 온도에 따라 변화한다. 절삭에서 절삭 속도가 증가하면 절삭온도가 상승하고 마모가 증가한다. 마모가 증가하면 절삭 공구에 압력 에너지가 증가하고 절삭 공구가 약해져서 결국 파손이 발생한다.

이러한 현상은 마모가 발생한 절삭 공구로 절삭을 계속할 때 불꽃이 발생하는 것으로 쉽게 알 수 있다. 절삭 공구의 수명은 절삭 온도의 상승으로 인하여 감소되며 마모가 발생하면 절삭 저항이 증가한다.

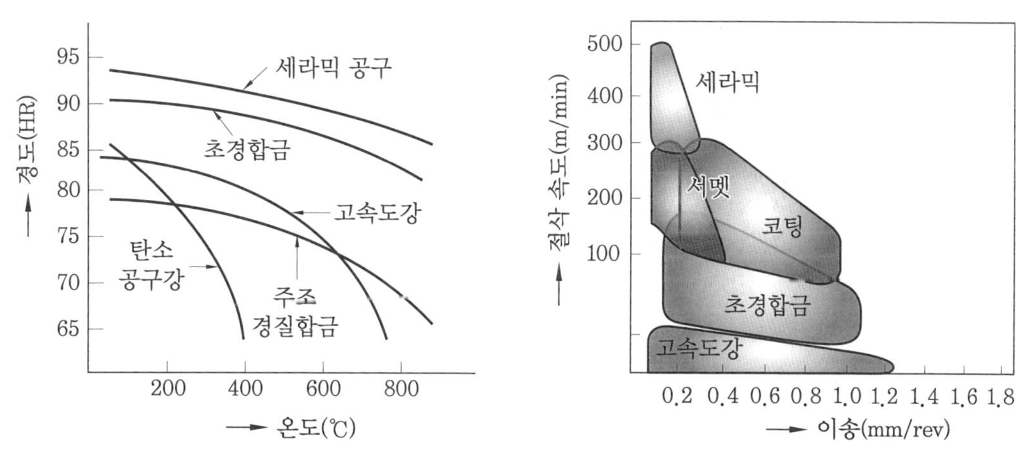

〈그림 1-31〉 절삭 공구의 경도와 절삭온도의 관계

7 절삭 온도와 절삭제

(1) 절삭 온도(cutting temperature)

절삭을 할 때 공급하는 에너지는 여러 가지의 형태로 소비되며, 이때 소비되는 에너지는 대부분 열로 변화한다. 발생하는 열은 칩, 가공물, 절삭 공구로 전달되며 일부는 대기 중에 방열되고 냉각제를 사용할 때는 냉각제에 의하여 억제된다.

발생된 열은 대부분 칩으로 전달되며, 일부는 절삭 공구에, 일부는 가공물에 전달된다. 가공물에 전달된 열이 내부에서 절삭열로 존재하게 되는데, 그 온도를 절삭 온도라 한다.

절삭온도가 높아지면 절삭 공구 인선의 온도가 상승하며 마모가 증가하고 공구 수명이 감소한다.

가공물도 절삭 온도 상승에 의하여 열팽창으로 인해 가공 치수가 변화되어 정밀도에 영향을 미치게 되므로 절삭 온도가 높아지지 않는 절삭 조건을 선정하는 것이 바람직하다.

① 절삭에서 나타나는 열의 형태

절삭에서 나타나는 열의 형태는 〈그림 1-32〉와 같다.

㈎ 전단면에서 전단 소성변형에 의한 열(전단면 AB 부분에서 나타나는 전단변형과 칩의 소성변형)

㈏ 칩과 공구 상면과의 마찰열(칩이 절삭 공구의 경사면 AC를 가압하면서 흐를 때 발생하는 마찰)

㈐ 절삭 공구의 선단이 가공물의 표면 AO를 절삭할 때의 마찰로 인하여 발생하는 절삭열 등이 있다.

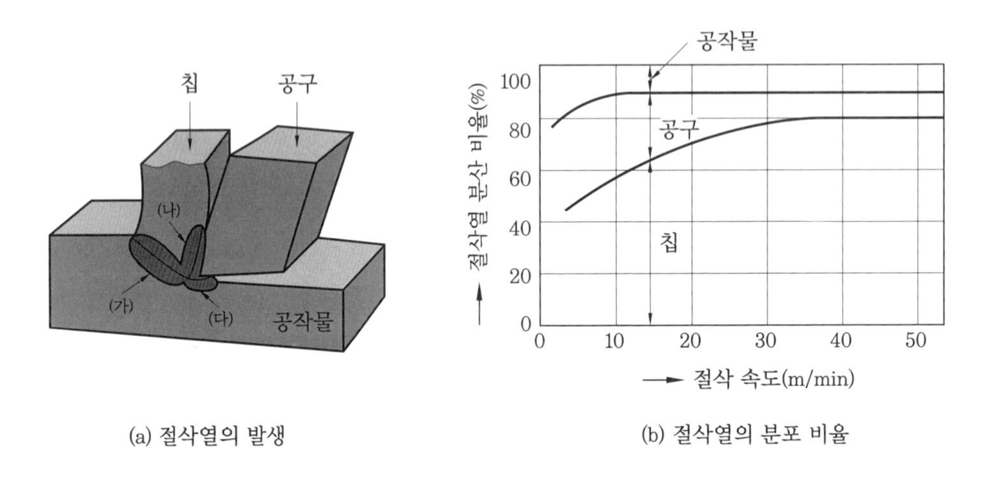

(a) 절삭열의 발생

(b) 절삭열의 분포 비율

〈그림 1-32〉 절삭열의 발생

일반적으로 가공물의 경도가 높을수록 절삭 온도는 높아지며 절삭 온도가 높아지면 절삭 공구의 마모가 빨라져 공구 수명이 단축된다.

② 절삭 온도를 측정하는 방법

㈎ 칩의 색깔에 의하여 측정하는 방법

㈏ 열전대(thermocouple)에 의한 방법

㈐ 칼로리미터(calorimeter)에 의한 방법

㈑ 복사 고온계에 의한 방법

㈒ 시온 도료를 이용하는 방법

(2) 절삭제

절삭제는 냉각작용, 윤활작용, 세척작용으로 절삭 성능을 향상시킨다.

절삭제를 사용하면 절삭 공구와 칩 사이에 마찰이 감소하고 절삭열을 감소시켜 공구 수명을 연장시키며 절삭 성능을 높여 준다.

① 절삭제의 사용 목적

㈎ 냉각작용 : 절삭열 제거(공구 수명 연장, 치수 정밀도 향상, 열에 의한 변질 방지)
㈏ 윤활작용 : 마찰 감소(칩 마모 감소 : 조도 향상, 절삭효율 상승 : 소비동력 저하)
㈐ 세정작용 : 칩 배출(절삭 칩 배출 : 칩 융착 방지)
㈑ 방청작용 : 부식 방지(가공물 기계의 녹 방지)

② 절삭제의 종류

㈎ 수용성 절삭유(soluble oil) : 광물성 유를 화학적으로 처리하여 80 % 정도의 물과 혼합하여 사용한다. 표면 활성제와 부식 방지제를 첨가하여 사용하며, 점성이 낮고 비열이 커서 냉각 효과가 크므로 고속 절삭 및 연삭 가공액에 주로 사용한다.

㈏ 유화유(emulsion oil) : 광유에 비눗물을 첨가하여 유화한 것으로 냉각작용이 비교적 크고 윤활성도 있으며 값이 저렴하여 널리 사용된다.

㈐ 광유(mineral oil) : 경유, 머신 오일, 스핀들 오일, 석유 및 기타의 광유 또는 혼합유로, 윤활성은 좋으나 냉각성이 적이 경절삭에 주로 사용한다.

㈑ 지방질 유(fatty oil) : 지방질 유는 동물성 유, 식물성 유, 어유를 포함하는데 높은 점성을 주기 위하여 광물성 유를 첨가하여 사용하기도 한다.
동물성 유로는 돈유(lara oil)가 가장 많이 사용되며 식물성 유보다 점성이 높아 저속 절삭과 다듬질 가공에 사용된다.
동물성 유만으로 사용하는 예는 적고 5~50 %의 광물성유를 혼합하여 사용하는데, 돈유와 테레빈유를 여러 가지로 혼합하여 알루미늄이나 유리에 구멍을 뚫을 때 사용한다. 돈유와 석유의 혼합유는 알루미늄 및 밀링 가공 시 사용한다.
식물성 유에는 종자유, 콩기름, 올리브유, 면실유, 피마자유 등이 있으며 모두 점도가 높고 양호한 유막을 형성하여 윤활성은 좋으나 냉각성은 좋지 않다.

㈒ 석유(pertroleum oil) : 첨가제가 없는 것과 유황, 염소, 인이 포함된 화학 성분의 용액이며, 점성이 높아 고속 절삭에 적합하다.
Ni 강, 스테인리스강, 단조강 등을 절삭하는데 적합하며 나사 절삭, 브로칭 가공(broaching), 심공 가공에 많이 사용된다.

㈓ 고체 윤활제 혼합액(suspension of solid lubricants) : 흑연 및 이유화 등의 고체 윤활제를 첨가한 절삭제를 사용할 때도 있다. 절삭 깊이, 이송, 절삭 속도, 가공물의 재료에 따라 선택하여 사용한다.

㈔ 첨가제 : 칩과 절삭 공구 사이의 마찰은 고온 및 고압의 마찰이므로 여러 가지 첨가제를 사용하여 높은 윤활 효과를 얻도록 한다. 첨가제로 유황, 유화물, 흑연, 아연 등은 동식물 유에 사용하며 인산염, 규산염 등은 수용성 절삭유에 사용한다.

〈표 1-9〉 절삭유 선정

절삭 / 재료	막깎기	다듬질	나사 가공	절단 가공	구멍 가공	널링	리머	테이퍼 연삭 가공
연강	유화유	광유	광유	광유 · 유화유	광유	광유	광유	광유
경강	유화유	광유	광유	광유 · 유화유	광유	광유	광유	광유
주철	–	–	–	–	–	–	–	광유
황동 청동	유화유	광유	유화유	유화유	유화유	유화유	유화유	광유

〈표 1-10〉 절삭유 분류

구분	종류	특징
수용성 절삭유	W_1종	광유 및 계면 활성제를 주성분으로 에멜선형 수용성 절삭유제
	W_2종	계면 활성제를 주성분으로 솔루블형 수용성 절삭유제
	W_3종	무기 염류를 주성분으로 물에 타면 투명 솔루블형 수용성 절삭유제
불수용성 절삭유	1종	광유, 광유와 지방유의 혼합 극압 첨가제는 사용 안 함
	2종	광유, 광유와 지방유의 혼합 극압 첨가제 사용 : 불활성형 불수용성
	3종	광유, 광유와 지방유의 혼합 극압 첨가제는 사용 : 활성형 불수용성

(3) 윤활제(lubricant)

이송이나 회전하는 기계 부분의 두 물체 사이에 윤활제(潤滑劑 : 액체, 기체, 고체)를 적당량 공급하여 마찰 저항을 줄이고 슬라이딩을 원활하게 하여 기계적 마모를 감소시키는 것을 윤활이라 한다.

① 윤활제의 구비 조건

㈎ 사용 상태에서 충분한 점도를 유지해야 한다.

㈏ 한계 윤활 상태에서 견딜 수 있는 유성이 있어야 한다.

㈐ 산화나 열에 대하여 안정성이 높아야 한다.

㈑ 화학적으로 불활성이며 깨끗하고 균질해야 한다.

② 윤활의 목적

㈎ 윤활작용 ㈏ 냉각작용 ㈐ 밀폐작용 ㈑ 청정작용

③ 윤활 방법

㈎ 유체 윤활(fuild lubrication) : 완전 윤활 또는 후막 윤활이라고도 하며 유막에 의하여 슬라이딩 면이 완전히 분리되어 윤활을 이루게 된다.

(나) 경계 윤활(boundary lubrication) : 불완전 윤활이라고도 하며, 유체 윤활 상태에서 하중이 증가하거나 윤활제의 온도가 상승하여 점도가 떨어지면서 유막으로는 하중을 지탱할 수 없는 상태를 뜻한다. 고하중, 저속 상태에서 많이 발생한다.

(다) 극압 윤활(extreme pressure lubrication) : 고체 윤활이라고도 하며, 경계 윤활에서 하중이 증가하여 마찰 온도가 높아지면 유막으로 하중을 지탱하지 못하고 유막이 파괴되어 슬라이딩 면이 접촉된 상태이다.

〈그림 1-33〉은 윤활 상태를 나타낸 것이다.

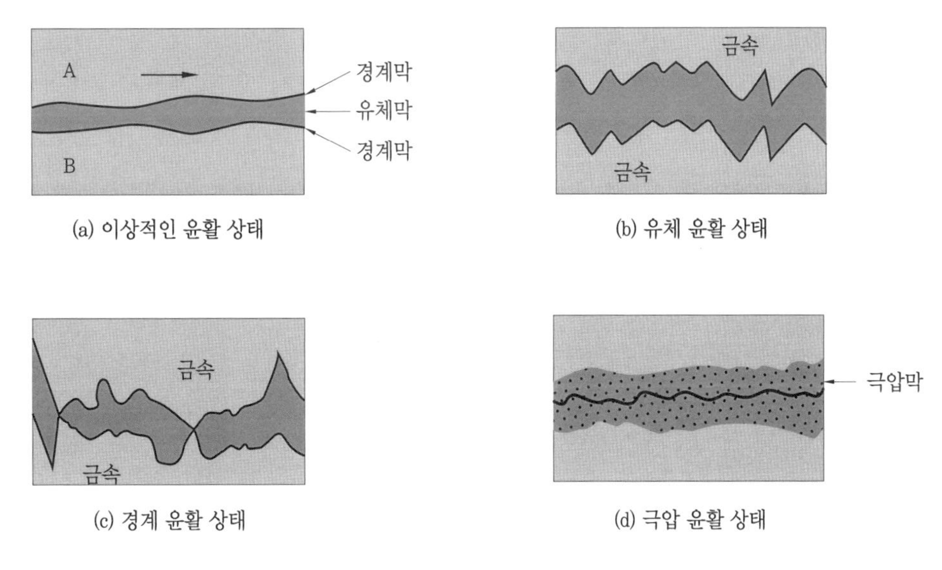

(a) 이상적인 윤활 상태
(b) 유체 윤활 상태
(c) 경계 윤활 상태
(d) 극압 윤활 상태

〈그림 1-33〉 윤활 상태

④ 윤활제의 종류

(가) 액체 윤활제 : 광물성 유와 동물성유가 있으며 점도와 유도성은 동물성유가 우수하며, 고온에서의 변질이나 금속의 내부식성은 광물성유가 우수하다.

(나) 고체 윤활제 : 흑연, 활석, 운도 등이 있으며 그리스(grease)는 반 고체유이다.

(다) 특수 윤활제 : P(인), S(황), CI(염소) 등의 극압제를 첨가한 극압 윤활유와 응고점이 −30~50℃ 인 부동성 기계유, 내한이나 내열에 우수한 실리콘유 등이 있다.

⑤ 윤활제의 급유 방법

(가) 핸드 급유법(hand oiling) : 작업자가 급유 위치에 급유하는 방법으로 급유가 불완전하며 윤활유의 소비가 많다.

(나) 적하 급유법(drop feed oiling) : 마찰면이 넓거나 시동되는 횟수가 많을 때 저속 및 중속 축의 급유에 사용된다.

㈐ 오일링(oiling) 급유법 : 고속 주축에 급유를 균등하게 할 목적으로 사용한다. 축보다 큰 링이 축에 걸쳐 회전하며 오일 통에서 링으로 급유한다.

㈑ 분무(oil mist) 급유법 : 액체 상태의 기름에 압축공기를 이용하여 분무시켜 공급하는 방법으로 압축공기의 압력은 1 kgf/cm^2 정도를 이용한다. 고속 연삭기, 고속 드릴, 고속 베어링의 윤활에 이용된다.

㈒ 강제 급유법(circulating oiling) : 순환펌프를 이용하여 급유하는 방법으로, 고속 회전 시 베어링의 냉각 효과에 경제적인 방법이다.

㈓ 담금 급유 방법(oil bath oiling) : 윤활유 속에서 마찰부 전체가 잠기도록 하여 급유하는 방법이다.

㈔ 그리스(grease) 윤활 : 그리스 윤활 방법에는 수동 급유법, 충진 급유법, 컵 급유법, 스핀들 급유법이 많이 사용된다.

① 그리스 윤활의 장점

비산(飛散)이나 유출(流出)되지 않아 급유 횟수가 적고 경제적이며 사용 온도 범위가 넓으며 장시간 사용하기에 적합하다.

② 그리스 윤활의 단점

급유, 교환, 세정 등 취급이 불편하다. 이물질이 혼합되었을 때 제거하기 곤란하며 고속 회전에는 사용하기 어렵다.

8 절삭 공구

(1) 절삭 공구의 구비 조건

절삭 가공을 할 때 절삭 공구의 일부에 높은 압력과 마찰에 의한 절삭열로 인하여 마모가 발생한다.

절삭 가공을 능률적으로 향상시키기 위하여 공구의 수명을 길게 하고 절삭 속도와 이송 속도의 향상이 요구된다.

■ 일반적으로 요구되는 절삭 공구의 조건

① 가공 재료보다 경도가 커야 한다.

② 고온에서 경도가 감소되지 않아야 한다.

③ 인성강도와 내마멸성이 커야 한다.

④ 공구의 제작이 쉬워야 한다.

⑤ 가격이 저렴해야 한다.

(2) 공구 재료의 종류

공구 재료로 가장 오랜 역사를 갖고 있는 것은 탄소 공구강이다. 일반적으로 사용된 재료를 살펴보면 다음과 같다.

① 탄소 공구강(STC)

〈표 1-11〉은 탄소 공구강의 성분과 용도를 나타낸 것이다. 탄소량이 0.6~1.5 %를 함유한 탄소강이며 STC 1종~STC 7종으로 분류한다. 절삭 공구로는 1종~3종이 주로 사용되며 STC 3종은 가이드 핀, 가이드 핀 부시, 이젝터 핀, 리턴 핀 등에 사용된다.

고온 경도가 낮으며 공구 인선이 300℃가 되면 뜨임(tempering) 효과를 나타내어 경도가 저하되고 사용이 곤란하다. 따라서 최근에는 사용이 적고 총형 공구나 특수 목적용 정도로만 사용된다.

탄소 공구강은 경화층이 얇으나 중심부는 비교적 무르고 강인성(toughness)을 갖는데, 이것은 탄소 공구강의 중요한 성질이다.

〈표 1-11〉 탄소 공구강의 성분(%)과 용도

기호	C	Si	Mn	P	S	용도	경도 HRC
STC 1	1.3~1.5	0.35 이하	0.5 이하	0.03 이하	0.03 이하	절삭 공구, 바이트	63 이상
STC 2	1.1~1.3	0.35 이하	0.5 이하	0.03 이하	0.03 이하	바이트, 커터, 드릴	63 이상
STC 3	1.0~1.1	0.35 이하	0.5 이하	0.03 이하	0.03 이하	탭, 다이스, 드릴	63 이상
STC 4	0.9~1.0	0.35 이하	0.5 이하	0.03 이하	0.03 이하	목공 드릴, 면도날	61 이상
STC 5	0.8~0.9	0.35 이하	0.5 이하	0.03 이하	0.03 이하	각인, 띠톱	59 이상
STC 6	0.7~0.8	0.35 이하	0.5 이하	0.03 이하	0.03 이하	각인, 태엽	56 이상
STC 7	0.6~0.7	0.35 이하	0.5 이하	0.03 이하	0.03 이하	각인, 수공구, 스프링	54 이상

② 합금 공구강(alloy tool steel, SKS)

경화능을 개선하기 위하여 탄소량을 0.8~1.5 % 함유한 탄소 공구강에 소량의 크로뮴,

텅스텐, 니켈, 바나듐 등의 원소를 첨가한 강이며, 탄소 공구강보다 절삭성이 우수하고 내마멸성과 고온 경도가 높다. 저속 절삭용 및 총형 공구용 정도로 사용된다.

절삭 공구 인선의 온도는 450℃ 정도까지 사용할 수 있으며 W강, W−Cr강, Cr강 등이 사용된다(KS D 3753 : 합금 공구강의 조성과 용도).

③ 고속도강(high speed steel, SKH)

고속도강은 W, Cr, Co 등의 원소를 함유하는 합금강을 말하며, 담금질 및 뜨임을 하면 600℃ 정도까지는 경도를 유지한다.

고속도강은 1898년경, 테일러(Taylor)가 개발하여 선반의 바이트(bite)로 처음 사용하였다. 절삭 속도가 탄소 공구강에 비하여 2배가 넘기 때문에 당시에는 대단한 절삭 공구였으므로 고속도강으로 명명되었다.

고속도강은 고온 경도가 높고 내마모성이 우수하여 뜨임을 함으로써 경도의 증가를 얻을 수 있다. 고온 가열로 인한 표면의 산화 및 탈탄 방지를 위하여 염욕(salt bath)을 하는 것이 효과적이다. 밀링 커터, 드릴, 탭, 리머, 바이트 등으로 사용되며 표준 고속도강과 특수 고속도강으로 구분한다.

㈎ 표준 고속도강 : W(18 %) − Cr(4 %) − V(1 %)를 함유하는 고속도강을 18−4−1 표준 고속도강이라 한다.

㈏ 특수 고속도강 : 보다 우수한 절삭 성능을 얻기 위하여 Co 및 V의 함유량을 많이 첨가시킨다. 코발트를 4~20 % 첨가한 고속도강과 탄소 함유량에 따라 바나듐 함유량을 증가시킨 고속도강이 있다.

④ 소결 초경합금(sintered hard metal)

소결 초경합금 W, Ti, Mo, Zr 등의 경질합금 탄화물 분말을 Co, Ni을 결합제로 하여 1400℃ 이상의 고온으로 가열하면서 프레스로 소결성형한 것이다. 1932년 독일의 크루프(krupp)사가 "다이아몬드만큼 강하다." 라는 의미로 비디아로 명명하여 판매를 시작하였다. 미국에서는 상품명을 카볼로이(Carboloy)로, 영국에서는 미디어(Midia)로, 일본에서는 탕가로이(Tungaloy)로, 우리나라에서는 초경합금으로 하여 판매하였다.

초경합금은 고온, 고속 절삭에서도 경도를 유지하며 절삭 공구로서 우수한 성능을 나타내는 특징이 있다. 그러나 취성이 커서 진동이나 충격에 약하므로 주의하여 사용하여야 한다. 현재는 WC−Co계, WC−TaC−Co계를 주로 사용한다.

초경합금은 탄소강의 섕크(shank)에 경납땜을 하여 사용한다. 열팽창 계수가 강과 상이하여 절삭열로 인한 파손이나 연삭 시 국부적인 가열로 인한 미세한 균열 등이 바이트 수명에 많은 영향을 미치므로 주의하여야 한다.

〈표 1-12〉 초경합금의 분류 및 특성

분류	가공물	성분	특성
P종	비교적 긴 칩 발생 재질	WC, TiC TaC, Co	TiC, TaC 등을 함유하고 있어 열적 마모가 강함
M종	치핑, 크레이터 유발 재질	WC, TiC TaC, Co	TiC, TaC 함유량을 줄여 기계적 열적 마모에 적당한 강도 보유
K종	칩이 분말 또는 짧은 재질	WC, CO	열에 강하고 기계적 마모에 약함

⑤ 주조 경질 합금(cast alloyed hard metal)

주조 합금의 대표적인 것으로는 스텔라이트(stellite)가 있으며 주성분은 W, Cr, Co, Fe이고 주조 합금이다. 스텔라이트는 상온에서는 고온도강보다 경도가 낮지만 고온에서는 경도가 높아 고속도강보다 고속 절삭용으로 사용된다. 850℃까지 경도와 인성이 유지되며 단조나 열처리가 되지 않는 특징이 있다. 최근에는 특별한 경우 외에는 사용하지 않는다.

⑥ 세라믹(ceramic)

산화알루미늄(AL_2O_3) 분말을 주성분으로 Mg, Si 등의 산화물과 미량의 다른 원소를 첨가하여 소결한 절삭 공구이다. 고온에서도 경도가 높고 내마모성이 좋아 초경합금보다 빠른 절삭 속도로 절삭이 가능하며 배색, 분홍색, 회색, 흑색 등의 색이 있으며 초경합금보다 매우 가볍다. 그러나 초경합금보다 인성이 적고 취성이 커서 충격이나 진동에 약하다.

세라믹은 용접이 곤란하므로 고정용 홀더를 사용하도록 하며, 고정용 홀더에는 인장력과 굽힘 모멘트가 작용하도록 설계하는 것이 효율적이다. 세라믹은 고속 다듬질에는 우수한 성능을 나타내며 중절삭이나 냉각제를 사용하면 파손되기 쉽다.

⑦ 서멧(cermet)

서멧 공구는 WC보다 경도 및 고온 특성이 우수한 TiCN을 주성분으로 한 절삭 공구로 TiC를 주성분으로 한 종래의 서멧에 비하여 인성을 부여한 절삭 공구이며, 초경합금 절삭 공구보다 고속 절삭이 가능하고 공구 수명이 길다.

⑧ 다이아몬드(diamond)

현재 알려져 있는 절삭 공구 중에서 가장 경도가 크고 내마모성이 크며 절삭 속도가 빠르고 능률적인 우수한 공구이다. 다이아몬드는 경질 고무, 베이클라이트(bakelite), Al, Al 합금, 황동 등의 재료 절삭에 능률이 좋다.

특히 초정밀 완성 가공 및 연삭숫돌의 보정이나 유리 가공에도 사용된다. 그러나 취성이 커서 잘 깨어지고 값이 비싸며 가공이 어려운 단점이 있다.

■ 다이아몬드의 일반적인 성질

(가) 경도가 크다(HR 7000).

(나) 열팽창이 적다(강의 12 % 정도).

(다) 열전도율이 크다(강의 12배 정도).

(라) 공기 중에서 815℃로 가열하면 CO_2가 된다.

(마) 금속에 대한 마찰계수 및 마모율이 적다.

(바) 장시간 고속으로 절삭이 가능하다.

(사) 정밀하고 표면 거칠기가 우수한 면을 얻을 수 있다(무지개면 가공).

(아) 날 끝이 손상되면 재가공이 어렵다.

⑨ 입방정 질화붕소(CBN : cubic boron nitride)

자연계에는 존재하지 않는 인공합성 재료로 다이아몬드의 2/3배의 경도를 가진다. CBN 미소분말을 초고온, 초고압(2000℃, 5만 기압 이상)으로 소결한 것이며 현재 많이 사용되는 재료이다.

공기 중에서도 안정되어 절삭열이 많이 발생하는 철금속 가공에 이상적이며 난삭재, 고속도강, 담금질강, 내열강 등의 절삭이 가능하다.

⑩ 피복 초경합금(coated tungsten carbide materal)

피복 초경합금 공구는 Ti, TiCN, TiN, Al203 등을 2~15μm의 두께로 피복한 것이며, 인성이 우수한 초경합금과 함께 내마모성과 내열성을 향상시킨다. 현재 절삭 공구 피복 방법으로는 화학증착법(CVD)과 압력증착법(PVC)을 이용하며 피복 초경 공구는 비교적 적은 비용으로 큰 효과를 얻는 방법이다.

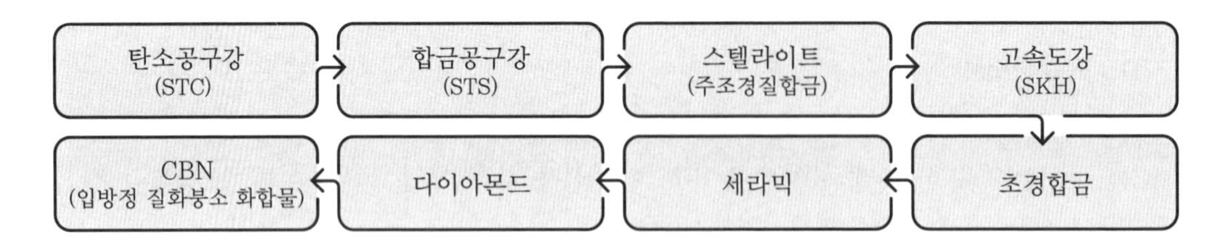

〈그림 1-34〉 공구강의 경도 순서

(3) 공구의 선정

절삭 공구가 갖추어야 할 조건은 내마모성과 인성이며, 절삭 공구 선정 시 절삭 공구를 규격화하여 공구 관리를 효율적으로 할 수 있다. 교환 시 호환성이 좋고 절삭 공구 마모를 일정하게 하기 위하여 TA(throw-away) 공구를 사용하는 것이 효과적이다.

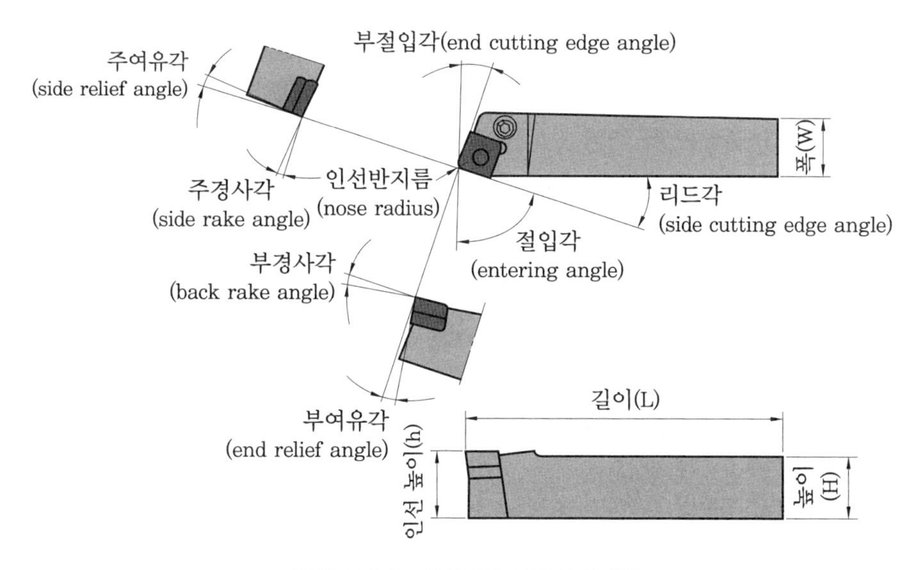

〈그림 1-35〉 선삭 공구의 형상과 명칭

① 공구 재종과 선정 기준

사용되는 공구 재료에는 탄소 공구강, 고속도강, 주조 경질 합금, 초경합금, 세라믹, CBN, 다이아몬드 등이 있다.

〈표 1-13〉 초경합금 절삭 공구의 적용 기준

분류	ISO 분류		경도 (HRA)	항절력 (kg/㎟)	피삭재	작업조건 및 용도
절삭 공구용 재종	P	01	90.0 이상	130 이상	강	고속 절삭, 정밀 사상
		10	92.5 이상	150 이상		고속 절삭, 사상 선삭, 나사 가공
		20	92.0 이상	170 이상		일반적인 선반 작업, 밀링 작업
		25	91.5 이상	190 이상	주강 가단주철 (연속형 칩)	일반적인 밀링 작업, 황삭
		30	91.5 이상	200 이상		황삭, 단속 선삭
		40	90.0 이상	230 이상		저속 절삭, 흑피, 황삭
	M	10	92.5 이상	160 이상	강, 주강, 쾌삭강 스테인리스강 고망간강, 주철	사상 선삭
		20	92.5 이상	180 이상		일반적인 선반 작업
		40	88.5 이상	230 이상		저속 절삭, 흑피, 황삭, 용접부 절삭
	K	01	93.0 이상	200 이상	주철, 가단주철, 칠드 주철, 고 Si-Al합금 비철금속(Cu, Al), 비금속류(플라스틱, 목재)	고속 절삭, 사상 가공
		10	92.5 이상	160 이상		고정밀도 선삭 작업
		20	92.0 이상	170 이상		일반 밀링
			91.5 이상	180 이상		일반 선삭, 황삭, 단속 작업
		30	90.0 이상	220 이상		중절삭, 단속 작업, 황삭
		40	89.0 이상	230 이상		중절삭, 황삭

② 절삭 공구의 특성

절삭 공구는 재종에 따라 가공 범위가 다르므로 각각의 특성을 고려하여 선택하여야 한다.

3-2 선반 가공

1 선반 가공의 종류

선반(lathe)은 주축(spindle) 끝단에 부착된 척(chuck)에 가공물을 고정하여 회전시키고 공구대에 설치된 바이트에 절삭 깊이와 이송을 주어 가공물을 주로 원통형의 형태로 절삭하는 공작기계이며, 가장 많이 이용되고 있다.

선반에서는 바깥지름 가공, 안지름 가공, 테이퍼(taper) 가공, 나사 가공, 곡면 가공 등의 기본 가공법과 총형 가공, 릴리빙 가공, 모방 가공 등을 할 수 있다.

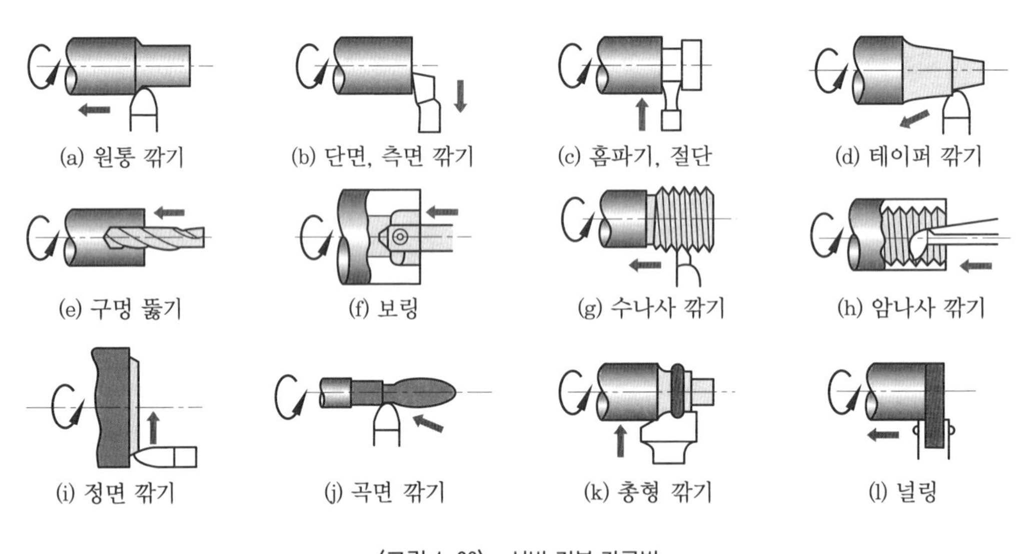

〈그림 1-36〉 선반 기본 가공법

(1) 선반의 분류와 크기 표시 방법

① 보통선반(engine lathe)

가장 많이 사용되는 선반으로, 사람의 힘을 이용한 수족 선반에서 증기기관을 이용한 엔진에 동력을 이용하면서 붙여진 이름이다. 공구 재료, 가공물의 재질, 생산성의 끊임없는 발전으로 고속화되고 중절삭에 충분히 견딜 수 있는 구조로 발전하고 있다. 가공 범위가 넓은 공작기계의 기본적인 구조와 기능을 보유한 대표적인 공작기계이다.

〈그림 1-37〉 보통선반

② 탁상선반(bench lathe)

작업대 위에 설치해야 할 만큼의 소형 선반으로 베드(bed)가 900 mm 이하, 스윙(swing)이 200 mm 이하인 시계 부품, 재봉틀 부품 같은 소형 부품을 주로 가공한다.

〈그림 1-38〉 탁상선반

③ 정면선반(face lathe)

기차 바퀴처럼 지름이 크고 길이가 짧은 가공물을 절삭하기 편리한 선반이며, 베드의 길이가 짧고 심압대가 없는 경우도 많다. 가공물의 지름의 차가 크기 때문에 절삭 속도를 어느 정도 일정하게 하기 위하여 무단 변속식의 정면선반도 있다.

〈그림 1-39〉 정면선반

④ 수직선반(vertical lathe)

대형 공작물이나 불규칙한 가공물을 가공하기 편리하도록 척을 지면 위에 수직으로 설치하여 가공물의 장착과 탈착(loading, unloading)을 편리하도록 하였다.

주축은 수직으로 설치되어 있으며 공구의 이송 방향이 보통선반과는 다르다.

〈그림 1-40〉 수직선반

⑤ 터릿선반(terret lathe)

보통선반의 심압대 대신에 터릿으로 불리는 회전 공구를 공구경에 맞게 설치하여 간단한 부품을 대량 생산하는 선반이다. 공구를 세팅할 때 시간이 많이 걸리지만 세팅이 끝나면 측정할 필요가 없어 숙련공이 아니라도 쉽게 가공할 수 있다.

터릿의 모양은 육각형, 드럼형 등으로 구분한다. 터릿선반은 램형(ram type)과 새들형(saddle type)이 있으며 램형은 소형에, 새들형은 대형에 주로 사용한다.

터릿선반에는 콜릿 척(collet chuck)을 사용한다. 긴 가공물을 고정하여 마지막 공정은 절단하여 부품을 완성하는 것이 일반적인 방법이다.

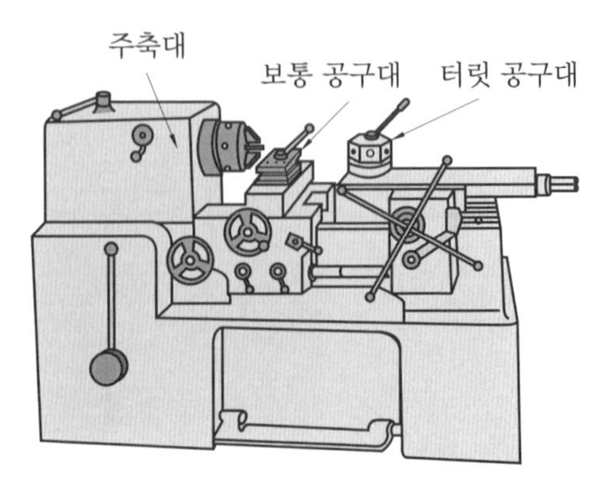

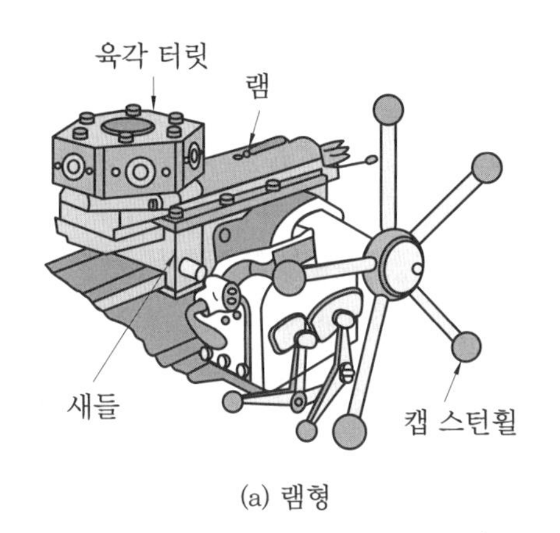

(a) 램형

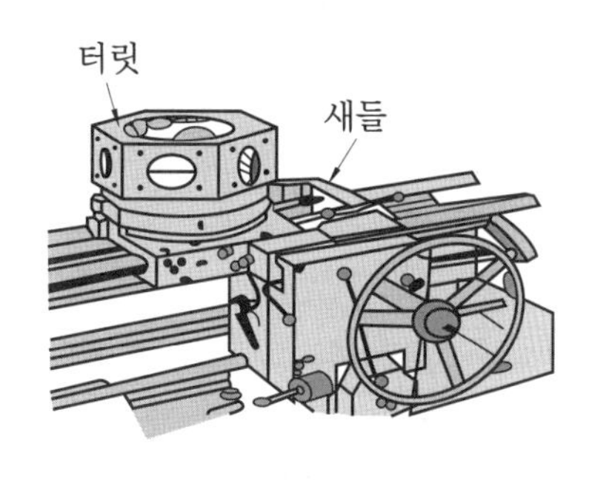

(b) 새들형

〈그림 1-41〉 터릿선반

⑥ 공구선반(automatic lathe)

보통선반과 같은 구조이나 정밀한 형식으로 되어 있다. 주축은 기어 변속장치를 이용하여 여러 가지 회전수를 변환할 수 있으며, 릴리빙 장치, 테이퍼 절삭장치, 모방 절삭장치 등이 부속되어 있고, 주로 밀링 커터, 탭, 드릴 등의 공구류를 가공한다.

릴리빙 장치(= back off 장치)를 가진 것으로 절삭 공구(호브 커터, 탭 등)의 여유각을 가공한다.

〈그림 1-42〉 공구선반

⑦ 자동선반(automatic lathe)

캠(cam)이나 유압기구를 이용하여 부품 가공을 자동화한 대량 생산용 선반이다. 선반은 조작을 한번 조정해 놓으면 부품이 자동으로 가공되는 형식이므로 CNC 선반의 전 단계로 볼 수 있다. 자동선반은 부품이 자동으로 가공되기 때문에 한 사람이 여러 대의 선반을 조작할 수 있는 장점이 있다.

작업 방식에 따라 척 작업용, 바 작업용으로 구분하며 주축의 수에 따라 단축 자동선반과 다축 자동선반으로 구분한다.

가공물의 고정과 완성된 부품의 회수를 수동으로 하는 반자동식 가공물의 고정과 완성된 부품의 회수를 자동으로 하는 전자동이 있다. 자동선반에서는 주로 핀, 볼트, 시계, 자동차 부품 등을 대량으로 생산할 수 있다.

〈그림 1-43〉 자동선반

⑧ 기타 특수 선반

㈎ 차축선반(axle lathe) : 주로 기차의 차축을 가공하는 선반으로 주축대 2개를 마주 세운 구조이다.

㈏ 차륜선반(wheel lathe) : 주로 기차의 바퀴를 가공하는 선반으로 추축대 2개를 마주 세운 구조이다.

〈그림 1-44〉 차륜선반

㈐ 크랭크축 선반(crank shaft lathe) : 크랭크축 선반은 크랭크축의 저널 부분과 크랭크 핀을 가공하는 선반으로, 베드(bed)의 양쪽에 크랭크 핀을 편심시켜 고정하는 주축대가 있다.

〈그림 1-45〉 크랭크축 선반

㈑ 수치제어 선반(computer numerical control lathe : CNC 선반) : 가공에서 필요한 절삭 조건과 공정을 수치적인 부호로 프로그램을 하여 컴퓨터에 입력시키고, 그 지령(P/G)에 따라 자동으로 부품을 가공하는 선반이다.

〈그림 1-46〉 수치제어 선반(CNC 선반)

(2) 선반의 크기 표시 방법

선반의 크기를 나타내는 방법은 선반의 종류에 따라 다소 다르나 보통선반에서는 스윙(swing : 절삭할 수 있는 가공물의 최대 지름)×양 센터 간 최대 거리로 나타내며, 생산 현장에서는 관습적으로 베드의 길이로 나타내기도 한다.

2 선반의 구조

(1) 선반의 각부 명칭

보통선반의 일반적인 각부 명칭은 〈그림 1-47〉과 같다.

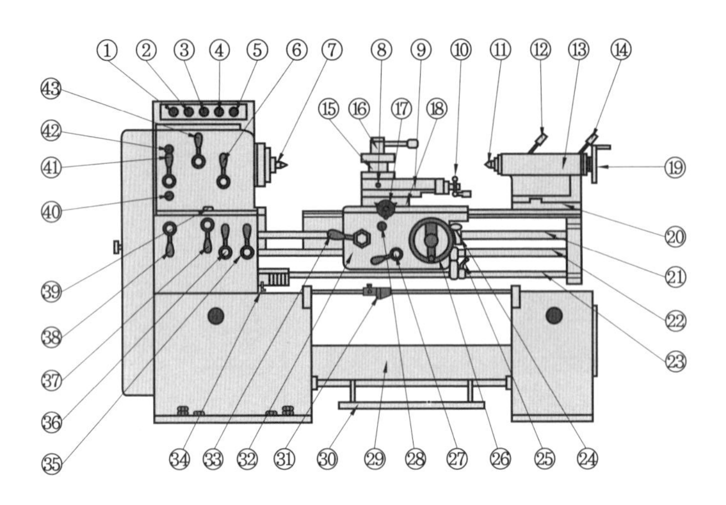

〈그림 1-47〉 보통선반의 각부 명칭

〈표 1-14〉 보통선반의 각부 명칭

번호	품명	번호	품명
①	주축 ON/OFF 스위치	㉓	스핀들 컨트롤 로드
②	주축 ON/OFF 램프	㉔	체이싱 다이얼
③	절삭유 ON/OFF 스위치	㉕	스핀들 스타팅 레버
④	절삭유 ON 램프	㉖	에이프런 이송 핸들
⑤	스핀들 속도 1,2 스위치	㉗	자동 이송 레버
⑥	HIGH-LOW 변환 레버	㉘	가로, 세로 자동 이송 변환 노브
⑦	센터	㉙	칩 박스
⑧	클램프 레버	㉚	브레이크 페달
⑨	툴 슬라이드	㉛	도그
⑩	공구대 가로 이송 핸들	㉜	에이프런
⑪	센터	㉝	하프 너트 레버
⑫	심압축 클램프 레버	㉞	8단 기어 변환 레버
⑬	심압대	㉟	나사, 피드 이송 변환 레버
⑭	심압대 클램프 레버	㊱	이송 속도 변환 G-H-I 레버
⑮	공구대	㊲	이송 속도 변환 E-F 레버
⑯	공구대 클램프 레버	㊳	이송 속도 변환 C-D 레버
⑰	공구대 세로 이송 핸들	㊴	오일 캡
⑱	크로스 슬라이드	㊵	오일 게이지
⑲	심압축 이송 핸들	㊶	정역 이송 레버
⑳	심압대 베이스	㊷	유 창
㉑	리드 스크루	㊸	주축 속도 변환 레버
㉒	이송 축		

(2) 선반의 주요 부분

선반을 구성하고 있는 주요 구성 부분으로 주축대, 왕복대, 심압대, 베드이며, 근래에는 고속화, 고정밀도, 중절삭에 견딜 수 있는 구조로 점진적인 발전을 하고 있다.

① 베드(bed)

베드는 리브(rib)가 있는 상장형의 주물(cast)로, 베드 위에 주축대, 왕복대, 심압대를 지지하며 절삭운동의 응력과 왕복대, 심압대의 안내 작용을 하는 구조이다. 베드는 주축대의 회전운동, 절삭력, 중량 등에 의하여 진동이나 휨(bending)이 발생하기 쉬우므로 충분한 강도가 요구되며 강성, 칩 처리와 절삭유의 회수 등을 고려하여 베드의 형태를 결정한다.

베드는 선반의 정밀도, 가공물의 정밀도 및 가공된 면의 표면 거칠기의 양부(良否)를 결정하는 중요한 부분이다. 베드의 재질은 인장강도 30 kg/mm^2 이상의 합금 주철, 미하나이트 주철, 구상 흑연 주철 등의 고급 주철을 사용한다.

주조로 인한 내부응력을 제거하기 위하여 주조 후에 시즈닝(seasoning)한다.

베드의 구비 조건은 다음과 같다.

㈎ 내마모성이 커야 한다.

㈏ 강성 및 방진성이 있어야 한다.

㈐ 가공 정밀도가 높고 직진도가 좋아야 한다.

베드의 형상은 〈표 1-15〉와 같이 평형 베드(영국식)와 산형 베드(미국식)가 사용되며 평형 베드는 대형 선반에, 산형 베드는 중소형 선반에 많이 사용된다.

또한 영국식 베드와 미국식 베드의 장점을 살려 한쪽에는 평형 베드, 다른 한쪽에는 산형 베드를 사용하는 절충식 베드가 많이 사용된다.

베드의 표면 경도를 높이고 내마모성을 높이기 위해서 베드 표면을 플레임 하드닝(flame hardenig) 또는 고주파 경화(induction hardening)한 후에 연삭하여 사용한다.

베드에 사용하는 리브 형식에는 평행형, 지그재그형, 십자형, X자형 등이 있다.

〈표 1-15〉 베드의 형상

항목	영국식	미국식
수압 면적	크다.	작다.
단면 모양	평면	산형
용도	강력 절삭용	정밀 절삭용
사용 범위	대형 선반	중소형 선반
베드의 단면		

② 주축대

주축대는 가공물을 지지하고 회전을 주는 주축(spindle)과 주축을 지지하는 베어링, 바이트에 이송을 주는 원동력을 전달시키는 주요한 부분이다.

주축 끝단 구멍에는 센터를 끼울 수 있도록 테이퍼로 되어 있으며, 이 테이퍼는 모스 테이퍼(mors taper)로 되어 있다.

일반적으로 모스 테이퍼 No. 3~5번을 주로 사용한다.

주축은 탄소강 또는 Ni-Cr강을 담금질(quenching)한 후 정밀 가공을 하여 제작한다. 주축의 지지는 2점 또는 3점 지지 방식을 사용하며, 고속 선반에서는 테이퍼 롤러 베어링(taper roller bearing)으로 지지하고, 베어링 마모 시 간격을 조정하여 쉽게 정도 수정이 가능하다.

주축의 성능이 선반 성능에 큰 영향을 미치게 되므로 주축의 구비 조건에는 정밀도, 강성 및 안정성이 있어야 한다.

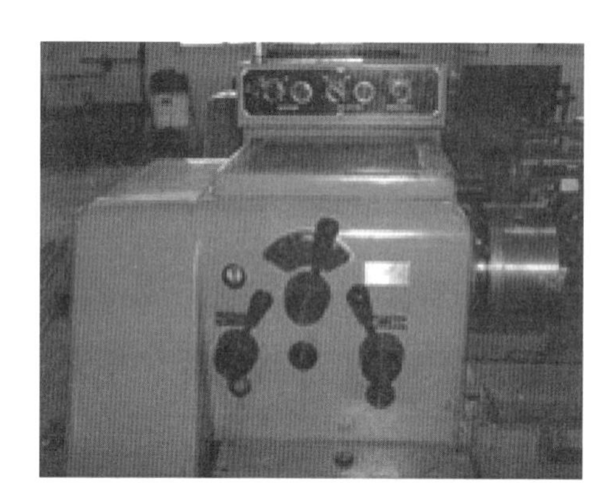
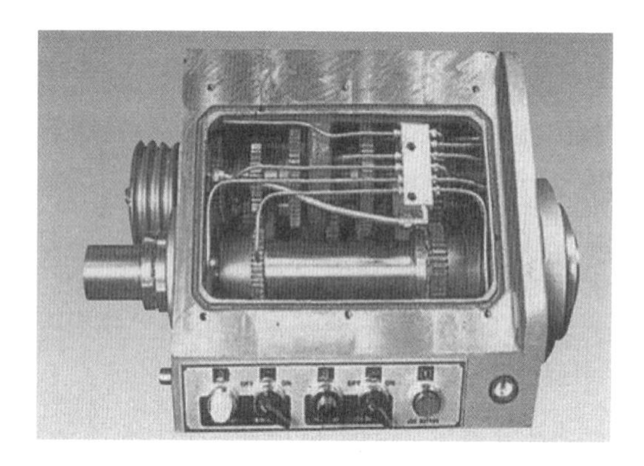

〈그림 1-48〉 주축대

③ 심압대(tail stock)

심압대는 작업자를 기준으로 오른쪽 베드 위에 위치하며, 심압축 끝단에서 테이퍼 구멍에 공구를 끼워 가공물의 지지, 드릴 가공, 리머 가공, 센터 드릴 가공을 주로 한다.

심압축 테이퍼도 주축 테이퍼와 마찬가지로 모스 테이퍼로 되어 있다.

■ 심압대의 구비 조건

㈎ 베드 상의 어떤 위치라도 고정시킬 수 있어야 한다.

㈏ 심압축은 축 방향으로 적당한 위치에 고정할 수 있어야 한다.

㈐ 축선과 편위시켜 테이퍼를 가공할 수 있어야 한다.

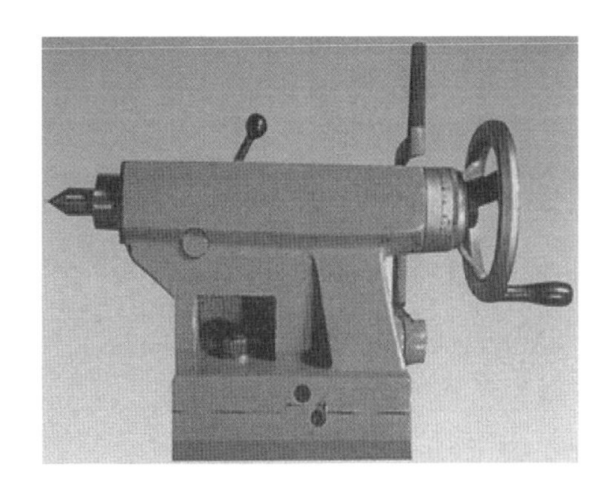

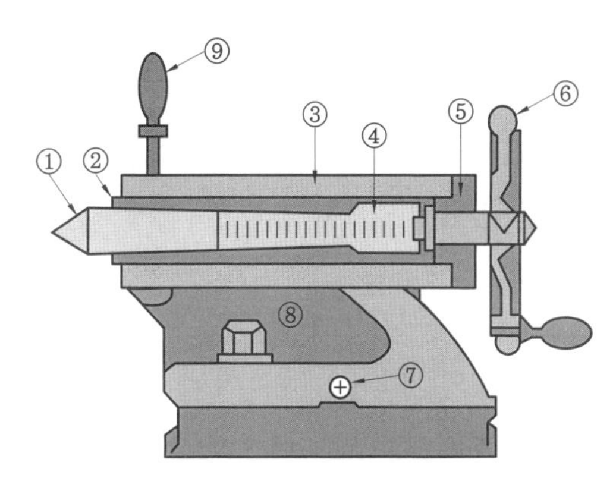

〈그림 1-49〉 심압대

④ 왕복대(carriage)

왕복대는 베드 상에서 공구대에 부착된 바이트(bite)에 가로 이송 및 세로 이송(절삭 깊이 및 이송)을 하는 구도로 되어 있으며, 크게 새들(saddle)과 에이프런(apron)으로 구분한다.

새들 위에는 복식 공구대가 있으며 회전대, 공구 이송대, 공구대 등으로 구성된다.

복식 공구대는 임의의 각도로 회전시킬 수 있어 비교적 큰 테이퍼를 쉽게 가공한다. 가로 이송과 세로 이송 핸들에는 마이크로 칼라(micro collar)가 부착되어 있어 0.02 mm를 쉽게 읽거나 이송시킬 수 있다.

왕복대의 이송기구는 에이프런 안에 장착되어 있으며, 나사 가공은 어미 나사가 주축 회전에 의한 동력 전달을 받고 이송은 하프 너트(또는 스플릿 너트)를 이용하여 가공한다.

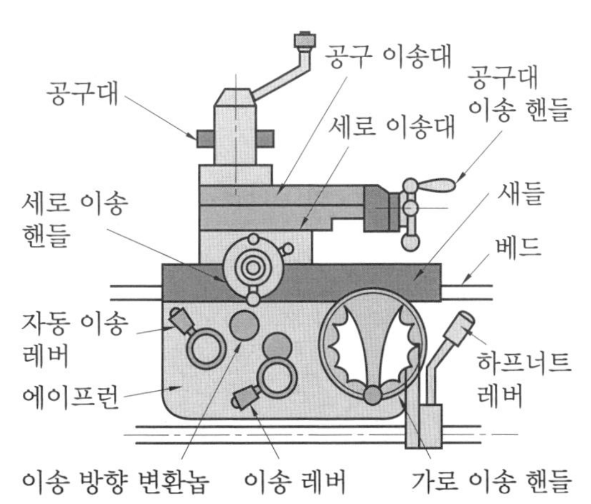

〈그림 1-50〉 왕복대의 구조

⑤ 이송 기구(feed mechainism)

주축대의 주축 회전 운동을 어미 나사(lead screw) 또는 이송축에 전달할 때 기어의 맞물림으로 전달된다.

절삭 작업에 이용되는 선반의 이송은 다음과 같다.

㈎ 수동 이송(hand feed) : 왕복대나 새들에 장착된 가로 또는 세로 이송을 작업자가 직접 이송시키는 방법으로, 수동 이송을 할 때에는 가능한 일정한 이송이 되도록 하며, 이송이 일정하지 않으면 표면 거칠기가 나빠지고 공구 수명도 단축된다.

㈏ 자동 이송(automatic feed) : 이송축으로부터 동력을 전달 받아 왕복대가 작업자에 의하지 않고 자동으로 이송하는 방법으로, 필요한 이송 속도를 선정하여 왕복대에 부착된 레버를 이용하여 이송시키는 방법이다.

㈐ 나사 절삭 이송(screw cutting feed) : 나사 절삭 시 하프 너트를 이용하여 어미 나사와 하프 너트가 닫히면 어미 나사의 동력에 의해 왕복대를 이송시켜 나사를 가공하며, 나사를 가공하지 않을 때에는 하프 너트를 열어서 어미 나사와 왕복대의 동력을 차단하는 방법으로 나사를 가공한다.

3 선반용 절삭 공구

(1) 바이트의 형상과 구조

① 바이트 형상

선반용 절삭 공구를 바이트(bite)라 한다. 선반 공구대에 고정되는 부분(shank)과 날 부분으로 되어 있으며, 바이트의 인선은 경사면과 여유면에 의해 형성된다.

절삭 날은 주절인과 부절인으로 형성되며, 앞날과 옆날이 만나는 둥근 부분을 노즈(noze)라 한다. 일반적으로 바이트의 크기는 폭×높이×길이로 나타낸다.

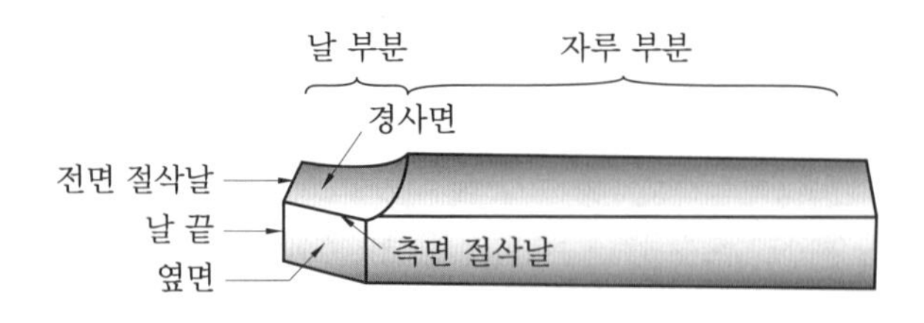

〈그림 1-51〉 바이트에 사용되는 날 끝 및 각 부분의 용어

㈎ 자루(shank, 섕크) : 용접 바이트나 폐기형 바이트에서 날 부분을 제외한 부분

㈏ 인선(cutting edge) : 실제 절삭을 하는 바이트의 예리한 날 부분

㈐ 주절인(major cutting edge, 주날) : 측면 여유면(major flank)과 경사면(face)이 만나면서 이루는 날카로운 날 부분으로, 바이트의 길이 방향으로 형성되며 절삭 가공의

대부분을 차지하는 주요 부분이다.

㈑ 부절인(minor cutting edge, 부날, 측면절인, 측면날) : 주절인에 접하며 바이트 앞쪽으로 형성되는 날카로운 부분으로, 단면 가공을 할 때 주로 사용하는 인선이다.

㈒ 날 끝(nose, 노즈) : 주절인과 부절인이 만나는 부분으로, 매우 날카로워서 원래 형태로 사용하면 바이트가 약해지므로 공구 수명의 축, 마모, 파손, 발열 등의 원인이 되기 때문에 주절인과 부절인이 만나는 부분을 약간(R = 0.2~1.6 mm 정도) 둥글게 하는 부분이다.

㈓ 경사면(rake face) : 절삭되는 칩이 접촉하는 면으로 주절인과 부절인이 연결된 바이트의 윗면을 말한다.

㈔ 여유면(flank) : 가공물과 바이트의 마찰을 줄이기 위한 면으로 주절인과 바이트 아래쪽으로 연결된 면을 말한다.

② 바이트의 주요 각도

바이트에서 각도는 가공된 면의 표면 거칠기, 공구 수명, 절삭력 등에 미치는 영향이 매우 크기 때문에 사용 용도, 가공물의 재질, 공구의 재질 등에 의하여 적절히 선택해야 효율적으로 사용할 수 있다.

㈎ 경사각(rake angle) : 절인과 경사면이 평면과 이루는 각도로, 전면 경사각과 측면 경사각으로 구분한다. 경삭각이 크면 절삭성이 좋아지고 가공 표면 거칠기도 좋아지지만 날 끝이 약해져서 바이트의 수명이 단축된다.

- 전면 경사각(front rake angle, back rake angle) : 부절인에서 바이트의 뒤쪽으로 이루어지는 면과 수평면에서 이루는 각(α)
- 측면 경사각(side rake angle : 옆면 경사각) : 주절인이 경사면과 수평면에서 이루는 칩의 유동을 좌우하는 각(α')

㈏ 여유각(clearance angle, relief angle) : 바이트의 옆면 및 앞면과 가공물이 마찰을 줄이기 위한 각으로 여유각이 너무 크면 날 끝이 약하게 된다. 따라서 바이트의 여유각은 가공물의 재질, 바이트의 재질, 절삭 조건에 따라 적절하게 선정하는 것이 효과적이다.

- 전면 여유각(front clearance angle, 전방 여유각) : 부절인을 이루는 바이트의 앞면이 바이트의 수직선과 이루는 각도($\gamma°$)
- 측면 여유각(side clearance angle, 측방 여유각) : 주절인과 여유면이 바이트의 수직선과 이루는 각(γ')

㈐ 절삭각(cutting edge angle, 절인각) : 주조나 단조품 등의 단단한 표피를 가공할 때 바이트 인선을 보호하기 위한 각으로 설치각(setting angle)과 같은 효과를 나타내며,

측면 절삭각과 전면 절삭각으로 구분한다.

- 측면 절삭각(side cutting edge angle, 측면 절인각) : 주절인과 바이트의 중심선이 이루는 각
- 전면 절삭각(front cutting edge angle, 전방 절인각) : 부절인과 바이트의 중심선이 직각에서 이루는 각

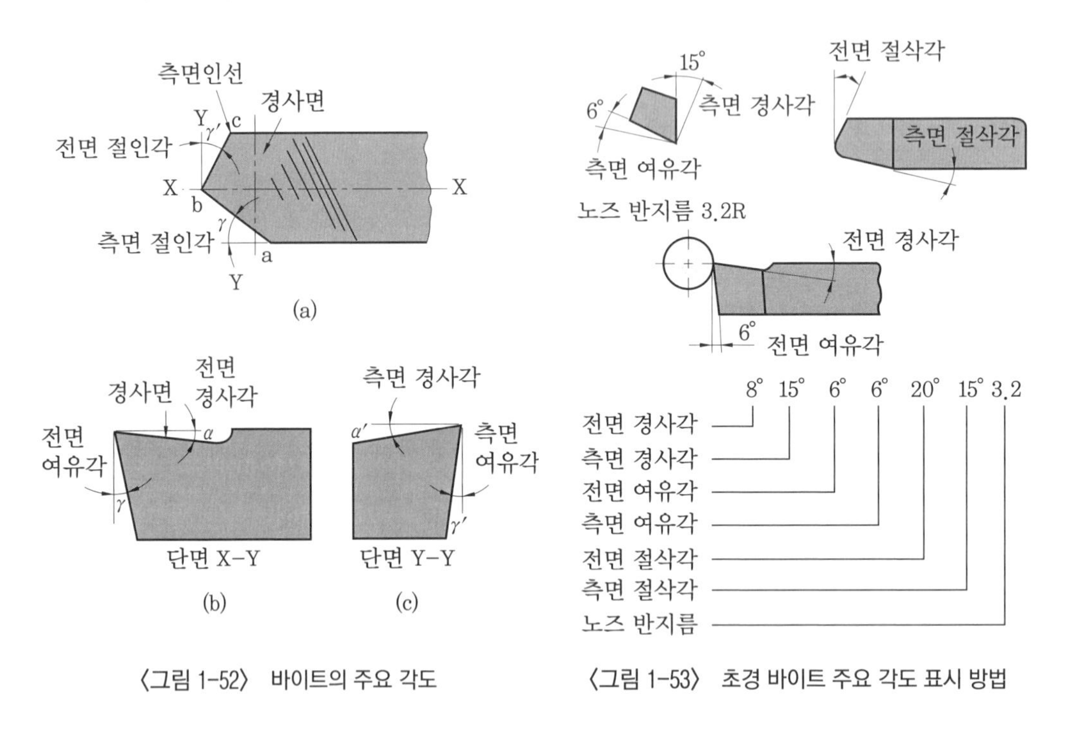

〈그림 1-52〉 바이트의 주요 각도

〈그림 1-53〉 초경 바이트 주요 각도 표시 방법

③ 바이트의 실용 표준 각도

바이트의 주요 각도는 가공물의 재질, 바이트의 재질, 절삭 조건 등에 따라 변화하므로 일정한 값을 정하기 곤란하다. 〈표 1-16〉은 일반적으로 사용하는 바이트의 실용 표준 각도를 나타낸 것이다.

(2) 바이트의 종류

바이트는 제작 과정에 따라 완성 바이트(ground bite), 단조 바이트(forged bite), 용접 바이트(welded bite), 클램프 바이트(clamped bite), 비트 바이트(bit bite) 등으로 구분하며 구조 및 재질, 절삭 조건, 사용 목적 등에 따라 여러 가지 종류가 있다.

① 단체 바이트(solid bite)

바이트 전체가 같은 재질로 구성된 바이트이다.

〈표 1-16〉 바이트의 실용 표준 각도

가공물 재질		고속도강 바이트				초경합금 바이트			
		γ	γ	α	α	γ	γ	α	α
주철	경	8	10	5	12	4~6	4~6	0~6	0~10
	연	8	10	5	12	4~10	4~10	0~6	0~12
탄소강	경	8	10	8~12	12~14	5~10	5~10	0~10	4~12
	연	8	12	12~16	14~22	6~12	6~12	0~15	8~15
쾌삭강		8	12	12~16	18~22	6~12	6~12	0~15	8~15
합금강	경	8	10	8~10	12~14	5~10	5~10	0~10	4~12
	연	8	10	10~12	12~14	6~12	6~12	0~15	8~15
청동 황동	경	8	10	0	−2~0	4~6	4~6	0~5	4~8
	연	8	10	0	−4~0	6~8	6~8	0~10	4~16
알루미늄		8	12	35	15	6~10	6~10	5~15	8~15
플라스틱		8~10	12~15	−5~16	0~10	6~10	6~10	1~10	8~15

② 팁 바이트(welded bite)

섕크 일부분에만 초경합금이나 용접 가능한 바이트용 재질을 용접하여 사용하는 바이트이며, 일정한 모양과 크기를 가진 바이트를 팁(tip)이라 하여 팁 바이트라고 한다.

③ 클램프 바이트(clamped bite)

팁(tip)을 용접하지 않고 기계적인 방법으로 클램핑(고정)하여 사용하기 때문에 클램프 바이트라고 한다.

(3) 가공면의 표면 거칠기

선반 가공에서 가공면의 표면 거칠기는 절삭 방향의 가공면과 절삭 방향에 직각인 방향인 이송 방향의 거칠기로 분리하여 생각할 수 있다. 이송 방향의 거칠기는 이송에 의하여 나타나는 바이트의 자국이다.

바이트의 노즈 반지름을 r, 이송을 S라 하면 가공면의 이론적인 최대높이 H는 다음 식으로 계산한다. $\triangle BCD \backsim \triangle DCA$이므로

$$\frac{\overline{BC}}{\overline{CD}} = \frac{\overline{BC}}{\overline{CD}} \qquad \therefore \frac{H}{\frac{S}{2}} = \frac{\frac{S}{2}}{2r-H}$$

H는 $2r$에 비하여 매우 작은 값(무시할 수 있는 값)이므로 $2r-H=2r$로 볼 수 있다.

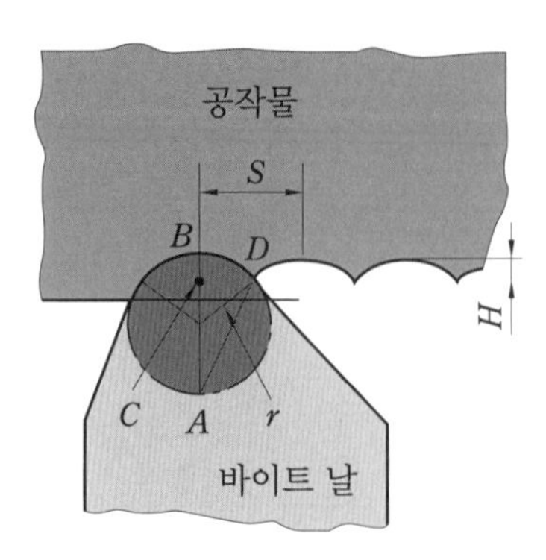

〈그림 1-54〉 노즈 반경에 의한 가공면의 표면 거칠기 H_{max}

$$\frac{H}{\frac{S}{2}} = \frac{S}{4r} \quad \therefore H_{max} = \frac{S^2}{8r}(\text{mm}),\ H_{max} : \text{가공면의 표면 거칠기 이론값}$$

표면 거칠기를 양호하게 하기 위하여 노즈 반지름을 크게 하고 이송을 느리게 하는 것이 좋다. 그러나 노즈 반경이 너무 커지면 절삭 저항이 증대되고 바이트와 가공물 사이에 떨림이 발생하여 가공 표면이 더 거칠어지게 되므로 〈표 1-17〉을 참고로 하여 적용한다.

노즈 반지름은 공구 수명, 가공면의 표면 거칠기에 많은 영향을 미치므로 일반적으로 이송의 2~3배로 하는 것이 양호하다.

절삭 면적 F는 절삭 깊이와 이송량의 곱, 즉 $F = t \times s$로 나타낸다.

절삭 면적이 크면 절삭 능률은 좋아지지만 절삭 저항이 증가하여 절삭 온도가 높아지고 바이트의 수명이 짧아지므로 절삭 면적이 커지면 절삭 속도를 느리게 해야 한다.

〈표 1-17〉 노즈 반경

절삭 깊이	강, 황동	주철, 비금속
3	0.6	0.8
4~9	0.8	1.6
10~19	1.6	2.4
20~30	2.4	3.2

| 예제 1 | 선반에서 노즈 반지름이 0.4 mm인 초경합금 바이트로 ϕ40 mm의 탄소강을 절삭 속도 180 m/min로 가공할 때 이론적인 표면 거칠기 H_{max}를 구하시오. (단 이송은 0.1 mm/rev)로 한다.)

풀이 $H_{max}=\frac{S^2}{8r}$에서 $\frac{0.1^2}{8\times 0.4}=\frac{0.01}{3.2}=0.003125\,\text{mm}=3.125\,\mu\text{m}$

표면 거칠기값을 구할 때 가공물의 지름, 재질, 절삭 깊이 등에 대한 영향을 고려하지 않는 것으로 하고, 위 예제에서 이송을 반으로 줄여 0.05 mm/rev로 하면 표면 거칠기값은

$$\frac{(0.05)^2}{8\times 0.4}=\frac{0.0025}{3.2}=0.7812\,\mu\text{m}$$

이다. 이송을 반으로 줄이면 표면 거칠기값은 4배로 감소하는 것을 알 수 있다.

따라서 이송을 줄이는 것이 표면 거칠기값을 양호하게 하는 것이지만 실제로 이송을 너무 적게 하면 다른 영향으로 인해 오히려 표면 거칠기가 나빠질 수 있으므로 적정한 이송을 유지하도록 한다.

4 선반용 부속품 및 부속장치

(1) 센터(center)

가공물을 고정할 때 주축 또는 심압축에 끼워 가공물을 지지, 고정할 때 사용하는 부속품으로 양질의 탄소강, 고속도강, 특수 공구강 등으로 제작, 열처리하여 사용한다.

센터는 주축에 설치하여 사용하는 회전 센터(주축 센터)와 심압축에 설치하여 사용하는 정지 센터가 있다. 일반적으로 센터는 정지 센터를 의미하여 주축이나 심압축 구멍, 센터 자루는 모두 모스 테이퍼로 되어 있다.

주축 센터는 스핀들과 함께 회전하므로 마찰이 적으나 정지 센터는 회전을 하지 않아 마찰열이 많이 발생하여 손상을 미치므로 회전수를 느리게 하고 적합한 윤활제를 사용하도록 한다.

〈표 1-18〉 모스 테이퍼 규격

번호	테이퍼	θ	D(mm)	d(mm)	c(mm)
2	1/20.020=0.04995	2°51′18″	17.781	14.534	65
3	1/19.922=0.0505020	2°52′34″	23.826	19.760	81
4	1/19.254=0.05194	2°56′38″	31.269	25.909	103.2
5	1/19.002=0.05263	2°0′6“	44.401	37.470	131.7

일반적으로 센터의 선단은 60°로 제작되어 정밀 가공, 중소형 부품 가공에 사용되며, 가공물이 크거나 중량품일 때에는 75°, 90°를 사용한다.

주축(spindle), 심압축은 모스 테이퍼의 구멍을 가지고 있으며 센터의 생크(shank)도 모스 테이퍼로 제작하여 사용한다.

① 보통 센터
가장 일반적이며 센터로 선단을 초경합금으로 하여 사용하는 경우가 많다.

② 세공 센터
지름이 작은 가공물의 부품을 가공할 때 바이트가 센터에 닿지 않도록 보통 센터를 부분적으로 가공하여 사용한다.

③ 베어링 센터(beraing center)
정지 센터는 가공물과 마찰로 인하여 손상이 많으므로 베어링을 이용하여 정지 센터의 선단 일부가 가공물의 회전에 의해 함께 회전되도록 함으로써 고속 회전으로 가공할 수 있도록 제작한 센터이다.

④ 하프 센터(half center)
정지 센터로 가공물을 지지하고 단면을 가공하려면 바이트와 가공물의 간섭으로 인해 가공이 불가능하게 된다. 이때 보통 센터의 선단 일부를 가공하여 단면 가공이 가능하도록 제작한 센터이다.

⑤ 파이프 센터(pipe center)
큰 지름의 구멍이 있는 가공물을 지지할 때 보통 센터로는 지지가 되지 않으므로, 보통 센터나 베어링 센터 선단을 크게 하여 지지할 수 있도록 제작한 센터이다.

⑥ 평 센터
가공물에 센터 구멍을 가공해서는 안 될 때 가공물의 단면을 평면으로 지지할 수 있도록 제작한 센터로, 지지력은 다소 약하다.

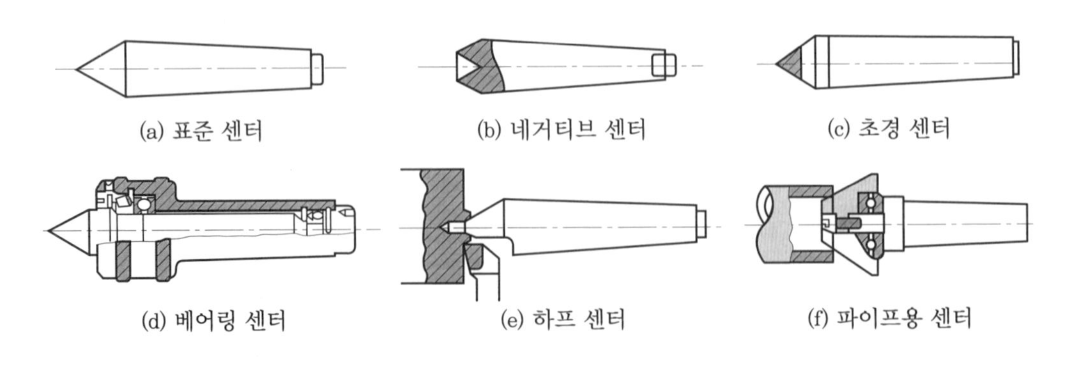

〈그림 1-55〉 센터의 종류

⑦ 역 센터

가공물에 센터 모양을 가공하고 구멍을 내어 지지하는 센터로, 가공물에 구멍을 낼 수 없어 지지력이 커야하는 경우에 사용하는 센터이다.

(2) 센터 드릴(center drill)

센터를 지지할 수 있는 구멍을 가공하는 드릴로, 〈그림 1-56〉과 같다.

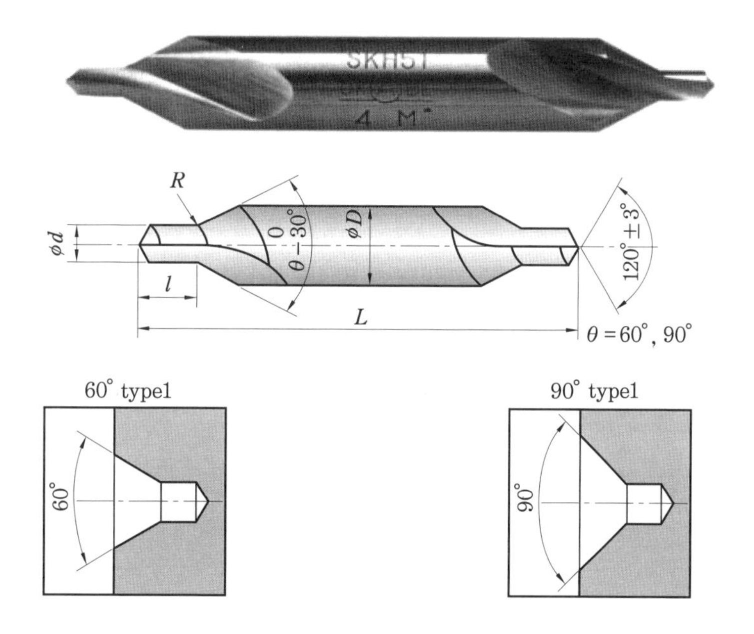

〈그림 1-56〉 센터 드릴

〈표 1-19〉 가공물의 지름과 센터 드릴

(단위 : mm)

가공물 지름	호칭 치수 d_1	드릴 지름 d_2	D	L	l
5 이하	0.7	3.5	2	2	0.8
5~15	1	4	2.5	2.5	1.2
10~25	1.5	5	4	4	1.8
20~35	2	6	5	5	2.4
30~45	2.5	8	6.5	6.5	3
40~80	3	10	8	8	3.6
35~60	4	12	10	10	4.8
60~100	5	14	12	12	6
80~140	6	18	15	15	7.2

센터 구멍의 모양은 가공물의 목적과 방법에 따라 적절한 것을 선택하여 사용한다.

센터 드릴의 각도는 일반적으로 60°인 것이 가장 많이 사용되고 있으며 대형 가공물 또는 중량물일 때에는 75°, 90°의 센터 드릴도 사용한다.

센터 드릴의 종류에는 a형, b형, c형이 있으며 〈그림 1-57〉은 센터 구멍의 종류를 나타낸 것이다.

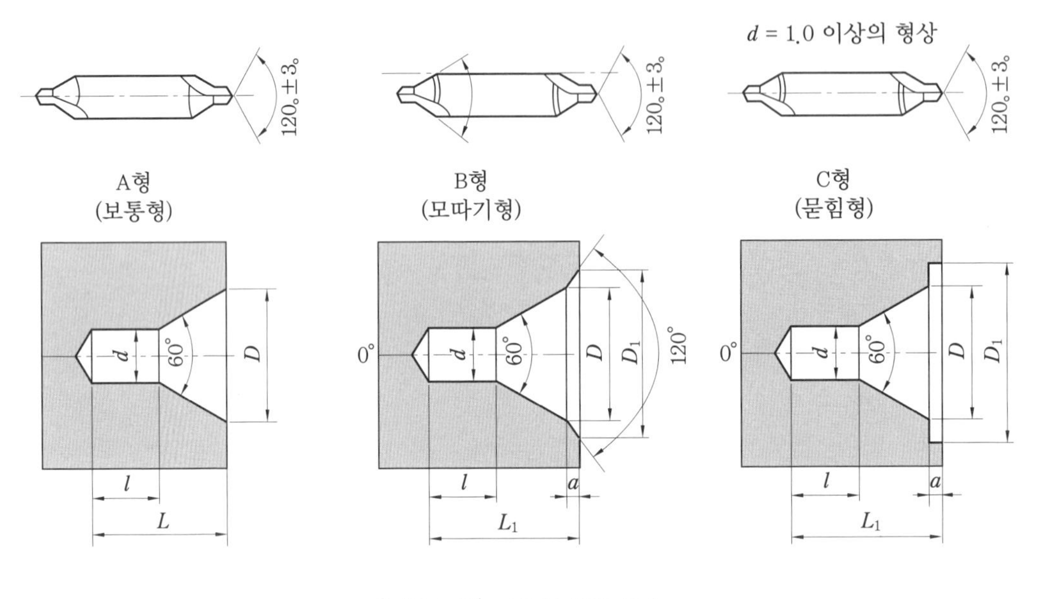

〈그림 1-57〉 센터 구멍의 종류

(3) 면판(face plate)

면판은 척에 고정할 수 없는 불규칙하거나 대형의 가공물 또는 복잡한 가공물을 고정할 때 사용한다.

척을 떼어내고 면판을 주축에 고정하여 사용하며, 면판에 가공물을 직접 볼트나 클램프, 기타 고정구를 이용하여 고정하거나 앵글 플레이트를 함께 사용하여 고정하기도 한다.

가공물을 고정하였을 때 무게의 중심이 맞지 않을 경우에는 대각선으로 균형추를 달아서 가공물의 균형을 맞추고 가공한다.

(4) 돌림판과 돌리개

척을 선반에서 떼어내고 회전 센터와 정지 센터로 가공물을 고정하면 고정력이 약하여 가공하기 어렵다. 돌림판(driving plate)과 돌리개(lathe dog)는 이때 주축의 회전력을 가공물에 전달할 때 사용하는 부속품이다.

① 곧은 돌리개(straight tail dog) : 곧은 돌림판에 사용하는 돌리게
② 굽은 돌리개(bent tail dog) : 곡형 돌림판에 사용하는 돌리게
③ 평행 돌리개(parallel tail dog) : 고속으로 회전시켜 가공해도 진동이 많이 발생하지 않는 장점이 있는 돌리개

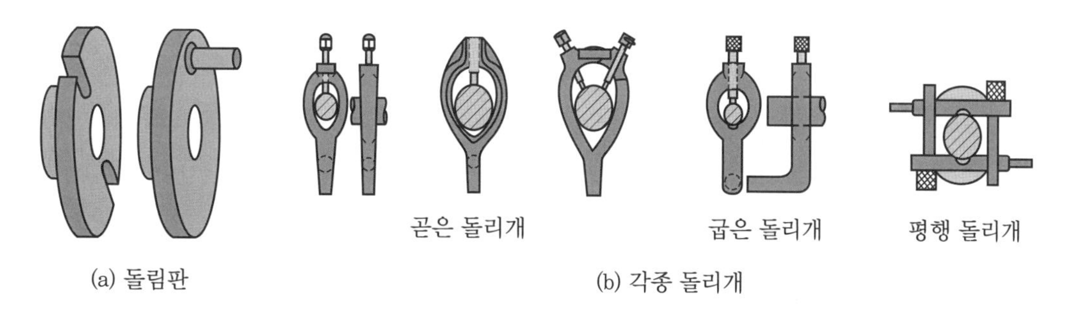

〈그림 1-58〉 돌림판(회전판) 및 돌리개의 종류

(5) 방진구(work rest)

방진구는 선반에서 가늘고 긴 가공물을 절삭할 때 사용하는 부속품이다.

일반적으로 가공물의 길이가 가공물 지름의 20배가 넘으면 가공물을 절삭력과 자중에 의하여 진동이 발생하여 정밀도가 높은 제품을 가공할 수 없다.

따라서 선반의 베드에 고정하여 사용하는 고정식 방진구나 왕복대의 새들에 고정하여 사용하는 이동식 방진구를 사용하여 가공물을 절삭하여야 한다.

① 고정식 방진구(steady work rest, fixed steady rest)

고정식 방진구는 베드에 고정시키고 가공물을 지지하는 방진구로, 가공물의 중앙 부분을 지지하고 선반 가공을 한다.

다듬질한 면을 가공할 때에는 표면이 손상되지 않도록 윤활유를 급유하거나 보호판, 부시(bush) 등을 사용하여 가공한다.

〈그림 1-59〉는 고정식 방진구를 나타낸 것이며 원형 120° 간격으로 배치된 조(jaw)로 가공물을 지지하고 가공한다.

② 이동식 방진구(fallow steady rest)

이동식 방진구는 왕복대의 새들 부분에 설치하여 사용하는 방진구이다.

2개의 조(jaw)와 바이트(bite)가 절삭을 함과 동시에 방진구의 조 역할을 함께 함으로써 3개의 조가 지지하는 역할을 한다. 고정식 방진구와 같이 가공에 제약을 받지 않으며 가공이 가능하다.

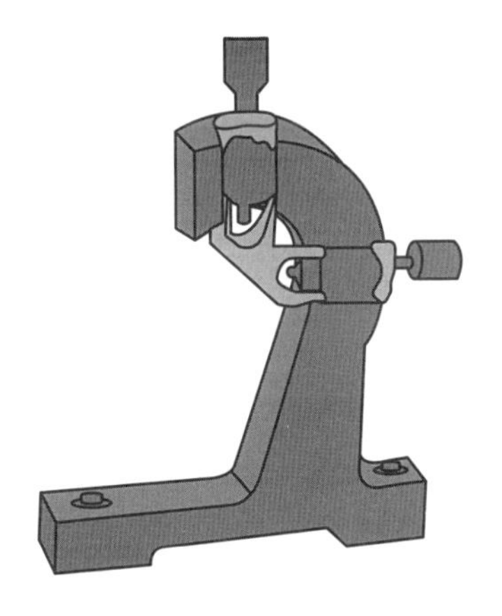

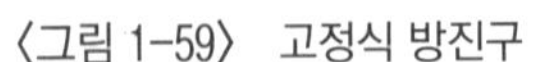
〈그림 1-59〉 고정식 방진구

〈그림 1-60〉 이동식 방진구

(6) 맨드릴(mandrel, 심봉)

맨드릴은 기어, 벨트 풀리 등과 같이 구멍과 바깥지름이 동심원이고 직각이 필요한 경우 구멍을 먼저 가공하고, 그 구멍에 끼워 양 센터로 지지함으로써 바깥지름과 측면을 가공하여 부품을 완성하는 선반의 부속품이다.

일반적으로 여러 가지의 맨드릴이 사용되고 있지만 그중에 널리 사용되는 맨드릴은 다음과 같다.

① 표준 맨드릴

가장 일반적인 형식의 맨드릴로 공구강을 열처리한 후 연삭하여 사용한다. 표준 맨드릴은 $\frac{1}{100} \sim \frac{1}{1000}$ 정도의 테이퍼로 되어 있다.

② 팽창 맨드릴

표준 맨드릴은 구멍의 공차가 정밀하지 못하면 사용할 수 없다. 따라서 팽창 맨드릴은 가공물의 구멍이 일반 공차 정도일 때 사용하는 맨드릴로 구멍의 크기에 따라 바깥지름을 팽창시켜 고정하고 사용할 수 있도록 제작된 맨드릴이다.

③ 나사 맨드릴

가공물의 구멍이 암나사로 되어 있는 경우에 사용하는 맨드릴로, 맨드릴에 나사를 가공하고 가공물을 고정하여 가공하는 형식의 맨드릴이다.

④ 테이퍼 맨드릴

가공물의 구멍이 테이퍼로 되어 있을 때 맨드릴을 테이퍼로 가공하여 가공물을 가공하는 형식의 맨드릴이다.

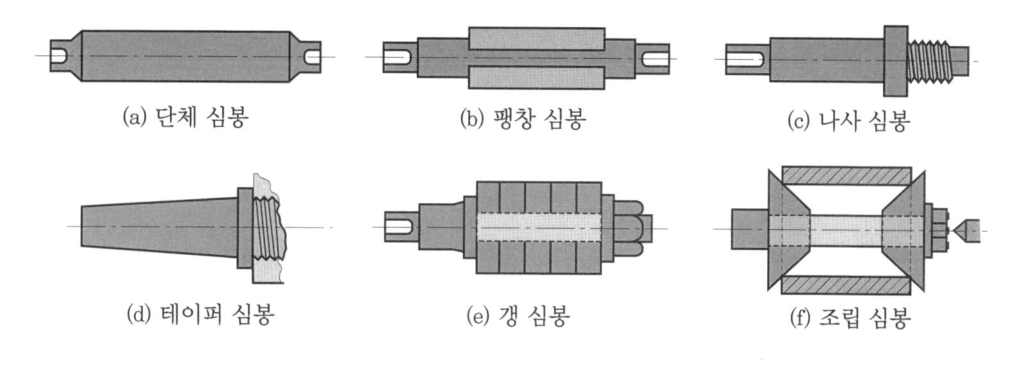

〈그림 1-61〉 심봉(맨드릴)의 종류

⑤ 조립식 맨드릴

주축과 심압대에 독립된 형태의 테이퍼로 된 맨드릴을 설치하고 가공물을 양 센터 방식으로 고정하여 가공하는 형식으로, 지름이 큰 가공물, 구멍의 지름이 여러 가지 종류로 다양할 경우에 사용하는 맨드릴이다.

(7) 척(chuck)

선반 작업에서 가장 많이 사용하는 부속품의 하나로, 가공물을 고정하는 역할을 하며 스핀들의 끝단에 부착하여 가공물에 회전력을 전달하는 부속품이다.

① 연동척(universal chuck, scroll chuck)

3개의 조가 120°로 구성 · 배치되어 있으며 3번 척 또는 만능 척이라고도 한다.

1개의 조를 돌리면 3개의 조가 함께 동일한 방향으로, 동일한 크기만큼 이동하기 때문에 숙련된 작업자가 아니라 하더라도 원형이나 3의 배수가 되는 단면의 가공물을 쉽고, 편하고, 빠르게 고정할 수 있다. 그러나 불규칙한 가공물, 단면이 3의 배수가 아닌 가공물의 편심 가공은 할 수 없으며, 단동척에 비하여 고정력이 약하고 조가 마모되면 정밀도가 저하되는 단점이 있다.

외측 및 내측 조가 따로 사용되며 크기는 척의 지름을 인치 또는 번호로 나타낸다.

② 단동척(independent chuck)

4개의 조가 90°로 구성 · 배치되어 있으며 4번 척이라고도 한다. 4개의 조가 단독으로 이동하며 고정력이 크고 불규칙한 가공물, 편심, 중량의 가공물 등을 정밀하게 가공할 수 있으며 소량 생산에 적합하다.

그러나 가공물의 중심을 정밀하게 맞추는데 숙련이 필요하며 3번 척에 비해 가공물을 고정하는 시간이 많이 걸리는 단점도 있다.

척의 크기는 척의 지름을 인치로 나타내며 외측과 내측 조의 구분 없이 필요에 따라 조를 돌려서 부착한다.

〈그림 1-62〉 연동척

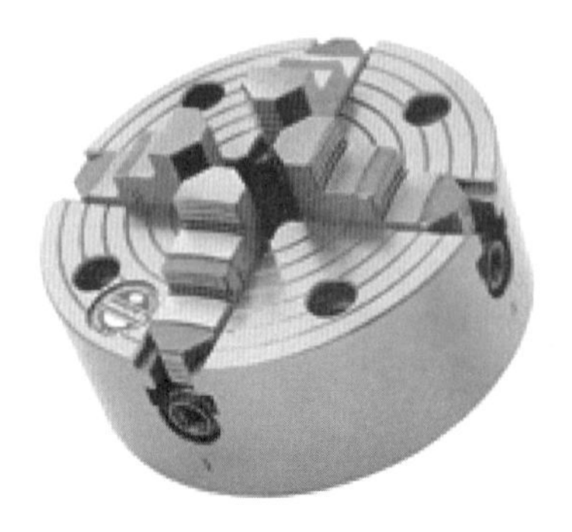

〈그림 1-63〉 단동척

③ 마그네틱 척(magnetic chuck)

전자석을 이용하여 자성체의 얇은 판의 가공물, 피스톤 링 같은 가공물을 변형시키지 않고 고정시켜 가공할 수 있는 척이다. 그러나 고정력이 약하고 평면이 아니거나 대형 가공물, 비자성체인 경우에는 사용이 불가능하다. 사용 후 가공물에 남아 있는 잔류 자기가 영향을 미치는 부품일 경우 탈자기를 이용하여 잔류 자기를 제거하여야 한다.

〈그림 1-64〉 마그네틱 척

④ 공기척과 유압척(air chuck, hydraulic chuck)

조의 이동, 즉 가공물의 고정 및 해체를 압축공기나 유압을 이용하는 척이다. 주로 CNC 선반, 자동선반, 터릿선반, 모방선반 등에 사용한다.

조(jaw)는 소프트 조(soft jaw)와 하드 조(hard jaw)가 있으며, 소프트 조는 가공물의 형상에 따라 또는 조의 마모에 따라 수시로 바이트로 가공하면서 사용하기 때문에 가공 정밀도를 높일 수 있다.

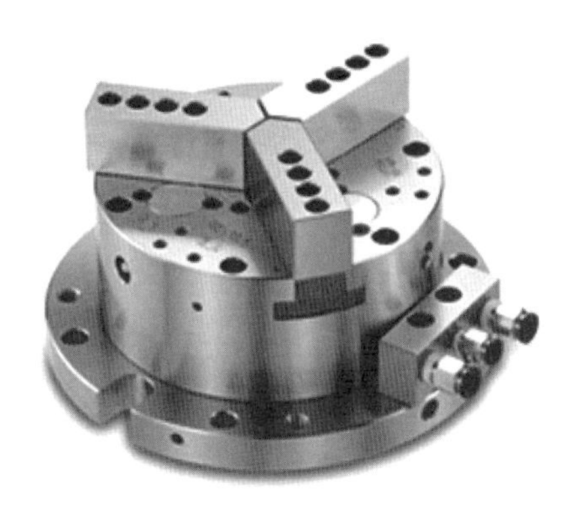

〈그림 1-65〉 공기척

〈그림 1-66〉 유압척

⑤ 콜릿 척(collet chuck)

콜릿 척은 지름이 작은 가공물이나 각봉재를 가공할 때 편리하여 터릿선반이나 자동선반에서 주로 사용한다.

보통 선반에서 사용할 때는 주축 테이퍼 구멍에 슬리브(sleeve)를 끼우고 슬리브에 콜릿 척을 부착하여 사용한다. 콜릿 구멍은 원형, 사각, 그밖에 기하학적 모양으로 제작하여 사용할 수 있다.

⑥ 복동척(combination chuck)

복동척은 단동척과 연동척의 기능을 겸비한 척으로, 척에 설치된 레버에 의하여 4개의 조를 연동척과 같이 동시에 가동시킬 수도 있고, 단동척과 같이 1개의 독립된 기능으로도 사용할 수 있다.

불규칙한 가공물이라도 단동척의 기능으로 중심을 맞추고 레버를 조작하여 연동척의 기능으로 변화시키면 다음 공정부터는 불규칙한 가공물을 연동척의 기능으로 짧은 시간에 편리하고 쉽게 사용할 수 있다.

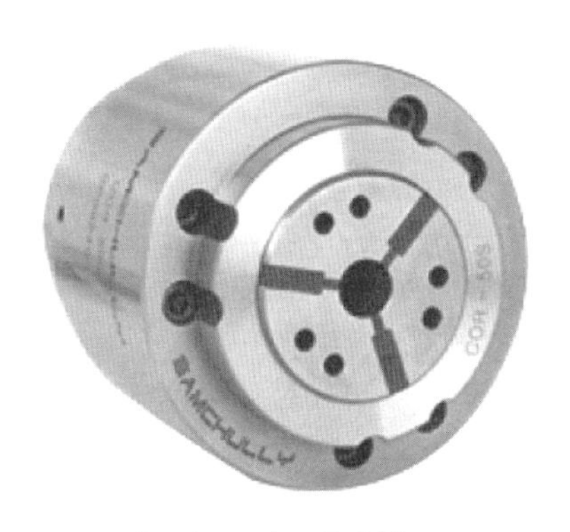

〈그림 1-67〉 콜릿 척

〈그림 1-68〉 복동척

5 선반 가공

(1) 원통 가공

가공물을 척에 고정하여, 바이트를 공구대에 설치한다. 절삭 속도에 의해 회전수와 이송, 절삭 깊이를 선정하고, 도면에 의해 거친 절삭(막깎기, 황삭) 후 다듬질하여 완성한다.

한쪽의 가공이 끝나면 가공물을 돌려 물려 가공하며 돌려 물릴 때에는 가공된 면에 상처가 나지 않도록 보호판(등판, 알루미늄 판)을 사용하고, 서피스 게이지(surface gauge)와 다이얼 게이지(dial gauge) 등을 이용하여 중심을 맞춘다.

■ 절삭 깊이(depth of cut)

선반에서는 가공물이 원통형이므로 절삭 깊이를 구하는 식은 다음과 같다.

$$n = \frac{D-d}{2}$$

t = 절삭 깊이, D = 가공 전 지름, d = 가공 후 지름

(2) 단면 절삭(facing)

단면 절삭은 가공물의 왼쪽 끝 단면을 가공하는 방법으로, 절삭 시 첫 공정으로 가공하는 것이 좋다. 바이트를 설치한 후 바이트의 중심과 가공물의 중심이 일치하는지를 확인하여야 한다.

단면에 대하여 바이트를 2~5° 정도 기울어지게 설치하고 가공물의 바깥지름에서 중심 방향으로 진행하며 가공하는 것이 일반적인 방법이다.

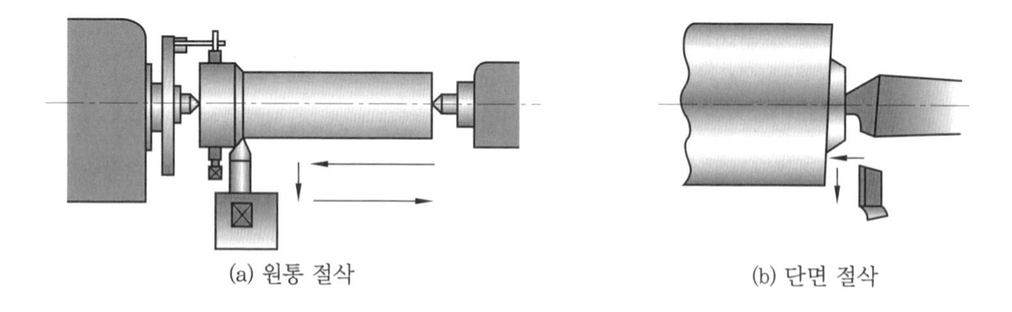

(a) 원통 절삭 (b) 단면 절삭

〈그림 1-69〉 원통 절삭(바깥지름 절삭)과 단면 절삭

(3) 절단(cutting off)

가공물의 일부를 절단(자르는 것)하는 가공이며 절단 바이트를 이용한다.

절단 바이트는 폭이 얇아 무리한 절삭력이 가해지면 쉽게 파손되므로 조심하여 가공한다. 바깥지름 절삭에 비하여 절삭 속도, 이송 절삭력 등을 적게 하여 가공하고 이송을 가끔씩 멈추어 칩이 끊어지도록 하면 좋다.

절단되는 깊이가 클 때에는 바이트를 좌우로 옮기면서 절단하여 바이트에 가해지는 절삭 저항을 줄여 주는 것도 유용한 방법이다.

(4) 홈 절삭

홈 절삭은 절단의 일부만 가공하는 방식이므로 절단 가공에 준하여 가공한다.

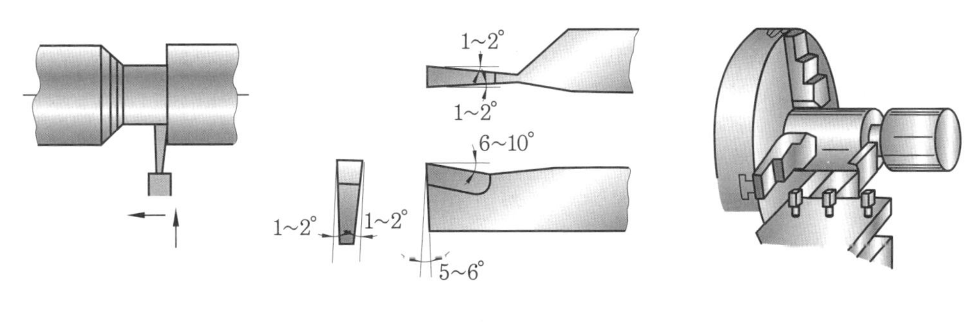

〈그림 1-70〉 절단 〈그림 1-71〉 홈 절삭

(5) 안지름 절삭

① 구멍이 뚫린 가공물

바이트의 중심은 가공물의 중심과 일치시키고, 바이트 섕크는 가공물의 안지름에 사용 가능한 가장 굵은 것을 사용하는 것이 좋다.

안지름 바이트는 바깥지름 바이트에 비해 지지력이 약하므로 진동이 발생하여 가공면의 표면 거칠기가 나빠진다.

따라서 바이트 섕크의 길이는 가공물에 적합한 길이로 사용하고, 절삭 속도, 이송, 절삭 깊이 등을 바깥지름 절삭보다 적게 하여 가공한다.

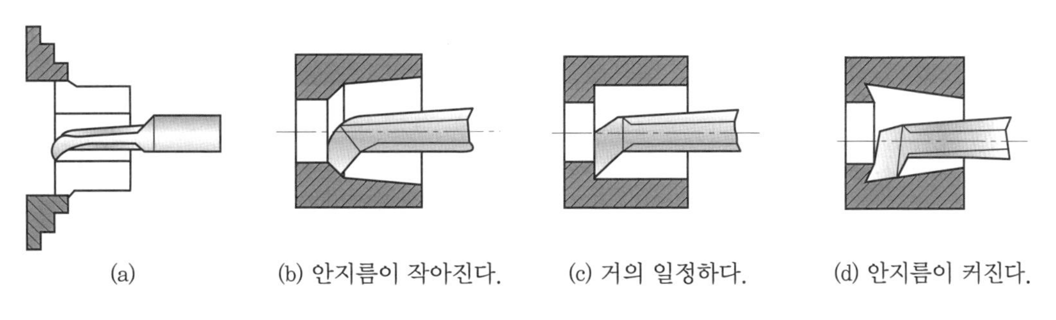

〈그림 1-72〉 안지름 바이트의 날 끝 형상과 영향

② 구멍이 없는 가공물의 안지름 가공 : 구멍이 없는 가공물은 먼저 드릴 가공으로 구멍을 가공한 후 안지름을 가공한다. 선반의 심압축에 드릴 척(drill chuck)을 부착하여 드릴 가공을 한다. 드릴의 굵기에 따라 차례대로 여러 차례 드릴링하고 ϕ13 mm 이상의 드릴을 사용할 경우 드릴에 소켓과 슬리브 등을 이용하여 드릴링한다. 드릴 가공 시 절삭유를 충분히 공급하고 칩을 자주 제거하여 드릴에 발생하는 절삭 저항을 낮추어 주는 것이 좋다.

(6) 널링 가공(knurling)

가공물의 표면에 널(knurl)을 압입하여 가공물의 원주면에 사각형, 다이아몬드형, 평형 등의 요철(凹凸)을 내는 가공 방법이다. 널링 가공을 하면 소성 가공이기 때문에 가공물의 바깥지름이 커지므로 커지는 만큼 바깥지름을 작게 가공한 후 널링 가공을 한다.

널링의 목적은 미끄러짐을 방지하기 위한 손잡이(마이크로미터 딤블, 버니어의 고정 나사 등)나 외관을 좋게 하기 위하여 주로 사용한다.

① 나사 절삭작업 : 주축과 리드 스크루를 기어로 연결시켜 주축에 회전을 주면 리드 스크루도 회전한다. 이때 리드 스크루에 연결된 바이트가 이송하며 나사를 깎게 된다.

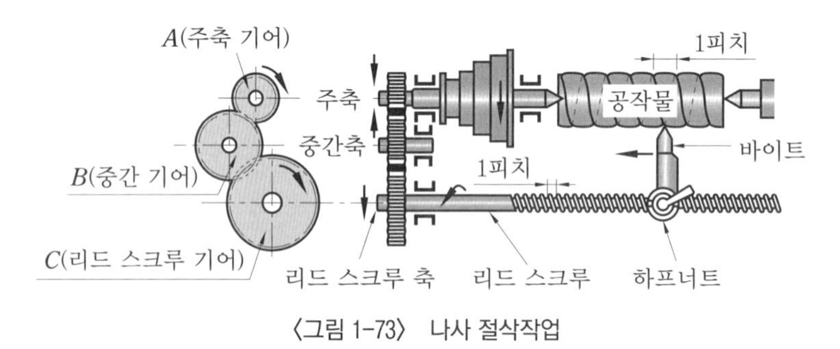

〈그림 1-73〉 나사 절삭작업

② 변환 기어의 계산

$$\frac{\text{공작물의 피치}(P)}{\text{리드 스크루 피치}(\rho)} = \frac{\text{주축에 끼워야 할 기어 잇수}(A)}{\text{리드 스크루에 끼워야 할 기어 잇수}(D)}$$

※ 회전비가 1 : 6보다 적을 때는 단식(2단 걸기)법을, 클 때는 복식(4단 걸기)법을 사용한다.

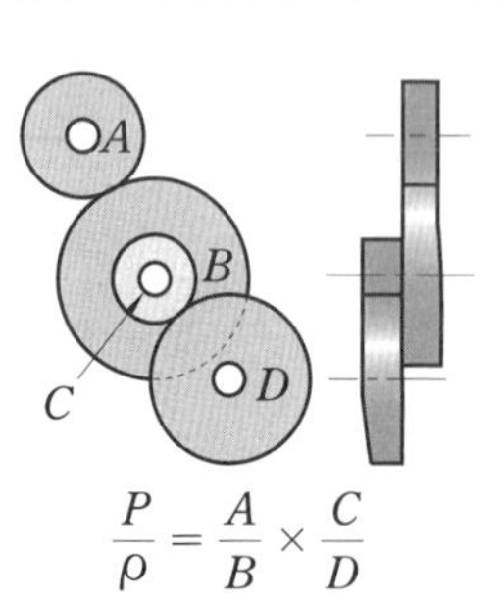

P : 공작물 피치(mm), 인치식인 경우 $\frac{1}{\text{1인치당 산수}}$ 로 대입

ρ : 리드 스크루 피치(mm), 인치식인 경우 $\frac{1}{\text{1인치당 산수}}$ 로 대입

A : 주축에 설치할 기어의 잇수

B : 중간 기어

C : 중간 기어

D : 리드 스크루 쪽에 설치할 기어의 잇수

〈그림 1-74〉 변환 기어의 계산

(7) 테이퍼(taper) 절삭

한쪽 지름이 크고 다른 한쪽 지름은 작은 원통형의 형상으로 절삭하는 방법이다.

① 복식 공구대를 경사시키는 방법

테이퍼의 각이 크고 길이가 짧은 가공물의 복식 공구대를 선회시켜 가공하는 방법이다. 예를 들면 베벨기어의 소재, 센터의 소재, 안지름 테이퍼 등을 가공한다.

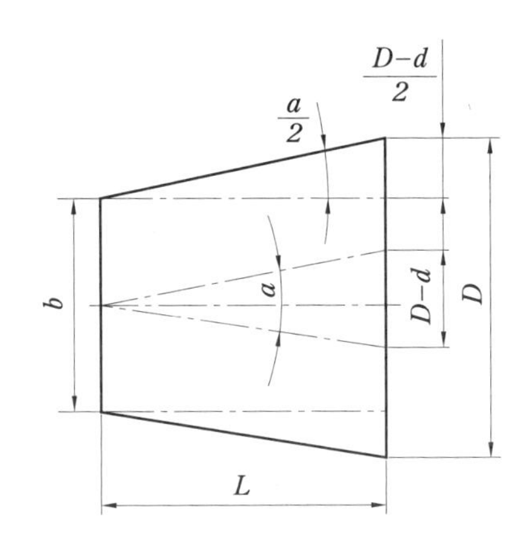

〈그림 1-75〉 테이퍼

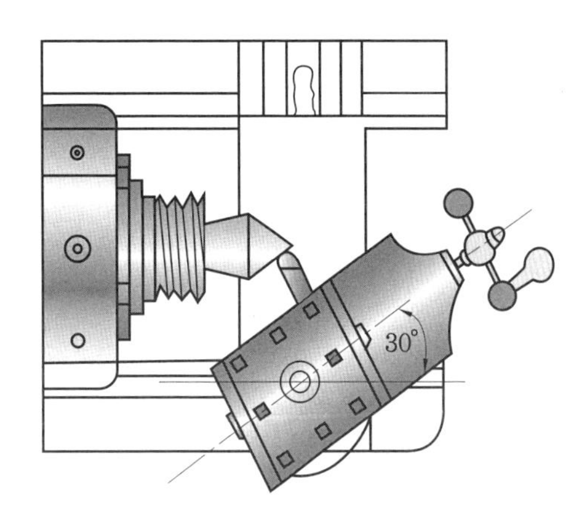

〈그림 1-76〉 복식 공구대의 회전

복식 공구대를 경사시키기 위한 각 $\tan\theta$를 구하는 식은 다음과 같다.

$$\tan\theta = \frac{D-d}{2\times l}$$

D : 테이퍼의 큰 지름, d : 테이퍼의 작은 지름, l : 테이퍼의 길이

② 심압대를 편위시키는 방법

테이퍼가 작고 길이가 길 경우에 사용하는 방법으로, 편위 거리가 같아도 가공물의 길이에 따라 테이퍼가 변한다. 즉 가공물의 전체 길이에도 영향을 받는다. 심압대의 편위량을 구하는 식은 다음과 같다.

$$x = \frac{(D-d)\times L}{2\times l}$$

L : 가공물의 전체길이, D : 테이퍼의 큰 지름

d : 테이퍼의 작은 지름, x : 심압대의 편위량, l : 테이퍼의 길이

| 예제 1 | 그림과 같은 테이퍼를 가공할 때 복식 공구대를 이용한 방법과 심압대의 편위에 의한 방법으로 가공할 때 복식 공구대의 경사각과 심압대의 편위량을 구하시오.

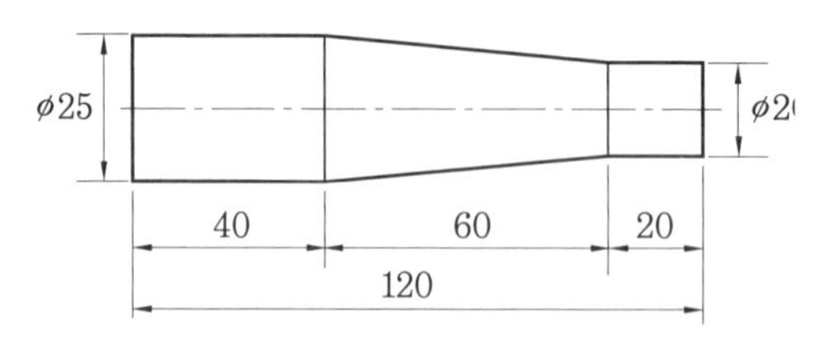

풀이 ① 복식 공구대를 이용한 방법

$$\theta = \tan^{-1}\frac{(D-d)}{2\times l} = \tan^{-1}\frac{(25-20)}{120}$$

$$\fallingdotseq 2°23'9''$$

② 심압대의 편위에 의한 방법

$$x = \frac{(D-d)\times L}{2\times l} = \frac{(25-20)\times 120}{2\times 60} = 5(\mathrm{mm})$$

(8) 선반의 가공 시간

선반에서 가공 시간 T를 구하는 식은 다음과 같다.

$$T = \frac{L}{n\times s}\times i(\mathrm{min})$$

n : 회전수, s : 이송(mm/rev), I : 가공 횟수, T : 가공에만 소요되는 시간

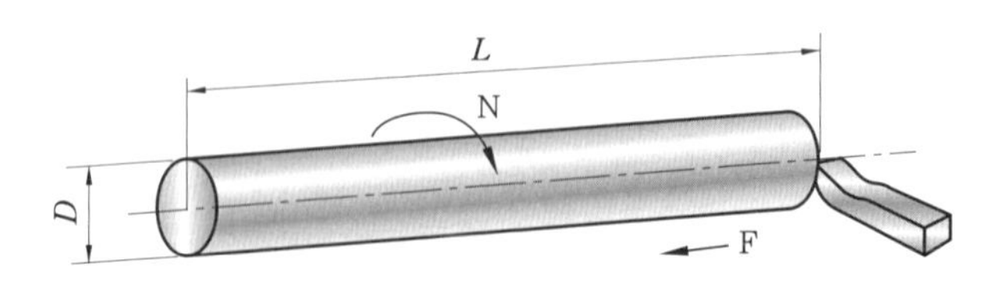

| 예제 1 | 지름 50 mm의 탄소강을 절삭 속도 80 m/min으로 가공하려고 한다. 가공 길이는 150 mm, 1회 가공, 이송은 0.2 mm/rev로 할 때 가공 시간을 구하시오.

풀이 $n=\frac{1000\times V}{\pi\times D}=\frac{1000\times 80}{\pi\times 50}\fallingdotseq 510\text{ rpm}$

$T=\frac{L}{n\times s}\times i=\frac{150}{510\times 0.2}\times 1\fallingdotseq 1.47\text{분}$

$=1\text{분}+(0.47\times 60)\text{초}\fallingdotseq 1\text{분 }29\text{초}$

| 예제 2 | 지름 100 mm의 저탄소강재를 회전수 300 rpm, 이송 0.25 mm/rev, 길이 50 mm를 1회 가공할 때 소요되는 시간을 구하시오.

풀이 $T=\frac{L}{n\times s}\times i=\frac{50}{300\times 0.25}\times 1\fallingdotseq 0.67\text{분}\fallingdotseq 40\text{초}$

6 선반 작업의 안전

선반은 각종 공작기계의 종류 중에서 가장 많이 사용되는 공작기계로, 안전을 고려하여 제작되었으나 작업자의 부주의로 인하여 안전사고가 발생하면 인적, 물적으로 막대한 손실을 가져오므로 최대한 안전에 유의하여야 한다.

(1) 작업 전 안전 사항

① 선반 가공 전 반드시 점검을 한다(각종 레버, 하프 너트, 자동장치 등).

② 가동 전 주유 부분에 반드시 주유한다.

③ 전기 배선의 절연 상태를 점검하고 누전 여부를 확인한다.

④ 반드시 보안경을 착용한다.

⑤ 장갑, 반지 등을 착용하지 않아야 한다.

⑥ 복장은 간편하고 활동이 편하며 청결해야 한다.

(2) 작업 중 안전 사항

① 선반이 가공될 때 자리를 이탈하지 않는다.

② 선반 주위에서 뛰거나 장난을 하지 않는다.

③ 척의 회전을 손이나 공구로 정지시키지 않는다.

④ 변환 기어를 바꿀 때 반드시 전원 스위치를 끄고 작업한다.

⑤ 긴 가공물을 주축대 스핀들 구멍에 끼워 가공할 때 반드시 안전장치를 하고 가공한다.

⑥ 드릴 작업 시 구멍이 거의 끝날 때에는 이송을 천천히 한다.

⑦ 편심 작업은 진동을 고려하여 가공물을 단단히 고정한다.

⑧ 가공물이 길 때에는 심압대로 지지하고 가공한다.
⑨ 공구의 정리정돈 및 주변정리를 항상 깨끗이 한다.
⑩ 칩은 손으로 제거하지 않는다.

(3) 바이트 사용 시 안전 사항

① 바이트를 교환 할 때에는 기계를 정지시키고 한다.
② 바이트는 가능한 짧고 단단하게 고정한다.
③ 공구는 회전시킬 때에는 바이트에 유의한다.

(4) 측정 및 공구 사용 시 안전 사항

① 측정을 할 때에는 반드시 기계를 정지시킨다.
② 회전하는 가공물을 손으로 만져서는 안 된다.
③ 척 핸들은 사용 후 반드시 제거한다.
④ 공구는 항상 정리정돈하여 사용한다.

(5) 작업 후 안전 사항

① 절삭 칩은 예리하므로 주의해서 청소한다.
② 선반의 각 부분에 청소를 깨끗이 하고 정해진 위치에 고정한다.
③ 습동면(베드, 가로 이송대, 세로 이송대 등)은 반드시 기름칠을 한다.

3-3 밀링 가공

1 밀링 머신의 개요

(1) 밀링 머신(milling machine)의 작업 종류

주축에 고정된 밀링 커터에 회전시키고, 테이블 상에 고정한 가공물에 절삭 깊이 및 이송을 주어 가공물을 절삭하는 공작기계이다.

주로 평면을 가공하며 홈 가공, 각도 가공, 더브테일 가공 밀링 머신에서 가공할 수 있는 종류를 나타낸다.

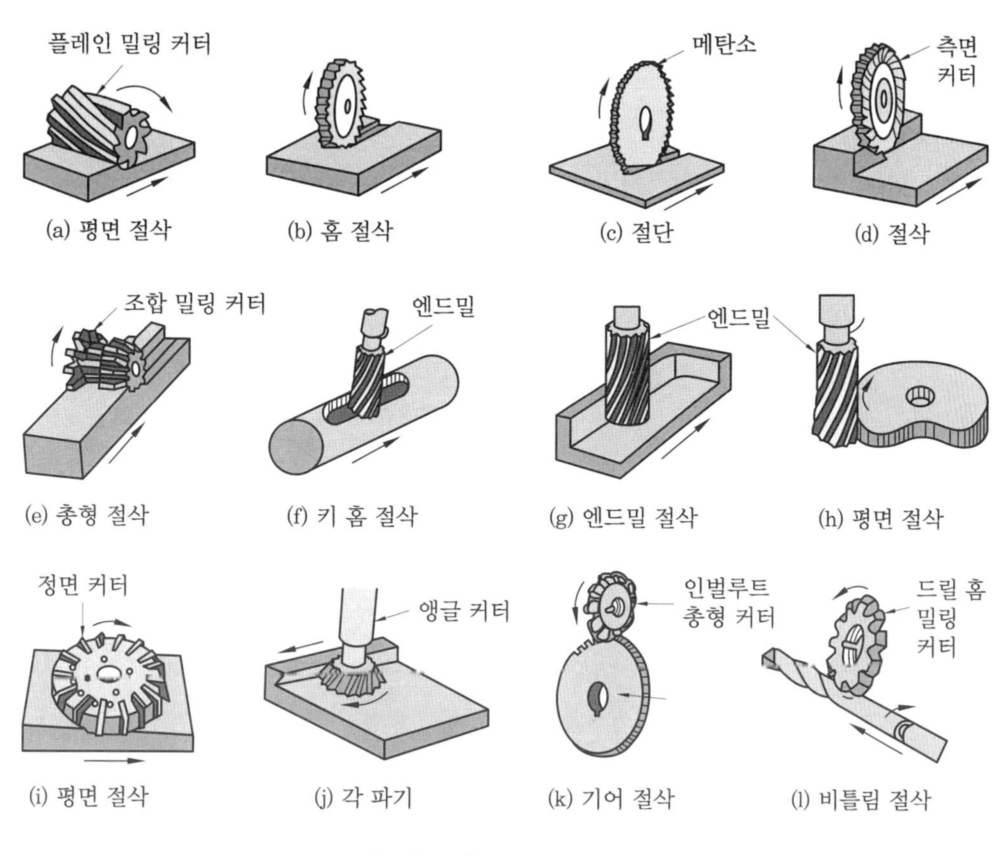

〈그림 1-77〉 밀링 가공의 종류

(2) 밀링 머신의 크기

일반적으로 가장 많이 사용되는 밀링 머신은 니 칼럼형 밀링 머신이며, 밀링 머신을 구성하는 주요 부분으로는 기둥(coulmn), 니(knee), 테이블(table) 등이 있으며, 가공을 고정하고 좌우, 전후, 상하로 이송할 수 있어 3차원 가공을 할 수 있다.

밀링 머신의 크기 표시는 여러 가지가 있으나 니형 밀링 머신의 크기는 일반적으로 호칭 번호로 나타낸다.

〈표 1-20〉 밀링 머신의 크기

호칭 번호		0호	1호	2호	3호	4호	5호
테이블의 이송 거리 (mm)	전후	150	200	250	300	350	400
	좌우	450	550	700	850	1050	1250
	상하	300	400	450	450	450	500

2 밀링 머신의 종류 및 구조

(1) 수직 밀링 머신(vertical milling machine)

수직 밀링 머신은 주축헤드가 테이블 면에 수직으로 되어 있으며 주로 정면 밀링 커터(face milling cutter)와 엔드밀(end mill) 등을 사용한다. 니(knee), 새들(saddle), 테이블(table)의 조작은 수평 밀링 머신과 동일하다.

수직 밀링 머신의 주축 헤드는 고정형, 상하 이동형, 필요한 각도로 경사시킬 수 있는 경사형이 있으며, 정밀도가 높고 능률적인 가공을 할 수 있어 점차 이용도가 높아지고 있다.

〈그림 1-78〉 수직 밀링 머신

(2) 수평 밀링 머신(horizontal milling machine)

수평 밀링 머신은 주축을 기둥(column) 상부에 수평으로 설치하고 회전시켜 가공물을 절삭한다. 니(knee)는 기둥을 상하로 이송하며 새들은 니 상부에 설치되어 전후로 이송한다. 테이블은 좌우로 이송하는 구조로 설계되어 있다. 〈그림 1-79〉는 수평 밀링 머신을 나타낸 것이다.

칼럼은 밀링 머신의 몸체이며 절삭저항에 잘 견디고 진동이 적으며, 충분한 강도를 갖는 구조로 설계되어 있다.

또한 하부(base)는 밀링의 안정성을 유지하기 위하여 충분히 넓은 면적으로 되어 있으며 주축에는 아버를 고정하기 위하여 중공축으로 되어 있다.

일반적으로 테이퍼 롤러 베어링(taper roller bearing)을 사용하며 테이퍼 구멍은 규격으로 정하여 사용한다.

〈그림 1-79〉 수평 밀링 머신

(3) 만능 밀링 머신(universal milling machine)

만능 밀링 머신은 수평 밀링 머신과 유사하지만 새들 위에 선회대가 있어 수평면 내에서 일정한 각도로 테이블을 회전시켜 각도를 변환시킬 수 있다는 것과 테이블을 상하로 경사시킬 수 있는 것이다.

분할대나 헬리컬 절삭장치를 사용하면 헬리컬 기어(helical gear), 트위스트 드릴(twist drill)의 비틀림 홈, 스플라인(spline)을 가공할 수 있으므로 가공 범위가 매우 넓다.

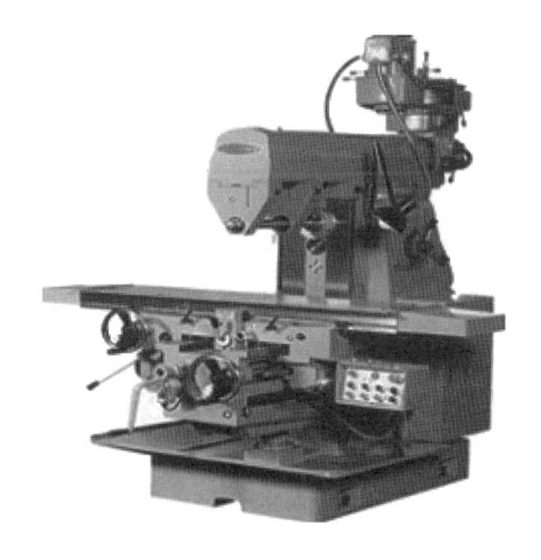

〈그림 1-80〉 만능 밀링 머신

(4) 플레이너형 밀링 머신(planer type milling machine, planomiller)

대형이며 중량의 가공물을 가공하기 위한 밀링 머신으로, 플레이너와 비슷한 구조로 되어 있다.

플레이너 공구대를 밀링 헤드로 바꾸어 장착함으로써 플레이너보다 효율적이고 강력한 중절삭이 가능하다. 주축 헤드를 지지하는 칼럼이 1개인 단주식과 2개인 쌍주식이 있다.

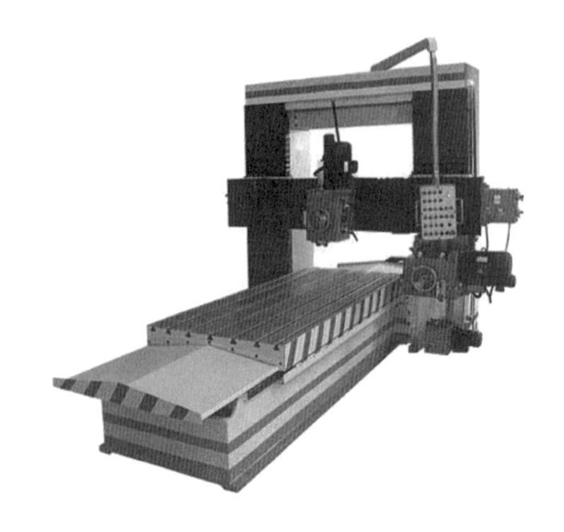

〈그림 1-81〉 플레이너형 밀링 머신

(5) 특수 밀링 머신

① 공구 밀링 머신(tool milling machine)

수평 밀링 머신과 유사하나 복잡한 형상의 지그(jig), 게이지(gauge), 다이(die) 등을 가공하는 소형 밀링 머신이다.

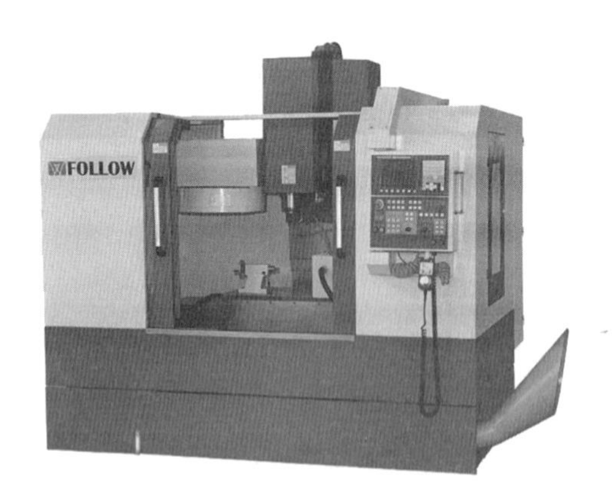

〈그림 1-82〉 공구 밀링 머신

② 나사 밀링 머신(thread milling machine)

나사 밀링 머신은 가공물에 회전을 주고 일정한 비율의 이송을 주어 나사를 절삭하는 나사 절삭 전용 밀링 머신이다.

가공 능력이 우수하고 작동이 간편하며 깨끗한 나사면을 절삭할 수 있다.

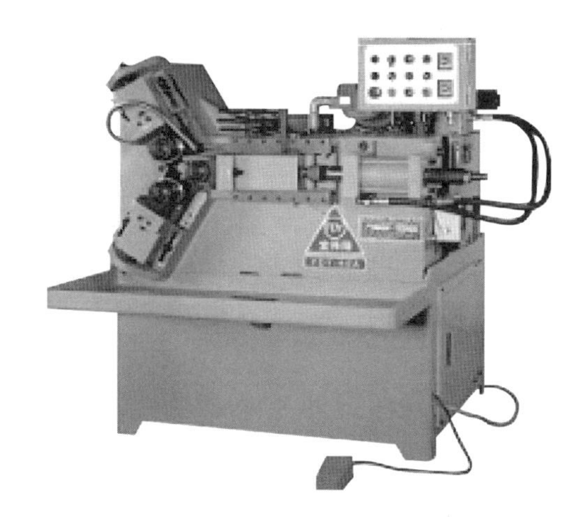

〈그림 1-83〉 나사 밀링 머신

③ 모방 밀링 머신(copy milling machine : profile milling machine)
모방장치를 이용하여 단조, 프레스 금형 등 복잡한 형상을 능률적으로 가공할 수 있다.

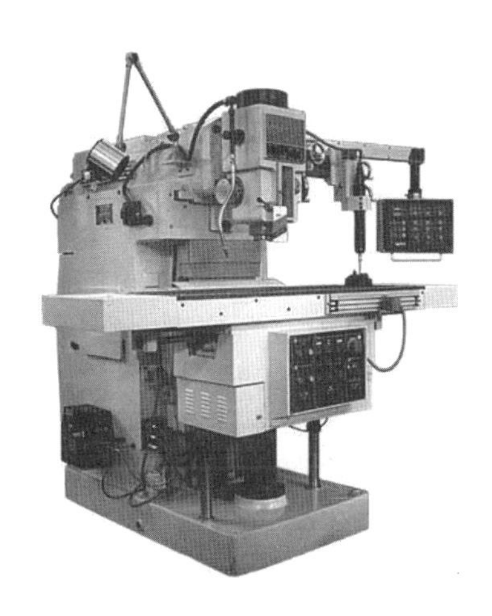

〈그림 1-84〉 모방 밀링 머신

3 밀링 머신의 부속품 및 부속장치

밀링 머신에서 공작물의 가공을 정밀하고 능률적으로 하기 위하여 사용하는 각종 부속품과 부속장치를 부착함으로써 특정한 가공을 가능하게 하는 부속장치가 있다.

(1) 아버(arbor)

수평 밀링 머신에서 커터를 고정하는 축으로, 한쪽 끝은 주축 구멍에서 끼워 고정할 수 있도록 테이퍼로 되어 있다.

아버는 절삭력에 충분히 견딜 수 있으며 상처 없이 장기간 사용해야 하므로 Ni-Cr강을 열처리함으로써 사용한다. 밀링 커터를 필요한 위치에 고정하기 위하여 칼라(collar)를 사용한다.

아버는 커터의 안지름에 따라 여러 종류가 있으며, 칼라는 안지름은 같고 폭이 다양하여 커터를 필요한 위치에 고정할 수 있도록 되어 있다. 아버를 사용하지 않고 보관할 때에는 변형을 방지하기 위하여 수직으로 세워서 보관하여야 한다.

주축에 급속 교환 어댑터(quick change adapter)를 설치하면 조임 너트를 1/4 정도 회전시켜 아버를 교환할 수 있으므로 매우 편리하다.

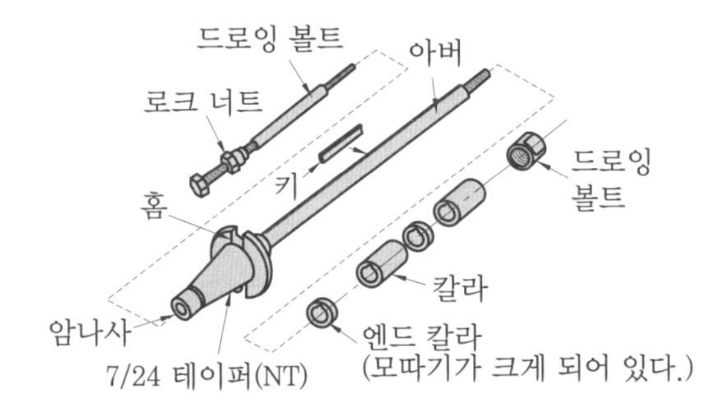

〈그림 1-85〉 아버와 아버의 부품

(2) 어댑터와 콜릿(adapter and collet)

엔드밀(end mill)과 같이 자루의 크기 또는 테이퍼가 주축과 다를 때에는 어댑터와 콜릿으로 고정할 때 사용한다.

〈그림 1-86〉 어댑터와 콜릿

〈그림 1-87〉 급속 교환 어댑터

(3) 밀링 바이스(milling vise)

밀링 바이스는 밀링 테이블면에 T 볼트를 사용하여 고정하며, 소형 가공물을 고정하는 데 많이 사용한다. 수평 바이스는 조의 방향이 테이블과 평형 또는 직각으로만 고정하여 사용할 수 있으나 회전 바이스는 테이블과 수평면에서 360° 회전시켜 필요한 각도로 고정하여 사용할 수 있으므로 편리하다.

만능 바이스는 회전 바이스의 기능과 상하로 경사시킬 수 있다. 유압 바이스는 유압을 이용하여 가공물을 고정시킬 수 있으며 NC 밀링, 머시닝 센터 등에서 많이 사용한다.

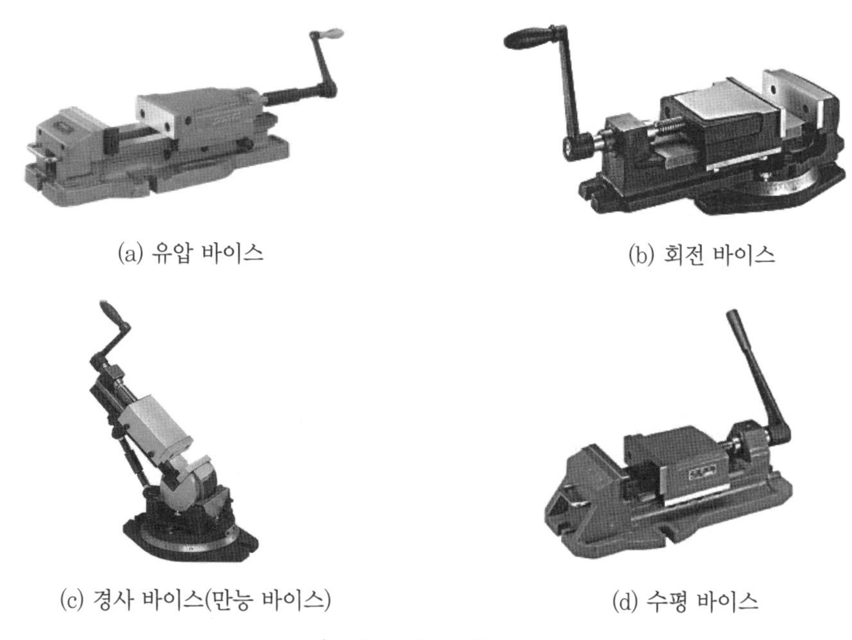

(a) 유압 바이스

(b) 회전 바이스

(c) 경사 바이스(만능 바이스)

(d) 수평 바이스

〈그림 1-88〉 밀링 바이스

(4) 분할대(indexing head)

분할대는 테이블에 분할대와 심압대로 가공물을 지지하거나 분할대의 척에 가공물을 고정하여 사용하며, 필요한 등분이나 필요한 각도로 분할할 때 사용하는 밀링 부속품이다.

변환 기어를 테이블과 연결하면 비틀림 홈 등을 가공할 수 있다.

① 직접 분할법(면판 분할법) : 주축의 앞면에 있는 24구멍의 직접 분할판을 사용하여 분할하는 방법이다. 분할 구멍 수는 24구멍이므로 24의 약수 중 2, 3, 4, 6, 8, 12, 24의 7종만 분할이 가능하여 응용 범위가 너무 좁다.

$$x=\frac{24}{N}$$

x : 직접 분할판 구멍 수, N : 등분 수(분할 수)

② 단식 분할법 : 직접 분할법으로 분할할 수 없는 수 또는 분할이 정확해야 할 때 사용하며, 간접 분할법이라고도 한다.

$$n = \frac{40}{N} = \frac{H}{N'}$$

N : 일감의 등분 분할 수
n : 분할 크랭크의 회전수
N' : 분할판에 있는 구멍 수
H : 크랭크를 돌리는 구멍 수

종류	분할판	구멍 수
신시내티형	앞면 뒷면	43 42 41 39 38 37 34 30 28 25 24 66 62 59 58 57 54 53 51 49 47 46
밀워키형	앞면 뒷면	60 66 72 84 92 96 100 54 58 68 76 78 88 98
브라운 샤프형	No.1 No.2 No.3	20 19 18 17 16 15 33 31 29 27 23 21 49 47 43 41 39 37

③ 각도 분할법 : 가공 도면에 각도로 표시된 일감의 분할도 같은 방법으로 분할할 수 있다. 분할 크랭크가 1회전하면 스핀들(주축)은 $360°/40 = 9°$ 회전하며, 분할 각도를 분으로 표시하면 분할 크랭크가 1회전하는 동안 스핀들은 $60' \times 9 = 540'$ 회전한다.

$$n = \frac{D°}{9},\ n = \frac{D'}{540}$$

$D°$: 분할 각도(°), D' : 분할 각도(′), n : 분할 크랭크의 회전수

(5) 회전 테이블(circular table, rotary table)

원형 테이블은 테이블 위에 설치하며, 수동 또는 자동으로 회전시킬 수 있어 밀링에서 바깥 부분을 원형이나 윤곽 가공, 간단한 등분을 할 때 사용하는 밀링 부속품이다.

핸들에 마이크로 칼라가 부착되어 간단한 각도 분할에 사용할 수 있다. 〈그림 1-90〉은 회전 테이블을 나타낸 것이며 일반적으로 원형 테이블의 지름은 300 mm, 400 mm, 500 mm를 주로 사용한다.

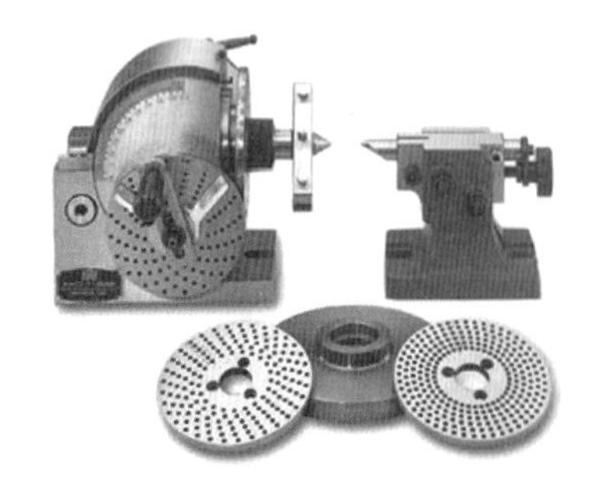

〈그림 1-89〉 분할대

〈그림 1-90〉 회전 테이블(원형 테이블)

4 밀링 절삭 공구와 절삭 이론

(1) 밀링 커터의 분류

밀링 커터는 여러 개의 날을 가진 다인 공구를 사용하여 단인 공구보다 우수한 절삭 성능을 나타낸다. 밀링 커터는 종류가 많아 체계적으로 구분하기는 곤란하나 일반적으로 사용하는 밀링 커터는 〈그림 1-91〉과 같다.

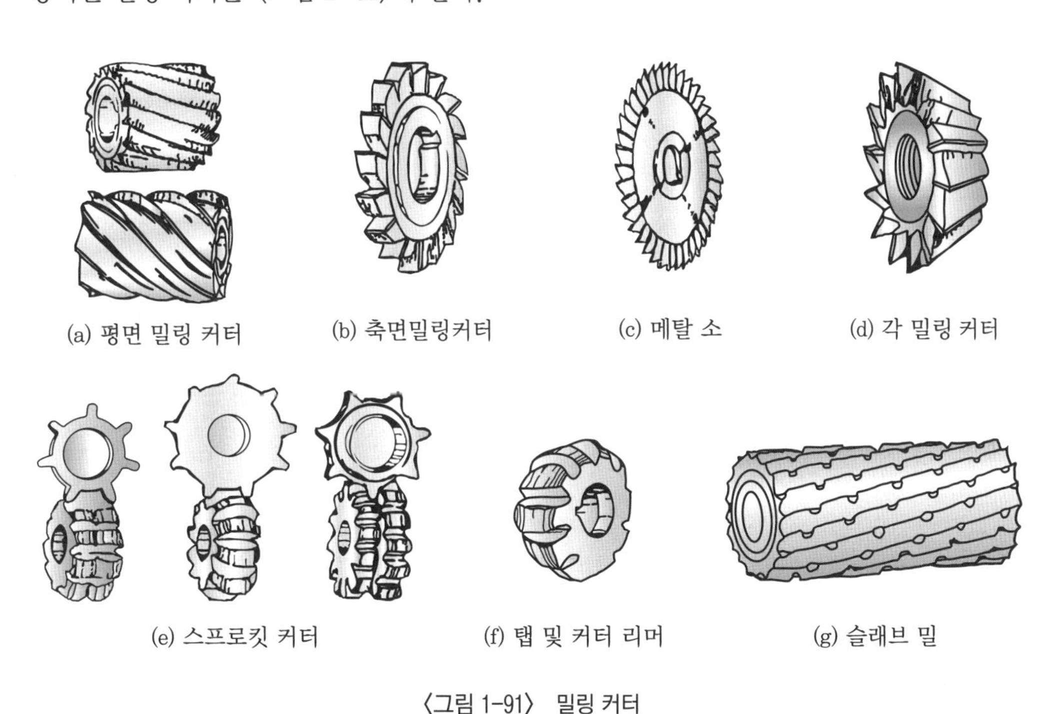

(a) 평면 밀링 커터　(b) 축면밀링커터　(c) 메탈 소　(d) 각 밀링 커터

(e) 스프로킷 커터　(f) 탭 및 커터 리머　(g) 슬래브 밀

〈그림 1-91〉 밀링 커터

① 엔드밀(end mill)

엔드밀은 원주면과 단면에 날이 있는 형태이며 일반적으로 가공물의 홈, 좁은 평면, 윤곽 가공, 구멍 가공 등에 사용한다. 날은 직선 날과 비틀림 날이 있으며 오른쪽으로 비틀린 날과 왼쪽으로 비틀린 날이 있다. 일체형으로 구성되어 있으며 자루는 테이퍼 자루와 직선 자루의 형태가 있다. 테이퍼 자루의 엔드밀은 어댑터와 콜릿을 사용하여 주축 테이퍼에 고정하고, 직선 자루의 엔드밀은 콜릿을 사용하여 콜릿 척에 고정하는데, 주로 직선 자루의 엔드밀이 사용된다.

엔드밀의 지름이 큰 경우에는 날과 자루가 분리되고 사용 시 조립하여 사용하는 셸 엔드밀(shell end mill)도 있다. 엔드밀의 날은 2날, 4날, 6날 등이 있으며 거친 절삭에 사용하는 라프 엔드밀, R 가공이나 구멍 가공에 편리한 볼 엔드밀 등이 있다. 엔드밀의 재료로는 고속도강과 초경합금이 주로 이용된다.

〈그림 1-92〉 엔드밀의 종류

② 정면 밀링 커터

외주와 정면에 절삭 날이 있는 커터이며, 주로 수직 밀링에 사용하는 커터이다. 정밀 밀링 커터는 절삭 능률과 가공면의 표면 거칠기가 우수한 초경 밀링 커터를 주로 사용하며 구조적으로는 납땜식, 심은 날식, 스로 어웨이(throw away)식이 있다.

사용이 편리하고 공구 관리가 간소하여 스로 어웨이 밀링 커터를 주로 사용한다.

〈그림 1-93〉 정면 밀링 커터

③ T 홈 밀링 커터(T-slot milling cutter)

T 홈 가공에 주로 사용하는 커터로, 엔드밀이나 사이드 커터 등으로 가공한 바닥면과 측면을 가공하여 밀링 테이블의 T 홀, 원형 테이블의 T 홈 등을 가공하는 커터이다.

T 홈 커터와 형상은 비슷하나 반달 키 홈을 가공하는데 사용하는 우드러프 홈 커터(woodruff key cutter)가 있다.

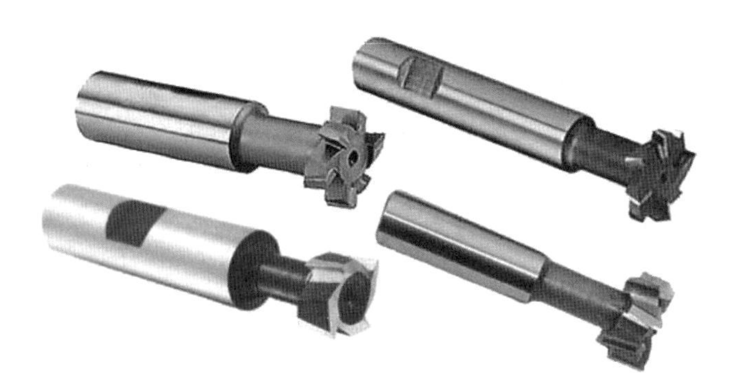

〈그림 1-94〉 T 홈 밀링 커터

④ 더브테일 밀링 커터(dovetail milling cutter)

선반의 가로 이송대 및 세로 이송대의 형상을 가공하는 커터로, 원추면에 60°의 각을 가지고 있다. 엔드밀이나 사이드 커터로 홈을 가공하고 바닥면과 양쪽 측면을 가공한다.

〈그림 1-95〉 더브테일 밀링 커터

(2) 밀링 절삭 이론

① 절삭 속도(cutting speed)

절삭 속도, 이송, 절삭 깊이는 가공 능률에 영향을 미치므로 밀링의 성능, 커터의 재질, 가공물의 재질, 가공면의 표면 거칠기 등의 여러 가지 조건을 고려하여 결정한다.

㈎ 절삭 속도의 선정

- 커터 수명을 연장하기 위하여 추천 절삭 속도보다 절삭 속도를 약간 낮게 설정하여 절삭하는 것이 좋다.
- 가공물의 경도, 강도, 인성 등의 기계적 성질을 고려한다.
- 거친 절삭에서는 절삭 속도를 빠르게 하고 절삭 깊이를 크게 하며, 다듬질 절삭에서는 절삭 속도를 빠르게, 이송을 느리게, 절삭 깊이를 작게 선정한다.
- 커터 날이 빠르게 마모되거나 손상되면 절삭 속도를 좀 더 낮추어 절삭한다.

〈표 1-21〉 밀링 커터의 절삭 속도

공작물 재질		고속 도강	초경합금 (거친 절삭)	초경합금 (다듬질)
주철	무른 것	32	50~60	120~150
	굳은 것	24	30~60	75~150
가단주철		24	30~75	50~100
강	무른 것	27	50~75	150
	굳은 것	15	25	30
황동	무른 것	60	240	180
	굳은 것	50	140	300

공작물 재질	고속 도강	초경합금 (거친 절삭)	초경합금 (다듬질)
청동	50	75~150	150~240
구리	50	150~240	240~300
알루미늄	150	95~300	300~1200
에보나이트	60	240	450
페놀수지	50	150	210
섬유	40	140	200

(나) 절삭 속도와 회전수 계산식 : 밀링에서 절삭 속도를 나타내는 식은 선반에서의 절삭 속도를 선정하는 식과 동일하다.

$$V = \frac{\pi \times D \times n}{1000} (\mathrm{m/min})$$

선반에서는 가공물의 지름이 변함에 따라 절삭 속도가 변하지만 밀링에서는 커터의 지름이 변함에 따라 절삭 속도가 변한다. 따라서 밀링에서는 가공물의 크기에 따라 절삭 속도는 변하지 않는다.

| 예제 1 | 주축의 회전 속도를 350 rpm, 피삭재의 바깥지름을 ϕ125로 절삭하는 경우 이때의 절삭 속도를 구하시오.

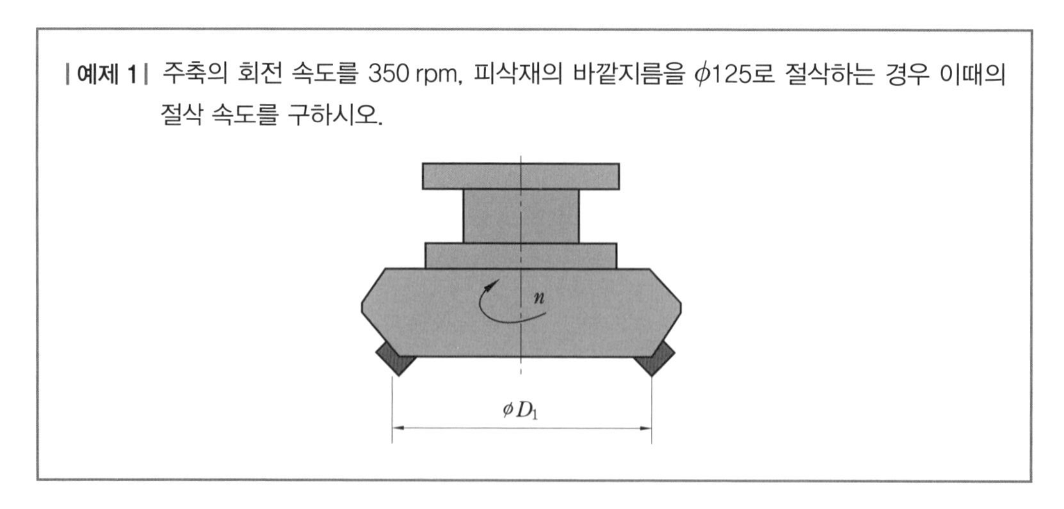

풀이 $\pi = 3.14,\ D_1 = 125,\ n = 350$이므로

$$V = \frac{\pi \times D_1 \times n}{1000} = \frac{3.14 \times 125 \times 350}{1000} = 137.4 (\mathrm{m/min})$$

| 예제 2 | 다음과 같은 회전수를 가진 밀링에서 커터의 지름이 100 mm이고 한 날당 이송이 0.2 mm, 커터의 날 수가 8개, 제작회사의 추천 속도가 100~150 m/min인 경우 초경공구를 사용할 때 적합한 회전수를 구하시오.

회전수	1450	1050	780	540	390	290	190	135	100

풀이 절삭 속도가 100 m/min일 때

$$n = \frac{1000 \times V}{\pi \times D} = \frac{1000 \times 100}{\pi \times 100} \fallingdotseq 318\,\text{rpm}$$

절삭 속도 150 m/min일 때

$$n = \frac{1000 \times V}{\pi \times D} = \frac{1000 \times 150}{\pi \times 100} \fallingdotseq 477\,\text{rpm}$$

따라서 적합한 회전수는 318~477 rpm 사이에 있으므로 390 rpm으로 선정한다.

② 이송

밀링 머신에서 테이블 이송 속도는 커터의 1개의 날을 기준으로 다음 식과 같다.

$$f = f_z \times z \times n = n \times f_r (\text{mm/min})$$

f = 테이블 이송 속도, f_z = 1개의 날당 이송(mm),

z = 커터의 날 수, n = 커터의 회전수(rpm)

절삭 속도 및 이송은 가공물의 재료, 커터의 재질, 절삭 깊이, 절삭 폭, 절삭 동력 등의 절삭 조건에 따라 적절히 선택하여야 한다. 일반적으로 절삭 능력을 높이기 위하여 공구 수명이 허용하는 범위 안에서 가장 큰 값을 선정한다.

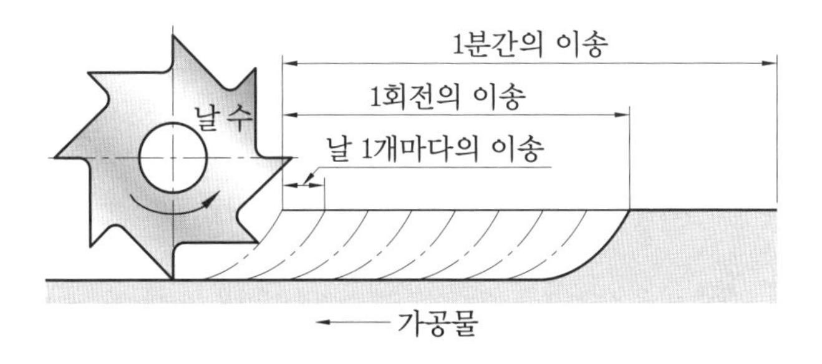

〈그림 1-96〉 밀링 커터의 이송

③ 절삭 저항

밀링 가공에서도 절삭력을 주분력 P_3로 분해하여 생각한다. 밀링 가공에서 절삭 저항에 미치는 영향으로 경사각, 칩의 두께에 대해서는 선반의 경우와 같은 방법으로 적용한다.

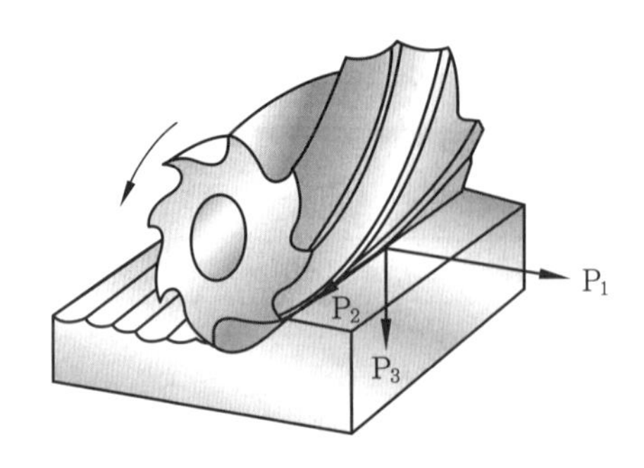

〈그림 1-97〉 밀링 절삭의 3분력

④ 절삭 깊이

절삭 깊이는 거친 절삭과 다듬질 절삭에 따라 다르다. 또한 최대 절삭 깊이는 밀링 머신의 강성이나 동력의 크기, 가공물의 고정 상태 등에 따라 다르다.

일반적으로 거친 절삭은 5 mm 정도로 하고, 다듬질 절삭은 절삭 깊이가 너무 작으면 날 끝의 마모가 증가하므로 0.3~0.5 mm 정도로 한다.

절삭 깊이가 커지면 절삭 속도를 낮게 하고 절삭 깊이가 작아지면 절삭 속도를 높여 가공하는 것이 좋다.

⑤ 절삭 동력

밀링 머신의 절삭 동력은 절삭량을 기초로 하여 계산하며 일반식의 절삭 용적에서 밀링 머신의 절삭량 Q는

$$Q = \frac{b \times t \times f}{1000} (\mathrm{cm^2/min})$$

이다.

소요 동력 N은 $N = KQ$로 나타내지만 이 식을 어느 조건에서나 적용하는 것은 문제가 있으므로 공구 동력계로 측정한 다음과 같은 식으로 구한다.

$$\text{절삭 동력 } N_c = \frac{P \times V}{75 \times 60} (\mathrm{PS}) = \frac{P \times V}{102 \times 60} (\mathrm{KW})$$

$$\text{이송 동력 } N_f = \frac{P_2 \times V}{75 \times 60} (\mathrm{PS}) = \frac{P_2 \times V}{102 \times 60} (\mathrm{KW})$$

P_1 : 주분력, P_2 : 주분력, N_c : 절삭 동력, N_f : 이송 동력

5 밀링 절삭 방법

(1) 상향 절삭과 하향 절삭

평면 밀링 커터를 예로 들면 커터의 회전 방향과 가공물의 이송이 반대 방향인 가공 방법을 상향 절삭(up cutting : 올려 깎기), 같은 방향인 가공 방법을 하향 절삭(down cutting : 내려 깎기)이라 한다. 상향 절삭은 가공물을 들어 올리는 힘이 작용하며 하향 절삭은 가공물을 내려 누르는 힘이 작용한다.

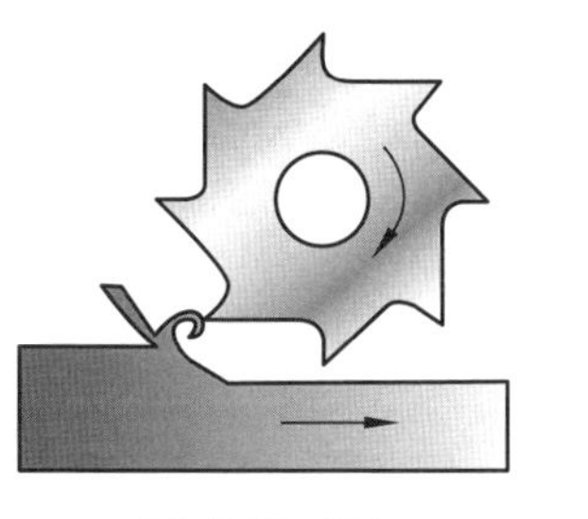

(a) 상향 절삭

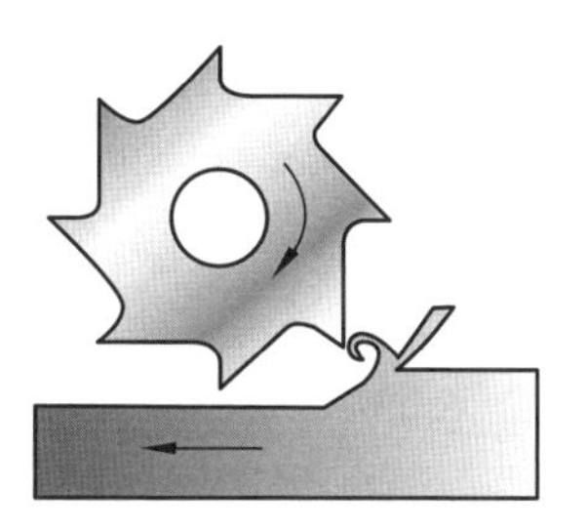

(b) 하향 절삭

〈그림 1-98〉 상향 절삭과 하향 절삭

〈표 1-22〉 상향 절삭과 하향 절삭의 차이점

절삭 방법 / 내용	상향 절삭	하향 절삭
백래시	절삭에 별 지장이 없다.	백래시를 제거하여야 한다.
기계의 강성	강성이 낮아도 무방하다.	가공 시 충격이 있어 높은 강성이 필요하다.
가공물의 고정	힘이 상향으로 작용하여 고정이 불리하다.	힘이 하향으로 작용하여 고정이 유리하다.
인선의 수명	절입 시 마찰열로 마모가 빠르고 공구 수명이 짧다.	상향 절삭에 비하여 공구 수명이 길다.
마찰 저항	마찰 저항이 커서 아버를 위로 올리는 힘이 작용한다.	절입 시 마찰력은 적으나 하향으로 충격력이 작용한다.
가공면 표면 거칠기	광택은 있으나 상향에 의한 회전 저항으로 전체적으로 하향 절삭보다 나쁘다.	가공 표면에 광택은 적으나 저속 이송에서는 회전 저항이 발생되지 않아 표면 거칠기가 좋다.

(2) 가공면의 표면 거칠기

밀링에서 커터를 이용하여 가공하면 절삭 날 1개마다 날의 자리(tooth mark)와 여러 가지 오차와 변형에 의한 회전 자리(revolution mark)에 의하여 흔적이 남는다.

평면 밀링 커터의 경우 다음과 같은 식에 의하여 구한다.

$$h = \frac{fz^2}{4 \cdot D}$$

h : 날 자리 높이, f_z : 날 1개당 높이, D : 커터의 지름

밀링 가공면의 표면 거칠기는 한 날당 이송을 적게 하고 커터의 지름이 커질수록 작아진다. 떨림은 가공면을 거칠게 하고 커터의 수명을 단축시키며 생산 능률을 저하시킨다.

일반적으로 밀링의 강성, 커터의 정밀도, 가공물의 고정 상태, 절삭 조건, 백래시 등을 조절하면 떨림을 줄일 수 있다.

6 밀링 가공(milling work)

(1) 밀링 가공의 종류

① 홈 가공

(가) 엔드밀(end mill)에 의한 가공 : 엔드밀은 2날, 4날, 6날과 보통 엔드밀, 라프 엔드밀, 볼 엔드밀, 기타 특수 엔드밀 등이 있으며, 홈 또는 키(key) 홈 등의 절삭에 많이 이용된다. 엔드밀을 사용하여 가공하면 홈이 센터와 직각 방향으로 다소 변위되어 절삭되는 문제점이 있다.

이러한 현상은 절삭이 시작될 때 절삭량을 적게 하여 고강하면 방지할 수 있다. 홈 절삭은 수평 밀링 머신에서 사이드 커터나 메탈 소를 사용하여 가공할 수도 있다.

(나) T 홈 가공 : T 홈은 밀링 테이블, 슬로터의 테이블 등과 같이 T 볼트를 사용하여 가공물을 공정할 때 사용하는 형상이다. T 홈은 엔드밀을 이용하여 홈을 1차로 가공한 다음 T 커터를 사용하여 T 홈을 가공한다.

T 홈은 가공할 때 T 홈 커터에 의하여 칩의 배출이 잘 되지 않으며 T 커터도 날 부분에 비하여 생크 부분이 매우 적기 때문에 절삭 능률이 나쁘고 가공면도 거칠게 된다.

칩의 배출을 돕기 위하여 압축 공기를 분사시키고 단속 절삭의 양 방향을 고려하여 최초의 절삭 깊이를 되도록 깊게 절삭한다.

따라서 T 홈 절삭은 이송을 천천히 하여 떨림 현상을 방지하고 칩이 잘 제거되도록 하여야 한다.

(다) 더브테일 가공 : 더브테일은 선반의 새들면과 같이 절삭력을 많이 받고 슬라이딩되는 기계의 활동 부분에 적용한다. 엔드밀을 사용하여 1차로 홈을 가공한 다음 더브테일 커터를 사용하여 더브테일을 가공한다. 더브테일 커터는 각이 60°로 형성되어 날 끝이 매우 역하기 때문에 파손에 유의하고 T 홈 커터 가공보다 더 세밀하게 가공하여야 한다.

② 밀링 가공 시간

㈎ 평면 밀링 커터(plain milling cutter)에 의한 가공 시간

$$T = \frac{L}{f}$$

L : 중심 이동 거리(mm), T : 절삭 시간, f : 분당 이송 속도

평면 밀링 커터의 절삭 깊이를 t, 가공 길이를 Ls, 커터가 가공재를 벗어날 때까지의 거리 A를 포함한 거리가 L이면

$$L = Ls + A$$

로 나타낸다. 이때 $A = \sqrt{t(D-t)}$, $L = Ls + \sqrt{t(D-t)}$이므로 절삭 시간 T는 다음과 같다.

$$T = \frac{L}{f} = \frac{Ls + \sqrt{t(D-t)}}{f}$$

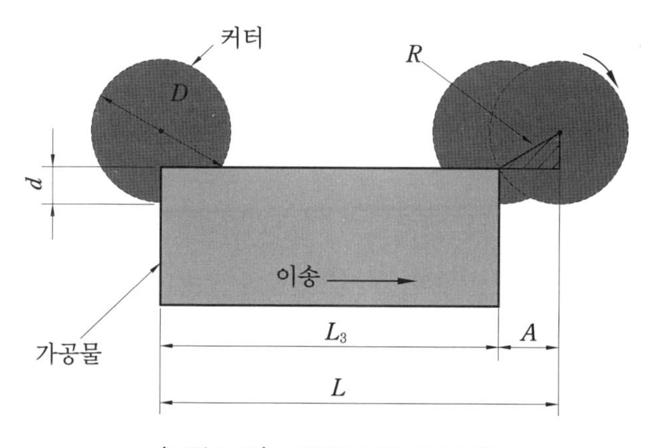

〈그림 1-99〉 플레인 커터 가공 시간

㈏ 정면 밀링 커터(face milling cutter)에 의한 가공 시간

$$T = \frac{L}{f} = \frac{l+D}{f}$$

L : 테이블의 이송 거리, l : 가공물의 길이, D : 커터의 지름

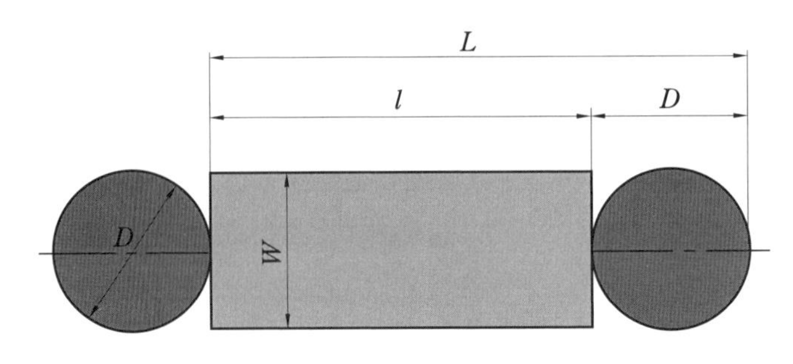

〈그림 1-100〉 정면 커터 가공 시간

| 예제 2 | 커터의 지름이 100 mm이고 커터의 날 수가 10개인 정면 밀링 커터로 길이 300 mm의 가공물을 절삭할 경우 이때의 가공 시간을 구하시오. (단, 절삭 속도는 100 m/min, 1날당 이송은 0.1 mm로 한다.)

풀이 절삭 속도가 100 m/min이므로

$$n = \frac{1000 \times V}{\pi \times D} = \frac{1000 \times 100}{\pi \times 100} \fallingdotseq 318 \text{ rpm}$$

$$f = f_z \times z \times n = 0.1 \times 10 \times 318 = 318 \text{ mm/min}$$

$$L = l + D = 300 + 100 = 400 \text{ mm}$$

$$\therefore T = \frac{L}{f} = \frac{400}{380} = 1.05263\text{분} \fallingdotseq 1\text{분 } 4\text{초}$$

(2) 밀링 작업 안전

① 정면 커터로 가공물을 절삭할 때에는 칩이 비산하므로 칩 커버를 설치한다.

② 커터 날 끝과 같은 높이에서 절삭 상태를 관찰하지 않는다.

③ 주축 회전 중에 커터 주위에 손을 대거나 브러시나 청소용 솔을 사용하여 칩을 제거하지 않는다.

④ 가공 중에 기계에 얼굴을 대지 않는다.

⑤ 테이블 위에 공구나 측정기를 올려놓지 않는다.

⑥ 절삭 공구나 가공물을 설치할 때에는 전원을 끄고 한다.

3-4 콘터 머신 가공

콘터 머신은 전단 금형, 드로잉 금형의 게이지판 등을 금속절단 띠톱 기계에 의하여 형상 도려내기, 절단, 줄 작업, 연마 등을 능률적으로 행할 수 있다.

현재는 공작기계와 공구의 발전으로 인하여 많이 사용하지 않고 간단한 절단 작업에 주로 사용하고 있다.

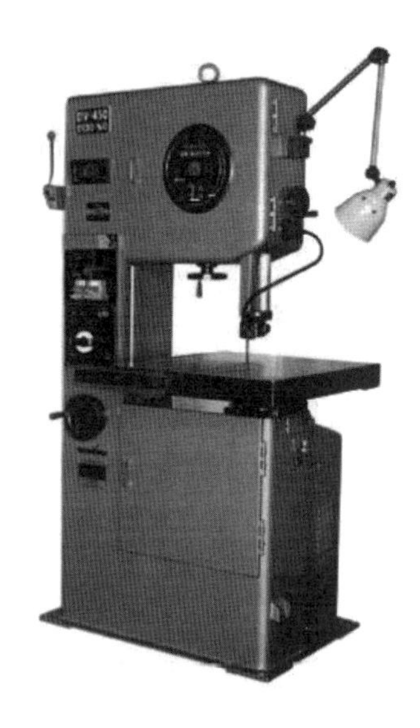

〈그림 1-101〉 콘터 머신

1 콘터 머신의 특징

① 조작이 간단하며 숙련을 요하지 않는다.

② 금속, 비금속 등 여러 가지 재료의 절단에 사용할 수 있으며 직선, 원형 모양 등의 형상 절단, 홈내기, 오려내기 등이 가능하다.

③ 특수 장치에 의한 줄 작업이 가능하다.

④ 타발형의 제작을 능률적으로 할 수 있다. 형상에 의한 펀치, 다이를 동시에 가공할 수 있으며 재료를 절약하고 가공 시간을 단축할 수 있다.

2 절삭 공구

(1) 톱날

① 정밀 톱날(precision saw blade)

㈎ 레이커 톱날(raker set) : 일반강재용

㈏ 웨이브 톱날(wave set) : 박판, 관용

㈐ 스트레이트 톱날(straight set) : 금형, 지그, 기타 구조용강 등의 절삭용 톱날

② 버트리스 톱날(buttress saw blade)

비금속, 목재, 플라스틱 등의 고속절단에 사용한다.

③ 클로 톱날(claw saw blade)

버트리스 톱날과 같은 형상을 하고 있으며 날 끝이 10° 경사져 있다.

④ 줄 밴드

강철 벨트에 부착하여 줄 밴드로 절단면의 다듬질에 사용한다.

(2) 톱날 선택 시 고려 사항

① 재료의 두께를 늘림에 따라 피치가 큰 것을 사용한다.
② 재료의 두께가 얇아지면 피치가 작은 것을 사용한다.
③ 재료의 연성이 많을수록 피치가 큰 것을 사용한다.
④ 마무리 면을 깨끗이 하려면 피치가 작은 것을 사용한다.
⑤ 재료의 절단 시간을 단축하고자 할 때에는 피치가 큰 것을 사용한다.

익 / 힘 / 문 / 제

1 선반에서 공작물을 가공할 때 절삭 저항의 크기 비를 구하시오.

2 연강, 구리를 절삭할 때 발생되는 칩의 종류를 나열하시오.

3 구성 인선의 방지 대책에 대하여 설명하시오.

4 공구 인선의 파손이 발생되는 종류를 나열하시오.

5 절삭제의 사용 목적에 대하여 설명하시오.

6 윤활의 목적에 대하여 나열하시오.

7 선반의 주요 구성의 5부분을 나열하시오.

8 선반에서 ϕ100 mm의 탄소강을 노즈 반지름이 0.4 mm인 초경합금 바이트로 절삭 속도 30 m/min으로 가공할 때 이론적인 표면 거칠기 H_{max}를 구하시오. (단, 이송은 0.1 mm/rev로 한다.)

9 밀링의 크기를 표시하는 방법에 대하여 설명하시오.

10 표와 같은 회전수를 가진 밀링에서 커터의 지름이 120 mm, 한 날당 이송이 0.2 mm, 커터의 날 수가 8개, 제작회사의 추천 절삭 속도가 120 m/min인 초경절삭 공구를 사용할 때 적합한 회전수 n을 구하시오.

회전수	1450	1050	780	540	390	320	190	135	100

4. 정밀 가공

4-1 입자 가공의 개요

입자 가공은 단단하고 미세한 입자를 이용하여 공작물을 소량씩 가공하는 것이다. 금형 제작 과정에서 밀링이나 방전 가공 등의 작업 후에는 가공면의 표면에 일반적으로 30~50 μm의 가공 자국이나 방전에 의한 변질층이 발생하고 가공 방법 및 조건에 따라 가공면의 거칠기가 달라진다. 일반적으로 요구하는 금형의 표면 거칠기는 제품 형상에 영향을 미치므로 입자 가공을 하여 최종 정밀하고 매끈한 다듬질면이 완성되도록 작업을 한다.

1 연삭 가공의 개요

연삭 가공은 공작물에 비하여 경도가 매우 높은 입자로 만든 연삭숫돌을 고속 회전시켜 가공물을 정밀하게 작업하는 것을 말한다. 연삭숫돌은 무수하게 많은 숫돌 입자를 결합제로 결합하여 다양한 형상으로 제작한 일종의 다인 커터로 볼 수 있다. 숫돌 입자의 예리한 날들이 가공물을 연삭한다.

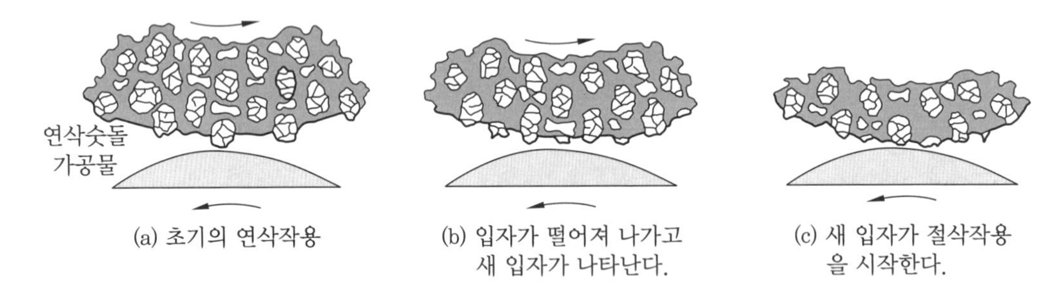

〈그림 1-102〉 연삭숫돌의 연삭작용

숫돌 입자와 입자 사이에는 많은 기공이 있고 기공은 연삭 칩을 운반하는 역할을 한다. 절삭 공구는 마모가 되면 절삭을 계속 진행할 수 없지만 날 끝이 마모되어 연삭 저항이 증가하고, 증가한 절삭 저항을 결합제의 결합도가 견디지 못해 파손되면 입자가 탈락되고 새로운 예리한 입자가 연삭을 계속하게 된다. 연삭은 마모에 의하여 입자가 떨어져 나가고 새로운 입자가 생성되어 연삭을 계속하게 되는데, 이러한 현상을 연삭의 자생작용이라 한다.

따라서 연삭숫돌은 일반 절삭 공구와 같이 재연삭을 하여 사용하지 않는다.

2 연삭숫돌의 구성요소

연삭숫돌의 제작은 연삭 입자를 결합제로 결합시켜 소결하고 특수 공구를 사용하여 선반에서 연삭숫돌의 여러 가지 형상으로 완성한다.

연삭숫돌을 숫돌축에 결합하기 위한 안지름에는 납(Pb) 또는 배빗 메탈 부시를 사용하며 연삭숫돌은 파손되면 안전사고의 원인이 되므로 밸런스 시험, 속도 시험 검사를 한다.

연삭숫돌의 성능은 입자, 조직, 결합도, 결합제, 입도 등의 5가지 인자에 의하여 결정된다. 연삭 가공에서는 숫돌의 선택이 매우 중요하고 가공 능률에 크게 영향을 준다. 숫돌의 구성은 절인이 되는 연삭 입자, 연삭 입자를 잡고 있는 결합제, 숫돌 내의 공간이 있는 기공으로 되어 있는데, 이것을 숫돌의 3요소라 한다.

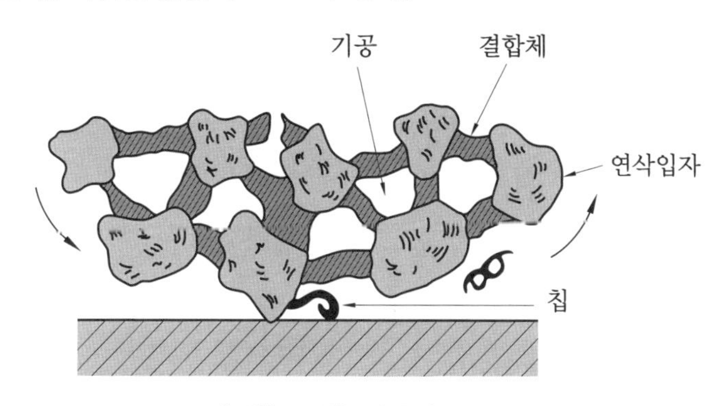

〈그림 1-103〉 숫돌의 3요소

(1) 연삭숫돌 입자

연삭숫돌에 사용되는 연삭 입자는 인조 연삭재인 산화알루미늄(AL_2O_3) 입자와 탄화규소(SiC) 입자가 있으며 천연산에는 다이아몬드가 있다. 특히 성형 연삭에 사용된 것은 대부분 WA이지만 다이스강, 고속도강 및 특수 원소를 배합한 난연삭재의 연석에 CBN 연삭 입자가 적당하다. CBN 연삭 입자는 다이아몬드 다음으로 경도가 있는 것으로 고온 · 고압 기술에 의하여 개발된 입방정 질화붕소이다.

(2) 입도(grain size)

연삭숫돌에 쓰이는 입자의 크기를 입도라 하며 입도는 연삭 가공면의 거칠기를 결정하는 중요한 요소이다. 일반적으로 10~220까지는 체 눈의 번호로 나타내며, 체 눈의 번호를 메시(mech)라 하고 메시는 번호로 표시한다.

20메시는 한 변이 1 inch인 정사각형에 체 눈이 20개, 즉 1인치 평방당 400개의 체 눈의 크기에는 통과하고, 그 다음 크기인 24메시(1인치 평방당 576개)에는 통과하지 못하는 크기를 말한다. 입도 220 이상은 평균 지름을 μm로 나타낸다.

〈표 1-23〉 입도의 분류와 선택 조건

호칭	조립	중립	세립	극세립
입도	10, 12, 14, 16, 20, 24	30, 36, 46, 54, 60	70, 80, 90, 100, 120, 150, 180, 220	240, 280, 320, 400, 500, 600, 700, 800
선택 조건	• 연하고 점성이 있는 재질 연삭 • 거친 연삭 • 숫돌과 공작물의 접촉면이 큰 연삭		• 단단하고 여린 재질 • 다듬질 연삭 • 접촉 면적이 작은 연삭	• 초정밀 가공, 래핑

(3) 결합제(bond)

결합제는 입자를 결합하여 숫돌의 모양을 가지도록 하여 연삭 작업에 적합하게 강도를 주는 역할을 하는 것으로 결합제는 다음의 조건을 갖추어야 한다.

(가) 숫돌의 결합도를 연한 것부터 단단한 것까지 얻을 수 있을 것

(나) 적당한 기공을 얻을 수 있을 것

(다) 원심력이나 충격 등에 대하여 기계적 강도가 충분할 것

(라) 열이나 연삭액 등에 대하여 안전할 것

〈표 1-24〉 결합제의 종류

결합제 명칭	기호
비트리파이드 결합제(vitrified bond)	V
실리게이트 결합제(silicate bond)	S
마그네시아 결합제(magnesia bond)	Mg
레지노이드 결합제(resinoid bond)	B
레지노이드 보강(reinforced bond)	BF
셀락 결합제(shellac bond)	E
고무 결합제(rubber bond)	R
비닐 결합제(vinyl bond)	PVA
금속 결합제(metal bond)	M

① 비트리파이드 결합제(vitrified bond : V)

결합제의 주성분은 점토와 장석이며, 연삭숫돌 결합제의 90 % 이상을 차지하는 가장 많이 사용하는 숫돌이다. 약 1300℃의 고온으로 2~3일간 가열하여 도자기와 같은 방법으로 자기질화한다.

비트리파이드 결합제는 균일한 기공을 나타내며 필요한 결합도로 쉽고 다양하게 제작할 수 있다. 물, 산, 기름, 온도의 영향이 작아서 연삭액을 사용할 때 편리하며 다공성이 있고 연삭력이 강하다.

자기질이기 때문에 탄성이 작아서 충격에 의해 파손되므로 연삭 시 주의하여 사용해야 하며 얇은 절단 숫돌로는 사용할 수 없다. 연삭 속도는 1600~200 m/min 정도이며 기호는 V로 나타낸다.

② 실리케이트 결합제(silicate bond : S)

규산나트륨(Na_2SiO_4 : 물유리)을 입자와 혼합, 성형하여 제작한 숫돌로 대형 숫돌에 적합하다. 실리케이트 결합제로 만든 숫돌은 다른 방법으로 만든 연삭숫돌보다 결합도가 약하여 마멸이 빠르다. 고속도강과 같이 연삭기 균열이 발생하기 쉬운 가공물의 연삭이나 연삭 시 발열이 적을 때 적합하다. 기호는 S로 나타내며 중연삭에는 적합하지 않다.

③ 일래스틱 결합제(elastic bond : 탄성 결합제)

탄성 숫돌의 결합제는 유기질이며 셀락(shellac : E), 고무(rubber : R), 레지노이드(resinoid : B), 비닐(vinyle : PVA) 등이 있다. 탄성 결합제로 만든 연삭숫돌은 어느 것이나 탄성이 있지만 열에 약한 단점이 있다. 일반적으로 절단용 연삭숫돌로 많이 사용된다.

(가) 셀락 결합제(shellac bond : E) : 천연 수지인 셀락이 주성분이며 비교적 저온에서 제작되고 강도와 탄성이 커서 얇은 연삭숫돌에 적합하다. 절단용으로 많이 사용하며 기호는 E 또는 Shel로 나타낸다.

(나) 고무 결합제(rubber bond : R) : 성분은 생고무이며 첨가되는 유황의 양에 따라 결합도가 달라진다. 탄성이 커서 절단용 연삭숫돌, 센터리스 연삭기의 조정 숫돌 결합제로 많이 사용한다. 기호는 R 또는 Rub로 나타낸다.

(다) 레지노이드 결합체(resinoid bond : B) : 열경화성 합성수지인 베이클라이트가 주성분이며, 결합력이 강하고 탄성이 커서 절단용 연삭숫돌이나 정밀 연삭용 연삭숫돌로 적합하다. 연삭열로 인한 연화 경향이 작고 기름, 증기 등에 대하여 안정하며 기호는 B 또는 Res로 나타낸다.

(라) 금속 결합제(metal bond : M) : 다이아몬드 입자와 구리, 황동, 니켈, 철 등의 분말을 분말야금으로 결합한다. 다이아몬드의 함유량 1 cm^2 중 4캐럿(carat) 이상을 100 %라 하며 50 %, 25 %의 것이 주로 사용된다. 연삭숫돌의 기공이 적어 수명이 길고 중연삭에도 견디지만 입자의 탈락 및 드레싱 등에 어려움이 있다.

(4) 숫돌의 결합도(경도 : greade)

연삭숫돌의 경도는 연삭 중 연삭 저항에 대하여 입자를 유지하는 힘이 크고 작음을 나타내는 것이다. 경도가 크다는 것은 동일한 연삭 조건에서 연삭 중 입자의 탈락이 적다는 것을 의미하며, 결합도가 낮거나 무르다는 것은 연삭 중 입자의 탈락이 쉽고 많다는 것을 의미한다. 접착제 자체의 경도를 나타내는 것은 아니다.

경도가 무른 연삭숫돌은 입자가 마모되기 전에 탈락하여 비경제적이며 경도가 크면 입자가 쉽게 탈락하지 않아 눈메움(loading)이 발생하고 연삭 정밀도가 나빠진다. 따라서 가공물의 재질, 연삭 정밀도 등에 따라 적합한 연삭숫돌을 선정하는 것이 효율적이다.

〈표 1-25〉 연삭숫돌의 결합도에 따른 분류

결합도	E, F, G	H, I, J, K	L, M, N, O	P, Q, R, S	T, U, V, W, X, Y, A
호칭	극연(very soft)	연(soft)	중(medium)	경(hard)	극경(hard)

(5) 연삭숫돌의 조직(stucture)

연삭숫돌의 단위 체적당 연삭 입자 수, 즉 입자의 조밀한 정도를 말한다. 동일한 결합도의 연삭숫돌도 입자의 조밀 정도에 따라 거친 조직, 중간 조직, 치밀한 조직으로 나타내는데 연삭숫돌 전체의 부피와 연삭 입자 전체의 부피의 비를 입자율(grain percentage)이라 한다.

조직이 적당하면 칩의 처리가 원활하고 발열도 적다.

일반적으로 가공물의 재질이 연한 것은 거친 조직의 연삭숫돌을 선택하고, 가공물의 재질이 단단하거나 다듬질 연삭, 지름이 적은 가공물의 연삭에는 치밀한 조직의 연삭숫돌을 선정한다.

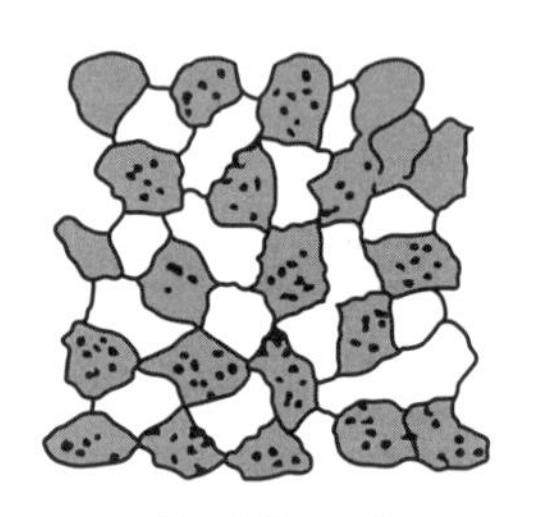
(a) 거친 조직

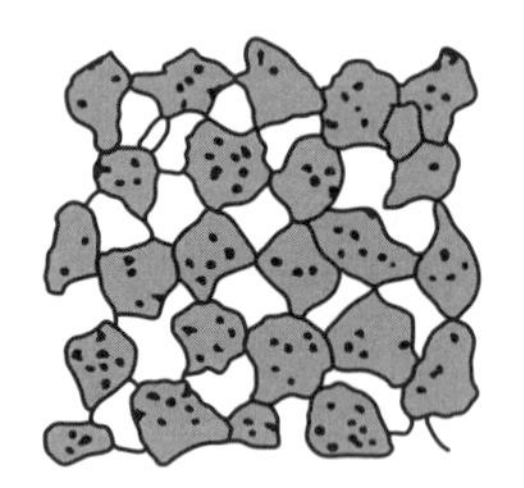
(b) 중간 조직

(c) 치밀 조직

〈그림 1-104〉 연삭숫돌의 조직과 입자율

〈표 1-26〉 연삭숫돌의 조직과 입자율

호칭	기호	조직	입자율(%)
거친 조직	w	7, 8, 9, 10, 11, 12	42 이하
중간 조직	m	4, 5, 6	42 이상~50 이하
치밀한 조직	c	0, 1, 2, 3	50 이상~54 이하

4-2 성형 연삭

성형 연삭기는 수평형 평면 연삭기의 구조와 비슷하며 고정밀, 대량 생산용 금형 및 치공구 부품 가공에 많이 사용된다.

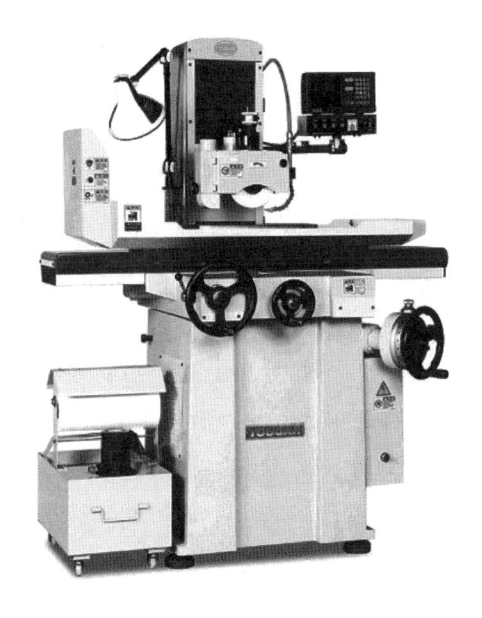

〈그림 1-105〉 성형 연삭기

1 성형 연삭기의 종류

성형 연삭기는 〈표 1-27〉과 같이 종류가 다양하며, 각 기계의 구조 및 가공 방법이 다르다.

〈표 1-27〉 성형 연삭기의 종류

종류	특징
평면 성형 연삭기	가격이 저렴하고 일반적으로 많이 사용한다.
크리프 피드 성형 연삭기	절입량이 매우 크고 연삭 시간이 짧다.
크라시롤 성형 연삭기	가공 형상에 맞춘 롤을 숫돌에 붙여 숫돌을 성형한다.
광학식 모방 성형 연삭기	정확한 확대도를 보면서 성형하며 윤곽 가공을 한다.
팬터그래프 성형 연삭기	템플릿을 모방하면서 축소, 윤곽 가공을 한다.
NC 성형 연삭기	숫돌의 성형, 윤곽 가공 등을 프로그램대로 실행한다.
전해 성형 연삭기	전해 가공을 응용한 연삭이므로 숫돌의 마모가 작다.
팬터그래프 성형 연삭기	템플릿을 모방하면서 축소, 플런저 연삭을 한다,

2 성형 연삭기의 특징

① 고정도 형상 및 치수 가공이 가능하다.
② 표면 거칠기가 양호하다.
③ 표면 변질층이 적고 내마모성이 좋다.
④ 담금질강, 초경합금강 등의 가공이 가능하다.

3 금형 가공용 연삭숫돌

금형 가공용 숫돌의 종류는 축이 붙은 숫돌과 CBN 숫돌, 다이아몬드 숫돌, 평면용 스틱 숫돌이 있다.

(1) 축이 있는 숫돌

축이 있는 숫돌은 자유 연삭용의 진동 그라인더나 에어 그라인더 등을 설치하여 사용하는 것과 기계 연삭용의 지그 연삭기나 내면 연삭기에 설치하여 정밀 가공에 사용하는 것 등이 있다. 이런 숫돌은 형상, 치수, 입자의 재질, 입도, 결합도에 따라 다양한 종류가 있으며 적합한 숫돌의 선택은 연삭 가공 작업의 중요한 요인이다.

① WA 적색(60 P) V
WA 적색(80 P) V
일반 강재, 탄소강의 가공용에 적합하다. V는 비트리파이드 결합제

② WA 백색(60 P) V
WA 적색에 비하여 숫돌재의 인성이 낮고 쾌삭성이 있다. 일반적인 강재에서 담금질 강재까지 용도의 폭이 넓다.

③ PA (60 P) V
PA (69 P) V
결합제가 유기질이기 때문에 버 제거, 단조형 가공의 거친 연삭용에 사용한다. 숫돌립의 인성이 크다.

④ SP (100 Q) V
SP (120 P) V
SP (220 P) V
WA 숫돌 입자보다 인성이 높고 다듬질강의 마무리에 가장 적합하다. Cr_2O_3를 미량 포함한 WA계의 숫돌이다.

⑤ SPW (60 H) V
SPW (80 H) V
SPW (80 J) V

SP 숫돌 입자와 WA 숫돌 입자의 혼합 숫돌이며 지그 연삭에 사용하고 다공질 숫돌로 드레싱 및 칩의 처리가 양호하다.

⑥ CBN (170 N) V
CBN (170 S)

보라존(타입 1, 타입 550), SBN-B, SBN-T 등의 숫돌 입자를 사용하며 주로 지그 연삭, 내면 연삭 등의 정밀 연삭용이다.

⑦ MD (170 S) V
MD (100 P) V

초경이나 세라믹 금형 부품 가공용으로 사용되며, 특히 전착숫돌로 많이 사용하지만 정밀도와 수명이 낮다,

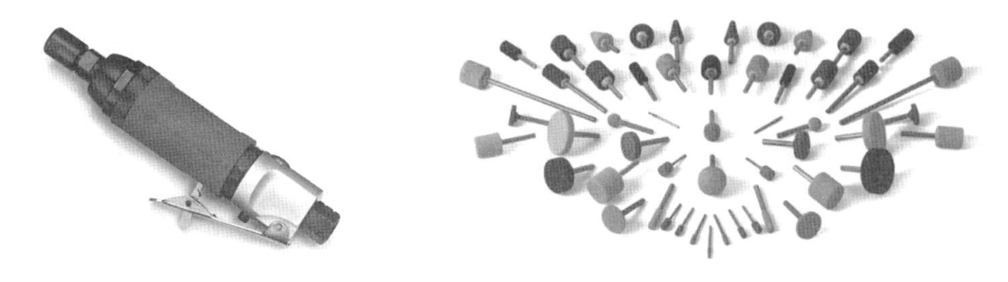

〈그림 1-106〉 에어 그라인더와 숫돌

(2) 손연마용 스틱 숫돌

방전 가공된 금형 부품의 열경화층 가공용으로 사용된다(서브 미크론의 산화알루미늄에 미량의 Cr_2O_3를 첨가하여 소결한 것).

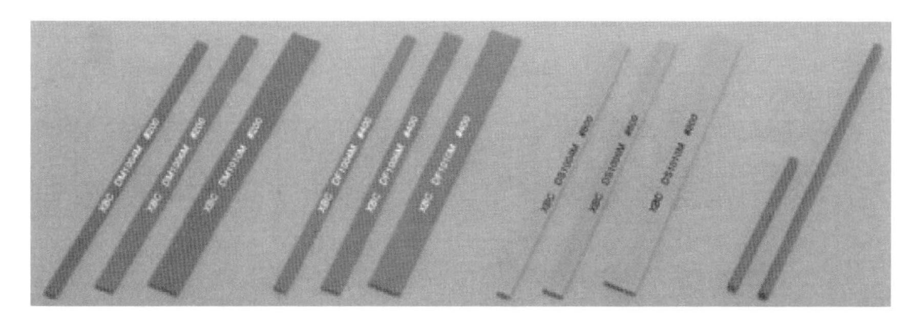

〈그림 1-107〉 손연마용 스틱 숫돌

4 성형 가공

성형 가공을 하기 위한 연삭숫돌의 원주 속도, 절삭 깊이, 이송 등은 상호 관련되어 있으므로 여러 가지 영향을 미치게 된다. 따라서 가공물의 재질, 연삭 방법에 따라 적절한 연삭 조건을 설정하여야 한다.

(1) 숫돌의 원주 속도

연삭숫돌의 원주 속도는 연삭 능률에 큰 영향을 미친다. 원주 속도가 느리면 연삭숫돌의 마멸이 크고 충분한 기능을 발휘하지 못하며, 원주 속도가 너무 빠르면 원심력에 의하여 파손되어 위험하게 되고 글레이징(glazing)이 발생하여 연삭성이 저하된다.

연삭숫돌의 원주 속도 V는 다음과 같다.

$$V = \frac{\pi \times D \times n}{1000}, \quad n = \frac{1000 \times V}{\pi \times D}$$

〈표 1-28〉은 비프리파이드계 연삭숫돌의 적절한 속도를 선정하기 위한 일반적인 연삭숫돌의 원주 속도를 나타낸 것이다.

실제 원주 속도는 연삭숫돌의 원주 속도와 가공물의 원주 속도가 합성된 상태의 원주 속도이어야 한다.

〈표 1-28〉 연삭숫돌의 원주 속도

연삭 가공의 종류	숫돌의 원주 속도	연삭 가공의 종류	숫돌의 원주 속도
바깥지름 연삭	1600~2000	바이트 연삭(건식)	1400~1800
안지름 연삭	600~1800	절단(건식)	1100~1400
평면 연삭	1200~1800	절단(습식)	1200~1500
공구 연삭	1400~1800	초경합금 연삭	1400~1650
바이트 연삭(습식)	1500~1800		

(2) 가공물의 원주 속도

가공물의 원주 속도는 연삭숫돌의 원주 속도의 비에 따라 가공물의 표면 거칠기, 연삭 능률에 영향을 미치므로 가공물의 재질, 숫돌의 종류, 연삭 방법 등을 고려하여 적절히 선정하여야 한다.

일반적으로 가공물의 원주 속도는 숫돌의 원주 속도의 1/100 정도로 하지만 이 값은 연삭 조건에 따라 일정하지는 않다.

원통 연삭에서 테이블의 이송 속도를 가공물의 원주 속도로 한다.

〈표 1-29〉 가공물의 원주 속도

공작물의 재질	바깥지름 연삭		안지름 연삭(mm)
	다듬질 연삭(mm)	거친 연삭(mm)	
담금질강	6~12	15~18	20~25
특수강	6~10	9~12	15~30
강	8~12	12~15	15~20
주철	6~10	10~15	18~35
황동 및 청동	14~18	18~21	25~302
알루미늄	30~402	40~60	30~50

(3) 연삭 깊이

가공물의 재질, 연삭 방법, 연삭 정밀도 등에 따라 연삭 깊이를 선정하여야 한다. 연삭 능률을 높이기 위해서는 연삭 깊이를 크게 하여야 하지만 연삭은 절삭과 달라 연삭 깊이를 크게 하기 어렵다.

따라서 거친 연삭에서는 연삭 깊이를 가능한 크게 하고 다듬질 연삭에서는 적게 한다.

〈표 1-30〉은 가공물의 연삭 깊이를 나타낸 것이다.

〈표 1-30〉 가공물의 연삭 깊이

연삭의 종류	거친 연삭(mm)	다듬질 연삭(mm)
원통 연삭 강	0.02~0.05	0.0025~0.005
주철	0.05~0.15	0.005~0.02
내면 연삭	0.02~0.04	0.005~0.01
평면 연삭	0.01~0.07	0.005~0.01
공구 연삭	0.03~0.05	0.005~0.01

(4) 이송(feed)

연삭면은 이송을 작게 하면 연삭숫돌의 많은 입자에 접촉하게 되므로 표면 거칠기가 좋아진다.

가공물이 1회전 하는 동안 이송이 숫돌의 폭보다 크면 나사 모양으로 연삭된다. 따라서 가공물 1회전마다의 이송은 숫돌의 폭보다 작아야 한다. 연삭숫돌의 폭 B에 대한 가공물 1회전마다의 이송을 f(mm/rev)라 하면 연삭숫돌의 폭 B에 대한 가공물 1회전마다의 이송은 다음과 같다.

- 강 $f = (\frac{1}{3} \sim \frac{3}{4})B$
- 주철 $f = (\frac{3}{4} \sim \frac{4}{5})B$
- 다듬질 연삭 $f = (\frac{3}{4} \sim \frac{4}{5})B$

가공물 1회전당 이송량 f(mm/rev)에서 이송 속도 f'(m/min)을 구하는 식은

$$f' = \frac{f \times n}{1000}$$

이다. 거친 연삭의 이송 속도는 1~2 m/min, 다듬질 연삭에서는 0.2~0.4 m/min의 범위가 일반적이다.

(5) 연삭 여유

연삭 여유는 전 가공의 표면 거칠기, 가공물의 크기, 형상, 열처리 상태 등에 따라 다르며 가능한 적은 것이 좋다.

〈표 1-31〉 평면 연삭의 가공 여유

가공물의 재질	가공물의 길이					
	100 이하	200 이하	500 이하	1000 이하	1500 이하	2000 이하
구리	0.5	1.0	1.5	2.5	2.5	3.0
주철	0.3	0.5	0.8	0.8	1.0	1.0

(6) 기타 연삭 조건

① 절삭 동력

연삭에서 연삭 저항은 〈그림 1-108〉과 같이 3개의 분력으로 분해할 수 있다.

연삭 저항은 절삭 저항보다 크며 연삭 조건에 따라 변화한다. 바깥지름 연삭에서 연삭숫돌의 원주 속도를 V(m/min), 연삭 저항을 F라 하면 연삭 동력 PS는

$$PS = \frac{F \times V}{75 \times 60 \times n}$$

이다. 연삭 저항은 절삭 저항과 달리 배분력이 주분력의 1.5~2.5배의 크기를 나타낸다.

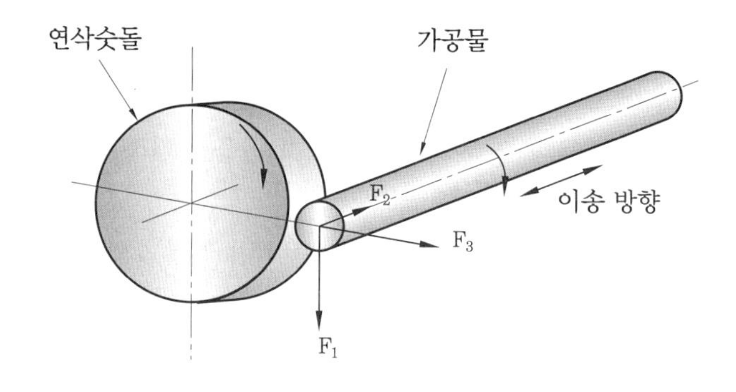

〈그림 1-108〉 연삭 저항

② 연삭액

연삭에는 연삭액을 사용하는 습식 연삭과 연삭액을 사용하지 않는 건식 연삭으로 구분한다. 일반적으로 습식 연삭을 사용하며, 연삭은 절삭보다 발열량이 커서 주의하지 않으면 열처리강이 풀림 처리되거나 미세한 균열이 발생할 우려가 있으므로 주의하여야 한다.

연삭액은 연삭면의 표면 거칠기, 숫돌의 미모에 많은 영향을 미치므로 다음과 같은 조건을 구비하는 것이 좋다.

㈎ 냉각성, 윤활성, 유동성, 침투성이 좋아야 한다.

㈏ 가공물의 표면을 부식시키지 않아야 한다.

㈐ 변질되지 않고 장기간 사용할 수 있어야 한다.

㈑ 다른 기름과 화학적인 반응을 하지 않아야 한다.

연삭액을 사용할 때에는 칩이나 탈락된 숫돌 입자와 연삭액을 분리시키기 위한 여과 장치와 칩 분리기를 사용하는 것이 좋다.

5 연삭숫돌의 수정

(1) 무딤(glazing)

연삭숫돌의 결합도가 필요 이상으로 높으면 숫돌 입자가 마모되어 예리하지 못할 때 탈락하지 않고 둔화되는 형상을 무딤이라 한다.

무딤은 마찰에 의한 연삭열이 매우 커서 연삭열에 의한 연삭의 결함 원인이 된다. 무딤의 발생 원인은 다음과 같다.

① 연삭숫돌의 결합도가 필요 이상으로 높을 경우

② 연삭숫돌의 원주 속도가 너무 빠를 경우

③ 가공물의 재질과 연삭숫돌의 재질이 적합하지 않을 경우

(2) 눈메움(loading)

결합도가 높은 숫돌에서 알루미늄이나 구리와 같이 연합 금속을 연삭할 때 〈그림 1-109〉의 (b)와 같이 연삭숫돌 표면에 기공이 메워져 칩을 처리하지 못하므로 연삭 성능이 떨어지는 현상을 눈메움이라 한다.

눈메움 현상이 발생하면 연삭 성능이 저하되고 떨림 자국이 발생한다. 눈메움 현상의 발생 원인은 다음과 같다.

① 연삭숫돌 입도가 너무 작거나 연삭 깊이가 클 경우

② 조직이 너무 치밀한 경우

③ 숫돌의 원주 속도가 느리거나 연한 금속을 연삭할 경우

(3) 입자 탈락

연삭숫돌의 결합도가 진행되는 연삭 가공이 지나치게 낮으면 숫돌의 입자가 마모되기 전에 입자가 탈락하는 현상이 생기는데, 이것을 입자 탈락이라 한다.

입자 탈락이 생기면 연삭량에 비교하여 숫돌의 소모가 커서 효율적인 연삭이 어렵다.

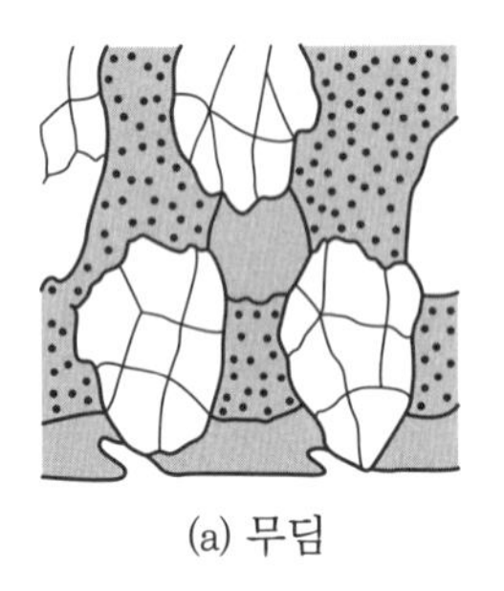

(a) 무딤

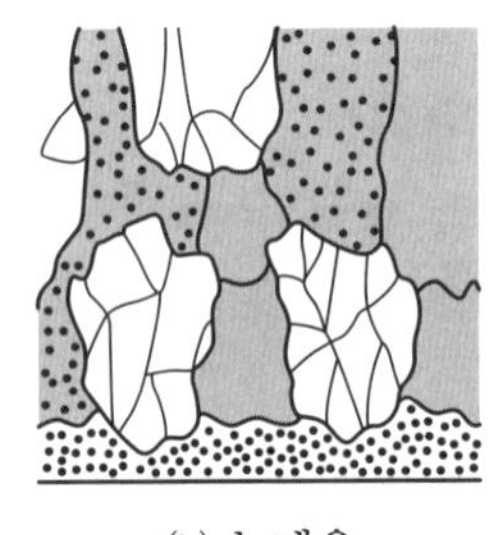

(b) 눈메움

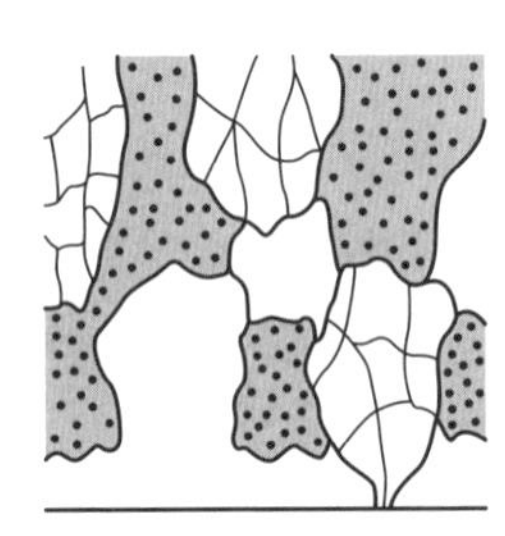

(c) 입자 탈락

〈그림 1-109〉 연삭숫돌의 수정 요인

(4) 드레싱(dressing)

연삭숫돌에 눈메움이나 무딤 현상이 발생하면 연삭성이 저하된다.

이때 숫돌 표면에 무디어진 입자나 기공을 메우고 있는 칩을 제거하여 본래의 형태로 숫돌을 수정하는 방법을 드레싱(dressing)이라 하며, 드레싱할 때 사용하는 공구를 드레서(dresser)라 한다.

① 성형 드레서(huntington dresser)

〈그림 1-110〉과 강판제의 성형 원판을 간격재 사이에 두고 여러 장 겹쳐서 고정구 핀에 헐겁게 끼워 맞춘 것이다. 정밀한 드레싱은 곤란하다.

〈그림 1-110〉 핸드 성형 드레서

② 정밀 강철 드레서

다이아몬드 대용으로 정밀 연삭용으로 사용되었으나 최근에는 많이 사용하지 않는다.

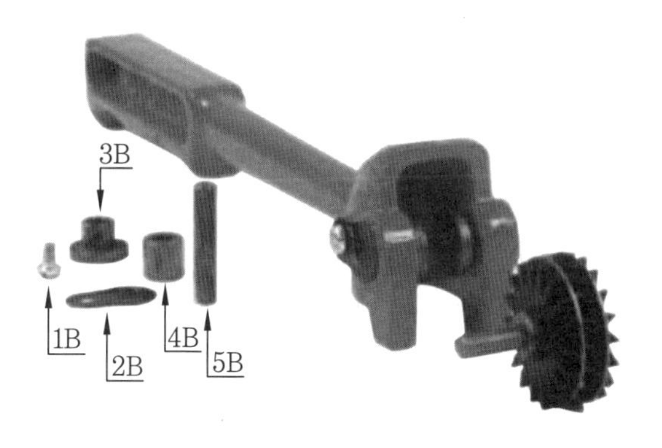

〈그림 1-111〉 정밀 강철 드레서

③ 입자봉 드레서

입자봉 드레서는 자루를 손으로 잡고 입자를 연삭숫돌에 가압하여 드레싱한다. 얇은 숫돌의 드레싱 또는 트루잉(truing)에 사용한다.

〈그림 1-112〉 입자봉 드레서

④ 다이아몬드 드레서

가장 많이 사용하는 드레서로 1개 또는 다수의 다이아몬드가 부착된 형태의 드레서이다. 드레싱이나 트루잉할 때 가공 깊이는 0.025 mm 이내로, 이송 속도는 250 m/min 이내로 사용하는 것이 좋다. 드레서는 숫돌의 중심선에서 10~15° 경사시켜 사용한다.

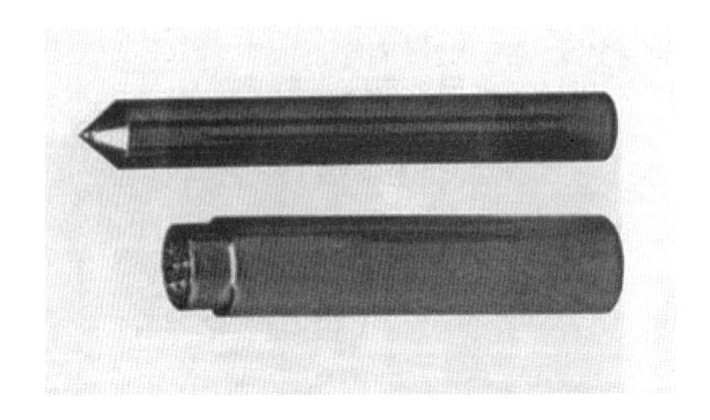
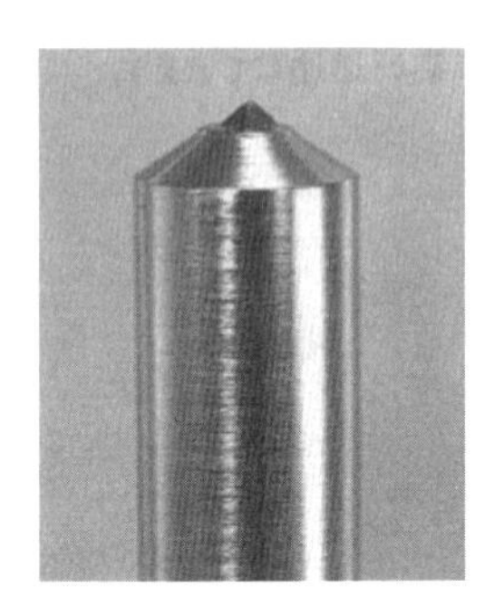

〈그림 1-113〉 다이아몬드 드레서

⑤ 사인 드레서와 라운드 드레서

사인 드레서는 사인 바의 원리를 이용하여 게이지 블록으로 45° 이내의 각도를 정확하게 성형할 수 있는 드레서로 〈그림 1-114〉와 같으며, 성형 연삭할 때 주로 사용한다.

라운드 드레서는 연삭숫돌에 필요한 오목 R과 볼록 R을 성형할 수 있는 드레서로, R의 크기는 드레서 장치의 중심축과 드레서 선단의 거리로 조정하여 성형한다.

〈그림 1-114〉 사인 드레서

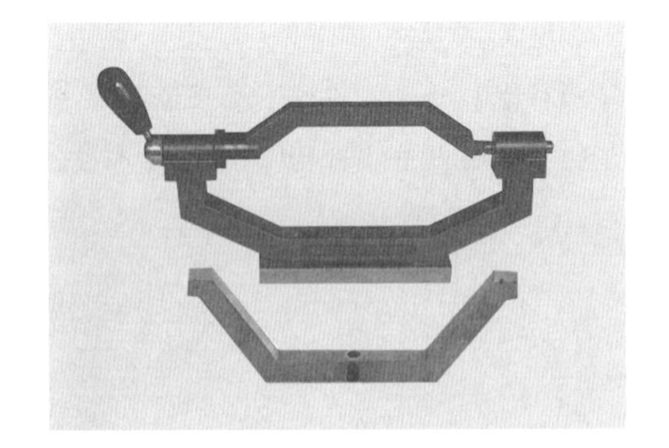

〈그림 1-115〉 라운드 드레서

(5) 트루잉(truing)

연삭하려는 부품의 형상으로 연삭숫돌을 성형하거나 연삭으로 인하여 숫돌 형상이 변화된 것을 바르게 고치는 가공을 트루잉이라 한다. 트루잉을 하면 동시에 드레싱도 된다. 트루잉에는 다이아몬드 드레서를 주로 사용한다.

6 연삭의 결함과 대책

(1) 연삭 균열

연삭 열에 의한 열팽창 또는 재질의 변화 등으로 인하여 연삭 표면에 육안으로 식별하기 힘든 미세한 균열이 발생한다.

■ 연삭 균열에 관한 사항

① C 함유량이 0.6~0.7 % 이하인 강에서는 연삭 균열이 거의 발생하지 않는다.
② 공석강에 가까운 탄소강에서는 연삭 균열이 자주 발생한다.
③ 담금질강에서는 경연삭에서도 자주 발생하나 뜨임하면 자주 발생하지 않는다. 연삭 균열을 적게 하기 위해서는 결합도가 연한 숫돌을 사용하고 연삭 깊이를 적게 하며 이송을 빠르게 한다. 연삭액을 충분히 사용하여 연삭열을 적게 발생시키고 발생된 연삭열은 신속하게 제거하는 것이 좋다.

(2) 연삭 과열

연삭할 때 순간적으로 고온의 연삭열이 발생하고 연삭면이 산화되어 변색되는 현상을 연삭 과열이라 한다. 연삭 과열은 담금질한 강의 경도를 떨어뜨린다.

(3) 떨림(chattering)

연삭 중에 떨림이 발생하면 표면 거칠기가 나빠지고 정밀도가 저하된다.
떨림의 원인은 다음과 같다.

① 숫돌의 평행 상태가 불량한 경우
② 숫돌의 결합도가 너무 큰 경우
③ 연삭기 자체의 진동이 있는 경우
④ 숫돌축이 편심져 있는 경우

(4) 연삭의 결함과 원인 대책

연삭에서 연삭 조건 또는 연삭기의 사용 방법이 부적합하여 발생하는 가장 일반적인 결함과 원인 및 대책은 〈표 1-32〉와 같다.

〈표 1-32〉 연삭의 결함과 원인 및 대책

결함	원인	대책
진원도 불량	센터와 센터 구멍의 불량	센터 구멍의 흠, 먼지 제거, 센터 구멍의 연삭, 심압축의 정도를 조정한다.
	공작물의 불균형	전체를 거친 연삭을 하여 편심을 제거, 불규칙한 공작물에는 밸런싱 웨이트를 붙인다.
	진동 방진구의 사용법 불량	가공물의 크기, 형상에 적합한 진동 방진구를 사용한다.
원통도 불량	테이블 운동의 정도 불량	정도 검사, 수리, 미끄럼 면의 윤활을 양호하게 한다.
	가공법 불량	수직 이송 연삭에서는 가공물에서 떨어지지 않도록, 플런지 컷에서는 숫돌 폭을 가공물보다 크게 한다.
떨림	숫돌, 숫돌 축 관계	숫돌 차의 균형을 취하고 숫돌 차 측면 트루잉, 벨트 풀리의 평행 검사를 한다.
	숫돌 차의 결합도가 단단함	숫돌을 연한 것으로 하고 가공물의 속도를 빠르게 한다.
	숫돌의 눈메움	숫돌을 드레싱한다.
	센토, 방진구의 사용법 불량	센터 수정, 윤활을 정확히 하고 방진구를 정확히 사용한다.
거친 가공면 이송 흔적 (무늬)	숫돌의 결합도가 연함	단단한 숫돌 차를 사용한다.
	숫돌의 입도가 거침	가는 입도의 숫돌 차를 사용한다.
	숫돌 차의 고정의 풀림 연삭기의 정밀도 불량	새로운 흡수지를 플랜지 안쪽에 끼운다. 정밀도를 검사하여 정확한 윤활을 한다.
	가공물과 숫돌 차 면의 불평형	드레서의 고정을 올바르고 확실히 할 것
	가공물과 숫돌 차 면의 불평형	드레싱 마지막에는 절입하지 말고 숫돌 차 면을 왕복시킨다.

7 금형 부품 가공의 적용

성형 연삭 가공은 고도의 기능과 숙련을 필요로 한다. 금형 부품 가공에 적용되는 성형 가공의 예는 다음과 같다.

(1) 기준면 가공

성형 연삭 가공에서는 먼저 기준이 되는 면을 직각으로 다듬어 그 기준면을 토대로 가공한다.

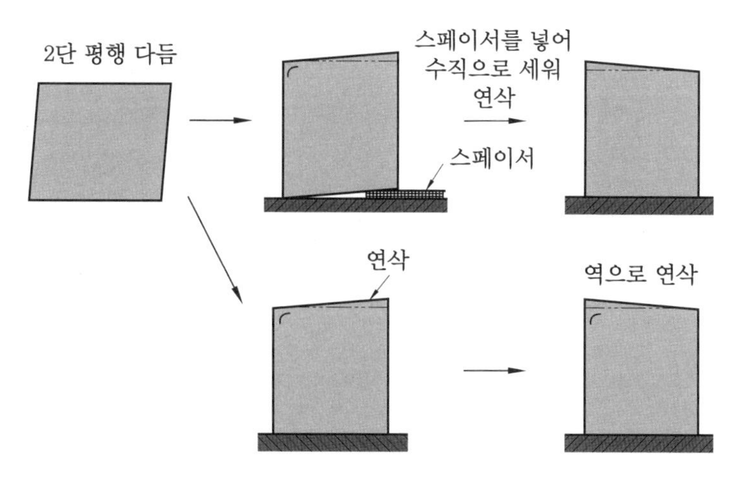

〈그림 1-116〉 금형 부품의 기준면 가공법

(2) 홈 가공

측벽이 직각인 홈 가공에서는 홈의 양 측면에 다듬을 부분을 남긴 상태로 밑면만 미리 다듬는다.

그 다음에 숫돌의 측면을 드레싱하여 다듬고 측면의 연삭은 내측을 여유로 두며 절입은 상하 방향으로 한다.

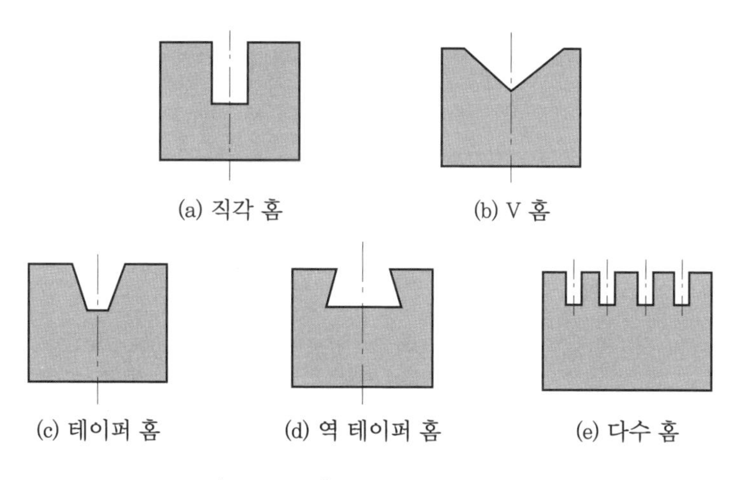

〈그림 1-117〉 금형 부품 홈 가공의 형상

(3) 각도 연삭

숫돌을 성형하여 각도 연삭을 할 경우 코너부보다 0.5 mm 정도 먼저 밑면 가공을 한 후 성형된 숫돌로서 경사부의 성형을 한다.

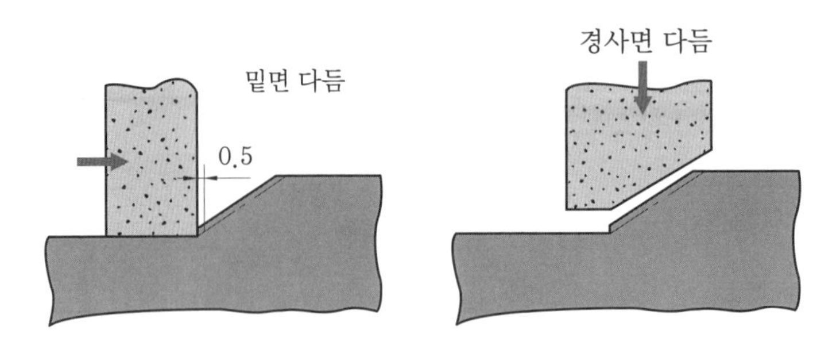

〈그림 1-118〉 경사부의 성형 연삭

(4) 코너부의 R 가공

R 성형을 한 숫돌로서 윗면 및 옆면의 위치 결정을 하며, 이 위치를 확인한 후 어느 정도 가공이 진행된 상태에서 숫돌을 드레싱하고 남은 부분을 가공한다.

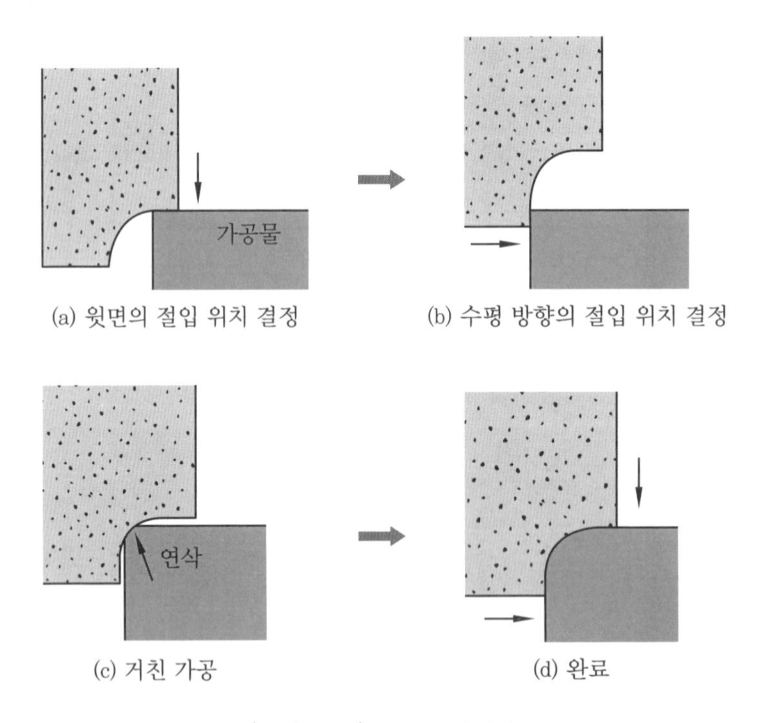

〈그림 1-119〉 코너 R의 연삭

(5) 경사면과 R의 접촉

숫돌을 기울어진 원호에 맞게 성형한 후 가공 소재의 윗부분을 가공한다. 그 다음 수평 방향으로 절입하면서 접촉할 때까지 연삭을 한다.

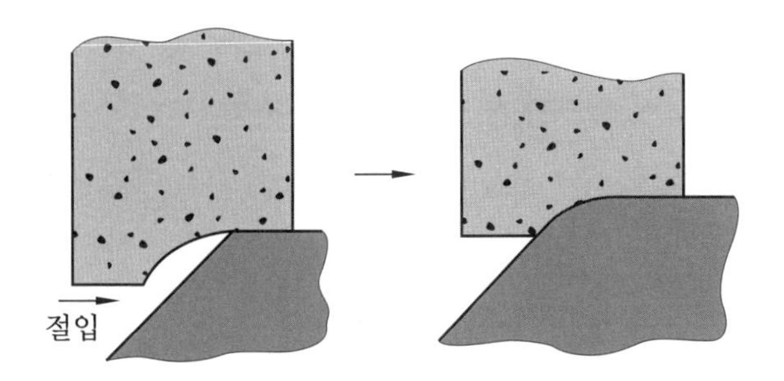

〈그림 1-120〉 경사면과 R접속부의 영상

8 크리프 피드 성형 연삭

크리프 피드 성형 연삭은 전 가공이 없는 소재의 상태로부터 1회의 연삭으로 최종 상태에 가까운 형으로 다듬는 방법이다. 소량씩 몇 번이라도 반복하는 종래의 성형 연삭에 비하여 가공 시간을 훨씬 단축시킬 수 있다.

밀링 등의 전 가공이 불필요하기 때문에 절삭이 곤란한 재료에도 이용할 수 있으며 크리프 피드 연삭을 하기 위해서는 연삭기, 냉각재, 숫돌과 전용 연삭기가 필요하다.

(1) 연삭기 구조

크리프 피드 연삭기는 다음 조건을 만족해야 한다.

① 매우 높은 안전성과 강성
② 숫돌축의 고정도
③ 연삭용 모터의 고출력
④ 숫돌의 회전수가 가변일 것
⑤ 테이블 이송은 전자 제어 방식일 것
⑥ 보정 제어 장치가 붙어 있을 것

크리프 피드 연삭은 연삭 시 발열량이 많고 숫돌과 공작물의 접촉부가 길어 연삭액의 공급이 곤란하며 공작물의 이송 속도가 작기 때문에 가공 부분의 온도가 상승한다.

이것을 막기 위해 고압의 냉각제가 필요하며, 이것은 냉각 이외의 고압으로 칩을 배출시켜 숫돌의 눈메움 현상(loading)을 막고 숫돌을 보호하는 기능을 갖는다.

(2) 냉각제의 조건

냉각제의 조건은 다음과 같다.

① 연삭 칩을 다량으로 수용할 수 있도록 여유를 가져야 한다.

② 능률적인 기능을 가져야 한다(결합제의 종류와 결합도, 연삭 입자의 종류와 조직 등).
③ 안전해야 한다(강도와 상호 관계에 의해 필요한 안정성).

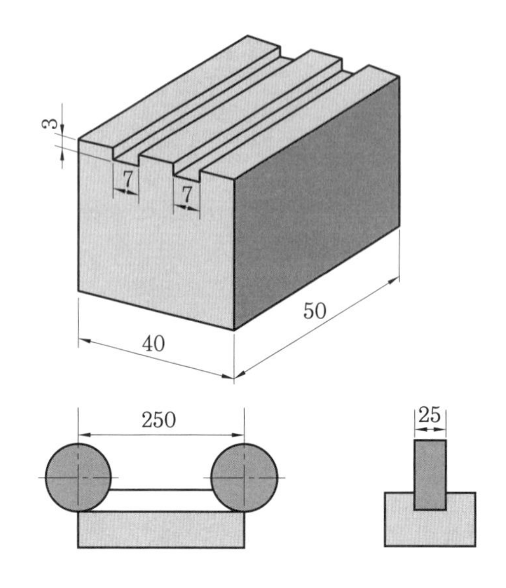

〈그림 1-121〉 크리프 피드 연삭의 가공

9 연삭 안전

연삭숫돌은 고속으로 회전하고 원심력에 의하여 파손되면 매우 위험하므로 안전에 유의하여야 한다.

① 연삭숫돌은 사용 전에 확인하고 3분 이상 공회전시켜야 한다.
② 정확히 고정해야 한다.
③ 덮개(cover)를 설치하여 사용해야 한다.
④ 무리한 연삭을 하지 않아야 한다.
⑤ 연삭 가공 시 원주의 정면에 서지 않아야 한다(특히 양두 그라인더 연삭 시).
⑥ 측면에서 연삭하지 않아야 한다.
⑦ 받침대와 숫돌은 3 mm 이내로 조정해야 한다(특히 양두 그라인더 연삭 시).

(1) 연삭숫돌의 검사

① 음향검사

나무 해머나 고무 해머 등으로 연삭숫돌의 상태를 검사하는 방법이다. 음향이 맑고 울림이 있으면 정상 상태이며, 음향이 둔탁하고 울림이 없으면 균열이나 결함이 있는 숫돌이므로 사용하지 않아야 한다. 연삭숫돌의 검사 중 가장 많이 사용하는 방법이다.

② 회전검사

연삭숫돌을 제작하면 사용 원주 속도의 1.5~2배의 속도로 원심력에 의한 파손 여부를 검사하여야 한다.

이때 사용자는 연삭 시작 전에 3분 이상 공회전시켜 연삭숫돌의 이상 여부를 검사한 후 연삭을 진행한다.

③ 균형검사

연삭숫돌이 두께나 조직, 형상의 불균일로 인하여 회전 중 떨림이 발생하는 경우가 있다. 이때 작업자의 안전과 연삭한 부품의 정밀도와 우수한 표면 거칠기를 얻기 위하여 균형검사를 한다.

(2) 숫돌의 취급

연삭숫돌을 보관할 때에는 목재로 된 보관함에 보관하고 외부로부터 진동이나 충격을 받지 않도록 하는 것이 좋은 방법이다. 운반 시에는 연삭숫돌 위에 무거운 물체를 올려놓지 않는 것 좋다.

(3) 연삭숫돌의 덮개

연삭숫돌이 회전이나 연삭 중에 파손되었을 경우 안전을 위하여 연삭기의 종류, 연삭숫돌의 형상, 연삭숫돌의 크기에 따라 적당한 덮개를 설치하여야 한다.

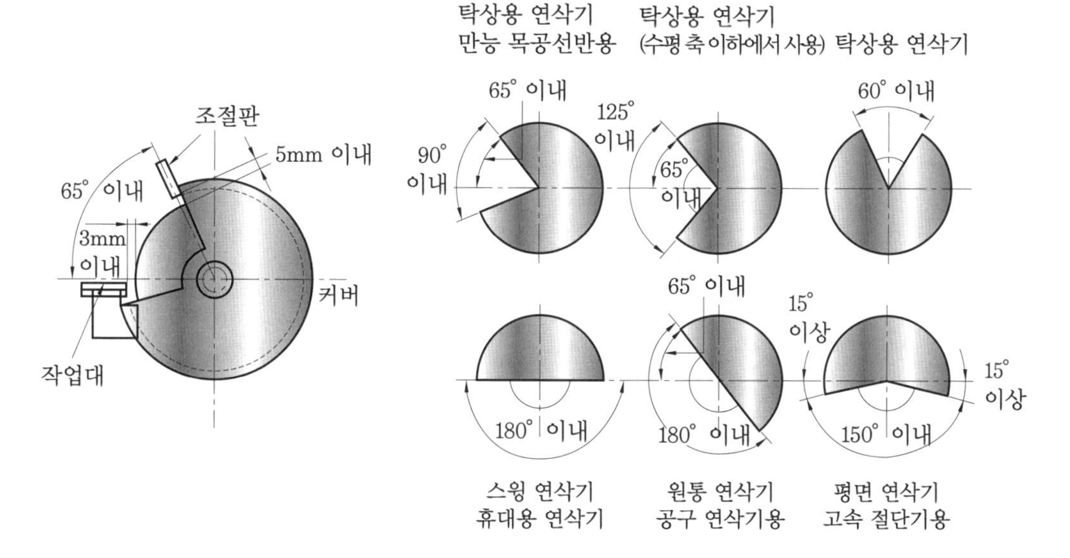

〈그림 1-122〉 연삭숫돌의 덮개

4-3 래핑

1 래핑의 개요

래핑은 매끈한 표면을 얻는 가공법으로 금속, 보석 등을 가공하였으며 마모 현상을 응용한 방법으로 현대에도 많이 사용한다.

일반적으로 가공물과 랩(lap) 사이에 미세한 분말 상태의 랩제(lapping powder)를 넣고 가공물에 압력을 가하면서 상대운동을 시켜 표면 거칠기가 매우 우수한 가공면을 얻는 가공법이다. 래핑에는 건식 래핑과 습식 래핑이 있으며, 건식 래핑은 랩제만 사용하는 방법으로 정밀 다듬질에 이용되고, 습식 래핑은 랩제와 래핑액을 공급하여 가공하는 방법으로 거친 가공에 이용된다.

일반적인 작업 방법은 습식으로 거친 가공을 한 후 건식으로 다듬질하는 방식이다. 래핑은 절삭되는 양이 적고 표면 거칠기가 매우 우수하며 광택이 있는 가공면을 얻을 수 있다. 또한 블록 게이지, 리미트 게이지, 플러그 게이지 등 측정기 측정면과 정밀기계 부품, 광학 렌즈 등의 다듬질용으로 이용되며 일반적인 표면 거칠기는 0.0125~0.025 μm 정도이다.

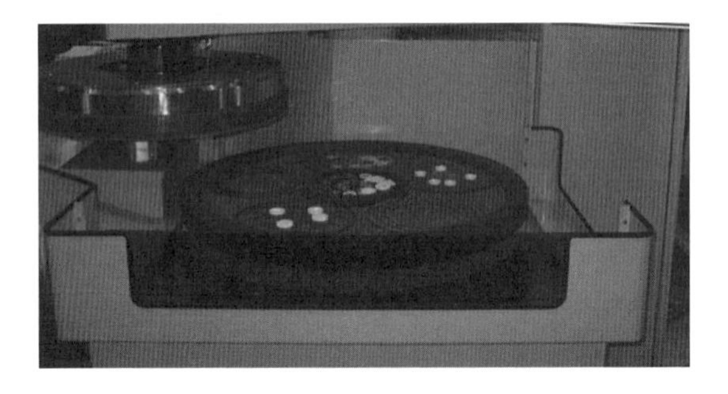

〈그림 1-123〉 래핑 작업

■ 래핑의 장점

① 가공면이 매끈한 거울면(mirror)을 얻을 수 있다.
② 정밀도가 높은 제품을 가공할 수 있다.
③ 가공면은 윤활성 및 내마모성이 좋다.
④ 가공이 간단하고 대량 생산이 가능하다.
⑤ 평면도, 진원도, 직선도 등 이상적인 기하학적 형상을 얻을 수 있다.
⑥ 잔류 응력 및 열적 영향을 받지 않는다.
⑦ 가공면은 내식성과 내마모성이 양호하다.

■ 래핑의 단점

① 가공면에 랩제가 잔류하기 쉬우며 제품 사용 시 잔류한 랩제가 마모를 촉진시킨다.

② 고도의 정밀 가공은 숙련이 필요하다.

(1) 건식 래핑(dry method)

래핑유를 공급하지 않고 랩제만을 이용하여 가공하는 방법으로, 습식 래핑 후 표면을 더욱 매끈하게 가공하기 위하여 사용하는 방법이다. 습식 후 사용할 때에는 습식 래핑할 때 공급된 래핑유를 깨끗이 제거하기 위하여 랩 위에 랩제를 충분히 뿌려 두었다가 깨끗이 닦은 후 사용한다.

(2) 습식 래핑(wet method)

랩제와 래핑유를 혼합하여 가공물에 주입하면서 가공하는 방법으로 건식에 비하여 고압력, 고속으로 가공하는 것이 일반적이다. 거친 래핑에 이용하며 수직형 래핑 머신에서는 작은 구멍, 스플라인 구멍, 초경질 합금, 보석, 유리 가공에 많이 이용한다.

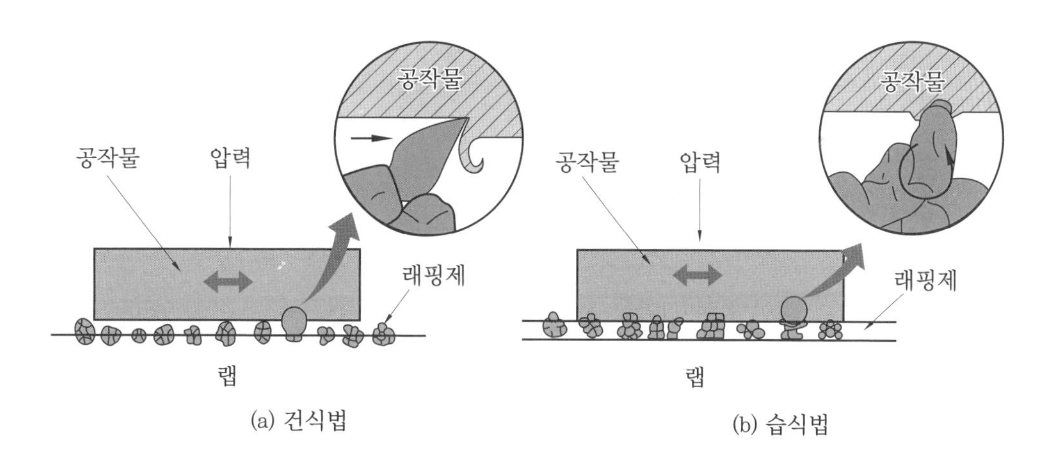

〈그림 1-124〉 래핑 방법

2 랩, 랩제 및 래핑유

(1) 랩(lap)

랩은 가공물의 재질보다 연한 것을 사용한다. 일반적으로 강을 래핑할 때에는 주철을 사용하며 특수한 경우에는 구리 합금 또는 연강을 사용한다. 랩으로 사용하는 주철은 경도가 낮고 조직이 미세하며 기공이 없고 오래된 것이 좋으며, 황동 래핑에는 나이테가 잘 나타나지 않는 박달나무가 좋다.

(2) 랩제(lapping powder, lapping compound)

다이아몬드, 탄화규소(SiC), 산화알루미늄(Al_2O_3)이 주로 사용되며 산화철(Fe_2O_3), 산화크로뮴(Cr_2O_3), 탄화 붕소(B_6C), 다이아몬드 분말 등도 사용된다. 래핑 입자의 크기는 No 50~No 1000 정도를 사용하며 표면 거칠기를 좋게 하기 위하여 랩제의 크기를 작은 입자로 선택한다.

(3) 래핑유(lapping oil)

래핑유는 경유나 석유 등의 광물유, 물, 점성이 적은 올리브유나 종유 등의 식물성유를 사용한다. 래핑유는 랩제와 섞어서 사용하며 가공물에 윤활을 주어 표면이 긁히는 것을 방지한다. 일반적으로 석유와 기계유를 혼합한 것을 많이 사용한다.

3 래핑 머신과 래핑 가공

(1) 래핑의 가공 방법

래핑 가공 방법에는 손으로 하는 수가공 래핑(hand lapping), 래핑 머신을 사용하는 기계 래핑(machine lapping)이 있다. 가공물의 형상이나 종류에 따라 평면 래핑, 원통 래핑, 나사 래핑, 구면 래핑, 기어 래핑 등으로 구분한다.

(2) 수가공 래핑(hand lapping)

간단하고 가공물의 수량이 적거나 전용 기계가 없을 때 수가공 래핑을 한다. 평면 래핑은 〈그림 1-125〉와 같이 랩과 가공물 사이에 랩제를 넣고 손으로 압력을 가하면서 왕복운동을 시켜 가공하며 원통 래핑의 경우 원통형 랩을 이용하여 래핑한다.

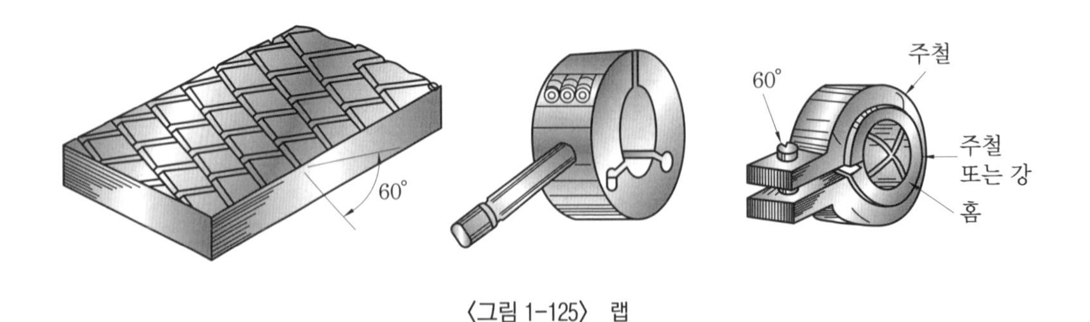

〈그림 1-125〉 랩

(3) 기계 래핑(machine lapping)

래핑 머신은 랩의 방향에 따라 수직형 래핑 머신과 수평형 래핑 머신이 있다.

래핑은 연삭으로 정밀 가공된 원통면 기어, 평면 등을 더욱 매끈하게 가공한다.

랩의 반지름이 변하면 래핑 속도가 변하게 되므로 랩의 모든 면에서 원주 속도가 고르게 분포될 수 있도록 고정구를 사용한다.

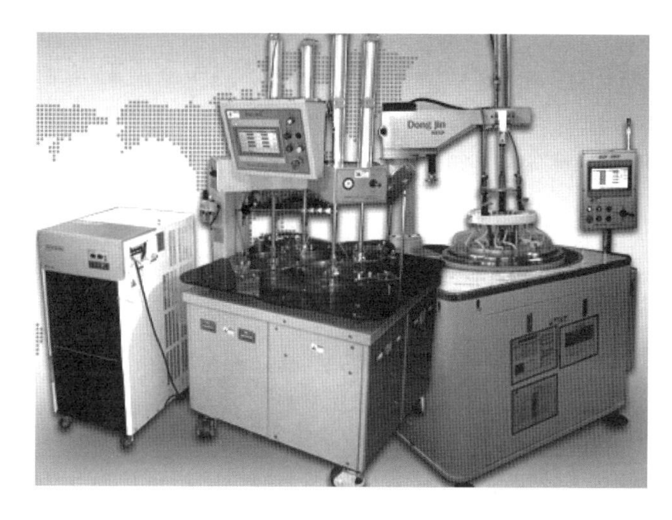

〈그림 1-126〉 래핑 머신

4 래핑 조건

(1) 래핑 속도

가공물과 랩의 상대 속도를 래핑 속도라 한다. 습식법에서는 랩제나 래핑유가 비산(飛散)하지 않는 정도로 하며, 건식 래핑에서는 50~80 m/min 정도로 한다. 래핑 속도가 너무 빠르면 발열로 인한 표면 변질층이 발생하므로 주의하여야 한다.

(2) 래핑 압력

랩제의 입자가 크면 압력을 높이고 입자가 고우면 압력을 낮춘다. 압력을 너무 높이면 흠집이 생길 우려가 있고 압력을 너무 낮추면 광택이 나지 않는다.

습식의 경우는 0.5 kgf/cm^2보다 낮게 하며, 건식은 1.0~1.5 kgf/cm^2 정도로 하고 주철은 다소 낮게 한다.

랩제는 균일한 크기로 하고, 큰 입자가 섞이면 다듬질한 면에 상처가 생기므로 주의한다.

(3) 래핑의 다듬질 여유

일반적으로 래핑의 다듬질 여유는 10~20 μm 정도가 적당하며 가공 표면의 거칠기는 0.025~0.0125 μm 정도로 하는 것이 좋다.

4-4 호닝(honing)

1 호닝의 개요

호닝은 직사각형의 숫돌을 스프링으로 축에 방사형으로 부착한 원통형의 공구, 즉 혼(hone)을 회전 및 직선 왕복 운동시켜 가공물을 가공하는 방법으로, 원통의 내면을 보링, 리밍, 연삭 등의 가공을 한 후 진원도, 진직도, 표면 거칠기 등을 더욱 향상시키기 위한 가공 방법이다.

내연기관의 실린더, 액압 장치의 실린더, 베어링 레이스 등 정밀도가 높은 가공을 위주로 하였지만 호닝의 발달로 가공물의 외면도 가공하게 되었다.

호닝에 적합한 공작물의 재료에는 주철, 강, 초경합금, 황동, 청동, 알루미늄 등의 금속과 유리, 세라믹, 플라스틱 등의 비금속이 있으며 경도에 제한이 없다.

호닝은 원통의 내외면의 어느 것에도 가능하며 부시(bush), 베어링 레이스(bearing race) 등과 같이 주로 원통의 내면 가공에 사용한다.

작업 중에 다량의 절삭유제를 충분히 공급함으로써 발생열을 제거하고 칩을 배출시켜 절삭작용을 돕는다.

호닝 머신(honing machine)에는 수직형과 수평형이 있다.

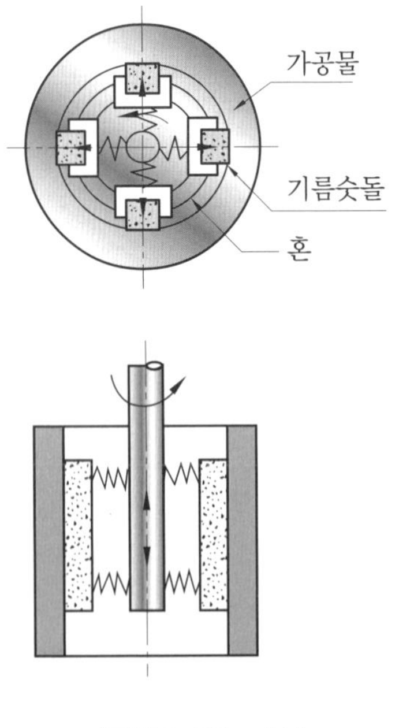

〈그림 1-127〉 호닝

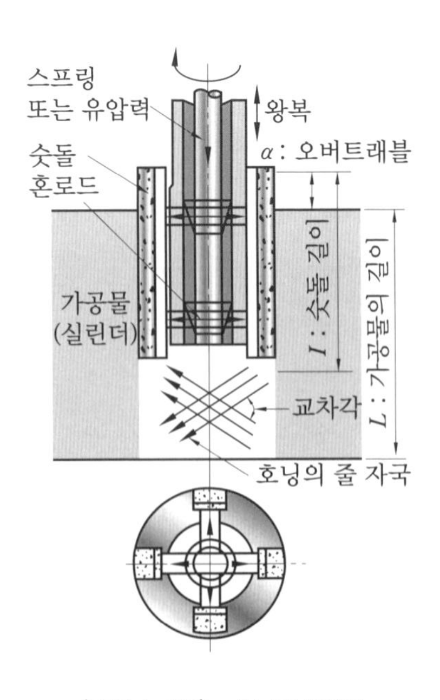

〈그림 1-128〉 호닝의 개념도

■ 호닝의 특징

① 발열이 적고 경제적인 정밀 가공이 가능하다.

② 전 가공에서 발생한 진직도, 진원도, 테이퍼 등을 수정할 수 있다.

③ 표면 거칠기를 좋게 할 수 있다.

④ 정밀한 치수로 가공할 수 있다.

2 호닝 숫돌

연삭에서 사용하는 연삭숫돌과 같지만 사각형의 형태이다. 산화알루미늄 계열의 WA, 탄화규소 계열의 GC 숫돌이 주로 사용되며 초경합금이나 자기 등에는 다이아몬드를 사용한다. 결합제는 비트리파이드나 레지노이드가 주로 사용된다.

호닝에 사용하는 입도는 거친 다듬질에 #120~180, 중간 다듬질 #320~400, 정밀 다듬질에 #600 이상의 입도를 갖는 숫돌을 사용하며, 숫돌의 결합도는 열처리 경화강에서는 J~M, 연강에서는 K~N, 주철 및 황동에서는 J~N을 사용한다.

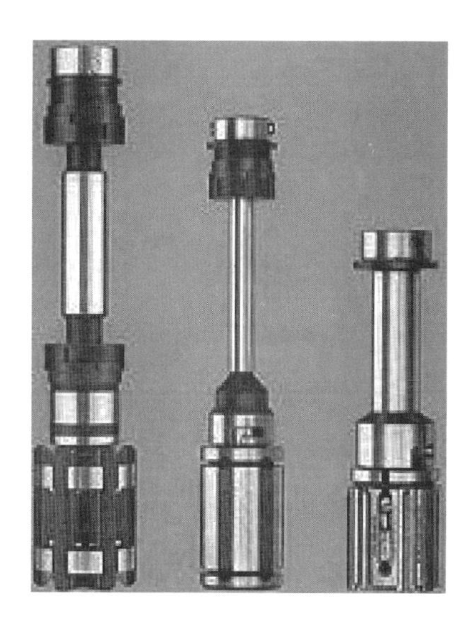

〈그림 1-129〉 호닝 숫돌

3 호닝 방법

(1) 자유 호닝

일반적으로 사용하는 방법으로 가공물을 중심으로 하여 호닝을 하는 방법이다. 가공물, 호닝 공구 중 어느 것에 자유 지점을 가지고 호닝 헤드가 가공 구멍을 안내하여 호닝하기 때문에 공구의 자유 지점 정도와 가공물의 자유도가 크며, 그 정도에 영향을 미친다.

(2) 강제 호닝

강제 호닝은 호닝 공구를 중심으로 가공물을 호닝하는 방법으로 기어의 축 구멍, 캠 축 구멍 등의 가공을 한다.

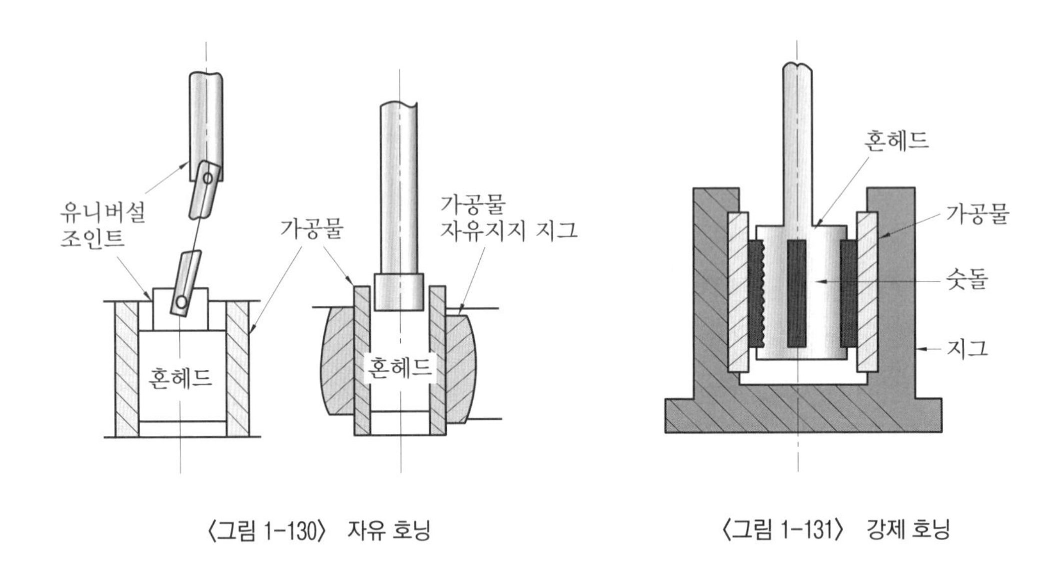

〈그림 1-130〉 자유 호닝 〈그림 1-131〉 강제 호닝

4 호닝 조건과 다듬질면의 표면 거칠기

호닝의 가공 정밀도는 3~10 μm 정도이며 표면 거칠기는 1~4 μm 정도이다. 호닝의 압력은 거친 호닝이 10 kgf/cm^{2}이며 다듬질 호닝이 4~6 kgf/cm^2 정도이다.

호닝 공구는 조건에 따라 여러 가지가 있다.

〈그림 1-132〉와 같이 본체(body), 원추(cone), 원추봉(cone rod), 구동축(drive shaft) 등으로 구성된다.

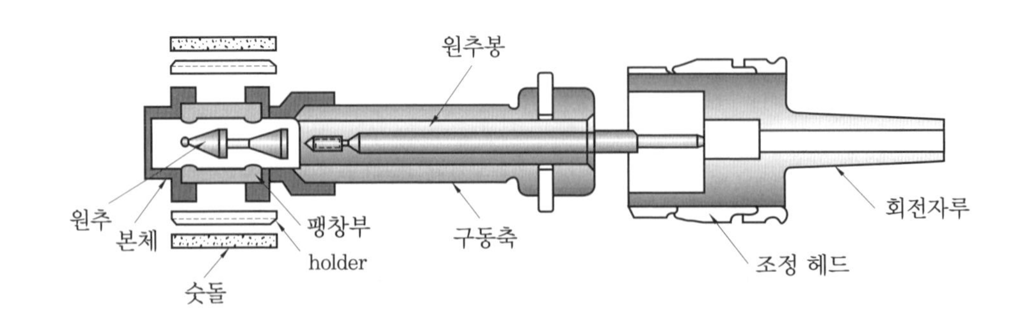

〈그림 1-132〉 고정식 호닝 공구

〈그림 1-133〉은 혼의 운동 궤적을 나타낸 것이다.

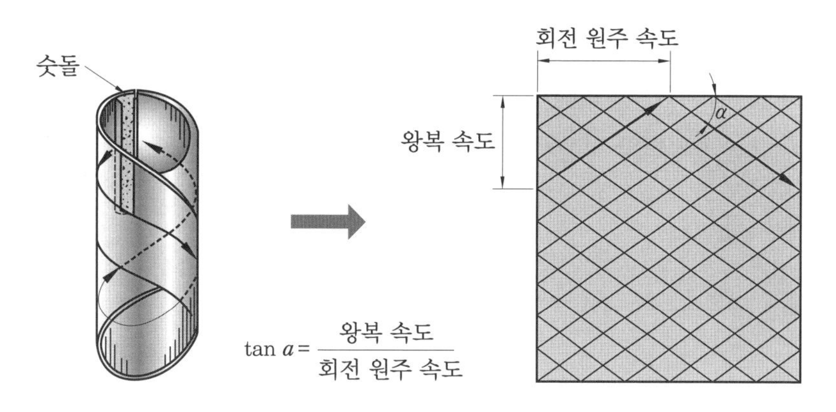

〈그림 1-133〉 혼의 운동

5 액체 호닝(liquid honing)

액체 호닝은 〈그림 1-134〉와 같이 연마제를 가공액과 혼합하여 가공물의 표면에 압축공기를 이용하여 고압과 고속으로 분사시킨 후 가공물 표면과 충돌시켜 표면을 가공하는 방법이다.

액체 호닝에는 피닝 효과(peening effect)가 있다.

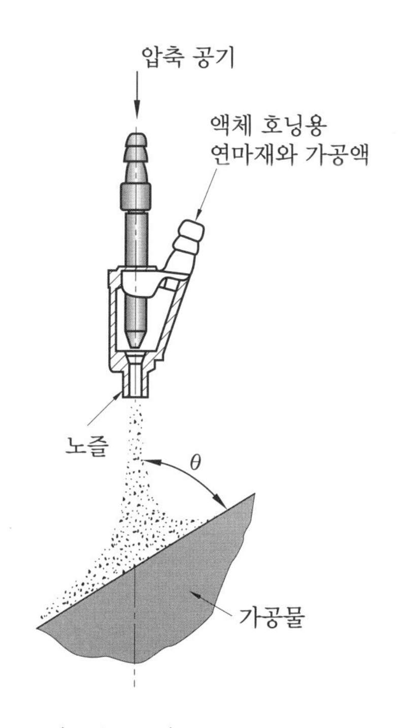

〈그림 1-134〉 액체 호닝의 원리

■ 액체 호닝의 장점

① 가공 시간이 짧다.
② 가공물의 피로강도를 10 % 정도 향상시킨다.
③ 형상이 복잡한 것도 쉽게 가공한다.
④ 가공물 표면에 산화막이나 거스러미(burr)를 제거하기 쉽다.

■ 액체 호닝의 단점

① 호닝 입자가 가공물의 표면에 부착되어 내마모성을 저하시킬 우려가 있다.
② 다듬질면의 진원도와 직진도가 좋지 않다.

4-5 슈퍼 피니싱

1 슈퍼 피니싱의 개요

슈퍼 피니싱은 입도가 작고 연한 숫돌에 적은 압력으로 가압하면서 가공물에 이송을 주며, 동시에 숫돌에 진동을 주어 표면 거칠기를 높이는 가공 방법이다.

다듬질된 면은 평활하고 방향이 없으며 가공에 의한 표면 변질층이 극히 미세하다. 원통형의 가공물 외면과 내면은 물론 평면까지도 정밀한 다듬질이 가능하며, 정밀 롤러, 베어링 레이스, 저널, 축의 베어링 접촉부, 각종 게이지의 초정밀 가공에 사용된다.

〈그림 1-135〉는 원통형 가공물의 외면을 슈퍼 피니싱하는 가공법의 개념이며 숫돌의 폭은 가공물 지름의 60~70 % 정도로 하고 숫돌의 길이는 가공물의 길이와 동이하게 하는 것이 일반적이다.

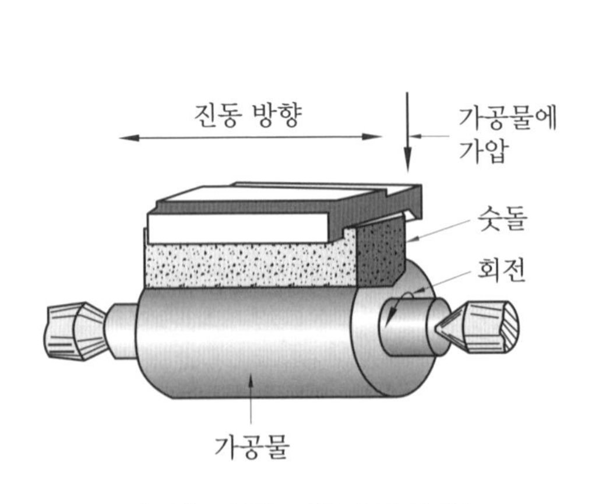

〈그림 1-135〉 원통 슈퍼 피니싱

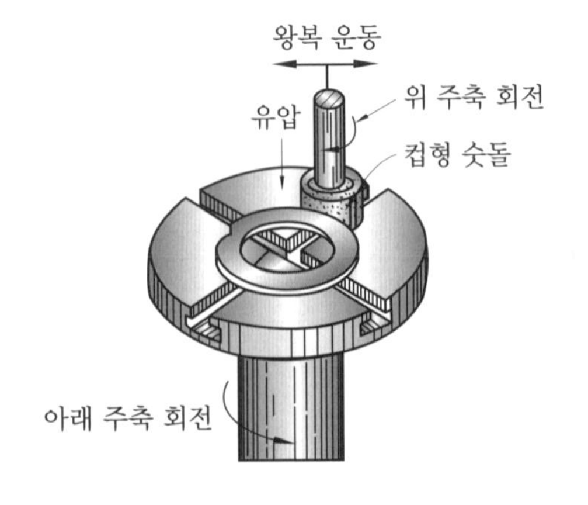

〈그림 1-136〉 평면 슈퍼 피니싱

슈퍼 피니싱 머신에는 전용 슈퍼 피니싱 머신과 일반 범용 슈퍼 피니싱 머신이 있다. 슈퍼 피니싱은 치수 정밀도보다 고정도의 표면 거칠기 가공을 목적으로 한다.

2 슈퍼 피니싱 숫돌

슈퍼 피니싱 숫돌은 연삭숫돌과 같이 산화알루미늄계(Al_2O_3), 탄화규소(SiC)를 사용하며 결합제로는 비트리파이드를 가장 많이 사용한다. CBN 또는 다이아몬드도 사용하며, 경우에 따라 실리케이트나 고무 등을 사용할 때도 있다.

(1) 숫돌의 입자 및 입도

일반적으로 인장강도가 적은 가공물에는 탄화규소계의 숫돌을, 인장강도가 큰 가공물에는 산화알루미늄계의 숫돌을 사용한다.

① 산화알루미늄계(Al_2O_3) : 탄소강, 특수강, 고속도강 등
② 탄소규소계(SiC) : 주철, 알루미늄, 황동, 청동 등

입도는 가공 조건과 다듬질 정도에 따라 NO. 100~No. 1000 정도를 사용한다.

(2) 숫돌의 결합도 및 조직

숫돌의 결합도는 연삭의 결합도보다 낮은 것을 사용한다. 슈퍼 피니싱의 조건에 따라 다르지만 연질 재료는 K~N 범위로, 경질 재료는 G~J 정도를 사용한다. 일반적으로 조직은 No. 11 이상을 사용한다.

3 숫돌 압력

숫돌의 압력은 가공물의 크기, 숫돌의 소모량, 다듬질면의 표면 거칠기, 연삭액 등을 고려하여 선택하지만 호닝보다 낮은 0.1~3 kgf/cm^2의 범위로 사용한다.

〈표 1-33〉은 가공물의 경도와 압력의 관계를 나타낸 것이다.

〈표 1-33〉 가공물의 경도와 압력

가공물의 재질	쇼 경도	압력(kg/cm^2)
경강	20~30	< 0.8
반경강	17~32	< 0.8
주철	27~36	< 1.1
알루미늄	11~13	< 0.2

〈그림 1-137〉은 숫돌 압력의 영향을 나타낸 것이다.

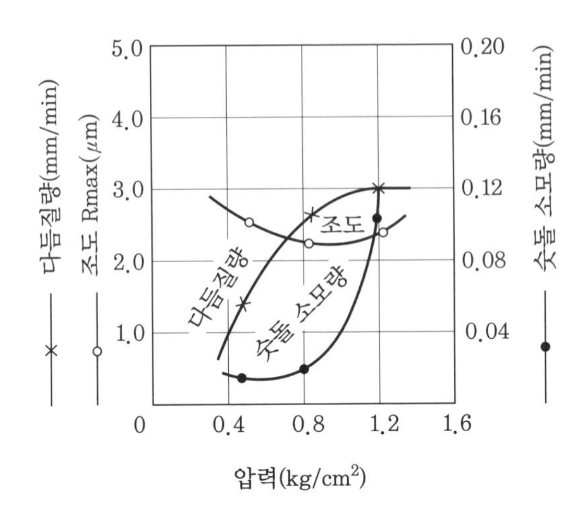

〈그림 1-137〉 숫돌 압력의 영향

4 숫돌의 진동수와 진폭

숫돌의 운동은 초기 가공에서 진폭이 2~3 mm, 진동수가 10~500 cycle/s이며 다듬질 가공에서는 진폭이 3~5 mm, 진동수가 600~2500 cycle/s 정도이다.

일반적으로 소형 가공물은 1000~1200 cycle/s 정도이고 대형 가공물은 500~600 cycle/s 정도이다.

5 가공액

슈퍼 피니싱은 가공에 의한 발열을 냉각시키는 목적보다 숫돌면의 세척작용과 윤활작용이 중요하다. 일반적으로 석유나 경유를 사용하며 경우에 따라 10~30 % 정도의 기계유를 혼합하여 사용한다.

4-6 NC 성형 연삭기

복잡한 성형 연삭은 고도의 숙련을 필요로 하기 때문에 작업자의 숙련도에 따라 가공 품질과 가공 시간이 매우 크게 좌우된다.

숙련자를 양성하려면 적어도 수년이 걸린다고 볼 때 진보가 빠르고 복잡 다양화하는 금형 가공 기술에 맞추어야 하는 것이 현실이다.

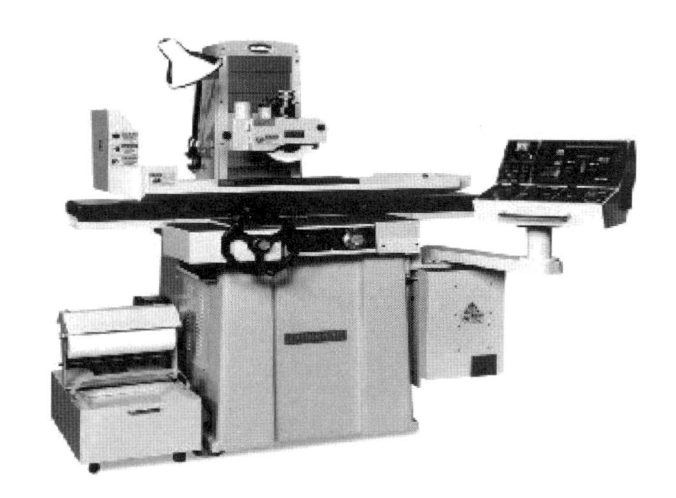

〈그림 1-138〉 NC 성형 연삭기

1 NC 성형 연삭기의 기능

NC 성형 연삭기는 다음과 같은 기능을 가진다.

① 상하 이동과 전후 이동의 2축을 제어할 뿐이며 숫돌의 성형과 숫돌의 위치 결정, 가공물의 연삭을 할 수 있다.

② 숫돌을 성형할 때마다 숫돌 지름의 크기를 프로그램상에서 고려할 필요가 없다.

③ 숫돌을 자동 드레싱한다.

2 성형 연삭 방식

가공품의 형상에 따라 다음 3가지 방식이 적용된다.

① 플런지 연삭 방식(총형 연삭)

② 윤곽 연삭 방식(모방 연삭)

③ 복합 연삭 방식(복합 연삭)

4-7 지그 그라인딩 가공

금형 부품은 담금질이 필수이며, 담금질을 하면 담금질 변형이 생겨 정확하게 가공된 구멍의 위치도 약간의 오차가 생긴다. 지그 그라인더는 이와 같은 경우에 사용되며, 기계의 특징으로서 숫돌 축이 회전하면서 유성 운동을 하는 것이므로 정도를 요구하기 위해서는 극히 정밀한 구조로 되어 있어야 한다.

가공 범위는 1 mm 이하의 작은 구멍에서 ϕ100~200 mm의 범위까지 가공이 가능하다.

1 지그 그라인더의 특징

주축은 상하 왕복 운동과 고주파 모터(최고 80000 rpm) 또는 에어 모터(최고 250000 rpm)에 의하여 축붙이 숫돌의 자전과 유성 운동의 조합에 의하여 연삭을 행한다.

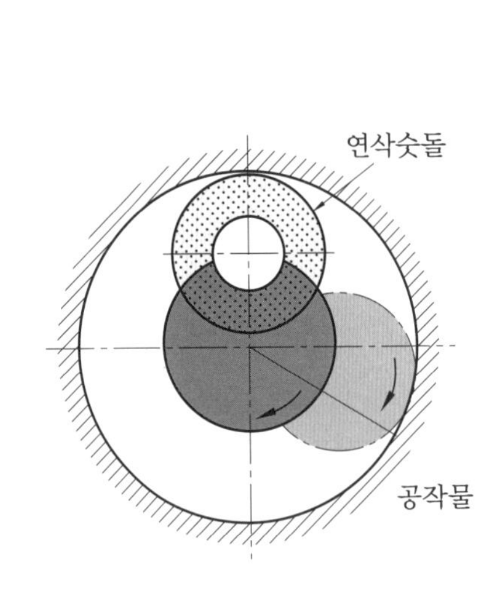

〈그림 1-139〉 숫돌의 자전과 공전 그림

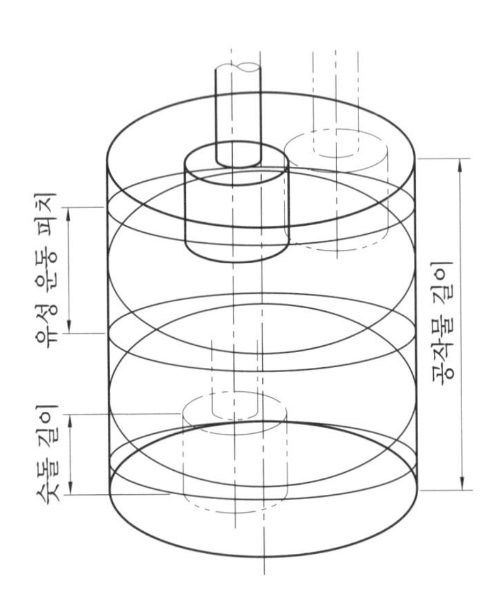

〈그림 1-140〉 유성 운동과 스트로크 속도와의 관계

또한 숫돌의 절삭 깊이 운동과 퀼(quil)의 상하 운동을 기계 기구에 연동시켜 테이퍼 연삭을 하며 공전 운동과 로터리 테이블에 의한 원호 운동의 합성, 기계 본체의 직선 운동 등의 조합에 의하여 복잡한 내면, 외면 윤곽, 단면 연삭 등의 응용 작업을 할 수 있다.

슬로팅 장치를 사용하면 키 홈과 같은 직선 홈, 각 구멍 등의 연삭도 가능하다.

2 지그 글라인딩 작업

(1) 원통 내면 연삭

퀼은 상하 왕복 운동을 하며 이송량은 숫돌의 상하 끝면 폭의 1/2을 더 움직이게 한다. 1/2보다 크면 숫돌 축이 약해지고 연삭이 안 되거나 양 끝이 마모되므로 면의 거칠기, 진원도, 원통도, 끝면 연삭 등 가공면에 영향을 준다.

이송 속도는 거친 연삭을 할 때에는 빠르게, 다듬 연삭을 할 때에는 느리게 한다.

또한 유성 운동 1회전마다 이동하는 세로 방향의 거리는 〈그림 1-141〉과 같이 거친 연삭은 숫돌 폭의 2배보다 작게, 다듬 연삭은 숫돌 폭보다 조금 작게 한다.

정밀도가 높은 다듬질면을 필요로 할 때에는 연삭을 끝낼 시기에 유성 운동 속도를 매우 느리게 하여 작업한다. 유성 운동의 최고 속도는 일반적으로 숫돌의 주속×0.015로 하고 숫돌의 원주 속도는 35 m/s를 넘으면 안 된다.

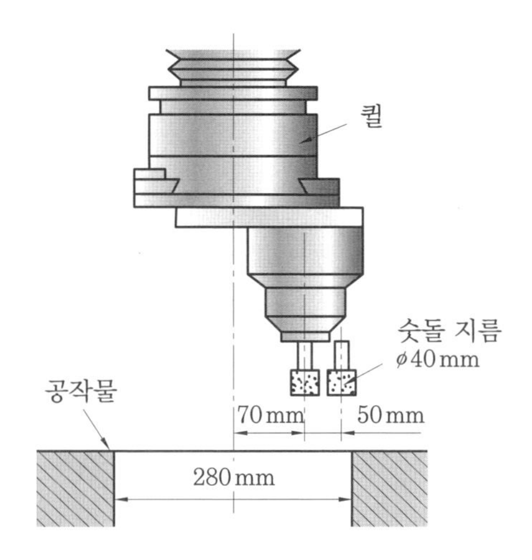

〈그림 1-141〉 원통 내면 연삭

(2) 테이퍼 연삭

숫돌축의 수직 운동에 지름 방향의 운동을 겹쳐 맞추고 테이퍼의 각도는 2개의 스트로크 성분의 비율에 의하여 결정된다. 그 최댓값을 어느 방향에도 6°(벌린 각도로 12°)까지 되며 설정은 기계에 짜 넣은 레버를 희망하는 각도에 장치한다. 또한 축붙이 숫돌을 결정한 각도는 드레싱 장치에 의하여 성형한다.

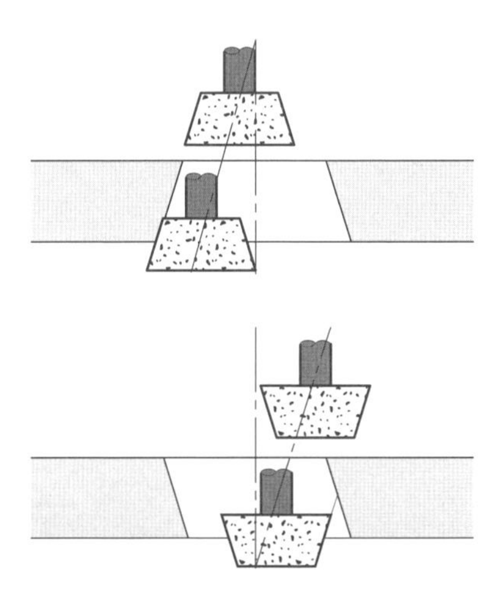

〈그림 1-142〉 테이퍼 연삭

(3) 단 붙이 연삭

단 붙이 구멍일 때에는 기계 조정식의 스톱 장치를 설치하여 아래쪽의 스트로크단을 보통의 경우보다 정확하게 제한하여야 한다.

(4) 슬로팅 연삭

슬로팅 장치를 사용하여 모서리 부를 가지는 구멍, 또는 곡선부를 가공할 수 있다. 곡선부 등의 형상, 치수의 측정, 확인은 전용 현미경을 사용한다.

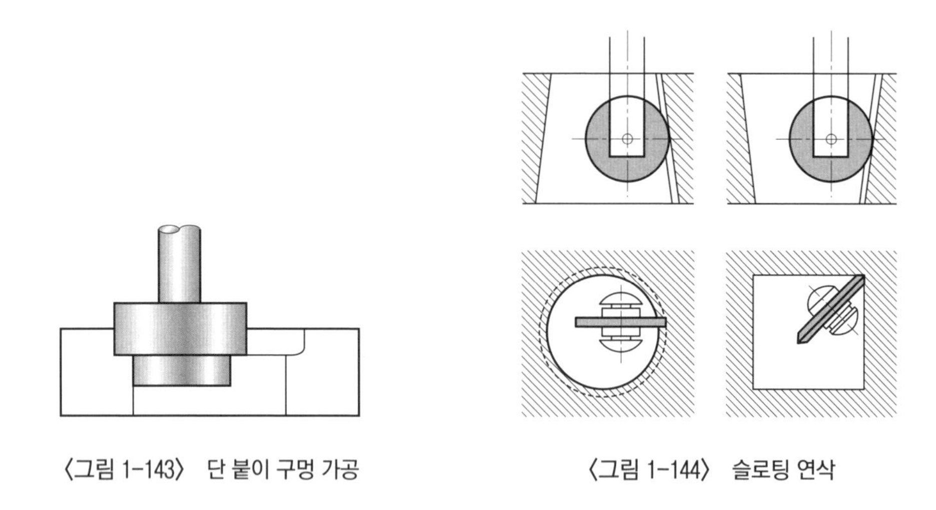

〈그림 1-143〉 단 붙이 구멍 가공

〈그림 1-144〉 슬로팅 연삭

4-8 배럴(barrel) 가공

회전하는 통 속에 가공물, 숫돌 입자, 가공액, 콤파운드 등을 함께 넣고 회전시켜, 서로 부딪치며 가공되어 매끈한 가공면을 얻는 가공법을 배럴 가공이라 하며, 회전하는 통을 배럴이라 한다.

배럴 방법에는 회전 배럴, 진동 배럴 등이 있다.

배럴 가공이 가능한 재료는 주철, 강, 구리, 알루미늄 등의 금속 재료와 파이버(fiver), 베이클라이트(bakelite), 플라스틱 등의 비금속 재료도 가능하여 응용 범위가 넓다.

1 회전형 배럴

〈그림 1-145〉는 회전 배럴을 나타내며 축의 위치에 따라 수평형과 경사형이 있다.

일반적으로 배럴의 형상은 6~8각형이며 대형에는 10~12각형도 사용된다.

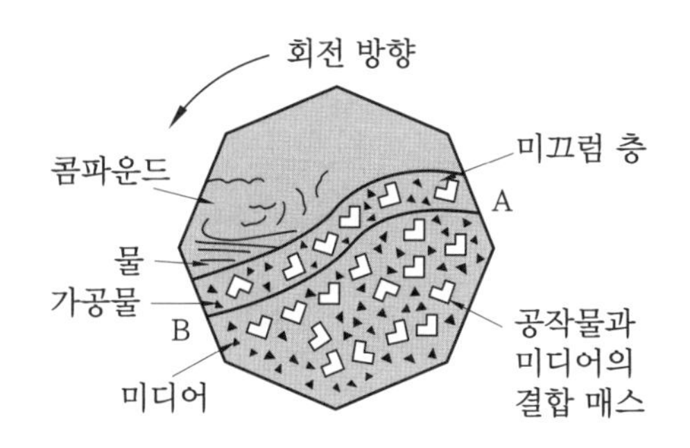

〈그림 1-145〉 배럴 가공의 원리

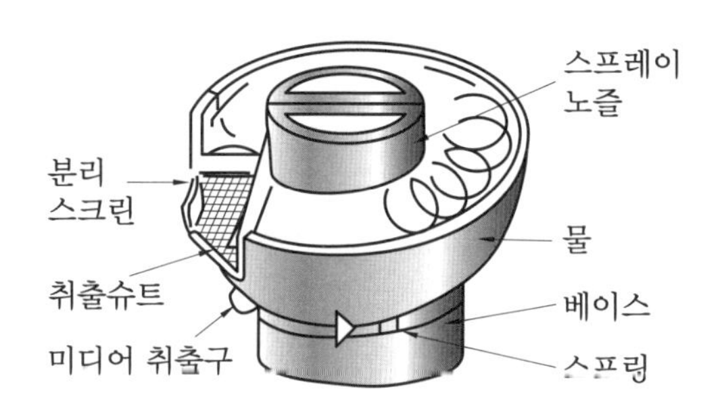

〈그림 1-146〉 회전 배럴의 원리

2 진동 배럴

가공물과 입자의 상대운동은 배럴을 진동시킴으로써 얻어지므로 진동 배럴이라 한다. 진동 배럴은 용기 바닥면에 고정된 편심 회전체에 의하여 상하좌우로 진동한다.

진동식 배럴은 회전식에 비하여 10배 정도 가공 능률이 높으며 거친 다듬질에 효과가 크다. 진동 조건은 진폭 3~9 mm 정도, 진동수는 20~60 사이클이 일반적이다.

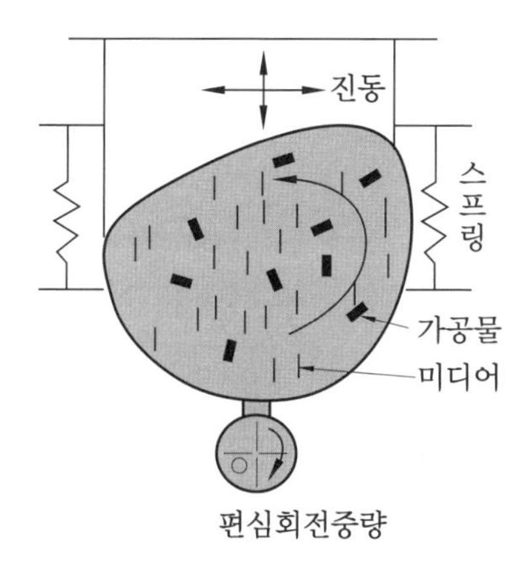

〈그림 1-147〉 진동 배럴

3 미디어(media)

미디어의 선정은 가공물의 크기, 재질, 가공 정도에 따라 결정된다. 거친 배럴에는 입자, 석영, 모래 등이 사용되고 광택이 필요한 경우에는 나무, 피혁, 톱밥 등이 사용된다.

미디어의 작용은 다음과 같다.

① 절삭 과정에서 발생한 거스러미를 제거한다.

② 가공물의 치수 정밀도를 높인다.

③ 녹이나 스케일을 제거한다.

4 배럴 가공 방법

배럴 용량의 반 정도의 가공물과 미디어를 넣고 가공액을 첨가하여 저속으로 회전시킨다. 가공 중에는 작업자를 필요로 하지 않으므로 편리하다. 배럴의 속도는 가공물의 형상, 크기, 중량에 따라 다르지만 일반적으로 6~30 rpm 정도로 하며 가공물이 소형일 때는 35 rpm도 가능하다.

4-9 쇼트 피닝(shot - peening)

샌드 블라스팅(sand blasting)의 모래나 그릿 블라스팅(grit blasting)의 그릿 대신 쇼트(shot : 작은 강구)를 압축 공기나 원심력을 이용하여 가공물의 포면에 분사시켜 가공물의 표면을 다듬질하고 동시에 피로강도 및 기계적 성질을 개선하는 방법을 쇼트 피닝이라 한다.

쇼트 피닝은 쇼트 하나하나가 가공물의 표면에 작은 해머와 같은 작용을 하는 형태로 일종의 냉간 가공법이다.

피닝 효과는 가공물의 표면에만 나타난다.

쇼트 피닝은 스프링에 효과적이며 와셔(washer), 핀(pin) 종류, 차축, 기어(gear) 등의 가공에 이용한다.

〈그림 1-148〉은 쇼트 피닝의 원리를 나타낸 것이다.

1 쇼트(shot)

쇼트에는 칠드 주철(childed) 쇼트, 가단주철 쇼트, 주강 쇼트, 컷 와이어 쇼트(cut wire shot)와 가끔 사용되는 구리 쇼트, 유리 쇼트 등이 있다.

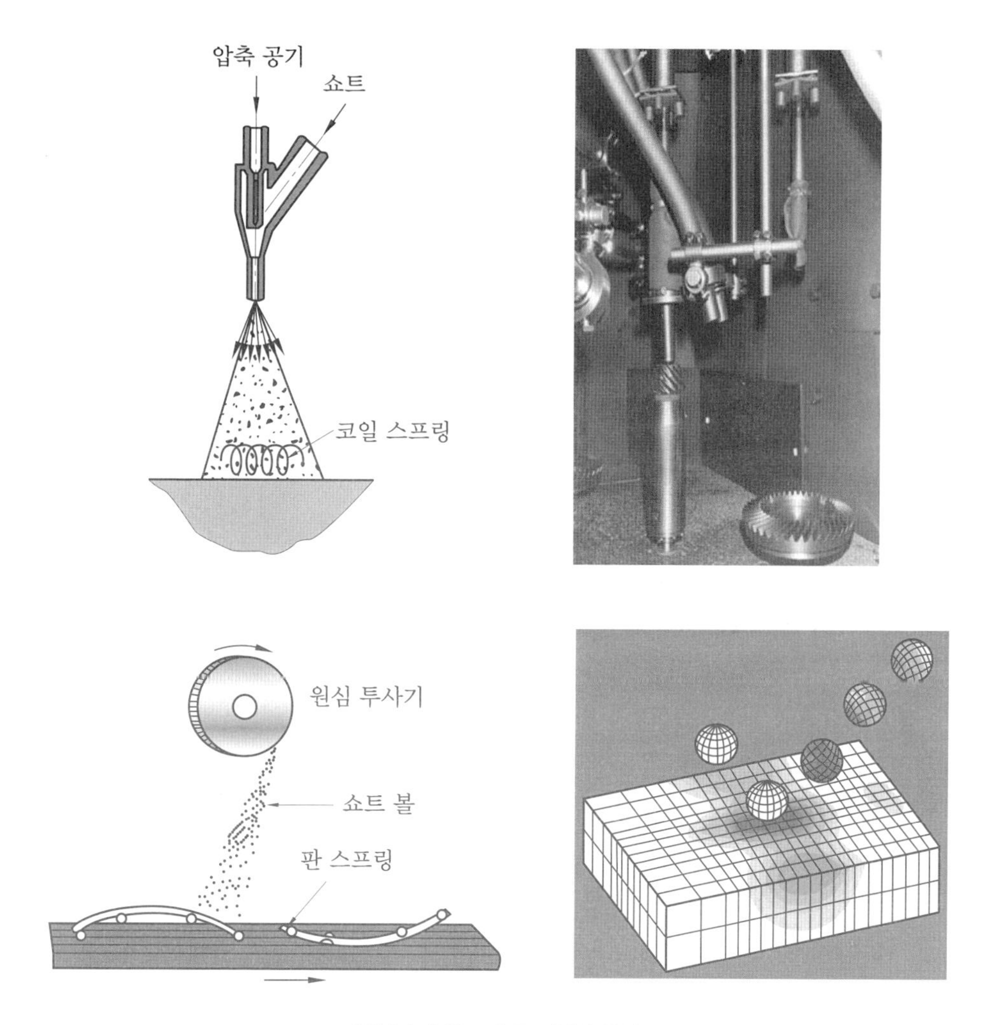

〈그림 1-148〉 쇼트 피닝의 원리

(1) 칠드 주철 쇼트

용융 금속을 수중에 뿌리고 급랭시켜 경화한 쇼트로, 경도는 HRB 800~900 정도이며 취성이 커서 자주 파손되므로 경도를 낮추어 사용하기도 한다.

(2) 컷 와이어 쇼트

컷 와이어 쇼트는 강 재질의 와이어(wire)를 절단하여 제조한 것으로, 인성이 커서 칠드 주철 쇼트의 10배 수명이 된다.

크기는 주로 0.5~1 mm 정도가 사용된다.

2 가공 조건

쇼트 피닝에서 분사 속도, 분사 각도, 분사 면적은 중요한 영향을 미친다. 분사 속도가 빠를수록 피닝 효과가 크지만 한계점이 있어 공기 분사식의 경우 압력을 4 kgf/cm^2 이내로 한다.

압력이나 속도가 너무 크면 가공물의 표면 조직이 파괴될 우려가 있다.

분사 각도는 90°의 경우가 가장 크며 분사각이 더 커지면 피닝 효과가 감소한다. 분사 면적은 각 위치에 따라 분사 각도가 다르기 때문에 피닝 효과가 다르게 나타난다.

3 쇼트 피닝 머신

쇼트 피닝 머신에는 압축 공기식과 원심력 방식의 2가지 종류가 있다. 대량 생산에는 가공 능률 및 비용이 적은 원심력 방식이 유리하며 가공물이 소형이거나 복잡한 형상일 때에는 압축 공기 방식이 유리하다.

4-10 폴리싱과 버핑

1 폴리싱과 버핑의 개요

직물(cloth) 등의 부드러운 원반(cloth wheel)에 지료(compound)를 부착시키고 고속 회전시킨 상태에서 가공물을 접촉시켜 미량의 금속을 제거함으로써 가공면을 다듬질하는 가공을 버핑(buffing)이라 한다.

폴리싱(polishing)을 버핑과 동일하게 취급하는 수도 있지만 연삭숫돌과 같이 산화알루미늄 등의 연마 입자가 부착된 연마 펠트(abrasive felt)에 의한 가공으로, 버핑에 선행되는 가공이다.

〈그림 1-149〉 폴리싱과 버핑

익 / 힘 / 문 / 제

1. 연삭숫돌의 3요소를 나열하시오.

2. 성형 연삭기에 다듬질 연삭을 할 때 이송(feed)은 숫돌의 폭에 대한 가공물 1회전마다의 이송량을 구하시오.

3. 무딤(glazing)의 원인에 대하여 나열하시오.

4. 래핑의 장점에 대하여 나열하시오.

5. 호닝의 특징에 대하여 설명하시오.

6. 슈퍼 피니싱의 숫돌 압력과 진폭에 대하여 설명하시오.

7. 액체 호닝의 장점과 단점에 대하여 설명하시오.

8. 배럴 가공에서 미디어(media)의 작용에 대하여 설명하시오.

9. 쇼트 피닝 가공을 하는 제품을 나열하시오.

10. 폴리싱과 버핑에 대하여 설명하시오.

5. 특수 가공

5-1 호빙 가공

호빙이란 절삭에 의하지 않고 금속의 소성변형을 이용하여 금형을 만드는 방법이다. 속도가 늦은 유압 프레스를 사용하여 풀림된 형재에 성형경화(HRC 60 전후)한 호브(hob)를 상온 고압에서 매초 0.005~0.3 mm 정도의 늦은 속도로 밀어 넣어 암형을 만든다.

호빙 가공의 특징은 형의 내면이 경면 마무리되고 가공에 의한 섬유 조직으로 수명이 길게 되며 한 개의 모형으로 여러 개의 형을 만들 수 있는 장점이 있는 반면, 형 조각 면적(cm^2)당, 20~30 ton이라는 큰 압력을 필요로 하기 때문에 제품의 크기, 형상 및 형재의 경도 등에 제한을 받는다.

가장 적당한 형은 형의 오목 면에 조각 모양을 넣거나 플라스틱과 같은 부드러운 형재를 사용하는 것이 좋다.

〈그림 1-150〉 호빙 머신

1 호빙 프레스의 특징

(1) 호빙 프레스의 장점

① 절삭보다 빠른 시간 내에 복잡한 형을 제작할 수 있다.
② 형의 면이 유리면과 같은 광택을 가지므로 다듬질 작업이 단축된다.
③ 가공 변형이 없어 경도력이 덜 크고 내구성이 있다.
④ 한 개의 호브로 다량의 형상을 제작할 수 있다.
⑤ 장식 무늬, 오목형 제작에 적합하고 절삭이 어려운 석재 가공도 할 수 있다.

(2) 호빙 프레스의 단점

① 높은 압축 하중을 필요로 하기 때문에 특수 유압 프레스가 필요하다.
② 형상의 제약을 받기 때문에 특정한 재질에 한정된다.
③ 20~30 ton의 고압에 견딜 수 있는 호브가 필요하다.

2 호브의 재질

호브의 재료는 합금 공구강(STD 1, STD 11), 탄소 공구강(STC 3) 등이 주로 사용되며 열처리 경도는 HRC 60 정도이다.

5-2 보링 머신(boring machine)

보링이란 드릴 가공, 단조 가공, 주조 가공 등에 의하여 이미 뚫어져 있는 구멍을 좀 더 크게 확대하거나 표면 거칠기와 정밀도가 높은 제품을 완성하는 가공이다.

보링 머신은 가공물을 회전시키는데 복잡한 형상이나 대형 가공물, 중량이 커서 편심 우려가 있는 제품의 가공에 적합하다. 보링 머신은 가공물은 고정시키고 절삭 공구를 회전 및 이송시키는 방법과 가공물을 회전시키고 공구를 이송시키는 방법으로 구분한다.

보링 머신의 크기는 테이블의 크기, 주축의 지름, 주축의 이송 거리, 테이블의 이동 거리 등으로 나타낸다.

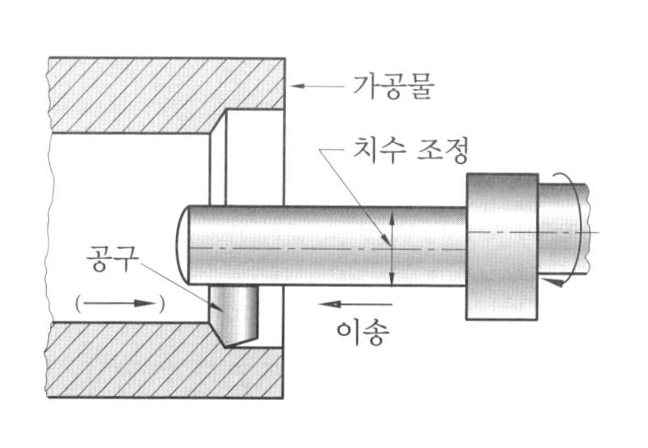

(a) 가공물을 고정시키고 공구를 회전과 이송

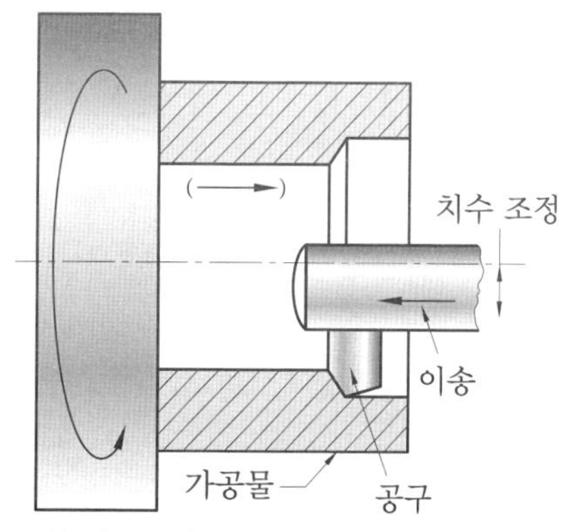

(b) 가공물을 회전시키고 공구를 이송

〈그림 1-151〉 보링에서 가공물과 공구의 상대운동

보링 머신의 작업 방법에 따른 분류는 다음과 같다.

① 보통(general) 보링 머신
② 수직(vertical) 보링 머신
③ 정밀(fine) 보링 머신
④ 지그(jig) 보링 머신
⑤ 코어(core) 보링 머신

1 보링 머신의 종류

(1) 보통 보링 머신(general boring machine)

상하로 이송되는 수평인 주축을 가지고 있으며 2개의 칼럼(column, 기둥) 사이에 가로 및 세로 방향으로 이송되는 테이블, 보링 바를 지지하는 칼럼으로 구성된다.

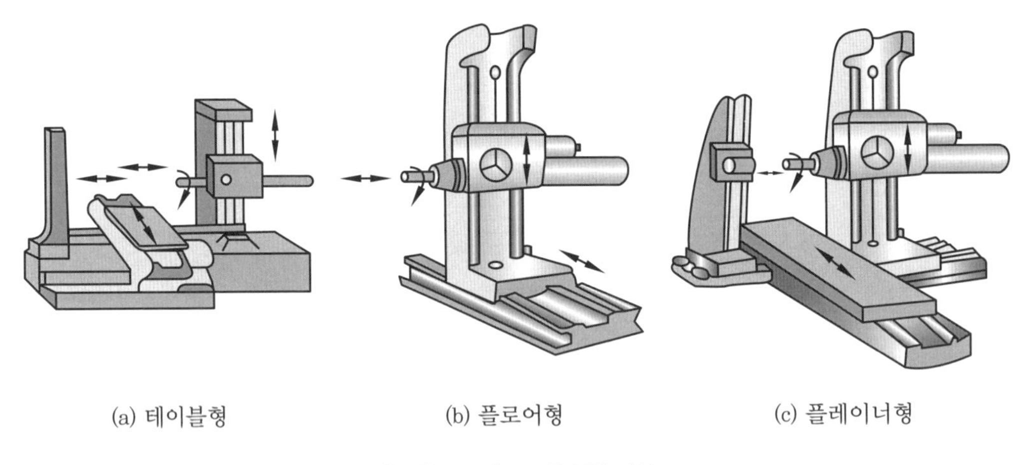

(a) 테이블형 (b) 플로어형 (c) 플레이너형

〈그림 1-152〉 보통 보링 머신

① 테이블형(table type)

〈그림 1-153〉은 수평식 테이블형을 나타내며 새들(saddle)면 상에서 테이블이 평행 및 직각으로 이송한다. 보링 머신 중 가장 많이 사용되며 보링 외에 일반적인 가공도 한다.

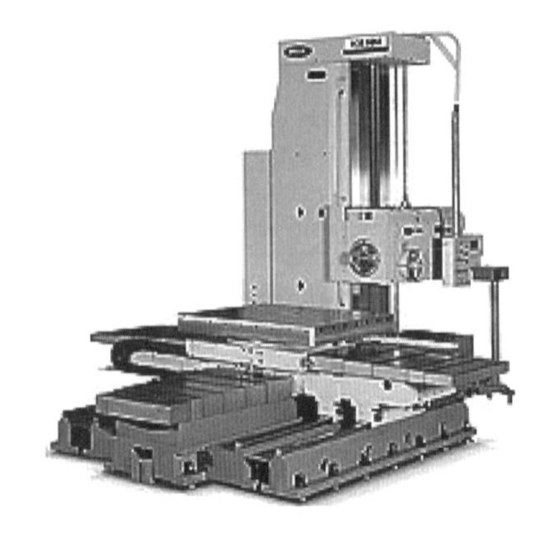

〈그림 1-153〉 테이블형 보링 머신

② 플레이너형(planer type)

플레이너형 보링 머신은 테이블형과 유사하지만 새들이 없고 길이 방향의 이송은 베드를 따라 칼럼이 이송된다.

중량이 큰 가공물의 가공에 적합하다.

③ 플로어형(floor type)

가공물을 T 홈이 있는 플로어 플레이트(floor plate)에 고정하고 주축은 칼럼을 따라 상하로 이송하며, 칼럼은 베드를 따라 이송한다.

플로어형 보링 머신은 테이블형에서 가공하기 힘든 가공물을 가공할 때 적합하다.

〈그림 1-154〉 플로어형 보링 머신

(2) 수직 보링 머신(vertical boring machine)

수직 보링 머신은 스핀들이 수직으로 이루어진 구조로, 주축의 스핀들은 안내면을 따라 이송된다.

절삭 공구의 위치는 크로스 레일(cross rail)의 공구대에 의하여 조절된다.

(3) 정밀 보링 머신(fine boring machine)

고속 회전 및 정밀한 이송 기구를 갖추고 있으며 다이아몬드 또는 초경합금의 절삭 공구로 가공하여 정밀도가 높고 표면 거칠기가 우수한 실린더, 커넥팅 로드, 베어링 면의 가공 등을 한다.

주축의 방향에 따라 수평식과 수직식이 있으며 진원도 및 진직도가 높은 제품을 가공할 수 있다.

〈그림 1-155〉 정밀 수직 보링 머신

(4) 지그 보링 머신(jig boring machine)

고정밀도를 요구하는 가공물, 각종 지그, 정밀기계의 구멍 가공 등에 사용하는 보링 머신이다. 가공물의 오차가 $\pm 2 \sim 5\ \mu m$ 정도이며 온도 변화에 따른 영향을 받지 않도록 항온 항습실에 설치하여야 한다. 주축의 위치를 정밀하게 하기 위하여 나사식 측정 장치, 표준봉 게이지, 다이얼 게이지, 현미경에 의한 광학적 측정 장치를 가지고 있다.

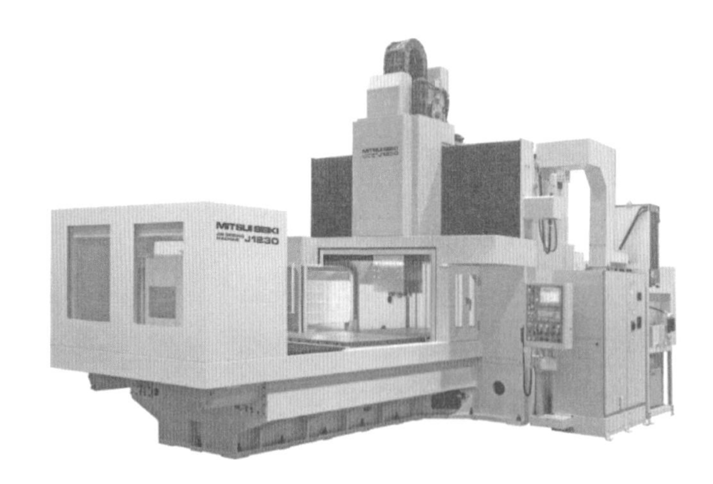

〈그림 1-156〉 지그 보링 머신

(5) 코어 보링 머신(core boring machine)

구멍 전체를 절삭하지 않고 내부에는 코어가 남도록 환형 홈으로 가공하여 시간을 절약하고 코어로 남은 부분을 다른 용도의 재료로 사용할 수 있는 보링 머신이다. 판재에 큰 구멍을 가공하거나 포신 등의 가공에 적합하다.

2 보링 공구와 부속 장치

(1) 보링 바이트(boring bite)

보링 바이트는 선반 작업의 바이트와 같은 역할을 한다. 일반적으로 다이아몬드 바이트, 초경 바이트를 사용한다.

보링 바이트는 구멍의 크기, 가공 위치에 따라 바이트를 직접 보링 바에 고정하는 방법과 보링 주축 단에 고정하는 방법이 있다.

① 다이아몬드 바이트

비철 및 비금속 재료의 정밀 가공용으로 많이 사용한다.

일반적으로 다이아몬드 바이트의 특징은 고속 절삭을 할 때도 정밀도가 높고 가공면의 표면 거칠기가 우수한 점이다. 배빗 메탈, 오일 리스 베어링, 전동기의 정류자를 보링할 때 적합하다.

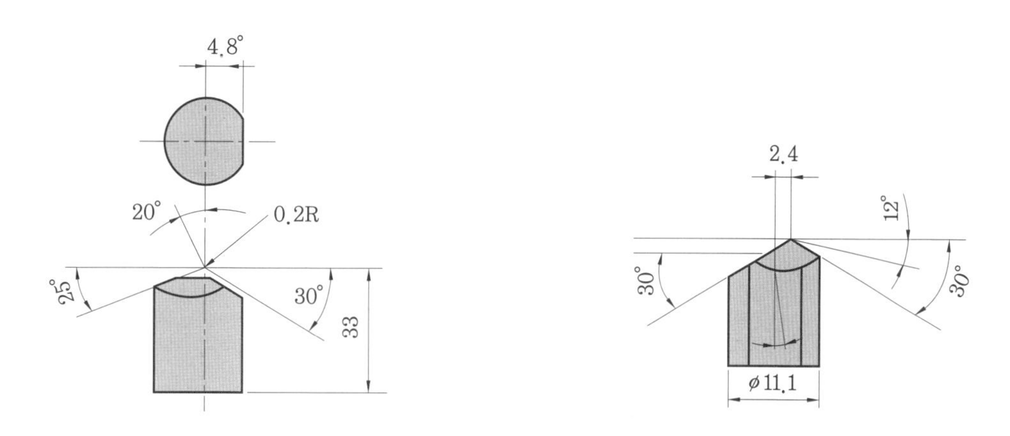

〈그림 1-157〉 켈밋용 다이아몬드 바이트

② 초경합금 바이트

〈그림 1-158〉은 초경합금 바이트의 형상과 공구각을 나타내며, 일반적으로 강을 절삭할 때 윗면 경사삭과 옆면 경사각을 8~12° 정도로 한다. 여러 가지 가공물의 재질 가공에 적합하며 가장 많이 사용된다.

(2) 보링 바이트 고정 방식

〈그림 1-159〉는 보링 바에 바이트를 고정하는 방식을 나타낸다. 고정용 나사를 사용하는 방법과 고정용 나사와 조정용 나사를 사용하는 방법, 2개의 바이트를 동시에 고정하여 사용하는 방법 등이 있다.

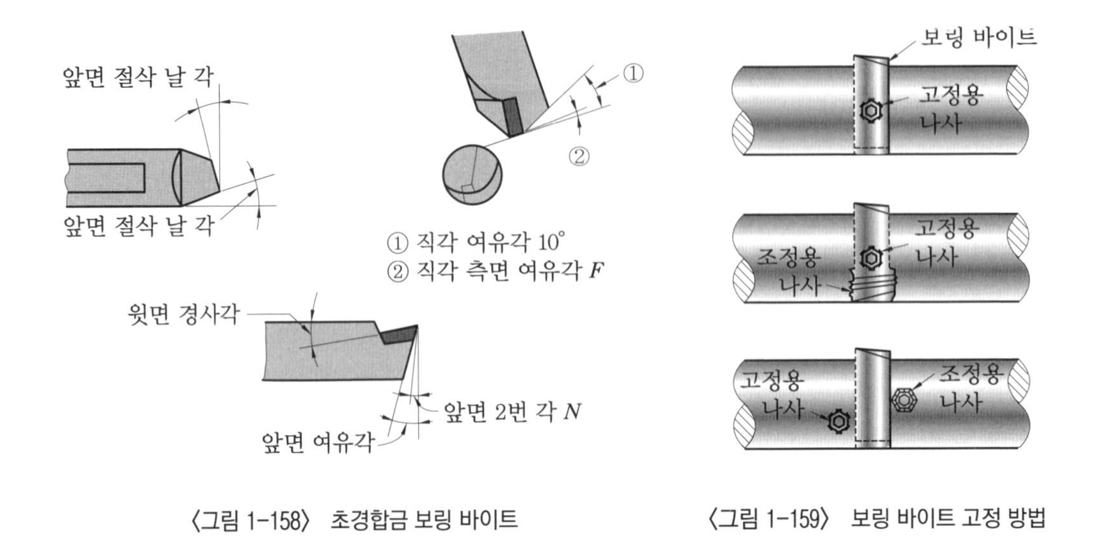

〈그림 1-158〉 초경합금 보링 바이트

〈그림 1-159〉 보링 바이트 고정 방법

(3) 보링 바(boring bar)

보링 바의 한쪽 끝을 주축 구멍과 체결하기 위하여 테이퍼로 된 형상과 유니버셜 조인트로 주축에 연결하는 것이 있다.

〈그림 1-160〉은 보링 바의 한 종류를 나타낸 것이다.

〈그림 1-160〉 보링 바

(4) 보링 공구대

보링 가공할 구멍이 커서 보링 바를 사용하기 곤란할 때 사용한다. 바이트는 일반적으로 2개를 사용하며 경우에 따라 3개 이상 사용할 때도 있다.

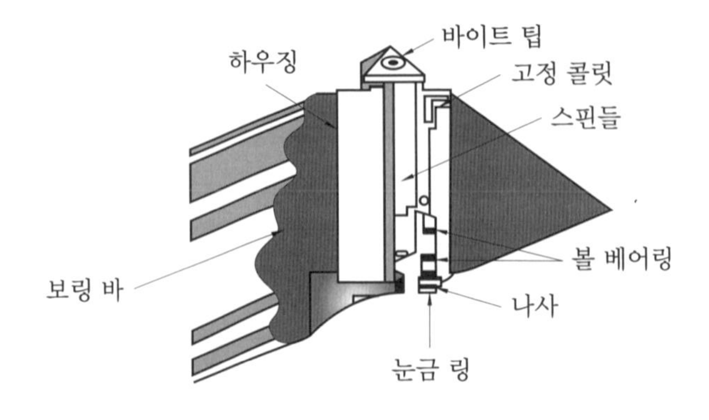

〈그림 1-161〉 보링 바의 구조

5-3 건 드릴 가공

금형 가공의 20~30 %를 차지하는 깊은 구멍 가공인 냉각 구멍, 돌출 구멍 등의 구멍 가공에 NC 건 드릴링 머신이 사용되고 있다.

1 건 드릴링 머신의 특징

① 가공 구멍의 정밀도가 우수하다.
- 굽힘이 적다.
- 면 정밀도가 좋다.
- 지름 공차, 원통도, 진원도가 우수하다.

② 가공 시간이 대폭 단축된다(L/D=100~200 mm, 한 공정으로 가공).
③ 공구의 재연삭이 쉽다.
④ 고경도의 재질까지 구멍 뚫기 가공을 할 수 있다.
⑤ 경사 구멍 및 관통 구멍의 가공이 용이하다.
⑥ 연속 무인 운전이 가능하다.

2 금형 구멍 가공

(1) 냉각 구멍 가공

냉각 구멍 가공은 정밀도보다 가공 속도가 중시된다.

ϕ10 구멍 가공의 경우는 SM50C(HRC 15~18) 정도의 재질에서 약 60~70 mm/min, SCM(HRC 28~30)에서 약 40~50 mm/min, SC(HRC 10~15)에서 약 60~70 mm/min 정도로 가공할 수 있다.

(2) 히터 구멍

히터 구멍은 열효율이 높기 때문에 구멍 지름 정밀도가 중요하다. 건 드릴의 지름은 히터 지름보다 0.1~0.3 mm 큰 지름으로 설정한다.

(3) 돌출 구멍

돌출 구멍의 가공은 기계 가공을 하기 전에 코어 측정면에서 가공한다. 코어측이 가공되어 있으면 경사부에 관통 시 드릴이 파손될 염려가 있다.

(4) 슬리브 핀 가공

슬리브 핀 가공은 재질, 경도, 핀 구멍의 지름, 두께 등에 적합한 가공 조건 및 지그가 있어야 한다. 기본적으로는 양쪽 끝을 가공하거나 가공 여유를 나중에 건 리머 또는 트위스트 드릴로 가공한다.

3 건 드릴링 머신

건 드릴링 머신은 특수한 형상의 공구로, 칩을 짧게 절단하여 고압 다량의 절삭유로 연속 배출시켜 깊은 구멍을 연속 가공할 수 있는 것과 고정밀도로 가공을 할 수 있는 구조로 되어 있다.

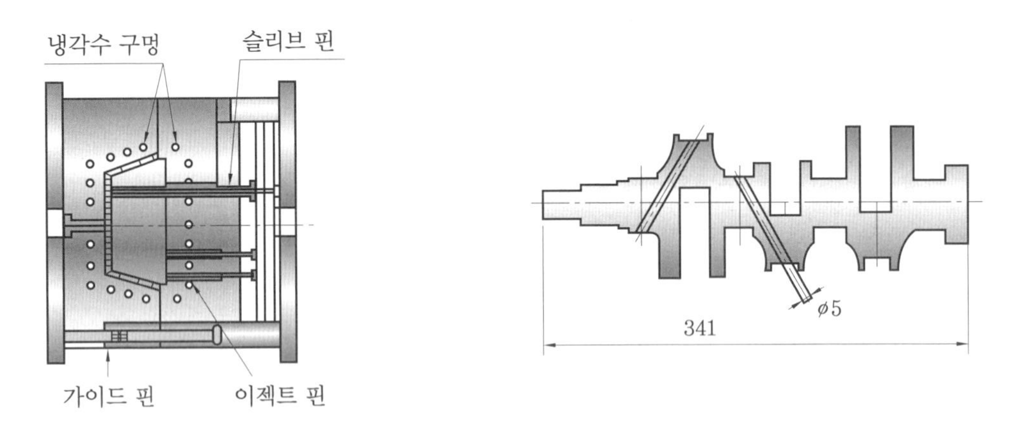

〈그림 1-162〉 건 드릴의 금형 부품의 구멍 가공의 예

〈그림 1-163〉 건 드릴링 머신

4 건 드릴 공구

건 드릴 공구의 기본 구조는 〈그림 1-164〉와 같다. 초경팁과 섕크부, 드라이버로 구성되어 있으며, 날 끝은 칩이 짧게 절단되는 측수 형상이고 오일 구멍이 있다.

특히 자루부는 파이프를 V형으로 성형한 형상이며 열처리가 되어 있다.

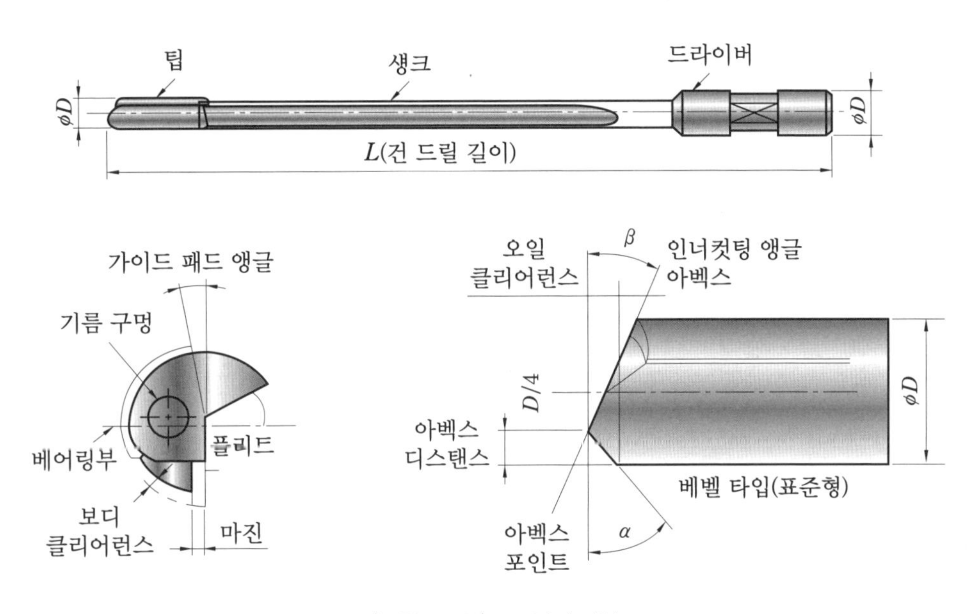

〈그림 1-164〉 드릴의 명칭

5 절삭유

건 드릴 가공에 사용하는 절삭유는 유황분과 염소분이 섞인 기름을 주로 사용한다. 절삭유의 선택은 가공 정밀도, 공구 수명 등에 중요한 영향을 미치므로 주의하여야 한다.

5-4 초음파 가공

1 초음파 가공 원리

일반 공작기계에서 가공하기 어려운 각진 구멍이나 틈의 가공, 특수한 형태의 조각 등에 적합하여 금형 부품 가공의 보조 수단으로도 사용된다.

특히 특수 가공 분야인 텅스텐 초경합금, 다이아몬드 등의 보석류, 그 외 공작기계로 가공이 곤란한 유리, 자기 제품 등을 가공하는데 매우 유용하다.

이와 같은 초음파 가공의 형태는 다음 두 가지 방식으로 구분된다.

(1) 연삭 입자에 의한 가공 방식

가공된 재료는 연삭 입자가 보유하는 액상 매질로 이루어진 특수한 연삭 입자군 중에 놓이며, 이 연삭 입자군에서 재료는 강력한 초음파 진동을 받는다. 이 방법은 장식을 목적으로 하는 표면 조도나 버 제거 등에 사용되지만 정밀한 형상 가공에는 적당하지 않다.

(2) 형성된 공구에 의해 에너지를 받는 연삭 입자에 의한 가공

액체 중에서 연삭 입자를 포함한 연삭액이 가공 영역, 즉 공구의 진동면과 피가공물 그리고 가공면 사이의 공간에 공급되면 공구는 진동 주파수(16~30 kHZ, 진폭 10~60 μm)로 종진동을 한다.

이때 연삭 입자는 공구의 진동에 따라 구동되어 가공면에 충돌하여 가공한다.

연삭 입자로는 보통 카바이드가 많이 사용되고 연삭 입자의 1회 충돌에 의하여 피가공물로부터 깎이는 것은 재료의 미소 부분이지만 연삭 입자의 충돌 횟수가 많기 때문에 가공 조건이 적당히 유지되면 가공 속도는 빨라진다.

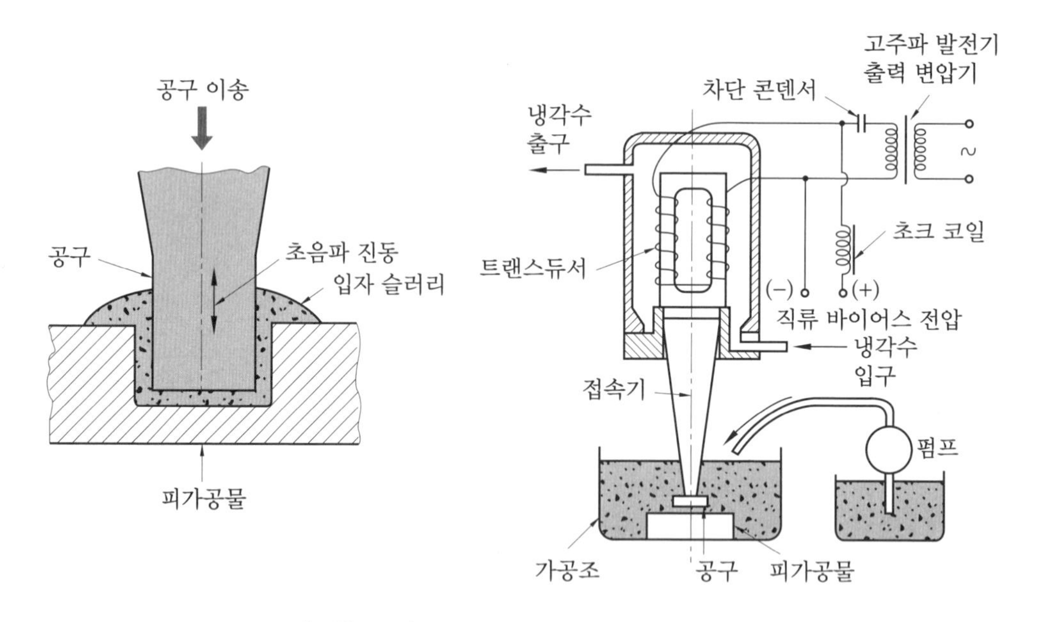

〈그림 1-165〉 초음파 가공 장치의 구성 및 원리

2 가공의 특징

① 가공 재료의 두께는 0.5~3.0 mm 정도이며 표면 정밀도는 2.5 μm 정도이다. 특수 정밀 가공일 때 0.5 μm까지 되면 정밀 가공의 오차는 0.01 mm까지 가능하다.

② 가공 물체에 가공 변형이 남지 않는다.

③ 굴곡 구멍의 가공, 얇은 판 절단, 성형, 표면 다듬, 조각 등의 가공이 가능하다.
④ 종래에 가공이 어려웠던 유리, 수정, 루비, 다이아몬드, 열처리 강 등의 재료를 가공할 수 있다.
⑤ 가공물 표면에 공구를 가볍게 눌러 가공하는 간단한 조작으로 숙련이 필요 없다.
⑥ 공구 이외에는 거의 마모 부품이 없다.

5-5 레이저 가공

레이저(laser)는 빛을 방출하여 증폭시킨다는 뜻이며 light amplification by stimulated emission of radiation의 머리글자를 모은 약어이다.

레이저 가공은 고에너지 밀도를 미소 스폿(spot)에 집광시킨 레이저광을 가공에 적용시킨 것으로 절단, 구멍 뚫기, 용접, 열처리, 표면 처리 등에 적용한다.

레이저 빔의 특징은 평행성, 단색성, 간섭성이지만 레이저 가공은 평행성을 사용한다. 평행광선은 렌즈에 의하여 한 점으로 모아 파워 밀도를 높일 수 있다. 즉 매우 미소한 영역에 레이저 빔의 에너지를 집중시키면 재료의 일부분만 급격히 온도가 상승하여 미소한 영역의 가공이 가능하다.

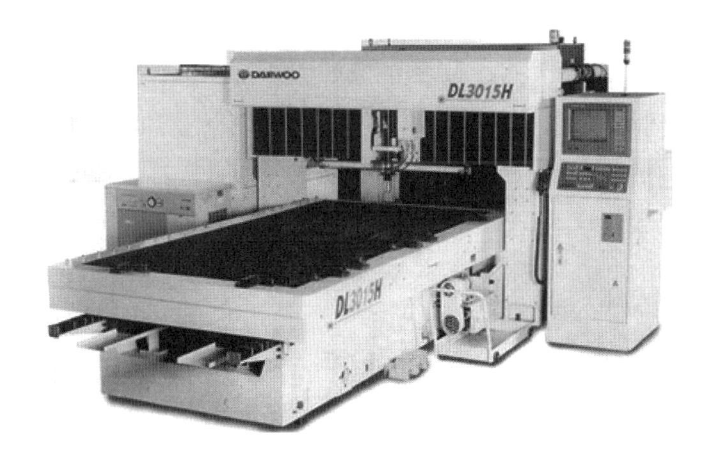

〈그림 1-166〉 레이저 가공기

1 레이저 가공의 특징

레이저 가공기는 가공 에너지원이 빛이다. 고밀도 에너지로 금형 부품 제작에서는 주로 절단 가공을 할 때 사용되며 특징은 다음과 같다.

① 비접촉 가공이므로 공구의 마모가 없다.
② 빛을 이용한 가공이므로 거울이나 광파이버를 사용하여 임의의 위치에서 가공이 가능하다.
③ 열 가공이나 열에 의한 변형이 작다.
④ 자동 가공이 쉽고 특히 CNC 이용이 가능하다.
⑤ 세라믹, 유리, 석영, 타일, 인조 대리석 등 고경도 취성 재료의 가공에 용이하다.
⑥ YAG 레이저광은 산업용 로봇 등과 결합하여 복잡한 경로의 시스템을 용이하게 구축할 수 있다.

2 레이저의 종류

가공에 적용할 수 있는 레이저는 기체, 고체, 반도체, 이온, 액체, 화학 레이저 등이 있다.

CO_2 레이저는 가장 흔한 방식으로 연속이나 펄스로 사용 가능하며, 15~150 kW의 고출력이 가능하여 산업에 많이 사용된다. Argon 레이저는 490 nm 근방의 레이저로 연속파 공진을 한다. Ruby 레이저는 700 nm 근방의 적색 공진을 하는 고체 레이저이다. ND:YAG는 네오디뮴과 야그를 포함시킨 레이저로 용접에 많이 사용되며, 1064 nm의 공진을 하고 연속 및 펄스 출력이 된다. ND:glass는 YAG 대신 유리관을 사용하여 대형화가 가능하며 1000 W 이상 출력되어 핵융합에 많이 사용된다.

이외에도 다양한 레이저가 개발되어 있다. 우리가 많이 사용하는 CD, DVD에도 레이저가 사용되고 있으며 DVD는 500~700 mW의 고출력용 반도체 레이저가 사용된다.

〈표 1-34〉 레이저의 종류

매질	에너지 공급	레이저의 종류
고체	빛	루비, 유리, Nd:YAG, YLF, YVO_4
기체	방전	He-Ne, Argon, Excimer, CO_2
액체	빛	색소 레이저
반도체	전력	GaAs

(1) 기체 레이저

He와 Ne의 혼합 기체가 들어있는 방전관의 내부에 공진기용 반사경이 설치될 때 고주파 전원을 접속시키면 관내 기체에 방전이 일어나면서 기체 원자가 여기 상태가 되어 빛을 발하는데, 이것이 기체 레이저이다.

■ 기체 레이저의 특징
① 반사율은 높지만 금속 가공에 부적합하다.
② 출력이 낮고 펄스의 주파수가 높다.
③ 빔의 확산이 낮지만 응집도가 높다.
④ 플라스틱, 세라믹 등 반사율이 낮은 재료에 사용한다.

(2) 고체 레이저

결정 고체 레이저와 비결정 고체 레이저로 구분할 수 있다.
루비 레이저, 네오디뮴 레이저는 결정 고체 레이저에, 유리 레이저, 플라스틱 레이저는 비결정 고체 레이저에 속한다.

■ 고체 레이저의 특징
① 주로 미세 가공에 사용한다.
② 레이저의 질 저하로 응집도가 작다.
③ 큰 출력을 얻기 쉽다.
④ 단색성, 치향성이 낮고 효율이 낮다.
⑤ 금속 내로의 흡수성이 좋다.

(3) 반도체 레이저

① PN 접합 레이저
PN 접합 레이저는 PN 접합에 충분한 순방향 바이어스를 걸면 전자와 정공의 재결합이 활발하게 일어나고 재결합 시 남는 에너지가 레이저광을 발한다.

② 전자광 여기 반도체 레이저
반도체 재료를 액체 He으로 냉각시킨 후 전자광을 반도체 재료에 조사하면 충만대의 전자는 전자광과의 충돌에 의하여 전도대의 전자와 충만대의 정공이 재결합한다. 이때 방출되는 잉여 에너지가 레이저광으로 생성된다.

③ 광펌핑 반도체 레이저
전자광보다 큰 빛을 반도체에 입사시키면 전자광 여기 레이저와 마찬가지로 레이저 발진이 가능하다.

3 가공 방법

레이저 가공에 있어서 레이저의 종류와 가공 방법은 공작물의 특성에 따라 결정한다.

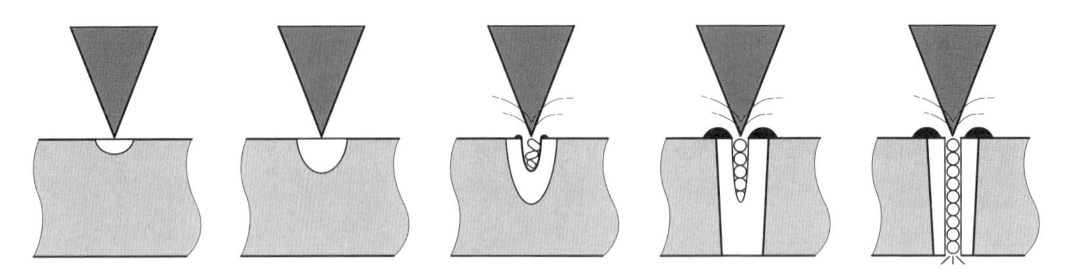

〈그림 1-167〉 펄스에 의한 구멍 가공

(1) 구멍 가공

레이저광의 출력이 커지면 공작물은 온도가 비등점이 넘어 증발하게 되는데, 이 현상을 이용하여 금속, 귀금속, 플라스틱 등의 절단 구멍, 가공, 물질의 화학 분석을 한다.

(2) 절단 가공

레이저광 에너지가 가공 부분을 가열하여 절단하는 방법이며 공구와 재료의 접촉이 없어 흠, 변형, 마찰, 마모가 없다. 가공면이 깨끗하고 정밀하게 가공되며 섬유, 종이, 유리, 플라스틱, 세라믹, 목재, 순모 등도 가공할 수 있다. 또한 전자 제품의 규소 기판이나 세라믹과 같은 취성 재료, Ta(탄탈럼), W(텅스텐), Mo(몰리브데넘) 등은 가공 상태가 좋다.

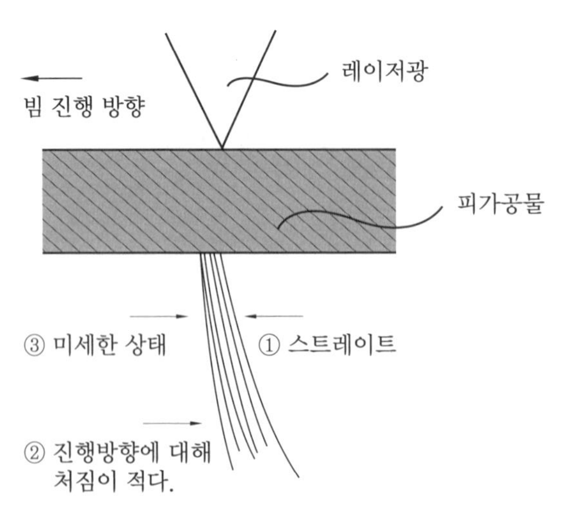

〈그림 1-168〉 절단 가공

(3) 스크라이빙(scribing)

재료를 절단하기 전 표면에 가공 홈을 만드는 것을 말한다.

(4) 트리밍(trimming)

목표 저항값의 1/2 정도를 가공하고 다시 저항을 측정하여 원하는 허용 공차가 될 때까지 절단하는 방법을 말한다. 얇은 판의 정밀 가공에 이용되며 비행기 날개의 자이로스코프 고속 회전체의 대칭 조정에 이용된다.

(5) 용접

레이저 가공 방법 중 가장 많이 이용되는 것으로 용접 부위가 변형되거나 정밀도가 낮고 속도가 느린 결점을 해결한 것이다. 그러나 진공 상태에서 작업해야 하는 단점이 있다.

또한 레이저 용접에는 탄산가스 레이저가 가장 많이 사용되며 펄스 동작의 루비 레이저와 YAG 레이저도 이용된다.

또한 심(seam), 점(spot) 용접이 가능하며 용접할 때 레이저 펄스 폭은 재료가 용융되고 기화되지 않게 빛이 긴 것, 즉 보통 10 m/s 정도가 적합하다.

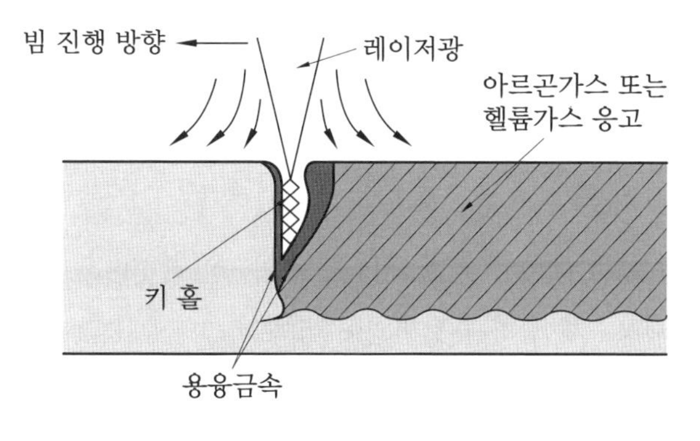

〈그림 1-169〉 용접

5-6 마이크로 가공

초소형 마이크로 부품의 제조 기술은 초정밀 가공 기술을 이용하여 매크로 사이즈의 부품을 마이크로 크기로 초소형화하거나 새로운 개념의 초정밀 부품을 개발하기 위한 기술과 초정밀 부품을 집적하는 마이크로 시스템화 기술 개발이 주를 이루고 있다. 마이크로 가공 기술, 마이크로 부품 조립 기술, 마이크로 시스템화 기술, 휴먼 인터페이스 기술, 마이크로

〈그림 1-170〉 마이크로 머신

로봇 기술, 마이크로 매니플레이션 기술 등의 기술은 마이크로 시스템의 실용화에 필수적인 요소 기술들이다.

마이크로 가공 기술은 컴퓨터, 반도체, 정보통신, 바이오, 전기 · 전자, 자동차, 항공기 등 각 분야에 적용 가능한 기술이다.

또한 마이크로 부품을 생산하는 데 있어 현재는 가공 장비 및 액추에이터 등과 같은 생산 시설이 사용되고 있는데, 이는 통상적으로 가공된 부품의 크기에 비하여 매우 크다.

초정밀 제품들은 크기가 수~수십 μm로 가공이 어렵고 가공 후 취급으로 인하여 변형이 발생되기 쉬우며, 지그와 픽스쳐의 제작이 어려운 특징을 가지고 있다.

또한 다이와 펀치의 오차, 미세 먼지, 표면 거칠기에 의한 마찰의 영향, 진동 등이 초정밀 제품의 질에 많은 영향을 준다.

현재 많은 기계, 전자 제품이나 부품은 소형화, 경량화 추세에 있다.

1 마이크로 절삭 가공

미세 절삭 공구를 이용한 초정밀 가공 기술은 전통적인 가공법이 대표 기술인 동시에 점차 시스템의 초정밀 측정 · 제어 기술에 힘입어 더욱 미세화되고 있다. 가장 대표적인 마이크로 절삭 기술은 다이아몬드 절삭 공구를 이용한 선삭, 셰이핑 및 밀링 가공 공정을 기반으로 한 그루브 가공, 홀 가공, 3차원 절삭 가공법 등이 안정적으로 이루어지고 있다.

2 마이크로 레이저 가공

집적화된 광자를 이용한 고에너지광 가공 기술에 있어서 가장 일반화되고 안정화된 공정이 레이저 가공법이다. 레이저 파장이 짧고 순간적인 출력(peak power)이 높을수록 가공되는 시편에 열영향부가 거의 없는 미세 가공이 가능하다.

파장대가 200~400 mm인 UV 레이저의 경우 거의 모든 폴리머 박막, 금속 코팅 박막 및 세라믹 박막의 미세 가공 및 미세 패터닝이 가능하다. 특히 바이오 분야의 유기물 및 유리 재료의 입체 가공이 가능한 특징이 있다.

3 마이크로 팩토리

마이크로 팩토리(micro factory)란 공장의 크기를 마이크로화한 것이다. 공장의 규모가 책상 크기이므로 보통의 사무실에 여러 개의 공장을 설치 · 운영할 수 있다. 또한 이 공장 내에 가공 · 조립 · 반송 등 일반 공장과 같은 생산 시스템의 구성 라인이 형성되어 있고 검사 라인 역시 설치되므로, 라인을 구성하는 기기들의 초소형화가 필수적이다.

일반적으로 가공 속도와 가공 정밀도 등 가공 성능이 보통 공장 시스템에 비하여 상대적으로 불리하다.

5-7 방전 · 와이어 컷 가공

1 방전 가공기(EDM : electric discharge machine)

방전 가공은 방전의 열에너지를 이용하여 공작물을 용융 · 증발 · 비산시켜 가공을 진행하는 비접촉 가공으로, 전극과 공작물을 절연성 가공액 속에 넣고 아크 방전시켜 형상을 가공한다.

(1) 원리

전기의 접점에 의한 현상을 금속 가공에 이용한 방법으로 전극과 공작물을 가공액 내에 근접시키면 5~10 μm 사이의 가장 가까운 곳에서 절연 전기가 일어난다. 이때 방전 현상은 10^{-7}~10^{-5}s의 아주 짧은 시간에 반복하여 이루어진다.

가공이 진행됨에 따라 전극과 공작물은 서서히 침식되고, 그 간격이 커지는 만큼 이송 기구를 통해 전극을 이송시켜 필요한 형상으로 가공한다.

이와 같은 현상은 〈그림 1-171〉과 같이 방전 개시, 용융 기화, 폭발(압력 발생), 회복 등으로 반복 진행한다.

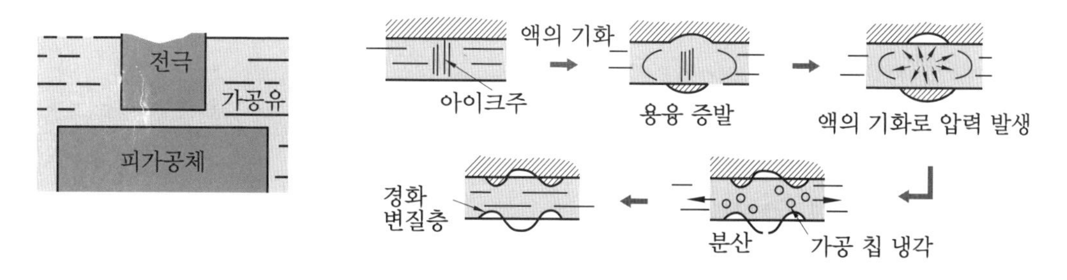

〈그림 1-171〉 방전 진행 과정

(2) 방전 가공의 특징

방전 가공은 일반적으로 절삭 및 연삭과는 다른 장단점을 가진다.

■ 방전 가공의 장점

① 도체라면 가공물의 경도, 취성, 점도에 관계없이 가공할 수 있다. 금형 용강의 경우 담금질에 관계없이 가공할 수 있고 초경합금의 가공도 비교적 쉽다.
② 무인 자동화 가공이 가능하다.
③ 숙련된 작업자를 필요로 하지 않는다.
④ 전극의 형상대로 정밀도 높은 가공을 할 수 있다.
⑤ 전극 및 공작물에 큰 힘이 가해지지 않는다. 1회마다 방전 에너지는 매우 작고 전극이나 공작물에 큰 힘이 가해지지 않기 때문에 가느다란 전극이나 얇은 공작물이라도 변형 없이 가공이 가능하다.
⑥ 가공 조건의 선택과 변경이 쉽다.
⑦ 전극 및 공작물 어느 한쪽도 회전시킬 필요가 없다.

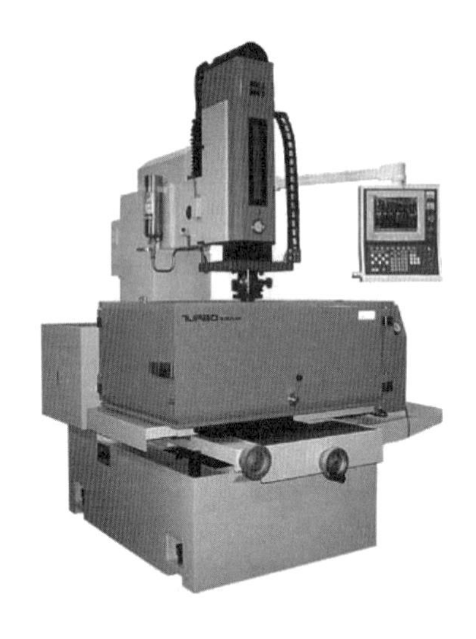

〈그림 1-172〉 방전 가공기

■ 방전 가공의 단점

① 공구의 전극이 필요하다. 가공할 형상에 맞춘 전극을 그때마다 가공해야 하므로 정밀도가 높은 전극이 필요하다.
② 가공 부분에 변질층이 남는다. 방전 가공은 가공 부분이 6000~10000℃에서 가열된 후 순간 냉각되기 때문에 표면은 심한 열적 영향을 받고 방전 가공 변질층이 생긴다.
③ 방전 클리어런스(clearance)가 있어야 한다. 전극과 공작물 사이에 약간의 가공 간격

이 필요하며 전극과 완전히 같은 형상으로 되지 않으면 방전 간격보다 크게 가공 흔적이 남는다. 간격의 크기는 가공 오차로도 연결된다.

④ 가공 속도가 느리며, 액 중에서 가공하지 않으면 안 된다.

2 전극 재료

전극은 공작기계에서 바이트, 커터 등에 상당하는 것으로 가공 형상에 맞추어 전극을 만들어 사용한다.

방전 가공은 전극의 재질 및 제작법에 따라 가공 성능이 크게 달라진다.

■ 전극 재질이 갖추어야 할 요소

① 방전이 안전하다.

② 방전 가공성(가공 속도, 가공 정도, 가공면의 거칠기)이 우수하다.

③ 내열성이 높다.

④ 방전 시 소모가 적다.

⑤ 전기 전도도가 크다.

⑥ 성형 가공이 용이하다.

⑦ 가격이 싸다.

전극의 재료는 구리(Cu), 그래파이트(Gr : grapite), 은-텅스텐(Ag-W) 합금, 철강(Fe-C), 인청동(PB), 텅스텐(W) 등이며 가공의 용이성, 가격, 방전 특성, 소모량, 구입의 용이성 등을 고려하고, 사용 용도와 목적에 따라 각각의 특성을 고려하여 적재적소에 사용한다.

3 전극 가공

(1) 절삭 가공

① Cu의 절삭

연질 재료이며 밀링 가공할 때 뜯기는 형식으로 절삭된다. 다듬 가공의 정밀도가 저하되기 때문에 커터의 날 수는 적고 절삭량은 작게 하여 빠른 이송으로 절삭한다.

② Cu-W, Ag-W의 절삭

전극으로 소모가 적으며 성능이 우수하기 때문에 방전 가공 분야에서 널리 사용한다. 난삭재로 취급되지 않으나 절삭 공구의 마모가 빠르고 결손 현상이 발생할 우려가 있어 초경합금 주물용의 K10종을 사용하는 것이 적당하다.

③ Gr의 절삭

기계 가공성이 매우 좋으며 절삭 능률도 금속의 수 배이다. 또한 절삭 저항이 매우 작아 높은 정밀도의 절삭이 가능하다.

④ Ag-W과 Fe-C의 동시 가공

이질 재료, 즉 Ag-W과 Fe-C를 동시에 밀링 가공하면 치수 차가 발생한다.

이 현상은 일반적으로 Fe-C가 많이 절삭되기 때문이며 재료에 따른 절삭 저항의 차에서 오는 것이다.

절삭 속도는 다이스강의 경우와 비슷하게 하는 것이 좋으며 Ag-W에서 Fe-C로 가공하는 것이 좋다. 이것은 Ag-W의 결손 방지에도 효과적이다.

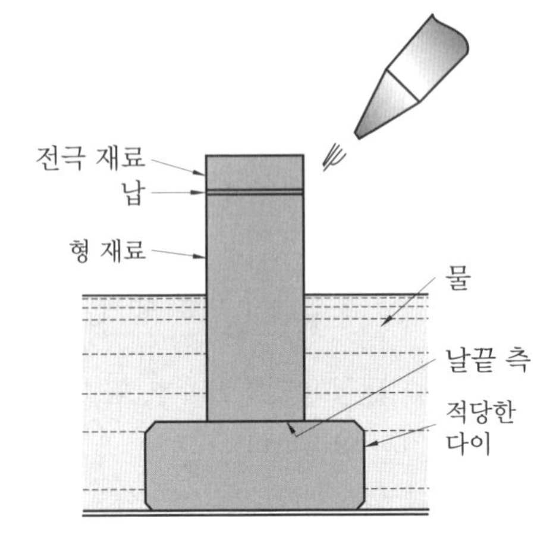

〈그림 1-173〉 담금질한 재료의 납땜

(2) 연삭 가공

Cu-W 및 Ag-W은 비교적 연삭성이 좋아 정밀 금형에 사용되나 마그네틱 척에 부착되지 않기 때문에 강재에 경납 땜하여 동시에 연삭한다. Gr는 연삭성이 좋고 가공 속도도 매우 빠르지만 가루가 비산되므로 습식으로 가공한다.

(3) 소성 가공(압축 가공)

구리를 전극재로 사용할 때 복잡한 3차원 형상은 직접 가공하기 어려우며, 같은 전극을 2개 이상 필요로 할 때 완전히 같은 전극을 만들기는 어렵다. 이와 같은 경우 〈그림 1-174〉와 같은 강재를 이용하여 정밀도가 높은 전극을 간단히 몇 개라도 만들 수 있다.

복잡한 현상의 모양이나 문자 등 재현이 어려운 이형, 드로잉형은 대부분 이 방법으로 제작한다.

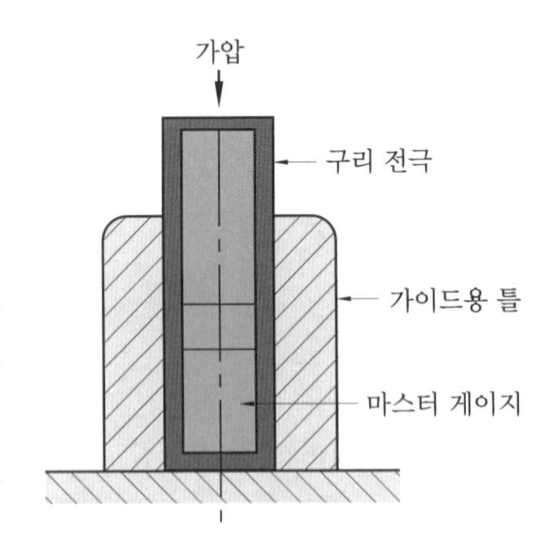

〈그림 1-174〉 소성 가공에 의한 전극 제작

(4) 전주 가공

모델에 맞추어 정확한 구리 전극을 제작하는 방법으로, 전기 도금과 유사하지만 도금에 비하여 두껍다.

(5) 와이어 방전 가공기에 의한 가공

현재 방전 가공용 전극 가공으로 가장 많이 사용되는 것이 와이어 방전 가공기이다. 전극 재료로 가장 많이 사용되는 Cu는 절삭 및 연삭이 곤란하지만 와이어 방전 가공은 얇은 동판을 저소모로 가공할 수 있다.

또한 가공하기 어려운 큰 전극과 입체적인 밑면이 있는 전극을 가공할 수 있다.

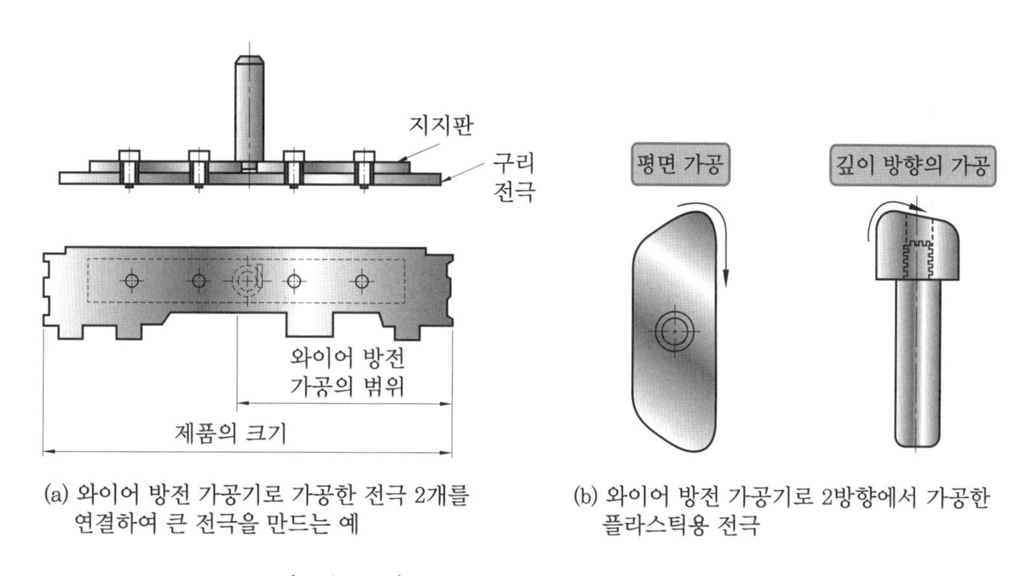

(a) 와이어 방전 가공기로 가공한 전극 2개를 연결하여 큰 전극을 만드는 예

(b) 와이어 방전 가공기로 2방향에서 가공한 플라스틱용 전극

〈그림 1-175〉 와이어 방전 가공기에 의한 전극 제작

〈그림 1-176〉은 펀치 전극을 제작하는 예이다.

거친 가공용과 다듬 가공용의 전극을 한 장의 동판으로 제작할 수 있는데, 거친 가공의 형상을 다듬 가공 여유로 0.05~0.1 mm 남도록 크게 그리고 정확한 피치 P의 위치가 되도록 제작하는 것이 이 가공의 중요한 점이다.

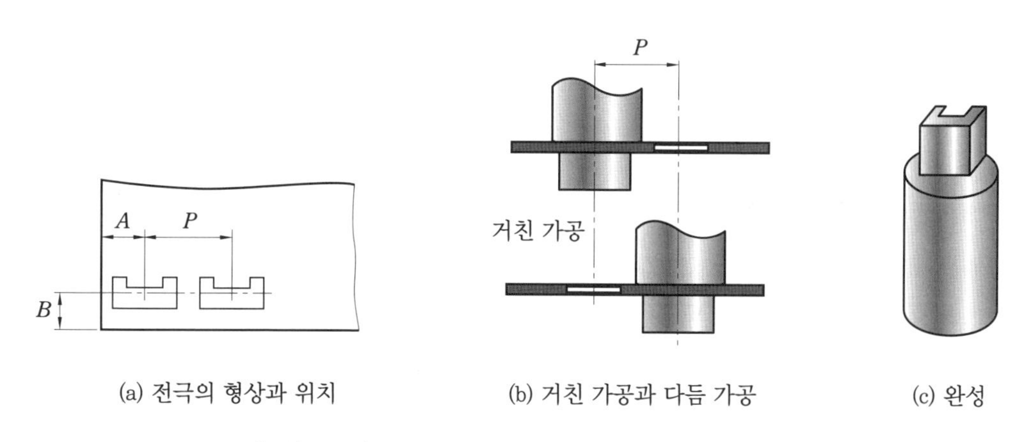

(a) 전극의 형상과 위치

(b) 거친 가공과 다듬 가공

(c) 완성

〈그림 1-176〉 와이어 방전 가공기에 의한 단계적 펀치 제작

4 방전 가공액

일반적으로 절연도가 높은 유전체액이 사용된다. 특히 전극과 공작물의 간극이 좁기 때문에 높은 점도의 용액보다는 저점도의 기름이나 물 또는 탈이온수가 적당하다.

방전 가공액은 방전 가공에서 용융 금속의 비산(칩의 배출), 가열부의 냉각, 전극 간의 절연 회복 등의 역할을 한다.

가공액을 선정할 때에는 방전 효율이 좋고 적절한 점도로 산화 안정성이 있어야 하며, 냄새가 없고 값이 저렴하며 부식이 생기지 않는 가공액이어야 한다.

5 방전 가공기에 의한 가공법

(1) 기본법

전극을 만들어 다이와 펀치를 별도로 제작하는 방법으로, Bs, Cu를 전극 재료로 사용 할 때 많이 이용된다.

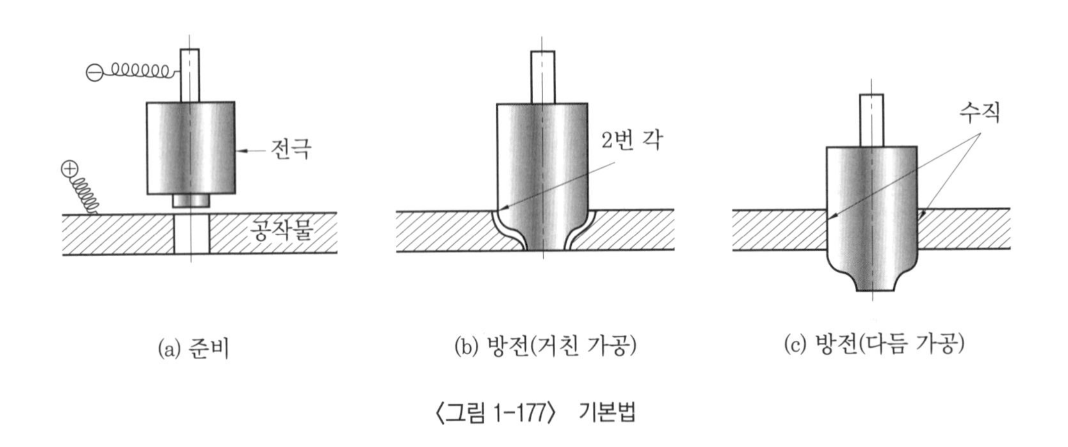

〈그림 1-177〉 기본법

■ 방전 가공기의 장점

① 전단 금형 제작에서 펀치와 전극을 별도로 제작하기 때문에 방전 가공 시 조건 선택이 용이하다.

② 전극 소모가 적은 재료로 펀치를 길게 제작하면 다이가 마모된 후에는 별도의 전극 제작 없이 동일 치수의 대용품 가공이 가능하다.

③ 몰드형, 다이 캐스팅형, 단조형 등에서 그 형을 이용하여 전극을 제작할 수 있다.

④ 접합이 필요 없으므로 전극 선택이 용이하다.

⑤ 도형, 각형 등의 전극은 규격품을 사용하여 시간을 단축할 수 있다.

■ 방전 가공기의 단점

① 방전 가공이 필요한 전극을 특별히 제작해야 하므로 공정수가 증가한다.

② 전극의 정밀도가 중요하므로 밀링 작업으로 완성될 수 없으며 연삭 작업이 필요하다.

③ 방전 가공에서 완성된 다이에 알맞은 펀치를 제작하는데 작업의 숙련도가 필요하다.

(2) 직접법

펀치를 먼저 제작하고, 이 펀치를 전극으로 다이를 제작하는 방법이며, 전단 금형의 다이 제작에 이용된다.

가공 순서는 〈그림 1-178〉과 같이 2번 각을 미리 기계 가공하고, 강재 펀치(전극)는 섕크에 접착제나 나사로 고정하여 날 부분의 3배 정도 길이를 통과시켜 방전한 후 섕크를 제거한다.

방전 소모된 부분은 펀치 플레이트에 압입한다.

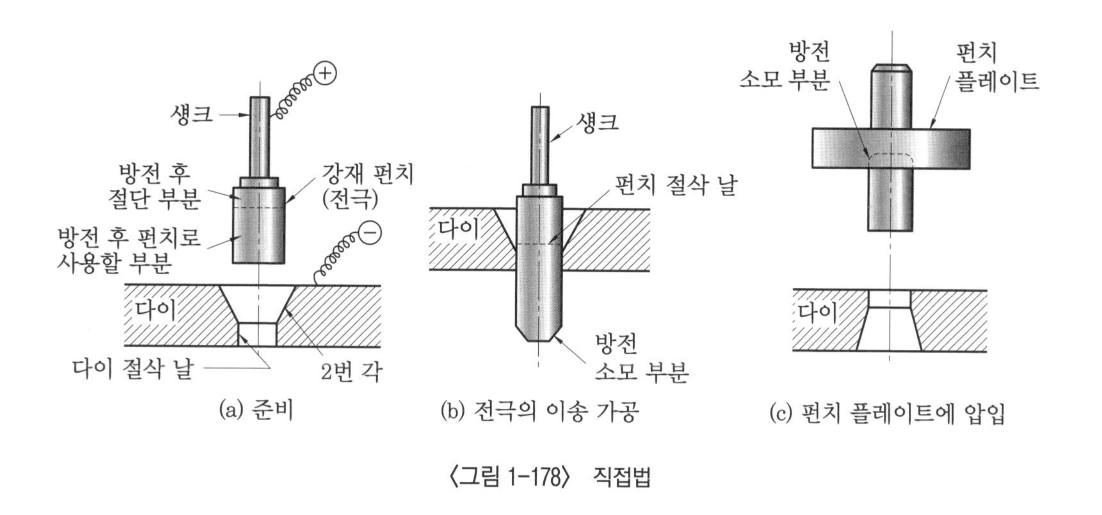

〈그림 1-178〉 직접법

■ 직접법의 장점

① 프레스 금형에서는 펀치에 비하여 다이 제작의 어려움을 해결할 수 있다.

② 펀치와 다이의 간극이 균일하여 금형의 조립이 용이하다.

■ 직접법의 단점

① 방전 안정도가 낮고 가공 시간이 길다.

② 전극의 길이 방향으로 소모가 커서 공작물과 같은 양이 소모되기 때문에 펀치 길이가 약간 길어야 한다.

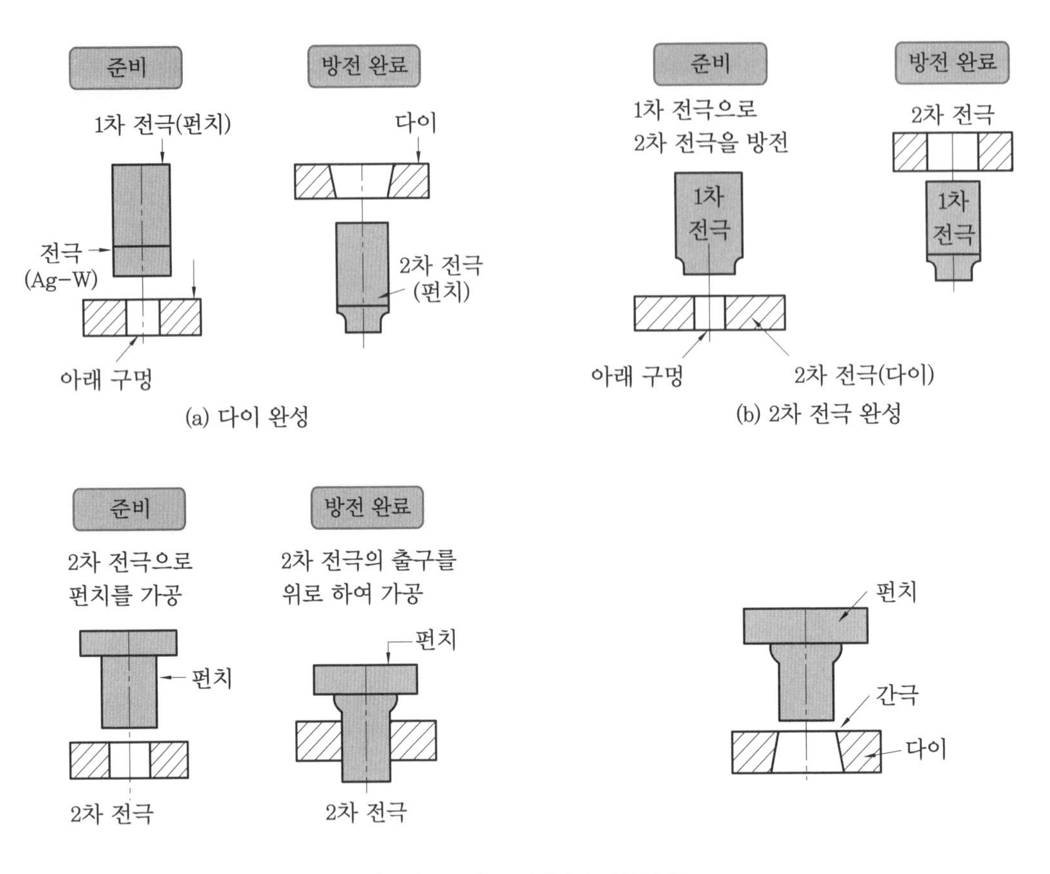

〈그림 1-179〉 직접법의 작업의 예

(3) 간접법(2차 전극법)

간접법(2차 전극법)은 1차 전극(수전극)을 기계 가공하여 제작한 후 방전 가공으로 다이를 제작하고, 동시에 전극재를 가공하여 2차 전극(암전극)을 만든 다음 펀치를 방전 가공으로 제작하는 방법이다.

■ 간접법의 장점

① 방전 가공으로 펀치 제작이 가능하다.

② 금형의 간극이 균일하며 접합이 용이하고 조정이 가능하다.

③ 금형의 정밀도가 높고 수명도 연장된다.

■ 간접법의 단점

① 한 개의 전극으로 펀치, 다이 및 2차 전극을 만들기 때문에 방전 시간이 길다.

② 펀치의 역테이퍼가 증가하고 간극을 요구하는 전기 조건의 선정이 어렵다.

(4) 혼합법

펀치의 한쪽 끝에 방전 성능이 좋은 전극재를 접합하여 방전 가공으로 다이를 제작하는 방법이며 직접법의 결점을 보완 · 발전시킨 것이다.

■ 혼합법의 장점

① 펀치는 기계 가공, 다이는 방전 가공으로 제작할 수 있다.
② 펀치와 다이의 간극이 균일하고 접합이 용이하며 수명이 길다.
③ 방전 시간이 짧기 때문에 가공 정밀도가 높다.

■ 혼합법의 단점

① 펀치와 전극의 접합 과정이 필요하다.
② 전극의 재료 소모가 적은 Ag-W을 사용할 때 가격이 비싸진다.

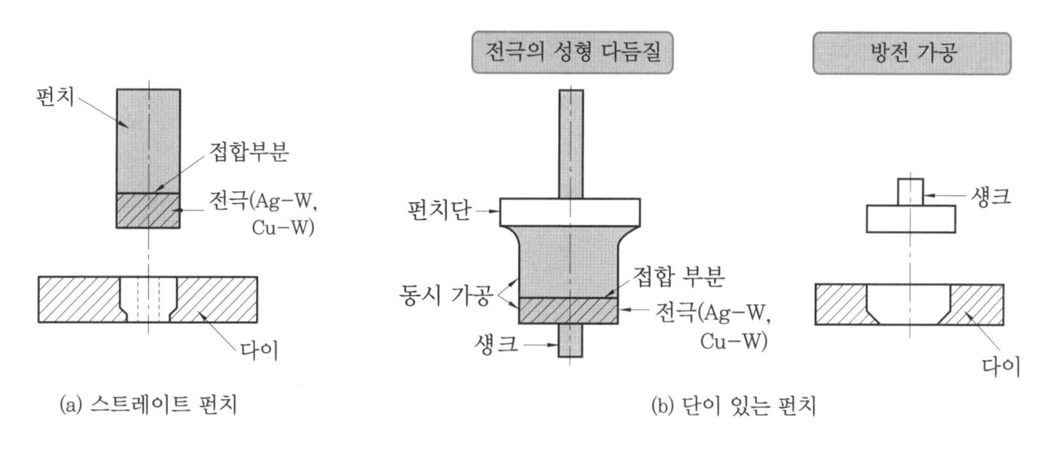

〈그림 1-180〉 혼합법

6 칩 배출

(1) 가공 칩의 배출

방전 가공은 다른 기계 가공보다 칩의 영향을 많이 받기 때문에 생성된 칩을 전극과 공작물 사이에 배출시키는 것이 중요하다.

가공 칩이 잘 배출되지 않으면 속도가 저하되고 가공 정밀도가 나빠지며 전극 소모가 많아진다. 최악의 경우 아크 현상이 일어나 전극과 공작물을 손상시키기도 한다.

(2) 가공액의 흐름 형식

가공액의 흐름 형식은 방전 가공 형상에 따라 적절하게 선택한다.

① 분출법(injection flushing)

〈그림 1-181〉의 (a)와 같이 공작물 아래 구멍에서의 분출은 관통 가공, 그림 (b)와 같이 전극에서의 분출은 바닥 붙임 가공에 이용되는 형식으로, 가공액의 흐름 형식 중에서 가장 많이 이용된다.

관통 가공에서는 액압을 낮게, 바닥 붙임 가공에서는 가공 면적이 넓고 테이퍼가 전극 소모를 일부 허용하므로 액압을 높게 설정한다.

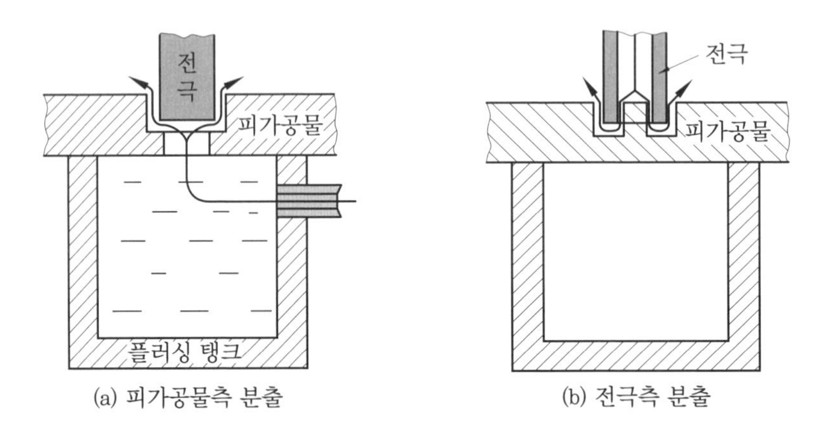

〈그림 1-181〉 분출법

② 흡인법(suction flushing)

공작물을 가공할 때 공작물의 측면 구배를 작게 하여 전극 부근에서 생성된 가공칩에 의한 2차 방전이 발생하지 않게 하는 것이다. 그러나 공작물 위에서 공급되는 가공액이 오염되면 2차 방전이 되어 구배가 생기므로 공급되는 가공액은 청결하여야 한다.

흡인법은 분출법보다 취급이 어려워 공작물의 구배 가공상 작게 하여야 할 때 이외에는 사용하지 않는다.

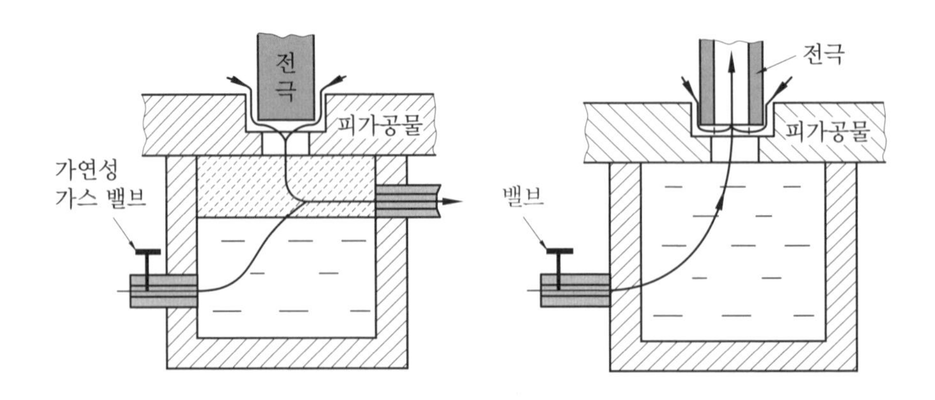

〈그림 1-182〉 흡인법

③ 분사법(side flushing)

분사법은 각인 가공, 깊은 리브 가공 등에서 가공액 구멍이 없을 때 사용한다.

분출법이나 흡인법과 비교하여 가공액 배출능력이 작으므로 가공액 분사구를 가능한 한 전극과 공작물 사이에 접근시키고 분사 각도를 전극 운동 방향에 나란히 하여 분사액이 전극 바닥 부근까지 닿도록 한다.

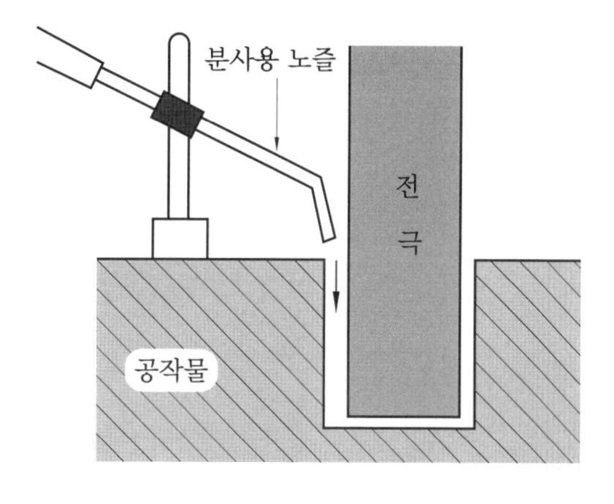

〈그림 1-183〉 분사법

5-8 와이어 컷 방전 가공

와이어 컷 방전 가공기(wire cut electric discharge machine)는 지름이 0.02~0.3 mm의 가는 금속선 전극을 사용하여 NC로 필요한 형상을 가공하는 장치이며, CNC 와이어 컷 방전 가공기라고도 한다.

가공액은 일반적으로 물(순수한 탈이온수)을 사용하고 있어 취급이 쉽고 화재 위험이 적으며, 와이어 냉각성이 좋고 가공 칩의 배출이 용이하다.

전극용 와이어의 재질은 Cu, Bs, W 등이 사용되고 있으며, 〈그림 1-184〉와 같이 전극의 방전으로 인한 소모가 있더라도 항상 새로운 와이어 전극이 공급되기 때문에 공작물의 가공면이 깨끗하다.

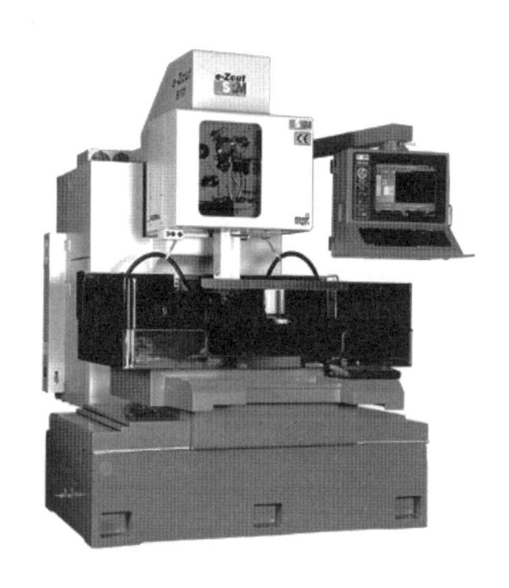

〈그림 1-184〉 와이어 방전 가공기

1 와이어 컷 방전 가공기의 특성

(1) 방전 가공 기능

① 담금질된 강이나 초경합금의 가공이 가능하다.

② 공작물의 형상이 복잡해도 범용 공작기계와 비교하여 가공 속도가 변하지 않는다.

③ 전극이 불필요하며 NC 프로그램 작성 시 요구 조건이 적다.

④ 복잡한 공작물 형상이라도 분할하지 않고 높은 정밀도의 가공이 가능하다.

(2) 오려내기 기능

① 소비 전력이 다른 가공에 비하여 적고 와이어가 항상 이송되기 때문에 전극의 소모가 무시된다.
② 가공 여유가 적고 전 가공이 불필요하며 직접 형상을 얻을 수 있다.
③ 전단 여유가 적고 전 가공이 불필요하며 직접 최종 형상을 얻을 수 있다.

(3) 무인 가공 기능

① 항상 새로운 전극의 소모로 가공되기 때문에 표면 거칠기가 양호하다.
② 테이블이 X, Y 방향으로 10 μm 전후로 이송할 수 있으므로 복잡하고 미세한 금형, 방전 가공기의 전극 등을 정밀도로 가공할 수 있다.

2 와이어 컷 방전기의 전극

전극인 와이어 재료로는 Cu, Bs, W 등의 가는 선을 사용하며 방전 후 소모된 부분은 버린다. 와이어 재료의 물리적 성질은 가공에 많은 영향을 끼치며 선 지름의 분산, 선의 뒤틀림, 가공액의 냉각 효과 등도 가공 성능에 영향을 준다.

일반적으로 가공 속도, 정밀도 등을 고려할 때 가장 많이 사용되는 와이어는 0.2 mm Cu 선이다.

3 와이어 컷 방전기의 가공액

와이어 컷 방전 가공의 가공액은 순수한 물(비저항이 104~106 μm)을 사용하며, 이 물은 와이어 전극과 공작물 사이에서 미소한 전해작용을 한다.

전해작용이 방전 가공과 동시에 이루어질 때 가공면이 좋아지는 장점이 있는 반면 전극의 진동과 가공 간극이 공작물의 두께, 가공 속도에 의해 달라지는 단점이 있다.

〈그림 1-185〉는 가공의 간극 형상을 나타낸 것으로, 가공액 비저항이 크면 공작물의 상하면 부근 C점의 간극은 작아지고 중앙 부근 Q점에서는 커지므로 중앙이 볼록한 북 모양이 된다. 그 원인은 Q점 부근의 가공 슬래그 농도가 짙어져 방전열로 인한 가공액 온도 상승을 초래하고, 그 부분의 가공액 비저항이 G점보다 저하되면서 전해작용이 촉진되거나 2차적 방전이 발생하기 때문이다. 볼록한 형을 줄이려면 비저항값을 작게 설정하고 가공액을 충분히 공급하여 G, Q점에서의 전도도를 같게 한다.

최근에는 순수한 물에 첨가제를 혼입시켜 가공하는 고속 광택 가공(HQSF : High Quality Surface Finish)이 개발되어 사용하고 있다. 첨가제를 방전 가공액에 첨가하여 사용하면 다음과 같은 특징이 있다.

① 방전의 분산이 양호하고 균일한 가공면이 된다.

② 가공면의 경화층이 얇고 연마 작업이 용이하다.

③ 다듬질 영역에 있어서 방전 주파수가 높고 가공이 빠르다.

④ 가공 개시 시 가공이 안정되기 쉽다.

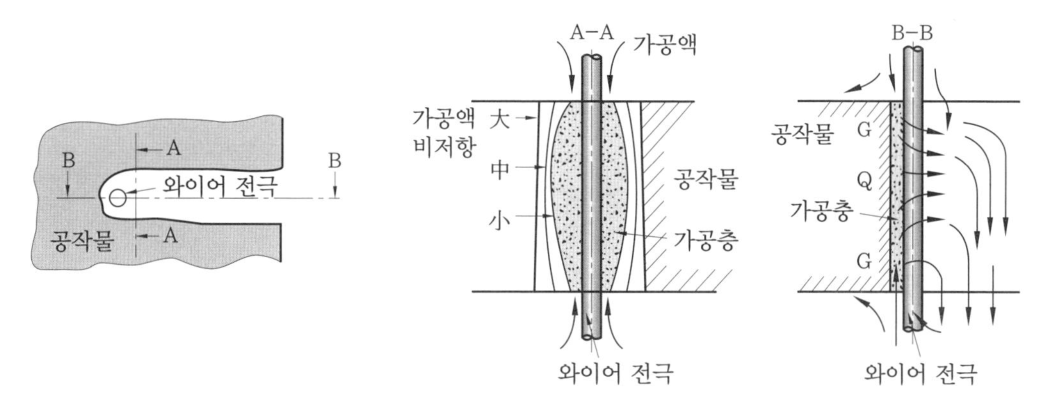

〈그림 1-105〉 가공액 비저항과 가공면 진직도

4 방전 가공 속도

와이어 컷 방전 가공 속도는 홈 가공이 많으므로 단위시간당 가공 단면적으로 다음과 같이 나타낸다.

$$\text{가공 속도}(\text{mm}^2/\text{min}) = \text{이송 속도}(\text{mm}/\text{min}) \times \text{공작물 두께}(\text{mm})$$

가공 속도는 공작물의 재질, 두께, 열처리 유무, 기계의 성능에 따라 다르지만 10~50 mm^2/min이다.

5 와이어 컷 방전 가공 기술

(1) 재료의 열처리에 의한 잔류 응력 제거

가공 중에 생기는 잔류 응력에 의한 변형은 수정이 불가능하기 때문에 가공 후 부품의 치수 정밀도에 가장 큰 영향을 준다.

재료의 열처리에 의한 잔류 응력을 제거하기 위해서는 열처리에 의한 잔류 응력이 작은 재료(STS 11)를 선택하여 담금질한 후 500~540℃의 고온에서 뜨임 또는 서브 제로(subzero) 처리한다.

(2) 출발 구멍과 위치

와이어 방전에 의한 가공은 〈그림 1-186〉과 같이 공작물의 가공부에서 떨어져 남는 부분이 많은 쪽을 클램프로 고정한다. 그러나 공작물의 측면에서 직접 잘라서 들어가면 그 재료에 잔류 응력이 발생하여 절단부에서부터 변형이 생기기 쉽다.

따라서 이에 대한 대책으로 〈그림 1-187〉과 같이 가공부에서 5~10 mm 떨어진 곳에서 시작되도록 구멍을 뚫고 가공하여 공작물의 변형을 작게 한다.

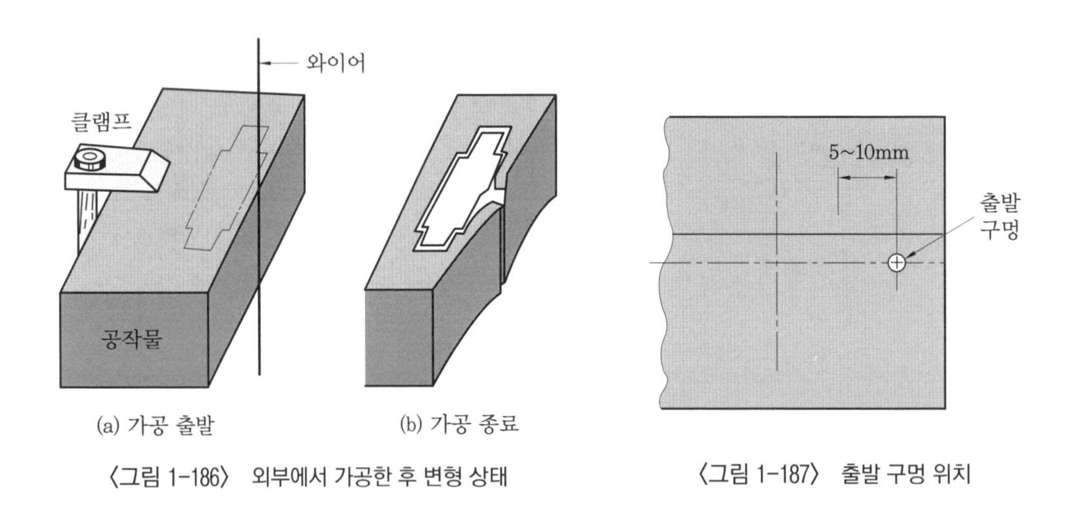

(a) 가공 출발 (b) 가공 종료

〈그림 1-186〉 외부에서 가공한 후 변형 상태

〈그림 1-187〉 출발 구멍 위치

(3) 전 가공

와이어 컷 방전 가공은 전 가공 없이 직접 마무리 가공을 할 수 있지만 정밀하게 가공하고자 할 때 재료의 응력 개방에 따른 변형을 막기 위하여 전 가공을 한다.

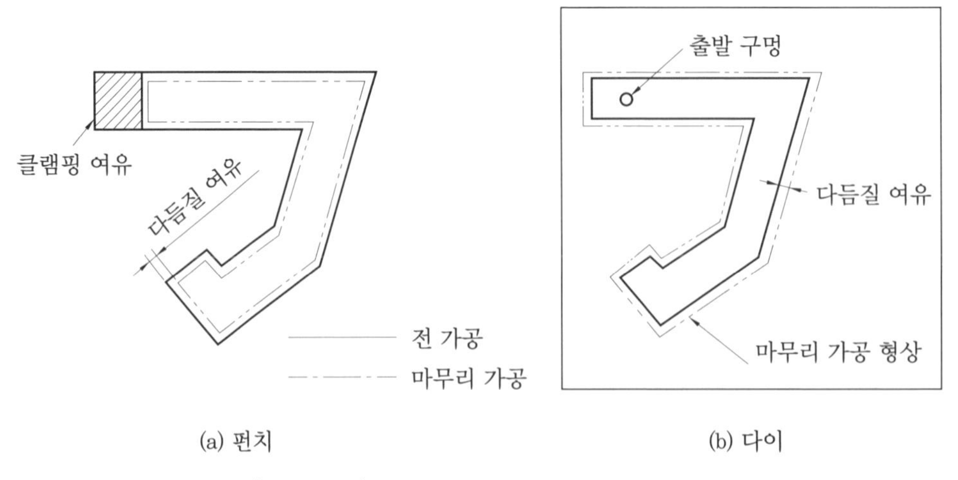

(a) 펀치 (b) 다이

〈그림 1-188〉 펀치와 다이의 전 가공과 마무리 가공

따라서 전 가공은 다듬질 여유를 두어 와이어 방전에 의하여 절단하고 마무리 가공하는 방법이다.

5-9 버니싱

1차로 가공된 가공물의 안지름보다 다소 큰 강철 볼(ball)을 압입하여 통과시킴으로써 가공물의 표면을 소성변형시켜 가공하는 방법이다.

버니싱(burnishing)은 1차 가공에서 발생한 가공 자국, 긁힘(scratch), 흔적, 패인 곳(pit) 등을 제거하여 표면 거칠기가 우수하고 정밀도가 높으며, 피로한도를 높이고 기계적 성질과 부식 저항도 증가한다.

버니싱은 드릴이나 리머로 가공한 면의 치수 정밀도를 높이고 표면을 다듬질하는데 시간이 적게 소요되는 장점이 있다.

버니싱은 소성 가공 방법이므로 스프링 백(spring back)을 고려하여야 하며, 강구는 가공물의 재질이 알루미늄, 알루미늄 합금, 구리, 구리 합금 등의 비철합금에 사용하고 가공물의 재질이 강일 때는 초경합금 볼을 사용한다.

〈그림 1-190〉은 강철 볼 지름과 1차 가공된 지름과의 관계를 나타낸 것이다.

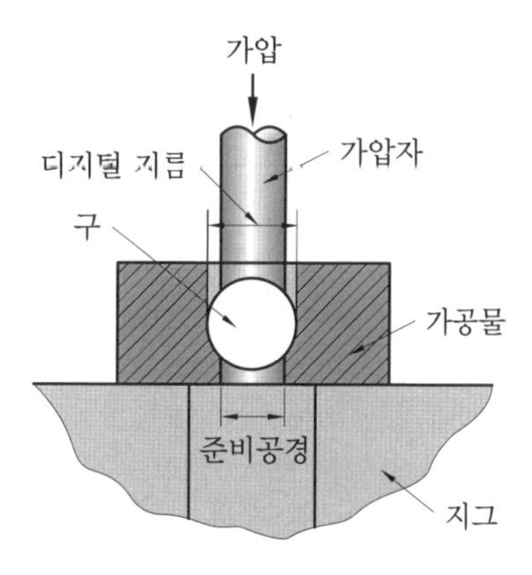

〈그림 1-189〉 버니싱 가공의 원리

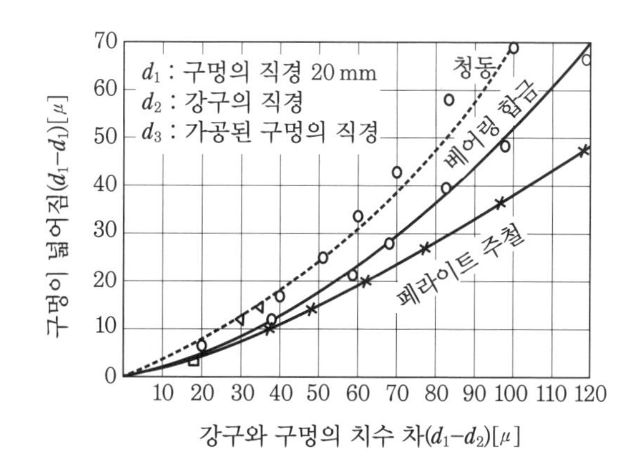

〈그림 1-190〉 강구 치수와 1차 가공 구멍 지름

5-10 롤러(roller) 가공

선반이나 일반 공작기계로 가공한 표면에서는 절삭 공구의 이송 자국이나 뜯긴 자국 등이 나타나게 되는데, 이러한 표면을 롤러를 사용하여 매끈하게 가공하는 방법을 롤러 가공이라 한다.

〈그림 1-191〉은 롤러 가공의 원리를 나타내며, 한 개의 롤러 가공으로 가공물이 변형될 우려가 있을 때에는 〈그림 1-192〉와 같이 3개의 롤러를 사용하여 가공한다.

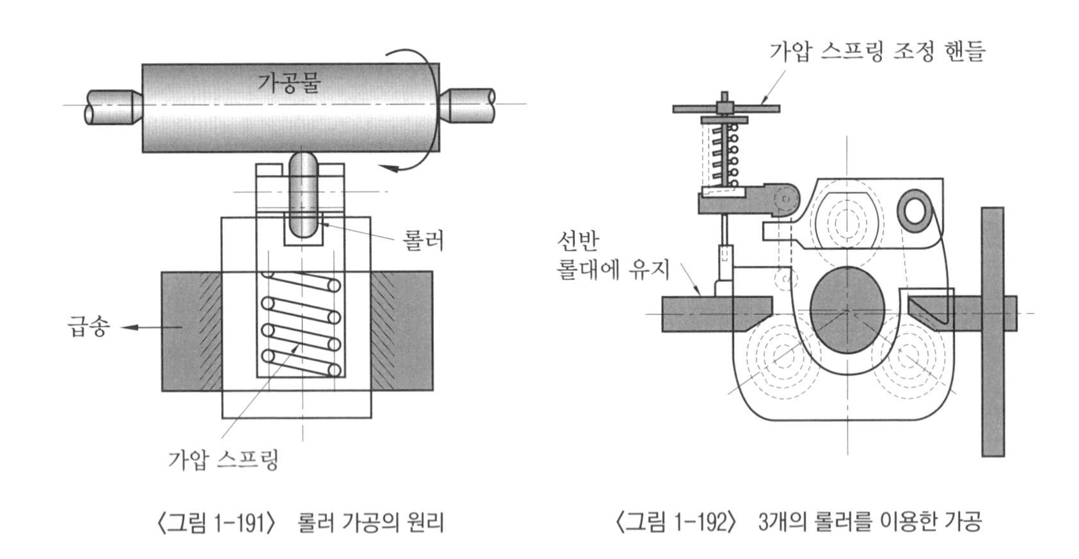

〈그림 1-191〉 롤러 가공의 원리

〈그림 1-192〉 3개의 롤러를 이용한 가공

1 롤러의 지름 및 둥글기 반지름

롤러의 지름 및 둥글기 반지름은 롤러 다듬질면의 표면 거칠기에 큰 관계를 갖는다. 그 값이 클 때에는 일정한 압력으로 롤러를 다듬질할 경우 표면과의 접촉 면적이 커지고, 충분히 소성 변형하기 어렵다.

그러나 그 값이 너무 작을 때에는 표면의 변형이 너무 커져서 롤러 이송에 의한 요철이 다듬질면에 남게 된다.

2 압력

압력이 작을 때에는 충분한 소성변형이 생기지 않고 밑바탕에 홈이 남거나 다듬질면에 요철이 남는다. 또한 압력이 너무 크면 변형의 정도가 너무 커져 오히려 다듬질면이 나빠지게 된다.

익/힘/문/제

1 호빙 가공의 장점에 대하여 나열하시오.

2 보링 머신의 종류에 대하여 설명하시오.

3 건 드릴 가공의 특징에 대하여 설명하시오.

4 초음파 가공의 특징에 대하여 나열하시오.

5 레이저 가공의 특징에 대하여 나열하시오.

6 방전 가공의 특징에 대하여 설명하시오.

7 와이어 컷 방전 가공기의 특징에 대하여 설명하시오.

8 버니싱에 대하여 간단히 설명하시오.

6. 모델 제작

각종 금형을 제작하는 방법 중 모방 방법을 이용한 금형 제작이 널리 이용되고 있으며, 자동화나 정밀 분야에도 응용되고 있다. 모방 방법은 모델을 이용하여 금형을 제작하는 것으로, 제작에서 가장 중요하고 기본이 되는 것이 모델이기 때문에 얼마나 정확한 모델을 제작하느냐가 작업을 좌우하는 경우가 있다.

모델은 그 사용 범위가 넓고 다양하며 형태나 재료의 종류에 따라 〈그림 1-193〉과 같이 구분한다.

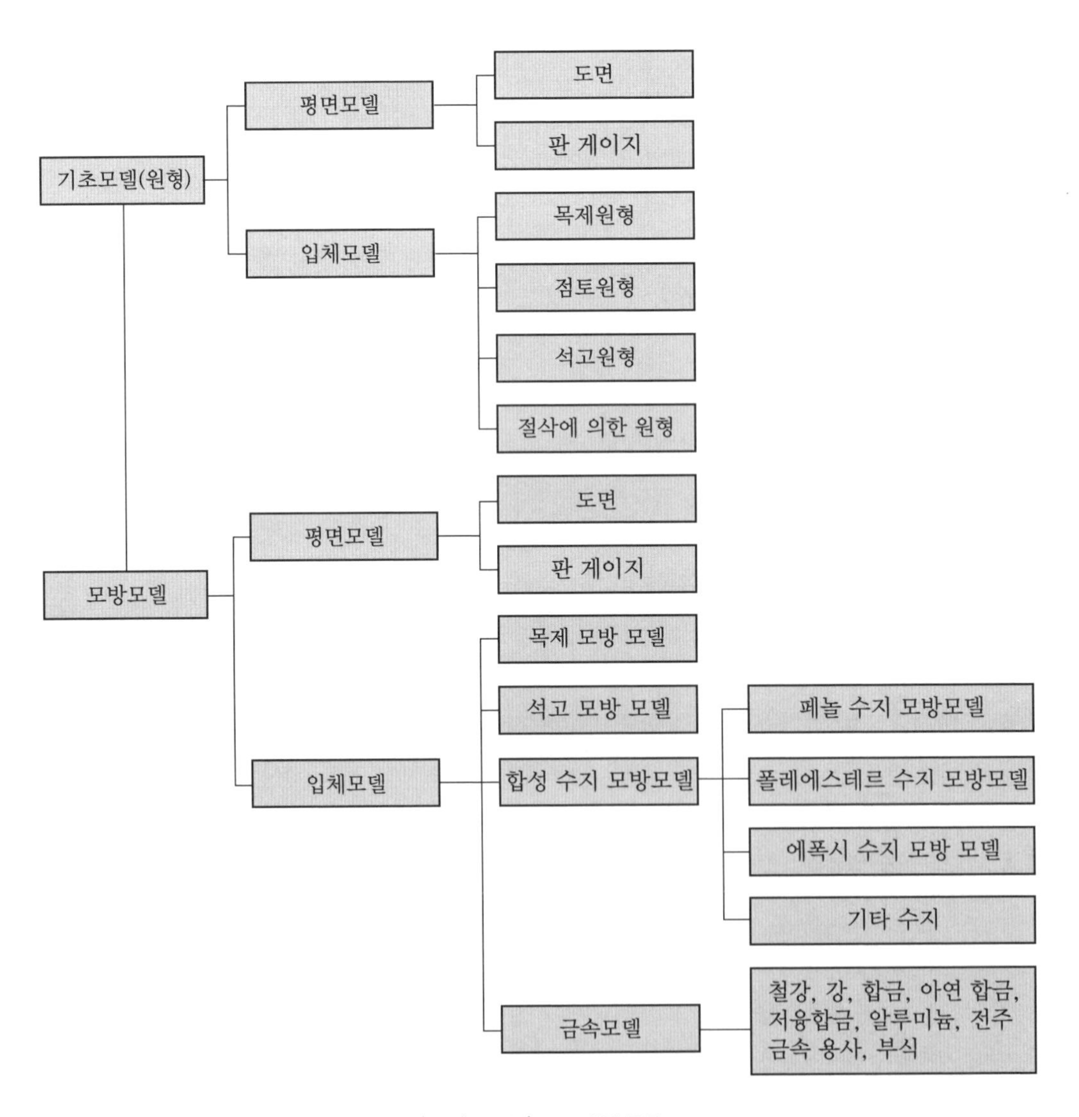

〈그림 1-193〉 모델의 종류

금형을 사용 용도에 따라 구분하면 다음과 같다.

① 검토 모델(study model)
제품을 디자인 할 때 그 형태의 실물적인 효과와 관련된 부분이나 기구와의 관계를 검토하기 위하여 사용하는 모델이다.

② 제시 모델(presentation model)
형태나 색깔 등이 완성품과 동일한 현물 크기이거나 축척된 크기의 모델이다.

③ 기초 모델
복잡한 형태의 금형을 제작할 때 사용할 모델을 제작하기 위한 모델로 원형 또는 마스터(master)라고도 한다.

6-1 평면 모델

1 도면 모델

정밀한 금형을 제작하기 위하여 도면을 신축되지 않는 재료에 옮겨 그린 것으로, 절삭에 의하여 형을 제작할 때 확대 또는 축소된 도면을 조각기의 팬터그래프에 의하여 축소 또는 확대시켜 원하는 크기의 형을 제작하는 데 사용한다.

2 판 게이지(templet)

판 게이지는 절삭 작업으로 금형을 제작하는 데 사용되는 모델 중 하나로 형판 또는 게이지 판이라고도 한다. 2차원이나 3차원을 갖는 재료를 가공할 때 응용함으로써 복잡한 형상도 조각이 가능하다.

사용되는 재료는 플라스틱, 목재, 금속으로 된 1~3 mm 두께의 얇은 판이며 원형, 각형 또는 2차원 윤곽으로 가공하여 사용하는 경우가 대부분이다. 마무리 작업에서는 다듬질용으로도 사용된다.

절삭 작업에서 판 게이지를 사용할 수 있는 기계는 여러 가지가 있으며 모방 밀링 머신과 형 조각기, 모방 선반, 모방 연삭기, 모방 셰이퍼가 있다.

몰드법에 의하여 입체 모델을 제작할 때에는 기초 모델용으로 사용되고, 2·3차원 금형을 제작할 때 응용되며 〈그림 1-193〉과 같이 점토나 석고로 만들어진 모델이 정확하게 이루어졌는지를 확인하는 확인 게이지(check gauge)로도 사용된다.

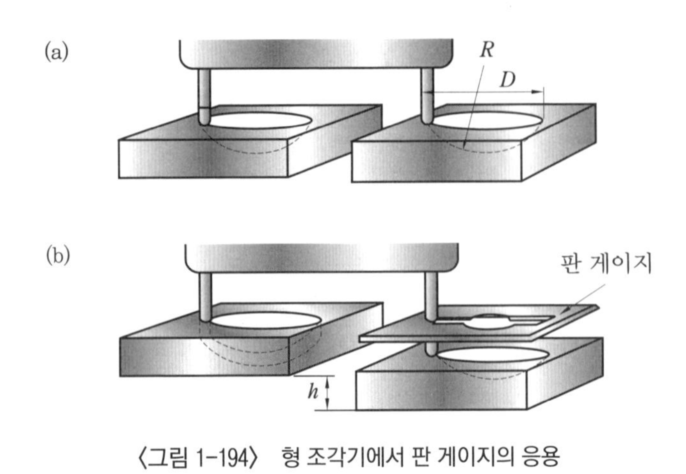

〈그림 1-194〉 형 조각기에서 판 게이지의 응용

6-2 입체 모델

입체 모델은 도면만으로 금형을 제작하기 어려울 때 또는 코어나 캐비티에서 가공이 쉬운 부분을 절삭하여 제작하는데 입체적인 형상을 재현하기 위하여 만드는 기초 모델이 있고 모방 작업에 사용되는 모방 모델이 있다. 기초 모델에서 입체 모델 제작에 사용되는 재료에는 유점토, 합성 수지, 석고 등이 있다.

1 목제 원형

조각도나 판 게이지로 수작업 또는 기계 작업을 하여 만든 것으로, 나무는 모델 제작용 재료로 가장 많이 사용된다. 모방 작업에 모델로 직접 사용되기도 하고 석고나 합성수지로 모형을 만들 때 기초 모델로 사용되기도 한다.

재질은 경목(耕牧), 적층재(積層材)를 주로 사용하는데, 특히 필러의 압력에 견딜 수 있도록 경질의 나무로 제작하여야 변형을 억제할 수 있다.

2 점토 원형

점토에 기름을 섞은 유점토나 공업용 점토를 사용하여 만든 것이며 주로 기초 모델로 사용된다. 유점토는 미세한 분말에 올리브 기름을 혼합하여 만들고 공업용 점토는 왁스에 착색하여 굳혀서 만든다.

일반적으로 유점토는 온도가 높으면 연화되지만 수분이 함유되어 있지 않으므로 건조해도 굳지 않고 부드러움을 유지한다. 공업용 점토를 상온에서 비교적 단단하게 사용할 때에는 먼저 50~60℃로 가온하여 약간 굳어진 후 성형한다.

3 석고 원형

석고를 사용하여 만든 것으로 점토 원형 제작과 비슷하며, 석고가 경화되므로 건조가 끝나기 전에 성형하여야 한다. 건조 후에는 부서지기 쉬우므로 주의하여야 하며 목제 원형 제작과 같이 조작도를 이용하여 표면을 다듬질한다.

형상이 복잡하여 제작이 곤란할 때에는 간단히 형별로 분리시켜 조립하거나 석고 또는 목재 등을 조합하여 제작하기도 한다. 석고 또는 목재 등을 조합하여 제작할 때 서로 다른 재료들의 접촉면이 부드럽지 못하면 접촉부의 모서리를 조금씩 따내어 형상이 부족한 곳에 다시 반죽한 석고를 발라서 압착되도록 하고 경화된 후 다듬질한다.

4 절삭에 의한 원형

절삭에 의하여 만든 것으로 모델을 제작하려면 가공하기 쉬워야 한다. 이것은 플라스틱, 목재, 알루미늄 등의 재료가 사용되는데, 이 작업은 높은 숙련도가 요구되며 시간이 많이 소요되므로 어렵다. 그러나 각종 형상에서 기본이 될 수 있는 모델을 절삭하기 위하여 모방 밀링 머신에 패턴 포밍 장치를 설치하여 작업하면 편리하다.

패턴 포밍 장치의 구조 및 가공 방법은 크랭크 판의 간극 조정 스크루에 의하여 편심점이 변하고 크랭크의 각도가 변함에 따라 각종 형상을 가공할 수 있다.

6-3 모방 모델

기계가 모델에서 요구하는 여러 가지 조건에 의하여 재료나 제작법이 결정된다, 이러한 조건 중에서 필러는 모델의 표면을 마찰하면서 움직이므로 압력이 가해지면 모델 표면이 견디지 못하거나 흔적이 생겨 모양이 변하고 파손되는 경우가 있다. 따라서 모델 재료는 필러의 압력에 대하여 변하지 않는 것이 좋다.

또한 커터에 작용하는 압력이 일정하더라도 필러 선단이 R0.5 mm의 작은 것부터 거친 절삭용의 R10~20 mm까지 있어, 각각의 경우 모델에 가해지는 단위 하중이 달라져 필러 압력을 모델 표면이 견디기 어려우므로 경질 재료를 사용한다.

모델 재료는 모방 형상에 따라 정해진다.

1 목제 모방 모델

목제 모델을 모방 모델로 사용할 때에는 경질의 나무를 사용하여야 하며 경질의 나무를 사용할 때에는 표면에 경화성 수지를 칠한다.

2 석고 모방 모델

석고는 모델 제작이 용이하고 제작 시설도 간단하며 정밀도가 비교적 좋고 염가로 구입할 수 있어 광범위하게 이용되고 있다. 모방 모델은 필러의 압력을 고려하여야 하므로 석고 모방 모델은 표면에 수지를 입혀 사용한다.

도자기 공업이나 미술 조각에 사용되는 석고는 기계 공업의 발전과 더불어 새로운 금형이 개발되면서 강한 모델을 제작할 수 있는 초경 석고가 등장하였고, 이것이 진공 금형, 플라스틱 금형, 아연 합금 금형, 기타 금형을 제작하는 데 이용되고 있다.

(1) 석고 모델의 제작

석고 모델은 도면에 맞게 직접 모델을 제작하는 방법과 원형을 복제하는 방법이 있다. 제작된 모델을 모방 모델로 사용하기 위하여 필러 압력을 고려하여 모델 표면에 이형제를 칠한 후 다른 여러 가지 경화성 재료를 주입하여 표면을 경화시켜 사용한다.

석고 모델의 제작 과정은 다음과 같다.

원형의 처리 ⇨ 석고 반죽 ⇨ 주입 ⇨ 이형 ⇨ 건조 ⇨ 표면 처리

(2) 합성수지 모방 모델

목재, 석고 등에 비하여 비중이 작고 강도가 강하며 수축이 적어서 주형, 성형으로 제작할 수 있다. 모델 재료로는 페놀 수지, 폴리에스테르 수지, 에폭시 수지가 사용된다.

6-4 RP(rapid prototyping : 래피드 프로토타이핑)

RP는 쾌속 조형 기술이라고도 하며 컴퓨터에서 생성된 3차원 형상 모델의 자료로부터 그 형상을 신속하게 조형하여 모델을 만드는 것이다.

RP 기술이 많은 발전을 하여 과거에는 생각할 수도 없었던 복잡하고 다양한 제품 형상의 모형이 신속하게 제작 가능하며, 주형의 제작이나 플라스틱 사출 성형용 금형 제작까지도 신속하게 제작 가능하다.

현재 상용화되고 있는 모든 RP 시스템은 적층 방식을 많이 사용하고 있으며, 이때 사용하는 모형의 재질 및 조형 방식 등에 따라 약간의 제작상의 차이가 있다.

이와 같은 기술적 제작 과정 차이에 의하여 완성되는 제품의 특성이 있다.

일반 공작기계 가공의 절삭 방법 또는 단조, 주조, 사출 성형 등은 제품 설계 또는 설계

자료로부터 시제품을 제작하기 위하여 별도의 가공 데이터를 생성하거나 지그의 제작 등이 필요하였지만 RP 시스템에서는 추가 작업이 거의 요구되지 않으므로 시제품 제작 기간을 대폭 단축시킬 수 있는 장점을 갖고 있다.

〈그림 1-195〉 쾌속 조형기(RP)

〈표 1-35〉 RP와 CNC 가공의 장단점 비교

종류 특징	RP 방법(SLA)	CNC 방법(절삭 가공)
장점	• 모든 형상의 시제품 가공이 용이 • 비숙련자에 의한 운용이 가능 • 시제품 형상에 따른 재료만 필요 • 제작 속도가 매우 빠름 • 작업을 위한 별도의 세팅 및 공작물의 방향성 전환이 불필요	• 다양한 재질의 가공이 용이 • 운용 비용이 저렴 • 가공 정밀도가 높음
단점	• 장비비가 높음 • 적층에 따른 단차 발생(0.1 mm) • 재료비가 고가 • 다양한 재료의 시제품 제작이 불가	• 절삭에 따른 칩 발생 • 숙련자가 요구됨 • 공구 교체의 필요성 • 가공이 불가능한 형상이 있음

1 RP 제작 공정

RP 시스템에서의 제작 공정은 다음과 같다.

① 제품 디자인(3D 모델링) : 3차원 모델링을 한 데이터를 STL로 변환하여 전송한다.

② RP 자료 작업 : 전송받은 자료를 생성시켜 RP 작업에 필요한 정보를 만든다.
③ RP 작업 : 3차원 모델링에서 생성된 영역을 레이저를 이용하여 광경화성 수지의 액에 스캔함으로써 원하는 모형으로 적층하여 모델을 작업한다.
④ 후처리 : 완성된 모델을 후처리하여 모델을 완성한다.

2 RP의 종류

RP 제작에 사용되는 종류는 다음과 같다.

(1) SLA(stereolithography apparatus)

자외선 레이저 광선을 광경화성(photo sensitive) 수지가 들어 있는 액면에 스캔하여 가열시키면 해당 미세 두께를 연속으로(Z축) 고형화시키는 적층 방식이다.

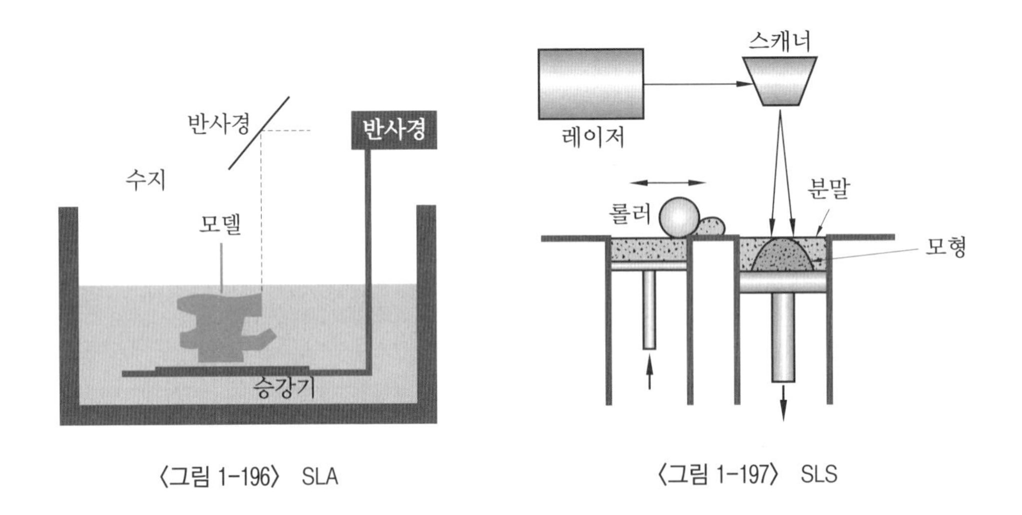

〈그림 1-196〉 SLA

〈그림 1-197〉 SLS

(2) SLS(selective laser sintering)

분말 파우더를 담고 있는 용기에서 시제품 단면적에 해당하는 영역에 CO_2 레이저를 주사하여 분말 파우더를 용해시키고 고형화하여 3차원 모델을 조형하는 적층 방식이다.

부품이 완성되면 결합되지 않은 분말을 제거하기 위하여 제작된 부품을 진동시키며, 분말 형태의 나일론 등이 사용된다.

(3) LOM(laminated object manufacturing)

박막 형태의 재료를 시제품 형상의 단면적을 감싸는 contour에 레이저 또는 커터기를 사용하여 절단함으로써 3차원 형상을 제작하는 적층 방식이다.

〈그림 1-198〉은 LOM을 나타낸 것이다.

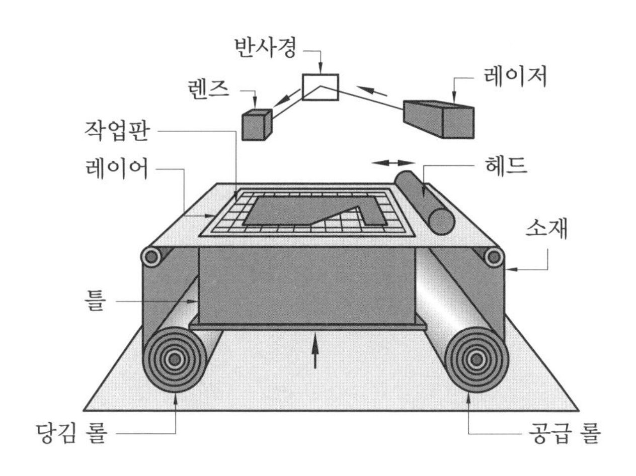

〈그림 1-198〉 LOM

(4) FDM(fused deposit manufacturing)

필라멘트 형태의 가는 재료가 압출 노즐을 통과하면서 용해되어 시제품 단면적에 해당하는 영역에 분사되어 조형하는 적층 방식이다.

(5) 3D Printing(as like inkjet printing)

3차원 잉크젯 프린팅 방식과 매우 유사한 방식으로 조형하는 적층 방식이다.

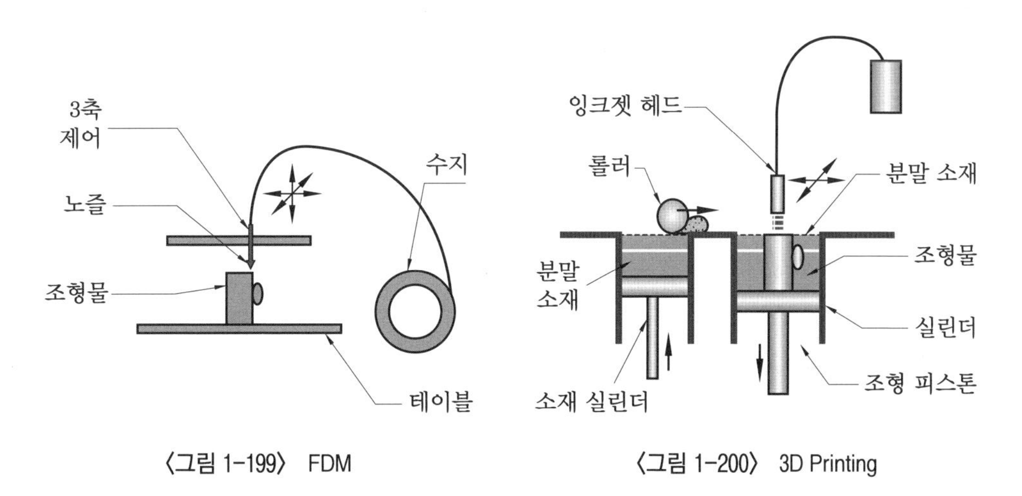

〈그림 1-199〉 FDM

〈그림 1-200〉 3D Printing

3 RP 응용

RP(쾌속 조형 기술)의 응용 분야는 다음과 같다.

(1) 왁스 주조(investment casting)

각종 RP 모델로부터 간접적으로 investment 쉘을 만들거나 왁스 형상재를 직접 만들어 사용한다.

(2) 금속 분사 모델링(metal spray modeling)

원형 모형 위에 직접 또는 간접으로 용융 금속을 분사하여 도포하는 것으로 사출 성형에 사용한다.

(3) 실리콘 진공 모델링(sillicon room temperature vulcanizing modeling)

원형 모델을 패턴으로 이용하여 상온에서 경화되는 실리콘 고무를 형으로 만든 후 이 실리콘 고무 형에 왁스를 주입하여 로스터 왁스를 만들어 사용한다.

(4) 진공 성형(vaccum form tooling)

RP에서 만든 원형 모델의 재료로 비교적 단단한 재료를 사용한 경우 고분자 재료가 진공 성형 시 형과 소재 사이의 습동이 비교적 작기 때문에 몇 개 정도의 진공 성형 제품을 직접 만들 수 있다.

6-5 토털 모델링(total modelling)

토털 모델링은 솔리드 모델링, 서피스 모델링, 트라이앵글 모델링, 리버스 엔지니어링, 장식 및 조각을 조합하여 하나의 모델을 만들 수 있다.

토털 모델링은 시작할 때 개념 설계 과정에서 스케일, 크기, 형상의 비율을 원하는 대로 조절하여 완성 모델링의 트림 수정을 단시간에 모델링할 수 있다.

1 엠보싱(embossing)

엠보싱 기능은 복잡한 3D 형태의 장식물을 평면상에 모델링한 후 3D 모델에 대하여 감싸거나 투영하는 방식으로, 손쉽고 빠르게 모델링할 수 있다. 이러한 방식은 다양한 디자인 아이디어를 실현 가능하게 한다.

예를 들어 자동차 옆면에 다양한 스타일의 공기 흡입구를 평면상에서 디자인한 후 래핑 기능을 이용하여 흡입구를 자동차의 사이드 판넬에 적용시키면 새로운 디자인을 할 수 있다.

〈그림 1-201〉 엠보싱 작업의 예

1 모핑(morphing)

모핑은 서피스나 솔리드 그룹의 형상을 다른 형상으로 재구성할 수 있도록 한다. 필렛, 트리밍, 벽면, 리브, 보스 등과 같이 모델상에 존재하는 모든 형상에 대하여 전체적 형상을 수정할 필요가 있는 경우 원래의 형상을 수정하지 않고 작업을 진행할 수 있다.

모핑은 모델의 구배각 추가, 처짐이나 스프링 백과 같은 가공 공정상 발생하는 뒤틀림을 원하는 형상의 디자인에 추가하여 보정하거나 틈을 메우는 것과 같은 국부적 모델 수정, 신발 디자인, 다양한 사이즈의 신발 바닥 창의 부분 작업에 적용할 수 있다.

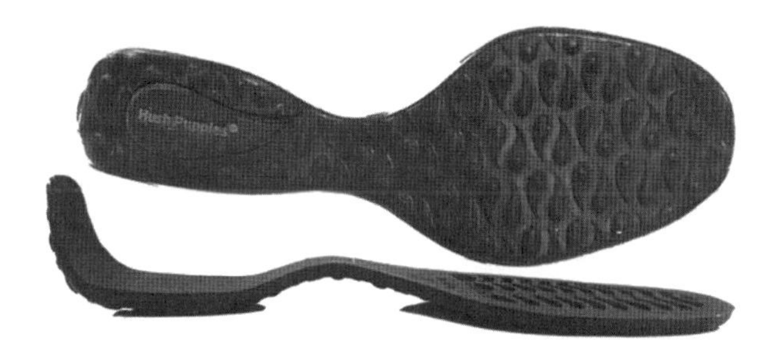

〈그림 1-202〉 모핑 작업의 예

6-6 MEMS(micro electro mechanical system)

MEMS는 반도체 칩에 내장된 센서, 밸브, 기어, 반사경 및 구동기와 같은 아주 작은 전자적인 제어, 측정되는 초소형 기계 장치류를 의미하며, 초소형 전자 정밀 기계라고도 한다. 반도체 공정을 통한 초정밀 장비이지만 단순히 전자적인 동작이 아니라 기계적으로 움직이는 요소가 포함된다.

MEMS는 가격이 싸고 기계적, 전기적 특성이 좋은 실리콘을 이용하여 가속도 센서, 자이로스코프 등 몸체 가공 기술(bulk micro machining technology)로 분류할 수 있다.

현재 MEMS의 장치는 마이크로 센서, 액추에이터, 릴레이와 같이 매우 작은 크기로, 미세한 속도 변화를 전압이나 전류로 변화하여 에어백이 동작 여부를 결정하게 한다.

자동차 에어백의 속도 센서 등에 사용되고 있다.

〈그림 1-203〉 MEMS 가공 부품

■ MEMS의 응용 범위

① 센서 : GPS 센서, 속도계, 압력 센서, 중력계

② 광학용 : 광학 거울(optical mirror)

③ 모터 : 초소형 모터, 기어

④ 생체학 : 마이크로 펌프

⑤ RF : 저 잡음 장비, 필터, 스위치(switch)

익 / 힘 / 문 / 제

1 입체 모델의 종류에 대하여 나열하시오.

2 RP의 장단점에 대하여 설명하시오.

3 RP의 응용 분야에 대하여 간단히 나열하시오

4 토털 모델링(total modelling)에 대하여 간단히 설명하시오.

5 MEMS(micro electro mechanical system)에 대하여 간단히 설명하시오.

7. 화학적 가공

7-1 전주 가공

전주에 의한 형 제작은 금속의 전착을 이용하여 일정한 모형 위에 도금을 하여 적당한 두께가 되면 모형에서 떼어 내고 금형이나 방전 가공의 전극으로 사용하는 일종의 도금이며, 전착 두께는 1~15 mm 정도이다. 전주 가공의 장단점은 다음과 같다.

■ 전주 가공의 장점

① 정밀한 사실성을 이용하여 각종 천연물(식물이나 동물에 있는 모양)이나 레코드판의 복사 등 정밀한 치수에 사용된다. 정도는 0.1 μm까지 가능하다.

② 금속 재질은 선택이 자유롭다. 형에는 Ni, Ni-Co 전주를, 방전 가공용 전극에는 Cu 전주를 사용한다.

③ 2종 또는 3종의 금속을 겹쳐 합친 복합재를 만들 수도 있다.

④ 전사 가공을 행할 수 있다.

⑤ 크기, 형상에 제한이 없고 도금 탱크의 크기만 충분하면 어떤 크기도 제작이 가능하다.

⑥ 어려운 작업을 전주의 이용에 의해 쉽게 할 수 있다.

■ 전주 가공의 단점

① 필요한 두께를 얻기 위하여 장시간(수십~수백 시간) 요하지만 무인 자동화가 가능하다.

② 요철 형상은 전주 두께가 불균일하게 된다. 볼록 부는 두껍고 오목 부는 얇다.

③ 전주 표면에는 다소 내부 응력이 남는다.

1 전주 가공 공정

전주 가공의 공정은 설계도면에 따라 모형을 작성하고 모형이 도체일 때에는 표면에 이형 처리를 한 후 바로 전착 공정에 들어간다. 그러나 비도체일 때에는 표면을 도체화하여 소요 두께까지 전착한 후 모형으로부터 박리하고, 강도를 필요로 할 때에는 보강한다.

2 모형의 종류

(1) 내구 모형

표면에 이형 처리를 하여 모형으로부터 몇 개라도 박리하여 사용하는 모형이다.

알루미늄, 스테인리스강, 유리 등이 사용된다.

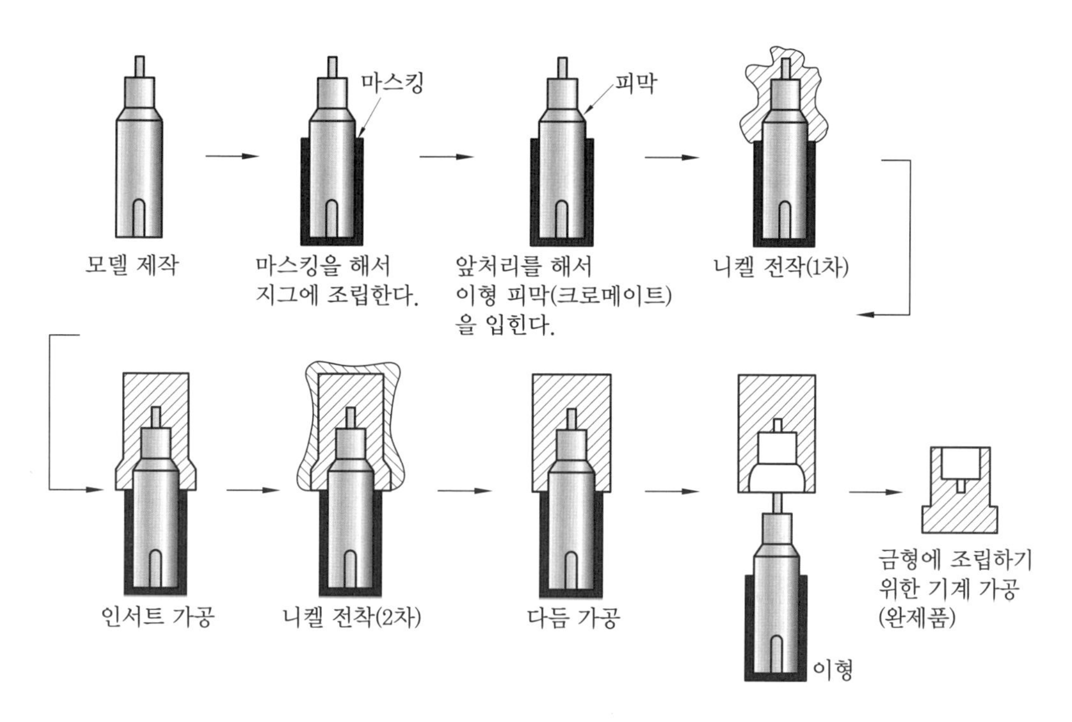

〈그림 1-204〉 전주 가공의 공정

(2) 소모 모형

소모 모형은 1회의 전주만으로 모형을 파괴하여 전주품을 얻을 때의 모형으로 주로 가융형과 가용형이 사용된다.

재료는 왁스, 저온 연화성 플라스틱, 저융점 금속 또는 합금(납, 은, 비스무트 등)이 사용된다.

전착 후 가열하여 모형을 용융 · 제거한다.

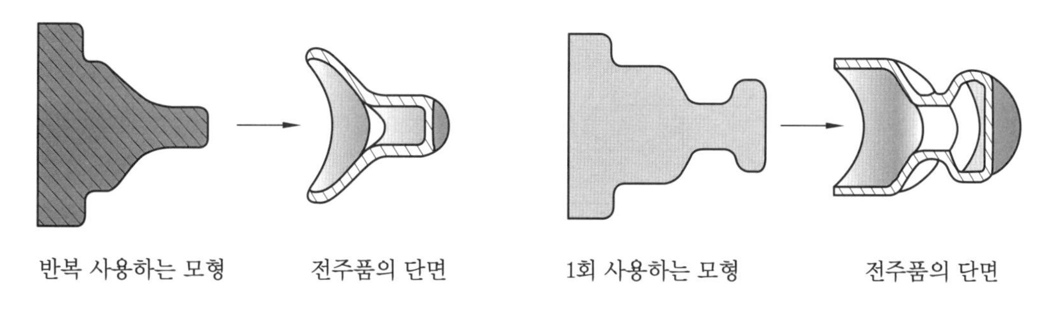

〈그림 1-205〉 모형

7-2 부식 가공

부식 가공은 재료 표면 속에 가공하려는 부분만큼 남기고 다른 부분을 내약품 도막으로 피복하여, 산 또는 알칼리 등에서 이루어지는 가공액 속에 침지함으로써 화학 반응을 일으켜 노출된 면만큼 용해하여 성형하는 방법이다.

이 방법을 응용한 것으로 명판, 프린트 배선, 플라스틱형의 무늬 마크 등이 있다.

■ 부식 가공의 장점

① 거의 모든 금속에 가공이 될 수 있으며 유리, 석판 등의 비금속에도 적용된다.

② 인장, 변형, 가공 경화가 없다.

③ 곡면에도 쉽게 가공된다.

④ 재료의 경도에 관계없으며 물리적 변화를 주지 않는다.

⑤ 고가인 치구 등을 사용하지 않는다.

⑥ 가공액에 노출하고 있는 면은 동시에 모두 가공되며, 기계적 가공법으로 하지 못하는 매우 어려운 복잡한 형상의 가공도 가능하다.

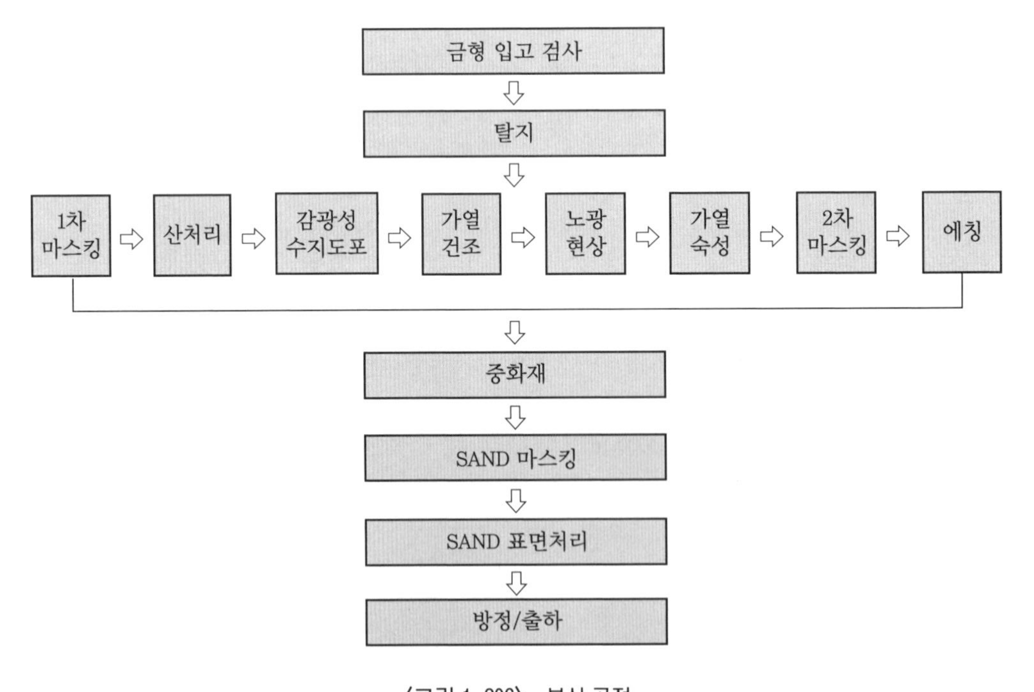

〈그림 1-206〉 부식 공정

■ 부식 가공의 단점

① 폐수 처리 장치가 필요하다.

② 기계 가공만큼의 정도를 얻을 수 없다. 특히 예리한 각, 가는 선 등이 정확하게 가공되지 않는다.

7-3 전해 가공

전해 가공이란 전기 분해에 의한 용출 작용을 이용하여 구멍 뚫기, 형 조각 연삭, 전단 등의 가공을 행하는 전기 화학적 금속 가공법으로, 전해 가공기, 전해 연삭반 등이 있다.

전해 가공은 재료의 경도에 관계없이 행하며, 그 가공 속도가 절삭 가공에 비하여 빠르고, 전극이 이론적으로 전혀 소모되지 않는 등 많은 장점이 있다.

그동안의 난삭재의 절삭법 대신 항공기, 병기 부품, 터빈 플레이트 등의 특수한 제품 가공에 매우 효과적이다.

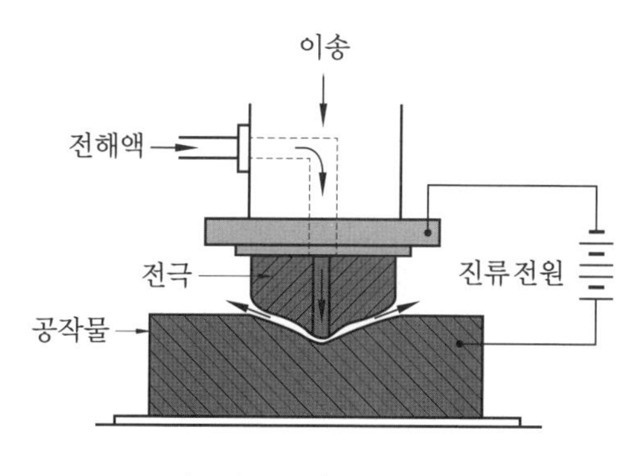

〈그림 1-207〉 전해 가공

1 전극 재료

전극 재료의 구비 조건은 다음과 같다.

① 전기 저항이 작아야 한다.

② 액압에 견디는 강성을 가져야 한다.

③ 기계 가공성이 좋아야 한다.

④ 내식성이 좋아야 한다.

⑤ 열전도도가 좋고 융점이 높아야 한다.

2 가공면의 거칠기

표면 거칠기는 전류 밀도 및 틀의 재질, 조직에 따라 다르다.

일반적으로 C(%)가 높으면 표면 거칠기가 나빠진다. 많은 경우 2~20 μm의 범위이며 가공 정도는 0.1~0.3 mm 수준까지 얻을 수 있다.

3 전해 가공의 특징

① 경도가 크고 인성이 큰 재료에도 적용이 가능하다.
② 복잡한 3차원 형상도 공구 자국이나 버(burr) 없이 쉽게 가공할 수 있다.
③ 열이나 힘의 작용이 없으므로 금속적인 결함이 생기지 않는다.
④ 공구인 음극의 소모가 거의 없다.

7-4 전해 연삭(ECG : electrolytic chemical grinding)

전해 연삭이란 기계 연삭과 전해 용출 작업을 조합한 가공법으로, 전해 연삭용 숫돌은 절연성의 연삭 입자와 도전성 결합제로 이루어져 전해적 제거작용과 기계적 연삭작용이 잘 결합된 구조로 되어 있다.

1 전해 연삭의 특징

① 연삭 능률이 일반 기계 연삭보다 높다. (특히 초경합금에 효과가 있다.)
② 연삭 저항이 작아 가공물의 변형이나 처짐이 없다.
③ 연삭열의 발생이 적고 숫돌 소모가 적어 수명이 길다.
④ 강과 초경이 동시에 연삭된다.
⑤ 설비비가 많이 들고 숫돌의 가격이 비싸다.
⑥ 가공면의 광택이 나지 않는다.

2 연삭용 숫돌

① 그라파이트 숫돌 : 가공 정도가 좋고 성형이 용이하다.
② 다이아몬드 숫돌 : 가공 능률이 가장 높고 초경합금의 총형 연삭에는 효과가 크지만 가격이 비싸고 성형성이 낮다.
③ 연삭 입자 소결 도전성 숫돌 : Al_2O_3나 SiC와 같이 보통 숫돌에 사용되는 연삭 입자를 그라파이트나 금속 입자로 소결한 것이며, 여러 가지 조합형이 사용된다.

3 전해액

전해 연삭용 전해액은 주로 무기염이 섞인 도전성 수용액이며 고전도도, 부식 방지 특성, 반응 생성물을 용해하는 성능 등을 구비해야 한다.

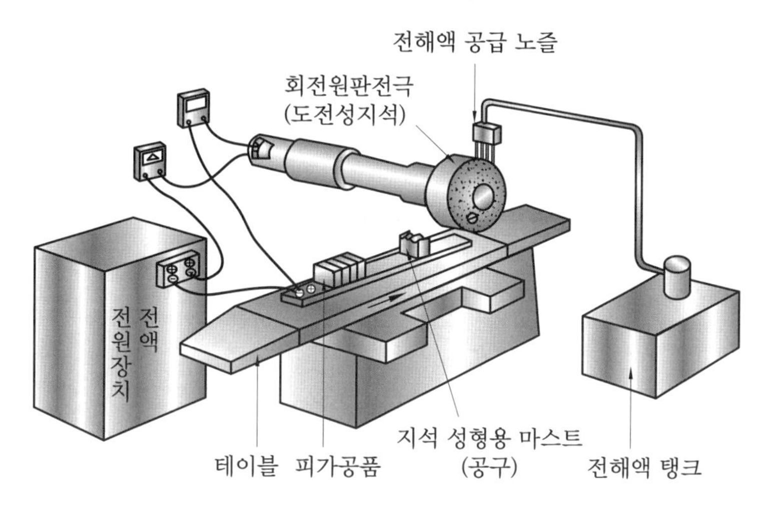

〈그림 1-208〉 전해 연삭의 원리

7-5 전해 응용 가공

전기 도금과는 반대로 공작물을 양극으로 한 상태에서 적당한 용액 중에 넣어 통전하면 양극의 용출작용에 의하여 공작물 표면이 미세하게 가공된다. 전해 응용 가공은 이런 현상을 응용한 것으로 다음과 같은 가공법 등이 있다.

1 전해 폴리싱(electrolytic polishing)

전해 폴리싱은 공작물을 양극으로 한 상태에서 전해액 속에 넣고 전기를 통하여 공작물의 거칠게 튀어 나온 부분을 용출작용으로 제거함으로써 평활한 면으로 다듬는 가공법이다. 스테인리스강, 구리, 알루미늄 및 합금 등의 다듬질에 적용된다.

전해액은 황산, 인산 등 점성이 있는 액체가 사용되며 점성을 높이기 위하여 글리세린, 젤라틴, 한천 등을 첨가하기도 한다.

가공 변질층이 없으며 선재나 박판의 연마가 가능하고, 연질 금속의 경면 다듬질이 용이하며 여러 개의 공작물을 동시에 가공할 수 있는 장점이 있다. 또한 가공면은 금속 산화물을 부착하여 내부식성이 강해지지만 연마량이 작아 깊은 흠집은 제거되지 않으며, 모서리가 둥글게 되고 불순물이 많은 주철이나 대형 공작물에 적용할 수 없는 단점이 있다.

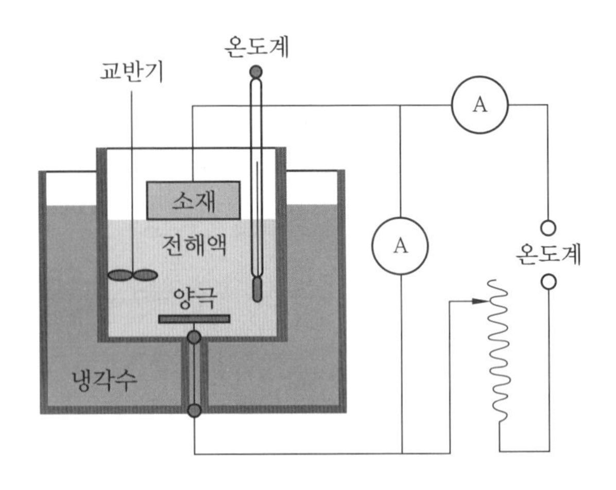

〈그림 1-209〉 전해 폴리싱의 구조

2 전해 가공(ECM : electro–chemical machine)

전해 가공은 전해 연마의 전기 화학적 반응을 보다 크게 하기 위해 기계적 작용을 추가하여 내열강, 초경합금, 고장력강 등과 같이 일반 절삭 가공으로는 가공하기 어려운 공작물의 구멍 뚫기, 형 조각 등의 가공을 하는 방법이다.

방전 가공과 유사하지만 공작액이 절연액이 아닌 전해액이고, 사용 전류가 직류라는 점 등이 다르다.

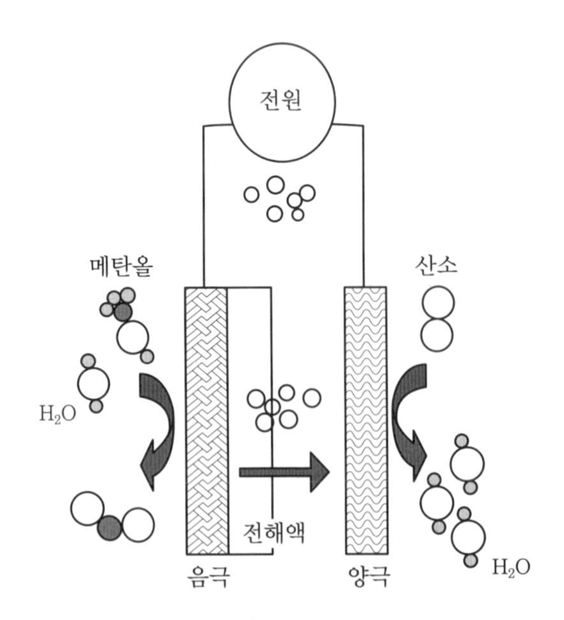

〈그림 1-210〉 전해 가공의 구조

수십 m/min의 속도로 흐르는 알칼리성의 전해액(소금, 질산염 용액) 속에서 가공물을 양극으로, 가공할 형상으로 만든 공구를 음극으로 하여, 공구를 가공물과 0.02~0.7 mm 정도의 간격을 유지하면서 계속 이송시켜 가공물을 공구 형상대로 전사한다.

금속 재료의 전기화학적 용해에는 그 진행을 방해하는 양극 생성물인 금속 산화물막이 생기는데, 이를 흐르는 전해액으로 제거하면서 가공하므로 능률적인 가공이 가능하다.

직류 전압을 5~20 V 수준으로 하며 단위시간당 가공량을 30~170 kg/min 정도로 한다. 가공 능률은 공작물의 경도와는 무관하며 표면 조도는 1~20 $\mu(R_{max})$, 가공 정도는 0.1~0.3 mm 수준까지 얻을 수 있다.

3 전해 호닝

전해 호닝은 호닝 머신을 그대로 사용하고, 추가로 숫돌 홀더와 공작물 사이에 전해 전류를 흐르게 한 상태에서 가공하는 것을 말한다.

산화알루미늄계 등의 비전도성의 숫돌로 양극성 물질을 제거하면서 작업하게 되므로 일반 호닝 작업에 비하여 단위시간당 절삭량이 증가하고 숫돌의 마모도 감소한다.

혼의 구조상 공작물과 숫돌 홀더 사이의 간격이 넓어질 수밖에 없으므로 극간 전압은 10~15 V 정도로 약간 크게 한다.

4 전해 래핑

전해 래핑은 전해 가공과 일반 래핑을 조합한 형태로 랩을 음극, 공작물을 양극으로 한 상태에서 래핑 작업을 하는 것이다.

비전도성 랩을 사용할 때에는 랩면에 전극을 파묻은 형태로 랩을 제작하여 사용한다.

익 / 힘 / 문 / 제

1 전주 가공의 장점에 대하여 설명하시오.

2 부식 가공의 장점에 대하여 설명하시오.

3 전해 가공에서 전극 재료의 구비 조건에 대하여 설명하시오.

4 전해 연삭(ECG)의 특징에 대하여 설명하시오.

8. CNC 가공

8-1 개요

CNC란 computerized numerical control의 약자로 컴퓨터를 내장한 NC를 말한다. NC와 CNC는 다소 차이가 있지만 최근에 생산되는 NC는 모두 CNC이며, 모니터가 있는 것과 없는 것으로 구별하는 것이 일반적이다. 이와 같은 CNC 제어장치가 부착된 공작기계를 CNC 공작기계라 한다.

범용 공작기계는 사람이 손으로 핸들을 조작하여 기계부를 운동시키며 가공하였지만 CNC 공작기계는 펄스(pulse) 신호로 서보 모터(servo motor)를 제어하여 서보 모터에 결합되어 있는 이송 기구인 볼 스크루(ball screw)를 회전시킴으로써, 요구하는 위치와 속도로 테이블이나 주축 헤드를 이동시켜 공작물과 공구의 상대 위치를 제어하면서 가공이 이루어진다. 2축, 3축 및 5축을 동시에 제어할 수 있어 복잡한 형상도 단시간 내에 정밀하게 가공할 수 있다.

금형 공작에 사용되는 CNC 공작기계의 종류에는 CNC 밀링, 머시닝 센터, 터닝 센터, CNC 와이어 컷 머신, CNC 방전 가공기, CNC 보링 머신, CNC 연삭기, CNC 드릴링 머신, CNC 레이저 컷 머신, CNC 전용기 등이 있으며, 최근에는 거의 모든 공작기계에 CNC 장치를 부착하여 사용하고 있다.

요즈음 새로운 절삭 공구의 개발 및 고속 가공 메커니즘의 지속적인 연구와 실험적 검증은 고속 가공(HSM : high speed machining)을 가능하게 하는 토대가 되고 있다.

또한 공작 기계 요소 기술로서 모터 내장형 스핀들을 응용한 고속 주축계, 볼 스크루, 리니어 모터를 이용한 고속 이송계 및 고속 고정도 디지털 제어기기 기술 분야의 획기적인 발전은 이를 응용한 고속 가공기의 개발 및 상용화를 급속히 확산시키고 있다.

특히 선진 산업국(미국, 유럽, 일본)에서는 주축 회전수 60000 rpm, 이송 속도 60 m/min의 고속 가공기로 고속 고정도 가공이 실용화되고 있다.

■ CNC 공작기계의 특징

① 생산성 향상

② 제품의 균일성 유지

③ 제조원가 및 인건비 절감

④ 제품의 난이성에 비례하여 가공성 증대

⑤ 특수 공구 제작의 불필요로 인한 공구 관리비 절감

1 CNC 공작기계의 구성

CNC 공작기계는 정보처리 회로(CNC 장치), 데이터의 입출력 장치, 강전 제어반, 유압 유닛, 서보 모터, 기계 본체로 구성되어 있다.

① CNC 장치 : 인체의 두뇌
② 데이터의 입출력 장치 : 인체의 눈
③ 강전 제어반 : 굵은 신경에서 가는 신경으로 에너지 전달
④ 유압 유닛 : 인체의 심장
⑤ 서보 모터 : 인체의 손과 발
⑥ 기계 본체 : 인체의 몸체

2 CNC 공작기계의 필요성

다양한 욕구와 급속히 발전하는 기술의 변화로 인하여 제품의 라이프 사이클(life cycle)이 짧아지고 있으며, 제품의 고급화로 인하여 부품은 더욱 고정밀도를 요구하며, 복잡한 형상들로 이루어진 다품종 소량 생산 방식이 요구되고 있다.

또한 급속한 경제성장과 더불어 노동인구나 기술자의 부족에 따른 인건비 상승으로, 생산체계의 자동화가 생산설비(hardware)는 변화시키지 않고 프로그램(software)의 변화만으로 다양한 제품을 균일하게 생산할 수 있는 설비 및 기계의 확보가 필수적이다.

이러한 필요를 충족시키는 설비에 적합한 기계가 CNC 공작기계이므로 CNC 공작기계의 도입은 급속히 늘어날 전망이다.

〈표 1-36〉 범용 공작기계와 CNC 공작기계의 비교

범용 공작기계	CNC 공작기계
• 단품 작업에 적합 • 기술 전수가 어려움 • 고정도 가공은 숙련자가 필요 • 가공 부품의 균일화가 어려움 • 숙련에 오랜 시간과 경험이 필요	• 숙련에 오랜 시간이 불필요 • 자동 운전으로 무인화 가능 • 가공 부품의 균일화 가능 • 복잡, 다공정 부품에 적합 • 가공 정밀도의 안정성이 있음

3 NC 제어방식

NC 공작기계가 일을 하려면 공구와 가공물이 서로 움직여야 하므로 위치 결정 제어, 직선 절삭 제어, 윤곽 절삭 제어의 3가지 방식으로 구분한다.

(1) 위치 결정 제어

위치 결정 제어는 공구의 최후 위치만을 찾아 제어하는 방식으로 도중의 경로는 무시되는 제어 방식을 말한다.

정보처리회로가 간단하고 프로그램이 지령하는 이동거리 기억회로와 테이블의 현재 위치 기억회로, 그리고 이 두 가지를 비교하는 회로로 구성되어 있다.

이 방식은 속도와 가공경로에 대하여 큰 문제가 되지 않고 필요한 위치에 도달하기만 하면 되므로 PTP(point to point) 제어라고도 한다. 드릴링 머신, 스폿 용접기, 펀치 프레스 등에 적용한다.

(2) 직선 절삭 제어

직선으로 이동하는 도중에 절삭이 이루어지는 방식으로, 위치 결정 제어 방식에 공구 치수의 보정, 주축의 속도 변화, 공구의 선택 등과 같은 기능이 추가된 제어 방식이므로 회로는 다소 복잡하다.

직선 이외에는 절삭할 수 없으므로 주로 밀링 머신, 보링 머신, 선반 등에 적용한다.

(3) 윤곽 절삭 제어

위치 결정 및 직선 절삭 제어의 회로는 더하기, 빼기의 기능만 있으면 되지만 윤곽을 제어하려면 곱하기, 나누기의 기능을 추가한 회로가 필요하다.

이와 같은 회로를 갖추고 있어 S자형 경로나 크랭크형 경로 등 어떠한 경로라도 자유자재로 공구를 이동시켜 연속 절삭을 할 수 있는 방식이다.

동시에 3축을 제어하면 3차원의 형상도 가공할 수 있어 최근 CNC 공작기계는 대부분 이 방식을 적용한다.

8-2 CNC 가공 및 종류

1 CNC 선반

CNC 선반의 구조는 제작회사에 따라 CNC 장치의 종류와 배열상태, 주축대 및 공구대의 구조에 따라 각각 다른 특징을 가지고 있다.

일반적으로 CNC 선반은 구동 모터, 주축대, 유압척, 공구대, 심압대, X와 Z축의 서보 기구, 조작반, CNC 제어장치, 강전 제어반으로 구성되어 있다.

〈그림 1-211〉 CNC 선반

(1) 구동 모터

초기의 스핀들 모터(spindle motor)는 회전수가 증가함에 따라 출력이 증가하는 토크 일정 영역과 일정한 회전수 이상에서는 회전수가 변하여도 출력이 일정한 회전수 일정 영역이 있어, 넓은 범위의 주축 회전수를 얻을 수 있는 장점 때문에 직류 모터를 주로 사용하였다.

그러나 근래에는 교류 모터의 성능을 개선하여 구조가 비교적 간단하고 견고한 장점을 가진 AC 유도형 전동기를 주로 사용한다.

스핀들을 구동하는 서보계는 고속 디지털 프로세서(DSP)로 구성되어 있다.

보통 스핀들 모터에 내장된 펄스 제너레이터에서 얻은 속도 정보 및 스핀들 모터에서 검출한 모터 전류를 근거로 AC 스핀들 모터의 회전수와 전류를 제어하였다.

그러나 최근에는 위치 검출기를 부착하여 스핀들 모터를 이송축으로 제어함으로써 위치 결정과 절삭 가공을 하는, 즉 서보 모터와 스핀들 모터의 양쪽 특성을 겸비한 모터가 생산되고 있다.

(2) 주축대

주축대는 스핀들 모터의 회전을 벨트 및 변환 기어를 통하여 스핀들 선단에 있는 척을 회전시키고, 척에 고정된 공작물을 회전시킬 수 있는 시스템이다.

일반적으로 주축은 프로그램에 의해 지령된 회전수에 따라 무단 변속된다. 소형 기계에는 변속장치가 없지만 중형 이상의 기계에는 변속장치가 있으며, 벨트 전동으로 슬립이 발생되는 문제를 해결하기 위하여 포지션 코더(position coder)를 설치하여 스핀들의 회전수를 검출하고 피드백시킴으로써 요구하는 회전수로 구동한다.

(3) 유압척

CNC 선반에 사용되는 척은 대부분 유압식이므로 이를 제어할 수 있는 유압장치가 필요하다. 또한 가공물의 지름에 맞도록 교환 및 가공하여 사용하는 소프트 조(sofr jaw)를 사용하므로 지름의 차가 큰 가공물의 고정에 용이하며 가공 정밀도를 높일 수 있다.

(4) 공구대

공구대는 형상에 따라 드럼형 터릿 공구대, 데스크형 공구대, 수평형 공구대로 구분할 수 있으며, 여러 개의 공구를 한꺼번에 설치함으로써 가공에 필요한 공구를 자동으로 교환하며 사용할 수 있다.

일반적으로 가장 많이 사용되는 드럼형 터릿 공구대의 분할은 정밀도가 높고 강성이 큰 커플링(coupling)에 의하여 행해지며, 공구의 교환은 근접 회전 방향을 채택하여 교환시간을 단축할 수 있도록 되어 있다. 회전 드럼의 회전력은 유압 또는 전기 모터로 회전시킨다. 또한 선택된 공구에 자동으로 절삭유를 공급할 수 있도록 고안되어 생산성 향상에 기여하고 있다.

수평형 공구대는 테이블 위에 나열식으로 공구를 설치하여 고정시킨 방식으로, 공구 선택 회전 시간을 줄일 수 있어 공정수가 적은 소형 제품의 대량 생산에 적합하다. 주로 소형 CNC 선반에 많이 적용되고 있다.

그러나 공작물과 공구의 간섭 때문에 공구를 많이 설치할 수 없으며 X축의 이동량이 많아 X축의 정밀도 저하가 발생된다.

(5) 심압대

심압대는 길이가 긴 가공물을 가공할 때 가공물의 중심을 지지해 주는 역할을 하는 것으로, 수동식 작동과 유압식 작동이 있다. 유압식 작동은 M 코드를 사용하여 제어한다.

(6) 조작반

조작반은 기계를 조작할 수 있는 모든 스위치가 집결되어 있는 곳이다. CNC 선반을 조작할 수 있는 DKU(display keyboard unit) 및 모드 스위치, 기타 조작과 관련된 스위치가 있다. 같은 콘트롤러(contoller)를 사용하여도 공작기계 제작회사에 따라 스위치 모양과 종류, 조작 방법 등이 다르게 되어 있는 경우가 많다.

그러나 제작회사와 기계 조율에 따라 조작 방법은 다소 차이가 있더라도 기본 기능의 의미는 유사하므로, 한 가지의 모델만 잘 익혀두면 전혀 다른 제작회사의 기계를 접해도 큰 어려움 없이 조작할 수 있다.

2 머시닝 센터

CNC 밀링에 자동 공구 교환 장치(ATC : automatic tool changer)를 부착한 것을 머시닝 센터라 한다. 머시닝 센터는 부품에 따라 차이는 있지만 평면 가공, 원호 가공, 홈 가공, 드릴링, 보링, 태핑뿐만 아니라 캠과 같은 입체 절삭, 복합 곡면으로 구성된 면 등의 작업이 복합되어 있는 복잡한 부품이라도, 공작물을 한번 고정하고 각 작업에 필요한 공구를 자동으로 교환해 가면서 순차적으로 가공할 수 있다.

가공물의 고정 및 공구의 교환에 소요되는 시간을 줄일 수 있어 생산성을 높일 수 있다.

〈그림 1-212〉 머시닝 센터

일반적인 머시닝 센터에는 수직형(vertical type)과 수평형(horizontal type)이 있으며 최근 대형 머시닝 센터에는 수평형이 많이 사용되고 있다. 머시닝 센터는 마이크로컴퓨터의 소프트웨어를 이용하여 고장 부위의 자기 진단, 작업자의 조작 유도, 풍부한 동작 표시 및 신뢰성 높은 안전 기능 등을 바탕으로 설계되어 있으며 특징은 다음과 같다.

① 소형 부품의 경우 테이블에 여러 개 고정하여 연속작업을 할 수 있다.

② 평면, 원호, 홈, 드릴링, 보링, 태핑 등의 작업 시 공작물을 한 번 고정하고 각 작업에 필요한 공구를 자동으로 교환해 가면서 순차적으로 가공하여 작업을 완료할 수 있다.

③ 공구가 자동으로 교환되므로 공구 교환 시간을 줄일 수 있다.

④ 원호 가공 등의 기능으로 엔드밀을 사용하여 보링 작업이 가능하므로 특수 치공구 제작이 필요 없다.

⑤ 주축 회전수의 제어 범위가 크고 무단 변속이 가능하므로 가공에 요구되는 회전수에 유연하게 대처할 수 있다.

⑥ 컴퓨터를 이용하여 프로그램을 작성 및 수정하여 인터페이스 할 수 있으므로 작업자 한 사람이 여러 대의 기계를 작동할 수 있기 때문에 성력화가 가능하다.

(1) 머시닝 센터의 구조

머시닝 센터의 주요 구성 요소는 주축대, 베이스와 칼럼, 테이블, 조작반, 서보 기구, 전기 회로장치, ATC 및 APC로 구성되어 있다.

① 주축대

주축대는 공구를 고정하고 회전력을 주는 부분으로, 일반적으로 공압을 이용하여 공구를 고정한다.

② 베이스와 칼럼

주축대와 테이블을 지지하는 새들이 부착되어 있는 부분을 말한다.

③ 테이블

T 홈이 가공되어 있어 바이스 및 각종 고정구를 이용하여 가공물을 고정하기 용이한 구조로 되어 있다.

④ 조작반

기계를 움직이고 프로그램을 입력 및 편집할 수 있는 각종 키로 구성되어 있다.

⑤ 서보 기구

구동모터의 회전에 따라 속도와 위치를 피드백(feed back)시켜 입력된 양과 출력된 양이 같아지도록 제어할 수 있는 구동 기구를 말한다. 피드백 장치의 유무와 검출 위치에 따라 개방회로 방식(open loop system), 반폐쇄회로 방식(semi-closed loop system), 폐쇄회로 방식(closed loop system), 복합회로 방식(hybrid servo system) 으로 분류할 수 있다.

현재 NC 기계에는 반폐쇄회로 방식을 가장 많이 사용한다.

⑥ 전기회로 장치

대부분 기계의 뒤에 부착되어 있으며 전기회로 및 강전반으로 구성되어 있다.

⑦ ATC 및 APC

CNC 밀링에 자동 공구 교환 장치를 부착한 것을 머시닝 센터라 하는데, 생산성을 높이기 위하여 자동 팰릿 교환 장치(APC : automatic pallet changer)를 부착하기도 한다.

분리 제작한 후 사용자의 요구에 따라 제작회사에서 부착 여부를 결정하고 있다.

㈎ 자동 공구 교환 장치(ATC) : ATC는 주축에 고정되어 있는 공구와 다음 공정에 사용될 공구를 자동 교환하는 장치이다. ATC는 공구를 교환하는 ATC 암과 많은 공구가 격납되어 있는 매거진으로 구성되어 있다.

매거진의 공구를 호출하는 방법에는 순차 방식과 랜덤 방식이 있다.

순차 방식은 매거진에 배열되어 있는 순서대로 공구를 교환하는 방식이며 랜덤 방식은 모든 공구에 번호를 지정하여 ATC 장치에 기억시킴으로써 공구를 임의로 호출하여 교환하는 방식이다.

랜덤 방식은 순차 방식에 비하여 구조가 복잡하고 공구의 배치에 주의해야 하는 단점이 있다. 사용 빈도가 높은 공구를 항상 같은 번호로 매거진에 넣어두고 쓰거나 한 개의 공구를 한 작업에서 여러 번 선택하여 사용할 때에는 공구를 순서대로 배열할 필요가 없기 때문에 프로그램이 간단해지고 사용이 편리한 장점이 있다.

머시닝 센터에 주로 사용되는 매거진의 형식은 드럼형과 체인형이 있으며 현장에서는 예비 매거진을 부착하여 작업 효율을 높이고 있다.

(나) 자동 팰릿 교환 장치(APC) : 대부분 수직형 대형 머시닝 센터에 가공물 회전용 로터리(rotary) 테이블을 추가할 때 그 상부의 팰릿을 자동으로 교환함으로써 기계 정지 시간을 단축하기 위하여 주로 사용한다.

팰릿 교환은 새들 방식에 의한 것이 보편적이며 테이블을 파트 1, 파트 2로 구분하여 파트 1 위에 있는 가공물을 가공하는 동안 파트 2의 테이블 위에 다음 가공물을 장착할 수 있다.

3 CNC 방전 가공

방전 가공기는 전극과 가공물 사이에 단시간의 펄스성 방전을 반복 발생시키기 위해 알맞은 전원이 접속되어야 한다. 가공의 진행에 따라 전극과 가공물은 다 같이 소모되므로 간극을 일정하게 유지하기 위해서는 정밀하게 제어할 수 있는 전극 이송 기구가 필요하다.

또한 가공으로 절연액 속에 남는 가공 칩을 제거하고 냉각시킬 수 있도록 절연액을 순환시켜 공급할 수 있는 장치가 있어야 한다.

(1) CNC 방전 가공의 특징

종전의 일반 방전 가공기는 Z축만 서보 제어하는 1축 제어인데 반하여, CNC 방전 가공기는 4축(X, Y, Z, C축)을 동시에 제어할 수 있으며, 컴퓨터를 내장하고 있어 정보의 기억, 편집 및 도형의 축소, 회전 등을 자유롭게 할 수 있다.

또한 전극을 자동으로 교환할 수 있는 자동 공구 교환 장치를 부착하여 다양한 가공을 동시에 행할 수 있다. 각종 가공 조건을 파일에 등록해 두고 필요할 때 사용할 수 있을 뿐만 아니라 보다 많은 가공의 연속 가공으로 인하여 자동화가 가능하게 한다.

① 가공 조건의 자동 설정 기능

가공 형상과 재료에 적합한 가공 전압, 가공 전류, 이송 속도, 방전 시간, 방전 정지 시간 등의 가공 조건에 대한 데이터를 파일에 보관하고, 보관된 데이터를 프로그램에서 직접 선정하여 전극의 소모율, 가공면 거칠기, 공차 등을 조정할 수 있다.

② 서보에 관한 기능

3축 또는 4축(X, Y, Z, C축)을 동시에 제어할 수 있어 제품의 형상을 자유롭게 만들 수 있다. 특히 코너부의 가공에서 방전 가공이 적게 끝나므로 전극 소모에 의한 미가공이 줄어든다.

③ 전극 요동 기능

방전 가공축의 서보 운동과 동시에 다른 2축에 윤곽 제어 운동을 시키는 기능으로, 전극과 공작물 사이에서 원호, 다각형 등의 상대 운동을 하여 가공 칩 및 발생가스의 배출을 용이하게 하고, 방전 캡의 조정을 쉽게 할 수 있어 잔삭 방전을 해결할 수 있다.

④ 윤곽 방전 기능

윤곽 제어 및 전극을 회전시켜 단순한 형상의 전극으로 2, 3차원의 형상을 가공할 수 있으며, 전극 소모에 의한 저하가 있긴 하지만 프로그램에 의하여 보정할 수 있다.

또한 4축을 동시에 제어하여 전극의 프레임만 만든 전극으로도 가공할 수 있으며, 복잡한 형상의 거친 가공에 적용된다.

⑤ CNC화에 의한 자동화 기능

ATC의 부착으로 전극을 자동으로 교환할 수 있으며 전극의 각도 계산이 자동으로 되어 능률 향상을 기할 수 있고, 주축의 회전으로 인하여 헬리컬 기어, 웜 기어 등 나선 궤적의 형상 가공이 가능하다.

CNC 로터리 테이블을 사용하여 1축을 더 증가시킴으로써 자동 운전이 가능하다.

⑥ 프로그램의 용이성

CNC 장치에 사용빈도가 높은 프로그램과 가공 데이터를 등록하여 두고, 작업 시 전극의 보정량만 입력하여 프로그램을 작성함으로써 에러를 줄일 수 있으며, 복잡한 형상은 CAM 소프트웨어를 이용하여 간단히 프로그램하여 가공할 수 있다.

따라서 CNC 방전은 가공 시간의 단축, 가격의 절감, 품질의 향상, 제품의 균일화 등을 목적으로 한 자동화와 합리적 관리를 할 수 있는 장점이 있다.

(2) CNC 방전 가공기의 구조

CNC 방전 가공기의 구조는 본체와 가공액 공급 장치로 구성되며 기계 본체는 전극 이송 기구(서브 기구)와 칼럼, 베드 및 테이블, 가공 탱크로 구성된다.

가공 탱크 내에는 공작물을 부착하는 작업대가 설치되어 있으며, 가공액은 가공액 공급 장치부터 가공액을 채우도록 되어 있다.

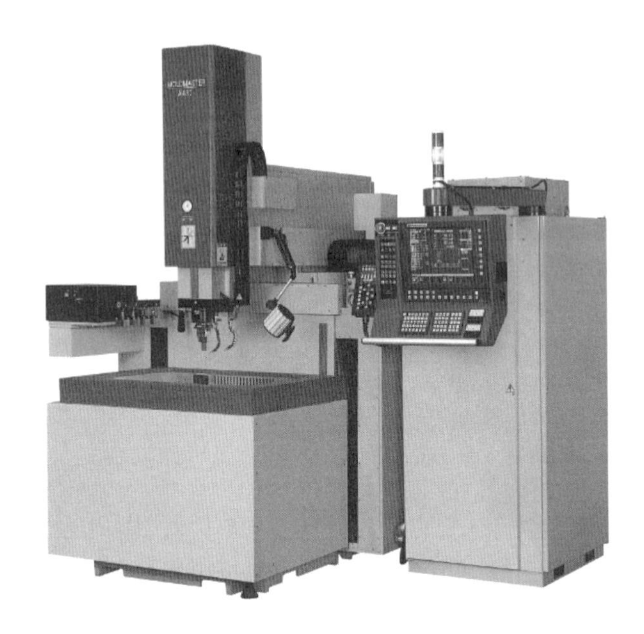

〈그림 1-213〉 CNC 방전 가공기

① 주축대(ram head)

주축대는 Z축으로 상하 이송하며 DC 서보 모터로 가공 깊이를 제어한다.

② 칼럼(column)

칼럼은 주축대 및 주축 구동계를 지지하고 전면에 주축대 안내부가 설치되어 있다.

③ 새들과 테이블

공작물을 고정하는 부분으로 DC 서보 모터와 볼 스크루에 의하여 구동되며 치수 설정이 가능한 구조로 되어 있다.

④ 베드

베드는 기계 전체를 지지하는 베이스 부분으로 중앙부는 테이블과 새들에, 후부는 칼럼에 고정되어 있다.

⑤ 가공 탱크(work tank)

가공 탱크는 가공액을 담아 가공 중에 그 속에서 가공할 수 있도록 만든 구조이며, 가공액은 분류와 흡인을 선택할 수 있는 장치로 구성되어 있다.

⑥ 가공액 탱크

가공액 탱크는 가공액의 저장, 침전, 여과, 공급을 행하는 부분으로 저장 탱크, 펌프, 필터로 구성되어 있다.

⑦ 자동 전극 교환 장치(ATC : automatic tool changer)

여러 전극을 사용하여 가공할 경우 전극을 프로그램에 의해 자동으로 교환할 수 있는 기능이며 전극의 보정이 가능하다.

⑧ 전원 공급 장치 및 제어장치

방전 가공에 알맞은 전류 및 전압을 발생시키는 장치로, 방전 시간과 전류의 크기 조절과 가공 조건의 조정이 가능하다. 제어장치는 컴퓨터 제어에 의하여 방전 가공기의 모든 부분을 제어하며, 전극의 이동은 서보 기구에 의하여 구동된다.

제어 방식에는 유압 서보 방식과 전기 서보 방식이 주로 사용된다.

4 고속 가공(HSM : high speed maching)

고속 가공은 일반 가공보다 각 요소들에 대하여 조건을 일치시키는 것이 중요하다. 이러한 측면에서 고속 절삭은 공구의 마모에 대한 저항성 및 회전 시 대칭에 특별히 주의를 필요로 하며, 설비의 스핀들은 100000 rpm 이상에 도달하여야 한다.

알루미늄과 그라파이트의 가공 시 최대 60 m/min, 강 및 주철은 20 m/min 이상 요구되는 이송 속도가 특별히 설계된 설비와 정밀한 콘트롤러에 의해서만 제어될 수 있다.

〈그림 1-214〉 고속 가공기

따라서 고속 밀링 가공 기술의 경제적 성공의 시작은 가공물의 설계 단계에 적용하는 CAD/CAM 시스템은 물론이고, 사용자와 설비 그리고 공구의 제조회사 사이에 밀접한 공조 체제를 전제로 한다.

■ 고속 가공의 장점

① 가공 시간의 단축, 가공 능률과 생산성 향상
② 2차 공정 감소 또는 제거(예 디버링 작업, 피니싱 작업)
③ 금형 가공에 있어서 수작업 감소
④ 표면 정도 향상
⑤ 작은 지름의 공구를 효율적 사용
⑥ 얇고 취성이 있는 소재의 효율적 가공
⑦ 공작물의 변형 감소
⑧ 얇은 공작물 가공

(1) 고속 가공기의 구조

고속 가공 기술은 공작기계의 개념에서 완전히 탈피해야 한다. 더 높은 주축 회전수를 사용하기 때문에 절삭력은 기존의 공작기계보다 작거나 같으나 축 이송 속도와 가감 속도는 기존의 기계 가공 공정보다 현저하게 높다.

따라서 기계의 동적 부하가 매우 높으며, 이때 발생되는 진동은 제품의 정밀도, 표면 정도, 기계 수명 등에 나쁜 영향을 미치므로 공작기계의 구조와 기하학의 역할은 절삭 공정에 의해 발생되어 진동 에너지를 방지할 수 있어야 한다.

① 정강성 및 동강성

기계 구조의 역할은 강성(stiffness), 정도(aaccuracy), 내열성(thermal stability), 감쇠(damping), 작업 영역 등을 향상시키고 조작을 용이하게 한다.

고속 가공에서 이러한 특성들은 급속 이송속도, 주축 고속회전, 급가속 등을 실현하기 위하여 반드시 필요하다.

㈎ 정강성 : 공작기계의 강성은 공작기계의 능력과 밀접한 관계가 있다. 강성은 기계의 정도에 직접적인 영향을 끼치며, 고속 이송과 가속을 할 수 있도록 한다. 이와 같은 정강성은 부하 하에서 변형되는 기계 본체의 저항의 크기이다.

㈏ 동강성 : 가공 공정의 특성상 공작기계에 작용하는 힘은 동적이다. 특히 공작기계의 동강성은 정강성보다 작고 진동이 다양하며 기계의 가장 작은 공진 주파수는 적절한 감쇠가 없는 진동 주파수이다. 따라서 시스템, 표면 정도, 정도 제어에 영향을 미치므로 주의하여야 한다.

② 구조용 소재

고성능 기계를 만들기 위하여 가격, 강성, 감쇠, 열팽창, 장기간 동안의 안정성, 열전도율 등의 항목을 고려하여 적절한 소재로 선정해야 한다.

위 사항을 고려한 구조용 소재로는 회주철, 폴리머 콘크리트, 용접 구조물 등이 있다.

㈎ 회주철 : 공작기계 구조용 소재로 좋은 강성과 적절한 감쇠를 가지고 있으며 가공성이 좋다. 대부분의 공작기계 제작에서는 40등급의 회주철(20~60등급)을 사용한다.

㈏ 폴리머 콘크리트 : 공작기계 산업에서 사용이 증가하고 있는 구조용 소재로 높은 감쇠 특성을 가진다. 주철에 비하여 약 10배이지만 강도가 낮으므로 기계 구조에서 주철과 연결하여 사용한다. 만약 열팽창 계수가 유사하지 않으면 온도 변화에 따른 소재의 팽창이 다르기 때문에 주철과 폴리머의 연결 부분에서 응력이 발생하며 구조물의 기하학적 정밀도가 나빠지는 원인이 된다.

㈐ 용접 구조물 : 내부가 채워지지 않았을 때 주철에 비하여 구조물의 특성이 불균일하며 최적화가 어렵고 용접 비드가 나타난다. 철판으로부터 제작하기 때문에 내부가 채워지지 않았을 때 감쇠가 매우 작으므로 감쇠를 향상시키기 위해서는 용접 구조물의 내부를 완전히 채워야만 한다. 또한 구조물에 다양한 열적 조건이 나타날 때 용접 구조물의 형상 변화는 예상하기가 어려우며 열 부하 하에서 휨이나 뒤틀림이 발생하여 기계의 기하학적 형상을 크게 왜곡시킨다.

③ 구조물 설계

고속 가공기의 구조물 설계 시 다음 사항을 유의하여야 한다.

㈎ 작은 크기의 기계

㈏ 폭이 넓은 이송대와 최소화된 돌출

㈐ 축의 단 높이의 최소화

㈑ 측정 장치와 기기를 중앙에 설치

(2) 고속 가공기의 툴링 시스템

툴링 시스템은 공구 및 공구 홀더의 조합에 따른 표준화를 의미하며, 여기에 절삭 조건과 같은 이론적 조건이 부가되어 공작기계를 운영하는 종합적인 시스템이다.

주축의 속도가 증가할수록 툴링 시스템의 중요성이 높아지고 있다.

① HSK 공구 홀더

BT 40, CAT 50, ISO 30 등과 같은 테이퍼 공구 홀더는 대부분의 밀링 주축에 사용되고 있다. 반면에 HSK(hohl schaft kegal, hollow taper shank) 공구 홀더는 고속 · 고출력 가공 분야에서의 사용이 빠른 속도로 증가하고 있다.

테이퍼 공구 홀더는 두 테이퍼의 교접을 통과하는 주축의 축 상에 위치하여 원심력과 열의 영향으로 인해 팽창되어 공구를 고정한다.

특히 HSK 툴링은 공구의 기준선 뒤의 중공 컵(hollow cup) 내에 있는 그리퍼를 사용하여 주축에 고정하므로 테이퍼 툴링보다 정도가 높다. 이와 같은 HSK 툴링은 주축 안쪽으로 끌어당겨질 때 주축 노즈(nose)와 주축 테이퍼 두 가지를 동시에 맞추어 준다.

〈그림 1-215〉 공구 홀더

② 공구 클램핑

일반 콜릿은 고성능 가공을 위해서 강성이나 정도 면에서 충분하지 않으므로 높은 강성과 정도를 유지하는 유압이나 열-수축(heat-shrink) 공구 홀더 기술을 사용한다. 거름 챔버(chamber)는 팽창 슬리브(sleeve) 주위에 있으며 고정 나사는 피스톤의 운동 방향을 변경시키고 실(seal)은 유체의 유동을 막는다. 피스톤은 챔버 속으로 유체를 흐르게 하여 매우 높은 압력으로 팽창 슬리브를 압축하도록 한다.

③ 공구 균형

고속 가공에서 좋은 표면 정도와 공구 수명의 향상을 위하여 균형 잡힌 툴링이 필요하다. 균형을 맞추는 것은 공구의 편심 효과를 조정하는 것이다. 편심은 공구의 질량이 중심에서 벗어나는 정도로, 공구의 질량 중심과 공구의 회전 중심 사이의 거리로 정의한다.

공구 홀더의 불균형 원인은 다음과 같다.

㈎ 비대칭 형상

㈏ 키 홈, 공구 고정용 나사

㈐ 절삭 공구와 콜릿의 편심

㈑ 중량의 공구나 긴 공구

㈒ 단일 날 보링 바

(3) 클램핑 시스템

클램핑 시스템은 지그나 고정구의 한 요소로 공작물을 클램핑, 척킹, 홀딩 및 구속하는 장치이다.

공작물을 가압하여 공작물에 발생하는 모든 힘을 받아들일 수 있는 능력이 요구되며, 장착이나 탈착 시 간섭이 발생하지 않고 설치나 제거 시 용이한 구조로 되어 있어야 한다.

① 고정구

가공 소재를 가공할 때 소재가 움직이지 않도록 기계에 고정시키기 위한 기구이다.

② 팔레트

미리 정해진 기준면과 클램핑 기구를 사용하여 가공 소재를 공작기계에 빨리 위치시키기 위한 기구이다.

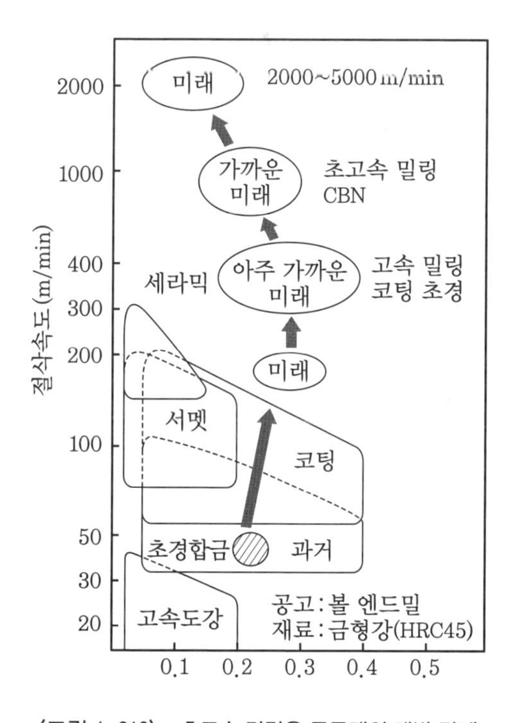

〈그림 1-216〉 초고속 밀링용 공구재의 개발 단계

(4) 고속 가공용 공구 재료

높은 공구 온도, 극심한 마찰, 높은 집중 응력으로 인하여 공구 재료는 다음과 같은 특성을 가지고 있어야 한다.

(가) 고경도
(나) 내마모, 내마멸, 절삭 인선의 치핑에 대한 내성
(다) 높은 인성(충격강도)
(라) 높은 고온 경도
(마) 부피 변형에 저항하는 강도
(바) 양호한 화학적 안정성
(사) 적절한 열적 성질
(아) 고탄성 계수
(자) 일관성 있는 공구 수명
(차) 정확한 기하학적 형상과 표면 다듬질

① 초경합금

초기에는 Co 결합 상에 WC 경질상으로 이루어진 주철 전용의 K종으로부터 출발하여 고온 특성을 높이기 위하여 TiC, TaC, VC와 같은 탄화물의 첨가에 의해 강 가공용 P종과 M종의 재종이 개발되었다.

P종 계열의 재종은 강 가공에서와 같이 열 발생이 많고 고온에서의 인성이 요구되는 경우에 주로 사용된다.

② 초미립자 초경합금

초경합금은 고속도 공구에 비하면 고속 절삭이 가능한 반면 기계적 충격으로 인한 결손 현상이 발생한다.

엔드밀이나 드릴과 같은 저속 가공에 있어서는 이와 같은 단점을 개량하여 초경합금과 같은 정도의 경도를 유지하면서 인성을 보강시킨 초미립자 초경합금이 등장하였다.

이는 $1\mu m$ 이하의 미세한 WC 입자를 사용하여 굵은 입자보다 조직 내의 Co의 분산 상태를 증가시켜 Co상 두께를 감소시키고, 작은 입자 자체의 효과와 함께 동일 초경합금 계열과 같은 정도의 경도에서 향상된 인성을 갖는 재종으로, 저속 절삭에 적합하다.

③ 코팅 초경합금

코팅 초경합금 절삭 공구는 초경합금을 모재로 하고, 그 위에 모재보다 경도가 높은 TiC, TiN, Al_2O_3 등의 경질 화합물을 약 $2 \sim 10\mu m$의 두께로 피복시킨 공구로, 초경합금의 인성을 유지하면서 고온 내마모성이 뛰어난 특성이 있는 공구이다.

④ 서멧(cermets)

세라믹(ceramic)과 금속(metal)의 합성어로, 세라믹인 TiC, TiCN 또는 TiN의 경질 재료에 Ni 및 Co를 첨가하여 소결한 다듬질 가공의 가장 신종 공구 재료이다.

서멧은 초경공구에 비하여 내산화성 및 고온 경도가 높다. 서멧은 철과 화학반응이 낮으므로 우수한 가공 표면이 얻어지며 초경공구에 비하여 인성과 열전도율이 작고 열팽창이 크므로 단속적인 절삭일 때에는 열 크랙이 문제가 될 수도 있다.

⑤ 세라믹

세라믹 절삭 공구는 고순도, 초미립의 Al_2O_3, Si_3N_4 등을 주성분으로 ZrO_3, TiC 등을 첨가하여 정밀하게 제어된 공정을 통한 미세 조직으로, 고온 경도와 강도가 높으며 고온 화학 안정성도 풍부하여 내열성 및 내마모성이 우수하지만 상온에서의 안정성이 낮아 날 부가 결손하기 쉬운 단점이 있다.

⑥ CBN(cubic boron nitride)

다결정 입방정 질화붕소(PCBN : poly-crystalline CBN)는 자동차 산업 분야에서 경화강과 초합금 가공 시 널리 사용되는 인조 공구 재료이다.

다이아몬드보다는 경도가 낮지만 경화강, 경화 주철, 니켈, 코발트 등의 합금과 같은 물질과 반응을 잘 일으키지 않는다.

CBN은 뛰어난 표면 품질을 가지며, 초경공구에 비하여 난삭재를 높은 절삭 속도(5배)와 고절삭률(5배)로 기계 가공할 때 효과적이다. 인서트의 가격은 초경이나 세라믹에 비하여 높지만 공구 수명이 세라믹보다 5~7배 정도 더 길다.

⑦ 다이아몬드

다이아몬드 가공은 다듬질 가공으로 높은 절삭 속도와 적은 이송량으로 수행되며, 우수한 다듬질 표면을 생성한다. 특히 다결정 다이아몬드(PCD) 공구는 초경 모재에 야금학적으로 접합된 박층(0.5~1.5 mm)의 미세 입자 크기의 다이아몬드 소결 입자로 이루어졌다.

익 / 힘 / 문 / 제

1 CNC 공작기계의 특징에 대하여 설명하시오.

2 머시닝 센터 주축에 고정되어 있는 공구와 다음 공정에 사용할 공구를 자동 교환하는 장치는?

3 수직형 대형 머시닝 센터에 가공물 회전용 로터리(rotary) 테이블을 추가할 때, 그 상부의 팰릿을 자동으로 교환함으로써 기계 정지 시간을 단축하기 위하여 주로 사용되는 장치는?

4 고속 가공기의 특징에 대하여 설명하시오.

5 고속 가공기에서 공구 홀더의 불균형 원인에 대하여 설명하시오.

6 고속 가공용 공구 재료에 필요한 특성에 대하여 설명하시오.

금형 재료

제2장 금형 재료

1. 금형용 재료

금형 가공 공업에 있어서 금형 재료의 양부가 대량 생산성을 지배하는 중요한 요소라는 것은 말할 여지가 없다.

최근에 금형의 재질은 사용 목적에 따라 여러 가지가 있으며 금형의 재료와 가공법도 적재적소에 사용하여야 한다. 따라서 사용하는 금형의 재료는 경제적인 것이라야 하며, 특히 금형 재료의 성능이 불충분하거나 균일성이 없는 것은 작업 중에 어려움을 가져오므로 오히려 많은 손해를 입게 된다.

따라서 금형 재료의 선택에는 다음과 같은 점을 고려할 필요가 있다.

■ 금형 재료 선택 시 고려할 점

① 가공할 부품의 수

② 형상

③ 요구되는 정도

④ 피가공재 가공의 난이

⑤ 가공의 종류

이와 같은 사항을 충분히 검토하여 적합한 금형 재료를 선택하기 위해 다음 사항을 고려하여야 한다.

■ 적합한 금형 재료 선택 시 고려할 점

① 재료의 열처리성

② 기계 가공성

③ 신뢰도(균일성)

④ 가격

1-1 금형 재료의 구분

금형용 재료는 다음과 같이 구분할 수 있다.

① 공구강 형재료

② 철계 주조용 재료

③ 비철계 금형 재료

④ 비금속계 금형 재료

⑤ 기타

〈표 2-1〉 금형 재료의 종류

형재 명칭	내용	보기
철강	열처리를 하지 않고 사용되는 구조용 강재	S50C
탄소 공구강	값이 싸며 가공이 용이하나 내마모성이 떨어지고 또한 담금질 변형의 형재이다.	SK3~SK5
합금 공구강	고탄소, 저크로뮴 등의 합금원소를 포함하고 있는 것으로 중급 정도의 형재이다.	SKS2, 3
다이스강	자경성, 소입경도, 소입심도, 소입변형 등 합금공구강보다 더욱 우수한 고급강이다.	SHD1, SKD11
고속도강	다이스강보다 더욱 우수한 최고급 형재이지만 고가이므로 성형용에 주로 사용된다.	SKH
주철	복잡한 형상으로 자유롭게 주조할 수 있으며 면압이 낮은 성형 등에 사용된다.	GC25
동 알루미늄 합금	연마 흔적, 소부 등이 적기 때문에 스테인리스강 등의 교축형 주조에 사용된다.	HZ 합금
초경합금	텅스텐을 주체로 한 소경합금으로 내마모성이 우수하며 대량 생산에 사용되지만 가공의 다이아몬드나 전기 가공밖에 할 수 없다.	WC
아연 합금	연강에 유사한 기계적 성질을 가지며 380℃에서 용해하므로 간단하게 주조를 할 수 있으며, 소량 생산용에 사용된다.	ZAS, MAK#3
저용융 합금	온도 70℃에서도 용해가 되는 특수 금속으로 융사, 주조가 되며 시제품 등에 사용된다.	Zn 합금
합성수지	에폭시 수지 등 몰드 성형하며, 형이 가벼워지고 소량 생산 방향에 사용된다.	에폭시 수지 페놀 수지
폴리우레탄	고무와 플라스틱의 중간 성질을 가지는 탄성성체로서 스프링의 대용판관으로 롤형에 사용된다.	
기타	고무, 석고, 목재, 콘크리트 등의 경우에 의하여 사용된다.	

1-2 금형 재료의 합금 원소

금형 재료는 경도, 내마모성, 인성, 가공성이 우수하여야 한다. 이와 같은 조건을 만족시키기 위하여 고급 금형 재료에는 합금 원소를 첨가시킨다. 적절한 강종을 선택하기 위하여 각 첨가 원소의 특성 및 작용을 숙지할 필요가 있다.

(1) 탄소(C)

일반적으로 탄소는 합금으로 간주되지 않지만 강에 대한 영향은 현저한 것으로, 강에 가장 중요한 성분이다.

탄소의 함유량에 따라 기계적 성질과 물리적 성질이 다음과 같이 변한다.

① 함유량에 따라 인장강도나 경도를 상승시킨다.

② 인성과 연성을 감소시킨다.

③ 충격 저항을 약하게 한다.

④ 마모 저항을 세게 한다.

⑤ 절삭 저항을 증가시킨다.

⑥ 용접성을 저하시킨다.

(2) 크로뮴(Cr)

탄소강에 Cr을 가하면 인장강도, 경도가 증가되지만 신장과 충격치가 감소한다. 또한 그 함유량을 증가시킴에 따라 소입성, 내마모성이 좋아진다. 일반적으로 W과 공존하여 한층 그 효과를 높인다.

(3) 텅스텐(W)

W은 소량에서 Cr과 대체로 같은 성질을 가지며, C와 화합하여 굳은 탄화물을 만들어 경도, 내마모성을 부여한다. 또한 고온에서는 연화 저항을 증가시킨다.

(4) 니켈(Ni)

지철에 의한 용부의 정도에 따라 인성을 저하시키는 것이 없으며 강도와 충격 저항을 증가시키고 소입성을 증가시킨다.

또한 단독으로 사용됨이 적고 Cr 및 Mo과 공존하여 그 강인성을 증가시킨다.

(5) 몰리브데넘(Mo)

Mo은 W과 거의 같은 성질이지만, 그 효과는 W의 약 2배의 힘을 가진다. 더구나 Cr과 같이 소입성을 증가하고 소입 경화층을 증대한다. 또한 고온 경도, 크리프 저항이 증가하며 강의 뜨임으로서 경화성이 크다.

(6) 바나듐(V)

V은 강의 결정립을 미세화하여 지철에 고용함으로써 경화성을 증대시키고, 강의 뜨임으로서 연화에 대한 저항을 증대시킨다. 보통 단독으로는 사용하지 않으며 Cr 또는 Cr-W과 공존하여 진가를 발휘한다.

(7) 코발트(Co)

Co는 지철에 고용하여 고온 경도, 고온 강도를 증가시킨다. 단독으로 잘 사용하지 않으며 Cr, W, Mo 등과 공존하여 그 효과를 발휘한다.

(8) 망간(Mn)

Mn은 소입성을 늘리며 마모성을 주고 열처리의 경우 변형률을 현저하게 감소시킨다. 또한 S에 의한 취성화를 방지한다. 품질에 영향을 미치는 인자는 이상의 화학적 성분 외에 제강법, 조괴법, 단조법, 압연법, 열처리법 등이며, 이것들은 모두 제품의 품질, 즉 내마모성, 강인성, 균일성, 절삭성 등에 중대한 영향을 준다.

2. 프레스 금형 재료

2-1 금형 재료의 성질 및 조건

프레스 금형에 사용되는 재료는 그 성질이 각기 다르지만 금형이 요구하는 조건과 부품이 요구하는 조건 즉, 기술적이고 경제적인 조건을 만족할 수 있도록 선택하여야 한다.

금형의 재료에 요구되는 조건을 결정하는 큰 요인은 두 가지가 있다.

하나는 금형으로 가공하는 제품의 수량이고 다른 하나는 가공법에 따르는 가공재의 종류이다.

특히 프레스 금형은 매우 큰 하중을 받기 때문에 다음과 같은 성질과 조건이 필요하다.

① 내마모성이 좋아야 한다.
② 인성이 커야 한다.
③ 가공이 용이해야 한다.
④ 피로한도와 압축내력이 높아야 한다.
⑤ 내열성과 열처리성이 우수해야 한다.
⑥ 가격이 저렴하고 시장성이 좋아야 한다.

2-2 금형 재료

프레스 금형에 사용되는 금형 용강은 탄소 공구강, 합금 공구강, 고속도강, 프리하든강(preharden steel), 분말 하이스(high speed steel)로 크게 구분한다.

〈표 2-2〉 금형 부품별 적합 강종

금형 주요 부품	생산 수량		
	소 · 중량	다량	극다량
펀치 홀더 (페이스 플레이트)	S5C	S50C	HPM2-T
펀치 백킹 플레이트	-	SK3	HTM2-T
펀치 플레이트	S20C	HPM2-T	HPM2-T
펀치	HPM2-T SK3, SKS3	SKD11 SKH9	WC-Co KF2 페로틱 분말 하이스 SKH9
스트리퍼 플레이트	S20C, SK3	HPM2-T	HPM2-T
다이	HPM2-T SK3, SKS3	SKD11 SKH9	WC-Co KF2 페로틱 분말 하이스 SKH9
다이 플레이트	S20C	HPM2-T	HPM2-T
다이 백킹 플레이트	-	SK3	HPM2-T
다이 홀더 (페이스 플레이트)	S50C	S50C	HPM2-T

탄소 공구강은 프레스 가공에서 연질의 소재를 사용하여 제품을 소량 생산하는데 일부 사용되며, 대량 생산용 펀치나 다이에는 주로 합금 공구강이 사용된다.

1 탄소 공구강

탄소 공구강은 탄소 함유량이 0.6~1.5 %이며 SK1~SK7종으로 되어 있지만 프레스 금형용으로는 SK3, SK4에 0.5 % Mn, 0.4 % Cr을 첨가한 SKS93, SKS94가 많이 사용되고 있다.

탄소 공구강은 다이의 경우 형 조각 후에 가열하며, 조각한 표면 부분만 급랭하여 담금질로 경화시키고 주위의 부분은 공랭함으로써 표면층이 굳고 내부의 인성이 높은 금형을 쉽게 얻을 수 있어 연질 소재의 딥 드로잉(deep drawing), 블랭킹 등 소량 생산에 많이 사용된다.

또한 담금질하지 않고 펀치 고정판이나 백킹 플레이트(backing plate)로도 사용할 수 있으며 일반적으로는 SK3가, 내충격용으로는 SK5가 사용된다.

〈표 2-3〉 프레스 금형에 사용되는 탄소 공구강

재료 기호 (JIS)	화학성분(%)			열 처 리(℃)			경도	
	C	Si	Mn	풀림	담금질	뜨임	풀림 (HB)	담금질 뜨임 (HRC)
SK3	1.00~ 1.10	<0.35	<0.35	750~780	750~780 (760~820수)	150~200공	<212	>63
SK4	0.90~ 1.00	<0.35	<0.35	750~780	760~820수	150~200공	<207	>61
SK5	0.80~ 0.90	<0.35	<0.50	750~780	760~820수	150~200공	<207	>59

2 합금 공구강

(1) 저합금 공구강

탄소 공구강에 Cr 및 W를 첨가함으로써 담금질성을 개선하고 금형의 내구성을 향상시키기 위하여 개발되었다.

일반적으로 SKS2, SKS21 및 SKS3이 많이 사용되며 펀치 및 다이의 금형 재료로서 가장 많이 사용되는 재료이다. 담금질성이 좋기 때문에 비교적 열처리 변형에도 좋으며 절삭성 및 연삭성도 좋고 금형의 제작에 용이하다.

〈표 2-4〉 프레스 금형에 사용되는 저합금 공구강

재료 기호 (JIS)	화학성분(%)								열처리(℃)				경도
	C	Si	Mn	Cr	W	Mo	V	Co	풀림	담금질	뜨임	풀림 (HB)	담금질 뜨임 (HRC)
SKS2	1.00~1.10	<0.35	<0.80	0.50~1.00	1.00~1.50	–	(<0.20)	–	750~780	830~880유	150~200공	<217	>61
SKS3	0.90~1.00	<0.35	<0.90~1.20	0.50~1.00	0.50~1.00	–	–	–	750~780	830~880유	150~200공	<217	>60
SKS4	0.45~0.55	<0.35	<0.50	0.50~1.00	0.50~1.00	–	–	–	750~780	830~880유	150~200공	<201	>56

(2) 고합금 공구강

고합금 공구강 SKD1, SKD11, SKD12 등은 다이스강(dies steel)이라고도 한다.

이 강은 C 1~2.4 %, Cr 12~15 %, M 1 %, W 3.0 %, V 0.4 %를 함유한 고탄소 크로뮴강으로 내마모성과 열처리성, 내충격성을 높였다.

SKD1의 해당품으로 보러(오스트리아)의 REGULIT-K가 있고, SKD12의 해당품으로 운재호롬(스웨덴)의 RIGOR(XW10)이 유통되고 있다.

SKD11은 SKH51의 다음 가는 고합금강이고 내마모, 내압에 우수한 것도 있으며, 주로 대량 생산의 금형에 사용하고 있다.

따라서 프레스 기계의 정밀도와 강성이 필요하며 열처리의 온도 관리도 중요하다. 담금질의 온도가 너무 높거나 유지 시간이 너무 긴 것은 잔류 오스테나이트량이 많아지고 경도 불량, 담금질 수축, 자성 열화 등의 현상이 생긴다.

〈표 2-5〉의 (a)~(c)와 같이 일반적으로 사용하려면 180~200℃의 뜨임이 기계적 성질이 우수해지고 담금질 변형도 적다.

그러나 잔류 오스테나이트의 존재를 싫어하는 고도의 소성 가공 작업에는 500~540℃의 고온 뜨임을 채용하여야 한다.

특히 요즘 같이 담금질 평판 부품에서는 펀치, 다이를 와이어 방전 가공기로 잘라내는 경우가 많다. 이때 소재는 마이크로 크랙의 발생을 방지하기 위하여 고온 뜨임을 하여야 한다.

〈표 2-5〉 HPM2-T 기계적 성질

(a) 피상석 지수의 비교

강종	HPM2-T	SCM435		S50C
열처리 경도(HRC) 피삭성 지수	담금질 · 뜨임 40 80	풀림 20 95	담금질 · 뜨임 30 85	불림 20 100

(b) HPM2-T 내압축강도 지수

강종	HPM2-T	S50C	SCM435	
열처리 경도(HRC) 내압축강도 지수	담금질 · 뜨임 40 200	불림 20 100	풀림 20 100	불림 30 130

(c) HPM2-T 내마모성 지수

강종	HPM2-T	S50SC	SCM435	
열처리 경도(HRC) 내마모성 지수	담금질 · 뜨임 40 200	불림 20 100	풀림 20 105	불림 30 120

3 프리하든강(preharden steel)

프리하든강(preharden steel)은 금형 용강을 HRC 40 전후로 조절한 강으로, 프레스 가공의 정밀도 형상 및 금형의 강성을 높이고 냉간 가공 시 변질층이 작으며 절삭성과 연삭성이 양호하다.

일반적으로 여러 가지 프리하든강이 유통되고 있지만 프레스 금형용으로는 HPM2-T가 많이 사용되고 있다. HPM2-T는 HPM2를 메탈스텐링용으로서 HRC 40으로 조절한 것이다.

〈그림 2-1〉에서 보는 바와 같이 담금성이 매우 높고 내외의 높이는 균일하게 되어 있으며 피절삭성은 S50C, SCM435에 대등하게 양호하다.

또한 HPM2-T의 내압축강도는 S50C보다 훨씬 높고 소성 가공하기 어렵기 때문에 제조 정밀도나 금형 부품의 설치 정밀도에 적합할 수 있다.

일반적으로 HPM2-T는 대량 생산, 극대량 생산형의 펀치 플레이트, 다이 플레이트, 백킹 플레이트에 주로 사용하고 있지만 소량 생산형의 다이, 펀치 그 자체에도 많이 이용하고 있다.

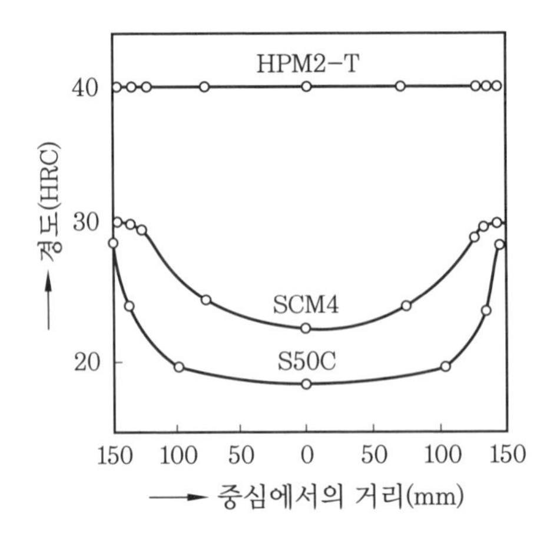

〈그림 2-1〉 HPM2-T의 담금질성

4 고속도강

고속도강은 높은 내마모성과 내열성을 겸비하고, 보다 다량으로 고정밀도의 부품을 생산할 때 또는 피가공재가 조질재나 스테인리스강과 같이 가공성이 나쁠 때 사용한다. SKH51이 가장 시장성이 있으며 고급 냉간 가공용의 펀치, 다이에 사용한다.

표준 펀치의 ϕ6 mm 이하는 SKH51을 이용하는 회사가 많다. SKH57은 냉간 가공용의 펀치, 다이에 사용할 때가 많으며, 특히 마모, 시저, 좌굴 등이 문제가 될 때 사용한다.

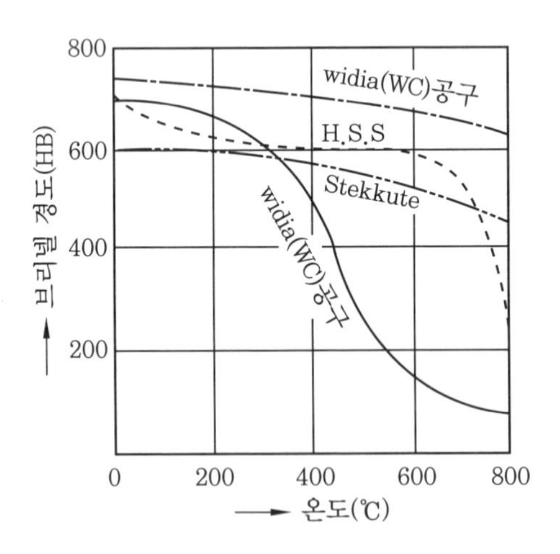

〈그림 2-2〉 각종 고속도강의 고온 경도

5 분말 하이스

고경도이며 고인성의 안정한 금형 재료의 필요성으로 인하여 제조원가를 절감하기 위해 초경에서의 대체물로서 분말 하이스가 나왔다.

분말 하이스의 제조법과 특성은 고속도강이나 고합금강의 경우 응고할 때 큰 편석 경향을 가지고 있으며 화학성분 및 조직에 국부적으로 큰 변화가 생긴다. 응고 후 열간 가공에서 큰 탄화물을 미세하게 제거하여도 충분하지 않고 줄무늬 모양으로 배열하게 되는데, 이 편석을 제거하기 위하여 분말 야금법을 이용한다.

분말 하이스는 치수의 대소, 합금 성분의 고저에도 불구하고 매우 미세한 탄화물이 균일하게 분포되어 있으며 기계적 성질, 성능이 일정하며 불균형이 적다는 장점이 있다.

현재 일본 일립(日立)금속의 HAP와 대동 특수강의 DEX, 운재호롬의 ASP 등이 유통되고 있으며, 소성 가공 공구와 절삭 공구 등 광범위한 용도에 적용 가능한 분말 하이스 'HAP시리즈'는 용제재 하이스에 비하여 다음과 같은 장점이 있다.

① 내마모성, 인성, 피로강도가 향상되고 공구 성능이 대폭적으로 개선되었다.

② 피연삭성, 피삭성이 향상되었다.

③ 방향성이 없고 열처리 변형이 균일하다.

〈표 2-6〉 분말 하이스의 금형에 사용하는 예

<table>
<tr><th>공구의 파손과
마모의 주원인</th><th>특성 비교
소 ←→ 대</th><th>현재 사용 용제재</th><th>HAP 적용 기준</th></tr>
<tr><td rowspan="2">마모 시리즈</td><td rowspan="2">SLD YXMI Co하이스
HAP 10 20 40 50 70</td><td>SKD11 크러스
SKD51 크러스</td><td>HAP 10
HAP 20
HAP 40</td></tr>
<tr><td>Co 하이스</td><td>HAP 40
HAP 50</td></tr>
<tr><td rowspan="3">치핑 충격
파괴 굽힘
및 인장에
의한 파괴</td><td rowspan="3">Co하이스
초경 SLD YXMI TXR3
HAP 70 50 40 20 10</td><td>기지 하이스</td><td>HAP 10
HAP 20</td></tr>
<tr><td>SKD11 크러스
SKD151 크러스
Co 크러스</td><td>HAP 10
HAP 20
HAP 40</td></tr>
<tr><td>초경</td><td>HAP 70</td></tr>
<tr><td rowspan="3">압축 파괴
피로 파괴
찌그러지기
처짐</td><td rowspan="3">YXR3
SLD YXMI Co하이스 초경
HAP 10 20 50 70 40</td><td>SKD11 크러스
기지 하이스
SKH51 크러스</td><td>HAP 10
HAP 20</td></tr>
<tr><td>Co 크러스</td><td>HAP 20
HAP 40
HAP 50</td></tr>
<tr><td>초경</td><td>HAP 70</td></tr>
</table>

㈜ 분말 하이스의 금형에 사용하는 예

(1) 펀칭용 펀치 · 다이의 프레스 금형, 정밀 블랭킹 금형

(2) 냉간 · 온간 압출 금형, 냉간 · 온간 단조 금형, 분말 성형 금형, 볼트, 너트 성형 금형

(3) 전단 공구, 냉간 압연 롤, 그 외 압축 파괴, 피로 파괴

6 고인성 고속도강(YXR3, YXR1, YXR4)

펀치 이가 빠지는 원인은 주로 프레스 기계, 금형 등의 정밀도와 강성이 불충분하기 때문에 생기는 경우가 많다. 그런 경우 YXR재를 사용하면 날 이가 빠지는 경우도 적고 내마모성도 충분히 있다.

일반적으로는 1150℃에서 담금질, 580℃에서 뜨임하여 HRC 60~61을 사용한다.

YXR3은 SKH51(YXR1)의 3배 이상의 샤르피 충격치가 있다. 그러나 열처리의 온도 관리는 매우 엄하고 담금질 온도에서의 냉각은 유랭 또는 솔트 냉각으로, 급랭하는 것을 권장하고 있다. 또한 HRC 60 이상에서 사용하는 경우는 다른 고속도강과 마찬가지로 사용 조건을 엄하게 한다. YXR3이 가장 좋고 다음이 YXR1이며 YXR4는 그 다음으로 정리되어 있다.

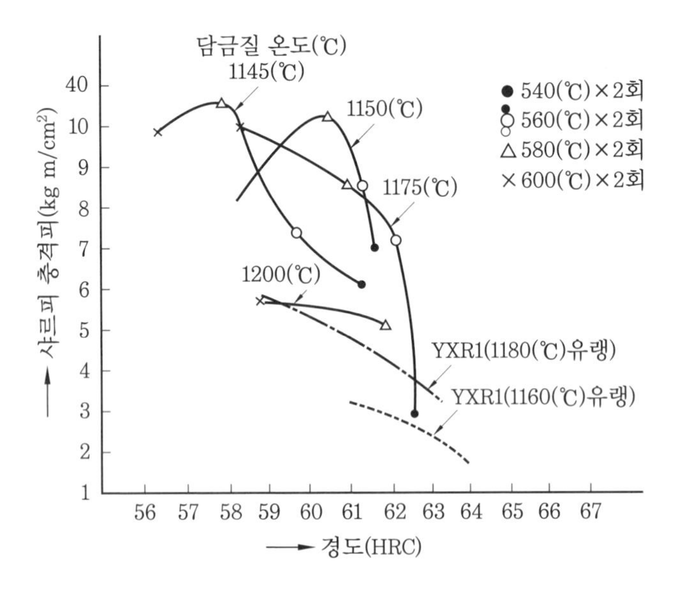

〈그림 2-3〉 YXR3의 경도와 샤르피 충격치의 관계

7 페로틱(Ferro-Tic)

페로틱은 초경합금의 기계 가공이 곤란하기 때문에 이것을 보조하기 위하여 개발한 재료이다. 다이스강 등 합금 공구강의 성분과 타이타늄 등을 배합한 분말야금으로 만든 합금이며, 다이스강과 같이 기계 가공이 되고 담금질하면 초경합금과 같이 경도와 다이스강과 같은 인성을 가진다.

성분은 TiC(Nv3400)을 SKS, SKD, SKH, SUS 등의 공구강 매트릭스로써 액션 소결한 것이며, 그 제조법은 초경합금과 같지만 풀림한 생재로서 유통하고 있는 풀림재는 HRC 40~50 정도이고, 기계 가공 및 연삭 가공을 하기 어려운 단점이 있다. 페로틱 C는 유통 전제의 70 % 정도를 차지하며 프레스 금형 중 특히 드로잉 가공에 효과가 있다.

CM35는 펀칭용 펀치, 다이에 사용한다. 또 CM 50, CM 55는 고급 플라스틱, 제품의 성형기의 마모부에 적용하여 효과를 얻고 있다. 페로틱은 950~1100℃에서 담금질하므로 산화 탈탄이 생기지 않도록 열처리 준비를 하여야 한다. 열처리 변형은 0.04 % 정도로, 다른 고합금 소결재와 마찬가지로 적다.

8 KF2 합금

KF2 합금은 초경합금이 가지고 있는 우수한 내마모성과 고속도강이 가지고 있는 인성에 착안하여 개발한 공구 재료이며, 높은 인성과 내마모성을 함께 가진 초경합금 소결 고속도강이라 할 수 있다.

① 조성의 조정이 간단하고 단조 압연이 불필요하기 때문에 통상의 용해 고속도강 및 분말 하이스에 비교하여 쉽게 고합금화할 수 있다(최고에서 C 9 %, V 38 %).

② 기존의 강에서는 제조할 수 없다. TiN 등의 경질 물질이 균일하게 분산된 타입의 초경합금강도 제조가 가능하다.

③ 원료로서 산화물의 미분말을 사용하고 매우 미세한 탄화물이 균일하게 분산한 고인성 합금이다.

9 초경합금

경도와 내장강도에 우수한 초경합금은 주로 대량 생산형에 사용하고 있다. 특히 고정도, 고속 대량 생산형에는 초경합금이 하는 역할이 크다. 요즘은 HIP 처리를 적용하는 등 품질 개선을 하고 있으며 프레스 금형용(내마모성, 내충격용)으로서도 품종이 증가하고 있다.

와이어 방전 가공의 발달에 따라 초경합금 재료의 사용이 보편화되었다.

〈표 2-7〉 프레스 금형에 사용되는 초경합금과 서멧

재료 구분	재료 기호 (상품명)	비중	경도 (HRA)	항절력 (kgf/mm²)	압축강도 (kgf/mm²)	탄성계수 (kgf/mm²)
초경합금	V3	14.1	88	300	430	56000
	V4	13.9	87	330	410	54000
	V5	13.5	86	340	380	50000
페로틱	CM35	6.4	HRC70	140	380	30000
페로티타닛	WFN	6.6	HRC70	150	380	29500

10 HZ 합금(HZCE-2F)

일립(日立)조선이 개발한 Cu-Al-BerP의 내마모성 합금이다. 기계적 성질은 인장강도가 50~65 kg/mm², 신장이 0.5~2.0 %, 경도가 180~400 HB이다.

현재 스테인리스를 주체로 하여, 각종 재료의 딥 드로잉에 사용한다. 가격이 높아 대형은 시저가 생기기 쉬운 다이의 윗면 및 상부와 누르기 판만으로 사용하는 경우가 많다. 딥 드로잉이 가능한 것과 가공하는 강판에 상처가 나지 않게 하는 것이 중요하다.

〈표 2-8〉 프레스 금형에 사용되는 특수 알루미늄 청동

재료 상품명	화학 성분(%)						경도(HRB)	석출상
	Cu	Al	Fe	Sn	Si	Co		
앰프1 AMPCO22	Bal	14	4.7	-	-	-	300~400	FeAl Cu_2Al
HZ합금 HZCE-2F	Bal	12	3	3	-	-	300~400	FeAl Cu_2Al
WR900	Bal	9	Mn 9	-	3	1	300~400	규소화합물 (Mn,Co)⊙Si

㈜ (1) 앰프1 AMPCO22는 밀오키의 등록상표이다.
(2) HZ합금 HZCE-2F는 신호조건의 등록상표이다.
(3) WR900은 신호강재의 등록상표이다.

11 금형용 주물

주물은 주철과 주강으로 크게 구분한다.

일반적으로 주물은 주철제로 펀치나 다이 홀더, 대형 제품의 가공용 금형 본체 및 드로잉(drawing) 금형 등에 사용되며, 주강은 대형 제품의 가공 시 금형의 구조상 높은 인장강도가 필요한 경우에만 사용된다.

프레스 가공에 있어서 대형 제품의 성형 및 딥 드로잉 가공의 금형 재료에는 주철이 널리 사용된다.

■ 주철의 특징

① 주조성이 좋다.
② 복잡한 형상을 얻기 쉽다.
③ 절삭 가공이 용이하다.
④ 흑연이 조직에 포함되기 때문에 윤활성이 양호하다.
⑤ 표면 처리로 높은 강도를 얻을 수 있다.

일반적으로 조직상 흑연이 충분히 발달한 회주철이 이용되는데, 면압을 받는 경우에는 펄라이트 바탕의 강인주철이나 베이나이트 바탕의 저합금 주철이 사용된다.

〈표 2-9〉 프레스 금형의 주철 및 주강

재료 구분	재료 기호 (JIS)	화학성분(%)							기계적 성질				
		C	Si	Mn	P	S	Cr	Mo	인강 강도 (kgf/mm²)	항절력 (kgf/mm²)	휨 (mm)	경도[1] (HB)	경도[2] (HB)
회주철	FC25	3.10 3.30	1.00 2.00	0.50 0.90	0.20 이상	0.10 이상			25 이상	1000 이상	5 이상	241 이하	
강인주철	FC30	3.00 3.20	1.40 1.90	0.60 0.90	0.20 이하	0.20 이하			30 이상	1100 이상	5.5 이상	262 이하	
구상흑연 주철	PCD60	3.30 3.80	2.00 3.00	0.20 0.50	0.08 이하	0.03 이하	(Mg 0.06)		56~ 63			200~ 270	
주철	–	2.80 3.24	1.50 2.25	0.60 0.90	0.13 이하	0.15 이하	0.35 0.50	0.35 0.50	28.4 이상	4136 이상	6 이상	217~ 248	421 이상
주강	–	0.45 0.55	0.30 0.50	1.00 1.20	0.045 이하	0.05 이하	0.30 0.50	0.230 0.50	85.5			(220)	200~ 235
탄소강 주강	SC46	0.19 0.27	0.30 0.50	0.50 0.80	0.050 이하	0.050 이하	–	–	45~ 55				185~ 225

㈜ (1) 길이 방향 경도, (2) 담금질 경도

한 공구강의 단조품에서 제작하더라도 가공비, 재료비의 절약, 금형 제작 기간의 단축, 고급 재료의 사용이 가능하다. 주강의 상품으로 ICD1(SKD 크러스), ICD5(SKS 크러스), WST2601(SKD11에 해당), WST2363(SKD12) 등이 많으며 트리밍 금형, 드로잉 금형, 굽힘 금형 등에 양호한 실적을 얻고 있다.

12 SLD강

SLD는 고급 냉간 다이스강으로 소입성, 내마모성이 뛰어나며 열처리 변형이 적고 특히 금형 제작에 중요한 성질인 인성이 높다. SLD는 각종 프레스 금형(인발형, 냉간 단조형 등), 인발 다이스, 판재 다이스 및 냉간 성형롤 등에 사용되며, 냉간 수량이 100000개 이하인 펀치와 다이 재료로 적합하다. 공기 소입의 경우 복잡한 금형, 인성이 요구되는 금형, 열처리 변형에 약한 금형은 1000~1200℃의 저온에서 하며, 내마모성을 요구하는 금형은 1030~1050℃의 고온에 처리하면 HRC 65 정도의 높은 경도를 얻을 수 있다.

3. 플라스틱 금형 재료

3-1 금형 재료의 성질 및 조건

정밀하게 제작된 금형에서는 우수한 성형품을 만들 수 있으며, 정도 높은 플라스틱 금형을 제작하기 위해 좋은 재료를 선택하고 부품을 가공한 후 조립하여 사용한다.

최근에는 전용 플라스틱 금형 용강을 많이 사용하고 있다.

특히 플라스틱 성형에서는 형가공면의 상태가 그대로 성형품에 전사되고 금형에는 반복하여 높은 압력과 고온이 작용한다.

〈표 2-10〉 플라스틱 금형용 재료의 제강업체별 대조

타입	사용 시 경도 (HRC)	JIS	강제메이커							
			다이도 특수강	아이찌 제강	입봉 고주파강	히아찌 금속	미쓰비 시제강	고베제강	스미또로 금속	운재호롬
어즈로올드강	30(HS) 25~30	S55C계 SCM440계						S50, 55C 두꺼운 판 SCM435, 440 두꺼운 판	S50, 55C 두꺼운 판 SCM440 두꺼운 판	
프리하든강	30(HS) 25~30 30~33 31~35	S55C계 SCM440계 AISIP20 SCM440계 SCM445계	PDS 1 PDS 3 PDS 5	AUK 1 AUK 11	KPM 1 KPM 2	HPM 17 HPM 2	MT50C MT65V	KTS2,21 KTS3,31 (HRC 33~39)	SD 17 SD61	HOLDAX (PORTAX) I/IIMPAX
	36~45	SKT 4계 SKD 61계 석출경화계	DH2F NAK55 NAK80		KDAS	FDAC HPM1	MT24M		SHS 100	
경화템퍼링강	46~55 56~62	SKT 61계 타 SKD 11계 타	DHA1 DC11 PD613	SKD61 AUD11	KDA KD11	DAC SLD HPM31	MT24M			Orvarm suprem (XW10) RICOR
석출경화강	45~55 (마루에이징강)		MASIC		NKSS	YAG			SMA180 SMA200 SMA245	
내식강	30~45 (프리하든강) 46~60 (경화템퍼링강)	SUS 계 SUS 계	NAK101 PD555 (HRC 55~59)		U630 SM3	PSL HPM38		KTS6UL (HRC 29~34)		STAVAM

■ 플라스틱용 재료의 공통적 요구사항

① 기계 가공성이 우수한 것
② 강도, 인성, 내마모성이 좋은 것
③ 열처리가 용이하고 열처리 시 변형이 적은 것
④ 표면 가공성이 우수한 것
⑤ 용접성이 좋은 것
⑥ 내식성, 내열성이 좋으며 열팽창 계수가 적은 것

3-2 금형 재료

플라스틱 금형은 프레스형 금형강에 비하여 역사도 짧고, 강종에 대해서는 선진 공업국에서도 규격이 구체직으로 제정되어 있지 않다.

1960년에 플라스틱 금형용 부품의 JIS가 제정되어 표준화가 시작되었지만 금형 용강의 규격은 제정되어 있지 않고 주된 금형 재료로서 기본 주강 규격에 S50C, SCM4, SK7 등이 선정되었다.

이후 플라스틱강의 대명사인 NAK55가 개발되었다.

특히 NAK55는 엔지니어링 플라스틱 개발에 따르는 성형품의 고도화, 고정밀도라는 금형 재료의 고급화와 담금질형의 요구가 높아지고 있을 때 경도가 HRC40에 조질이 끝난 것으로 절삭이 가능하고 가공 후 열처리가 불필요하며, 경면성이 우수하고 연마 가공 시간을 대폭적으로 단축할 수 있다.

또한 내마모성이 크고 금형 수명, 정밀도 유지 면에서도 지금까지의 금형 재료와는 비교가 되지 않아 플라스틱 금형 재료로서 만능에 가까운 재료로 알려졌다.

1 프리하든강(prehardn steel)

구조용 탄소강이 프리하든(preharden)으로 사용되고 있는 플라스틱 금형 용강으로는 S50C, S55C가 대부분을 차지하고 있다.

가격도 저렴하고 기계 가공성이 좋아 현재도 많이 이용되고 있지만 기계적 강도나 경도의 부족으로 최근의 고정도 요구를 충족시킬 수 없어 일반적으로 치수 정밀도, 표면 광택, 내식성 등을 특별히 경구하지 않는 범용 플라스틱 금형 용강으로, 대량 생산을 하지 않을 때 사용된다.

프리하든강의 국내 대표적인 상품으로는 HP-70, HP1A, HP4A, HP4MA가 있으며 국외 대표적인 상품으로는 IPMAX, HPM1, HPM2, HPM17, NAK55, NAK80 등이 있다.

(1) HP-70의 특성

HP-70은 경도가 HV 400 정도이며, 기계 가공성과 방전 가공면의 표면 조도가 좋고 사상성과 용접 보수성이 우수하여 변형이 없는 고정밀 금형 재료이다. 고급 스테레오, 라디오, 카세트 케이스, 카메라 본체 등의 금형 재료로 사용된다.

(2) HP1A, HP4A, HP4MA의 특성

HP1A는 S55C계로, 열처리로 내부 잔류 응력이 제거되어 금형 가공 시 변형 발생의 우려가 적어 일반 잡화용 형판, 정밀 부품용 등의 기존재로 사용된다. HP4A와 HP4MA는 내외부의 경도가 균일하고 경도가 높으며 내모성이 우수하여 자동차 범퍼, 라디에이터 그릴, 박수, 사무기기 캐비닛, 가전제품의 형판에 주로 사용된다.

〈표 2-11〉 HO1A HP4MA의 기계적 성질

재료 상품명	기 계 적 성 질					
	항복점 (kgf/mm²)	인장강도 (kgf/mm²)	연신율 (%)	단면 수축률 (%)	충격값 (joule)	경도 (HB)
HP1A	30~45	70~85	15 이하	35 이하	15 이하	28~33
HP4A	65~80	75~90	15 이하	40 이하	60 이하	38~44
HP4MA	75~90	90~105	15 이하	40 이하	90 이하	40~46

(3) IPMAX의 특성

IPMAX는 SNCMRpFH 진공탈가스 제련법에 의하여 제작된 Cr-Ni-Mo강으로 열처리하여 HRC 30~35 프리하든 상태로 공급되며, 일반적인 열가소성 수지의 사출 금형용, 압출 다이스용, 취입 금형 등의 커버회부의 용도로 사용된다.

〈표 2-12〉 IPMAX의 화학성분 및 기계적 성질

재료 상품명	상당 규격 (AISI)	화학 성분(%)						기계적 성질					
		C	Si	Mn	Cr	Ni	Mo	항복점 (kgf/mm²)	인장강도 (kgf/mm²)	연신율 (%)	단면 수축률 (%)	충격값 (kJoule)	경도 (HB)
IMPAX	P-20	0.33	0.3	1.4	1.8	0.8	0.3	630~800	790~1010	60~65	20~25	50~65	290~330

(4) HPM1의 특성

특수용해에 의하여 핀 홀의 원인인 내부결함을 방지함과 동시에 경도를 HRC40으로 한 HRC37~41의 고경도 프리하든강의 범용 금형에 적합하다.

(5) HPM38의 특성

13Cr계 Mo 함유 스테인리스강으로, HRC 29~33 정도의 고경도인 동시에 경면성이 매우 좋으며 내식성을 보유하여 크로뮴 도금이 필요 없고 열처리 변형이 매우 적어 정밀 금형에 적합하다.

(6) HPM-50의 특성

HPM-50은 청정도가 특히 높아 핀 홀, 부식 얼룩, 방전 가공 홈 등의 원인을 제거한 플라스틱 금형강으로 적합하다. 열처리 필요가 없으며 경면 사상성이 매우 좋고 부식 가공성을 가지고 있어 정밀 부식 가공용에 적합하다.

또한 방전 가공성이 특히 양호하며 방전면이 균일하고 고온 부식 가공의 대용이 가능하며, 방전 가공면의 경도 상승이 적다. 인성이 높고 양호한 기계적 성질이 있으며 용접성이 양호하고 질화층 생성도 적어 후가공이 용이하다.

용도는 경면 금형으로 투명 커버류, 화장품 케이스, 정밀 부식 가공 금형으로 가전, 사무기기 제품, 인성이 중요시 되는 엔지니어링 플라스틱 제품 생산에 필요한 금형재로 사용된다.

(7) HPM-77의 특성

HPM-77은 쾌삭성 금형강으로 경도가 HRC30~33 정도이며 열처리가 필요 없고 강도가 큰 재료이다. 절삭성이 우수하여 가공 공수를 줄일 수 있으며 수랭 구멍과 금형의 내수식성이 우수하며 냉각 효과를 안정적으로 유지할 수 있다.

용도는 광디크스, 렌즈용 금형, 식품, 의료기기, 정밀 공업용 수지 금형, 고무 금형 등에 적합하다.

(8) NAK55, NAK80의 특성

NAK55, NAK80은 경도가 HRC 40으로 높은 편이나 피삭성이 좋고 절삭 가공성이 매우 좋기 때문에 연마 다듬질이 용이하여 단시간에 다듬질이 가능한 고성능 정밀 금형 재료이다.

NAK80은 방전 가공이 치밀하고 표면이 깨끗하기 때문에 나뭇잎 무늬 및 주름 가공이 용이하며 NAK55의 경면성, 방전 가공 표면, 인성을 향상시킨 것으로, 특히 뛰어난 경면 다듬질성과 만족한 광택을 얻을 수 있는 재료이다.

〈표 2-13〉 NAK55, NAK80의 화학성분

재료 상품명	화학성분(%)								용도
	C	Si	Mn	Ni	Cr	Mo	V	기타	
NAK55	0.15	0.2	–	3.0	–	0.5	–	Cu, S, Al	양산 금형
NAK80	〈NAK55의 경면성 개선재〉								양산 고경면 금형

2 담금질 · 뜨임강

이 재료는 담금질 · 뜨임에 의하여 HRC46~62 범위의 경도가 얻어지고 내마모성이 풍부한 강종으로, 일반적으로는 절삭 공구, 냉간 또는 열간의 금형, 다이스 등의 공구에 사용되고 있다.

특히 내마모성을 필요로 하는 열경화성 수지, 무기질 충전 플라스틱의 성형용 금형으로서도 다량으로 사용된다. 담금질 · 뜨임강의 대표적인 그룹으로 SK, SKS, SKD 등이 있다.

(1) SK그룹

플라스틱 금형 용강으로는 SK6~SK7 등이 많다. 가격이 저렴하고 시장성도 있으며 가공하기 쉬운 반면에 담금질성이 나쁘고, 대형의 경우는 담금질 경도가 부족하거나 경도가 고르지 않다. 이 단점을 보완하기 위해 Mn, Cr을 첨가하고 담금질성을 개선하여 유랭 담금질로도 충분한 경도가 얻어지도록 한 강종(SK에서 STS93~95에 상당)도 있다.

(2) SKS그룹

비교적 가공이 쉽고 SKD그룹과 비교하여 담금질 온도가 그다지 높지 않으며 대부분 유랭으로 목적한 경도가 얻어진다. 담금질 변형도 약 0.25% 이내이므로 금형 제작이 용이하다.

성능면에서는 SK가 가진 특성을 개선하기 위하여 Cr, W, V 등을 첨가하여 담금질성, 내마모성 등의 특성을 향상시켰고, SK와 SKD 그룹과의 중간 성능으로 널리 사용되고 있다.

SKS31은 내마모성이 우수하고 대형이라도 기름 담금질로 경화하여 사용량이 가장 많은 강종이다.

〈표 2-14〉 플라스틱 금형에 사용되는 일반적인 금형 용강

재료 기호 (JIS)	화학성분(%)				열처리(%)			경도	
	C	Si	Mn	Cr	풀림	담금질	뜨임	풀림 (HB)	담금질·뜨임 (HRC)
SK6	0.70~0.80	<0.35	<0.50		730~760	760~820수	150~200空	<201	>56
SK7	0.60~0.70	<0.35	<0.5		730~780	760~820수	150~200空	<201	>54
SKS31	0.95~1.05	<0.35	0.90~1.20	0.80~1.20	750~800	800~850유	150~200空	<217	>61
SKS93	1.00~1.10	<0.50	0.8~1.10	0.20~0.60	750~780	790~850유	150~200空	<217	>63
SKS94	0.90~1.00	<0.35	0.8~1.10	0.20~0.60	740~760	790~850유	150~200空	<212	>61
SKS95	0.80~0.90	<0.35	0.8~1.10	0.20~0.60	730~760	790~850유	150~200空	<212	>59

(3) SKD그룹

이 강종은 내마모성이 있고 공랭으로 충분히 경화하며 내열성, 내산성, 내부식성이 있어 열경화성 수지, 충전 강화 플라스틱 수지 등 대량 생산용 금형으로 사용되고 있다. PD613은 진공 담금질의 보급으로 SKD11을 개량한 것으로, 내마모용 금형 재료로 열처리에 의한 HRC59~61의 경도를 얻을 수 있어 내마모성과 내구성이 뛰어나다.

3 석출 경화강

석출 경화강은 프리하든강의 경도로는 만족되지 않는다. 그렇다고 해서 열처리에 의한 변형이 크면 곤란하므로 정밀하고 복잡한 캐비티에 적합하다.

플라스틱 금형용 재료로서는 높은 강도와 인성을 겸비한 특성에서 노치가 있는 정밀 금형, 복잡한 금형, 얇은 부분, 핀 종류 등 결손이나 균열의 우려가 있는 것, 경면 연마를 필요로 하는 투명 제품의 성형용 금형 등에 주로 사용된다.

〈표 2-15〉 석출 경화강 MASIC의 품질 특성

재료 상품명	경도 (HRC)	열처리 조건	품질 특성							특징 및 적용
			피삭성	경면성	줄무늬 가공성	용접성	내마 모성	인성	내식성	
MASIC	50~54	시효 처리	○	◎	◎	◎	◎	◎	◎	경면, 내식, 내마모용의 최고급품

주 △ : 보통, ○ : 양호, ◎ : 특히 양호

4 내식강

내식강의 일종인 스테인리스강은 불소 수지, PVC, 유기계 발포제 및 반응성 난연제나 유기계 난연제를 배합시킨 성형 재료로, 성형 시 부식성 가스를 발생하는 재료의 성형용으로 효과적이다.

제강회사에서 공급되는 SUS계의 내식강으로 NAK101, Stavax, Ramax S 및 Elmax 등이 있다.

일반적으로 기계 가공성은 탄소강에 비하여 떨어지지만 최근에는 이 점을 개량한 금형의 것도 시판되고 있다.

(1) NAK101의 특성

프리하든 상태로 사용되는 NAK101은 할로겐계의 가스에 대한 피삭성이 뛰어나다.

폴리염화비닐 성형이라도 금형의 부식 없이 사용할 수 있으며, 특히 피삭성이 뛰어나고 방전 가공면의 경도 상승이 없기 때문에 다듬질 가공이 용이하다.

(2) Stavax의 특성

Stavax는 내식 · 초경면용 금형 재료로, 재질은 SUS 420J2계에 속하며 열처리 경도는 HRC 56이 최고이다. 전해 정련법으로 제조되어 매우 균일하며, 특히 미세한 조직을 유지하고 있기 때문에 경면성이 우수하다.

(3) Ramax S의 특성

Ramax S는 열처리를 하여 경도 HB290~330(HRC30~35에 해당) 정도로 공급되므로 공급 상태 그대로 사용이 가능한 기본재이다.

현미경 조직은 미세한 탄화물이 균일하게 분포된 양호한 조직이지만 Stavax와 같은 경면성이나 주름 가공성은 기대할 수 없다.

(4) Elmax의 특성

내식 초경면용 금형 용강인 Stavax의 내식성, 초경면성을 유지하면서 내마모성의 형상을 도모한 것이 Elmax이다.

Elmax는 단순한 내식성, 내마모성뿐만 아니라 특히 경면성이나 주름 가공성을 향상시키기 위하여, 그 화학성분을 고탄소, 고합금재로 제조하여 탄화물이 많으나 강재의 제조법에 특수한 방법을 이용하여 탄화물을 미세하게 구상화시키고 균일하게 분산되도록 하였다.

Ramax는 보통 풀림 상태의 경도 HRC15~20으로 납품되나 기계 가공 후 열처리한다. 즉, 고인성을 필요로 할 때 저온 뜨임을 실시하고, 고온 하에서 작업을 할 때 열적 안정성을 부여하기 위하여 고온 뜨임을 실시하는 것이 바람직하다.

5 비자성강

최근 전기기기 부품을 위시하여 공업 전반에 걸쳐 플라스틱 자석의 적용이 급속히 확대되고 있다. 이 플라스틱 자석을 성형하는 금형 용강은 성형 방법에 따라 일반 금형 및 비자성 금형이 사용되고 있다.

비자성 플라스틱 금형 용강에는 KTSM UM1과 NAK301이 있다.

(1) KTSM UM1의 특성

투자율이 1.01 이하로 완전 비자성이며 간단한 열처리로, HRC40 이상의 경도로 얻을 수 있다. 또한 경도가 높으므로 강도와 내마모성이 양호하며 오스테나이트강으로 용접성이 양호하다.

(2) NAK301의 특성

비자성 금형 재료 NAK301의 투자율은 1.01 이하로 양호하며, 시효 열처리 경도는 700℃에서 14시간 시효 경화 처리하여 HRC 45의 높은 경도를 얻을 수 있고 내마모성이 우수하다.

6 기타 플라스틱 금형용 재료

기타 플라스틱 금형용 재료로 아연 합금, 알루미늄 합금, 베릴륨동 등의 비철 금속과 통기성 재료가 있는데, 제작 방법은 정밀 주공, 용사, 절삭 가공 등을 들 수 있다.

(1) 아연 합금

금형에 사용되는 아연 합금은 아연에 Al, Cu, Mg 등을 적당량 첨가한 것으로, 실제 주조 온도가 400~450℃로 모래 주형, 석고형, 세라믹 주형 등에 의해 손쉽게 주조되며, 제작 기간이 짧고 수량이 적은 시험 금형이나 소량, 중량 생산용 금형 등에 주로 사용된다.

금형으로서 아연 합금에는 시작 생산용의 제3종 아연 합금(SAZ)과 소량, 중량 생산용으로 사용되는 NSG, 정밀 주조용과 절삭 가공용으로 사용되는 몰덱스의 블록 소재 등 3종류가 있다.

(2) 알루미늄 합금

알루미늄 합금은 지금까지 고무 성형, 발포 성형, 진공 성형, 취입 성형 등 비교적 압력이 가해지지 않는 용도에 사용되어 왔다.

이와 같은 금형용 알루미늄 합금에는 보수 용접 시 균열이 발생하지 않는 CZ5F(7779)와 대형 주조품을 정밀 제작할 수 있는 ALDIES 등이 있다.

익 / 힘 / 문 / 제

1 금형용 재료의 구비 조건에 대하여 설명하시오.

2 저합금강에 대하여 설명하시오.

3 사출 금형용 재료에 사용되는 프리하이드강의 종류를 적으시오.

4 분말 하이스 HAP의 용도에 대하여 설명하시오.

5 HZ 합금에 대하여 설명하시오.

6 플라스틱 금형 재료의 구비 조건에 대하여 설명하시오.

7 석출 경화강에 대하여 설명하시오.

금|형|공|작|법

금형의 열처리

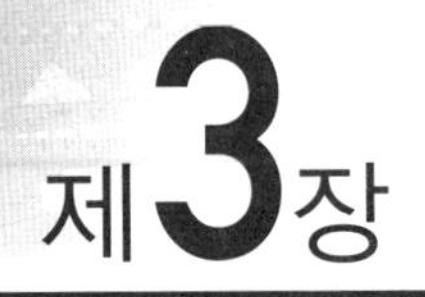
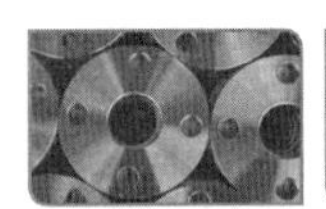

제 3 장 금형의 열처리

금형의 열처리란 재료에 요구하는 기계적, 물리적 성질을 부여하기 위하여 가열과 냉각을 시행하는 열적 조작 기술이다. 크게는 재료를 단단하게 만들어 기계적, 물리적 성능을 향상시키는 기술과 재료를 무르게 하여 가공성을 개선시키는 기술로 대별할 수 있다.

기타 특수한 목적을 위한 첨단 열처리 기술도 점차 개발되고 있다.

사용 용도에 따라 표면과 내부와의 기계적 성질이 상이할 때에는 재처리를 표면 처리라 하며 금형의 열처리에는 침탄법, 질화법, 청화법 등이 있다.

열처리는 금형 제작에서 필수적인 공정으로 금형 부품에 요구되는 여러 가지 성질을 향상시켜 금형의 수명을 연장시키고 생산성을 향상시킨다. 특히 금형에 사용하는 합금강은 재료가 고가이고 제품 설계와 가공에 기술이 필요하므로 생산원가가 높다.

열처리에 의해 불량이 발생하면 처음부터 다시 제작하여야만 하는 경우가 대부분이므로, 금형의 성능을 높이고 생산성을 향상시키기 위하여 금형 재료에 알맞은 열처리를 하는 것이 매우 중요하다.

1. 열처리의 종류

1-1 담금질

담금질(guenching)은 냉각 중 변태를 저지하기 위하여 급랭하는 조작이다. 강을 강하게 하고 경도의 향상을 위하여 하는 열처리로, 냉각할 경우 그 냉각 속도에 따라 조직이 변화되며 매우 단단한 마텐자이트로 된다.

담금질 온도는 그 강의 조성에 따라 다르며 아공석강에서는 A_3 변태선 이상 30~50℃, 과공석강에서는 A_1 변태선 이상 30~50℃가 적당한 담금질 온도이다.

또한 냉각 요령으로는 임계구역에서 빨리, 위험구역(Ms점 부근 구역)에서 천천히 냉각시켜야 하며, 임계구역을 천천히 냉각시키면 노멀라이징(normalizing) 또는 풀림이 되어 경화의 목적을 이룰 수 없다.

담금질의 주요 목적은 경화에 있으며 가열 온도는 변태점보다 50℃ 정도 높다.

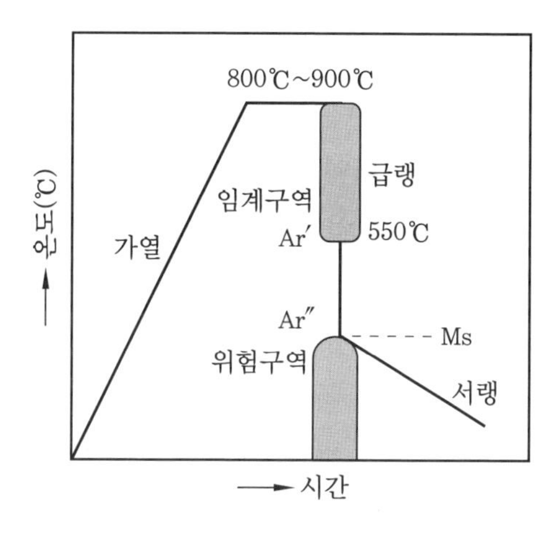

〈그림 3-1〉 담금질 작업

1 인상 담금질(time quenching)

인상 담금질이란 냉각 속도의 변환을 냉각 시간으로 조절하는 담금질이며, 시간 담금질이라고 한다. 즉, 최초에는 냉각수로 급랭시키고 적정 시간이 지난 후에는 인상하여 유랭 또는 공랭한다. 이와 같은 담금 방법을 인상 담금질이라 하는데, 그 인상하는 시기가 중요하며, 그것을 확인하는 방법은 다음과 같다.

① 가열물의 지름 및 두께 1 mm에 대하여 1초 동안 기름 속에 담근 후 공랭한다.

② 기름의 기포 발생이 정지하였을 때 꺼내어 공랭한다.

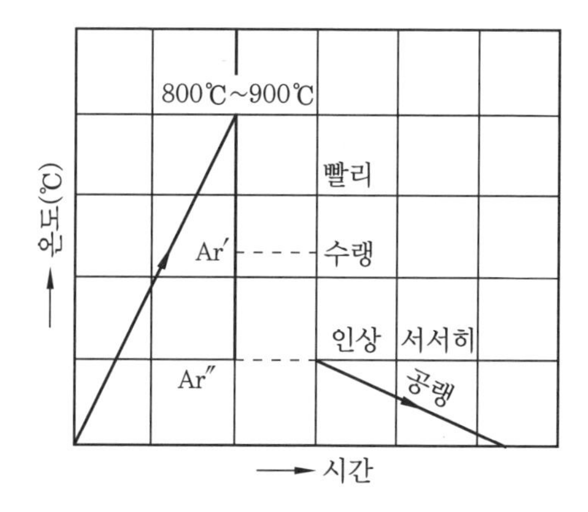

〈그림 3-2〉 인상 담금질의 과정

③ 화색이 나타나지 않을 때까지 2배의 시간만큼 물속에 담근 후 꺼내어 공랭한다.
④ 진동과 물소리가 정지한 순간 꺼내어 유랭 또는 공랭한다.
⑤ 가열물의 지름 또는 두께 3 mm에 대하여 1초 동안 물속에 넣은 후 유랭 또는 공랭한다.

2 마퀜칭(marquenching)

일종의 중단(中斷) 담금질로 다음과 같은 과정을 시행한다.
① Ms 점(Ar″) 직상으로 가열된 염욕에 담금질한다.
② 담금질한 재료의 내 · 외부가 동일 온도에 도달할 때까지 항온 유지한다.
③ 꺼낸 후 공랭하여 Ar″ 변태를 진행시킨다. 이때 얻어진 조직이 마텐자이트이며, 마퀜칭 후에는 뜨임하여 사용하는 것이 보통이다. 〈그림 3-3〉은 이와 같은 작업 과정을 설명한 것이다.

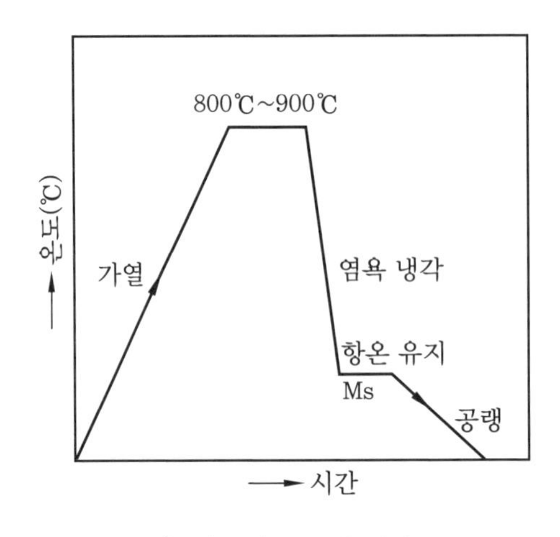

〈그림 3-3〉 마퀜칭 과정

이 방법의 특징은 Ms점 직상에서 냉각을 중지하고, 강재 내 · 외부의 온도를 동일하게 한 다음 Ar″ 온도 구역을 서랭한 것이다. 이와 같이 하면 강재 내 · 외부가 서서히 마텐자이트화 되기 때문에 균열과 비틀림 등이 생기지 않는다. 물론 이때 얻은 조직은 마텐자이트이므로 목적에 따라 뜨임을 하고 적당한 경도 및 강도를 유지하도록 해야 한다.

3 오스템퍼링(austempering)

Ar′와 Ar″ 사이의 온도로 유지한 열욕에 담금질하고 과냉각의 오스테나이트 변태가 끝날 때까지 항온으로 유지해 주는 방법이며, 이때 얻어지는 조직이 베이나이트이다. 따라서 오스템퍼링을 베이나이트 담금질이라고도 한다.

보통 Ar′에 가까운 오스템퍼링을 하면 연질의 상부 베이나이트, Ar″ 부근의 온도에서는 경질의 하부 베이나이트 조직을 얻을 수 있다.

오스템퍼링 열처리는 보통의 담금질과 뜨임에 비하여 연신율과 충격치 등이 크며 강인성이 풍부한 재료를 얻을 수 있고 담금질 균열과 비틀림 등이 생기지 않는다. 오스템퍼링은 HRC40~50 정도로 강인성이 필요한 제품에 적용하면 효과적이다.

이 열처리 조작은 열욕 온도까지 100 %의 오스테나이트 조직을 형성하여야 하므로 제품의 크기가 작아야 한다. 오스 뜨임한 후 300~400℃에서 1~10 hr 동안 가열하면 시효에 의하여 강인성이 증가하게 되는데, 이것을 템퍼드 베이나이트(tempered bainite)라 한다.

일반적으로 오스템퍼링은 짧은 시간 유지한 다음 약간 고온의 항온욕에 투입하는 방법이 있다.

4 오스포밍(ausforming)

0.95 % 탄소강을 TTT 곡선의 베이(bay) 구역에서 쇼트 피닝(고압 공기로 금속기를 제품 표면에 불어 표면 경화시키는 가공법)을 하고, 베이나이트의 변태 개시선에 도달하기 전에 담금질하면 우수한 표면 경화층을 얻을 수 있다. 즉 오스테나이트 강의 재결정 온도 이하 Ms점 이상의 온도 범위에서 소성 가공을 한 후 담금질하는 조작으로, 가공 온도로 냉각시키는 도중에 가공할 때 변태 생성물이 생기지 않도록 하는 것이 효과적이다.

공작물을 오스테나이트화 한 후 오스테나이트의 베이 구역을 무사히 지날 수 있도록 급랭하고 시편의 내 · 외부를 동일 온도에 도달하도록 소성 가공을 하여 공랭, 유랭, 수랭하여 마텐자이트 변태를 일으키게 한다.

가공 방법으로는 압연 드로잉, 쇼트 피닝, 스웨이징(회전하고 있는 금형 중에서 제품을 가공해 주는 방법) 등이 있다. 보통 상온에서 냉각한 후 강의 종류에 따라서는 액체 질소 중에 시료를 적당 시간 담금하여 잔류 오스테나이트를 적게 하고, 그 후 열처리를 하면 효과적이다.

1-2 뜨임(tempering)

담금질한 강은 단단하지만 취성이 있다. 담금질한 그대로인 강은 상당히 경화되어 있는 반면 취성이 극히 증대되어 있다.

담금질한 그대로인 강은 담금질 경화로 인하여 필연적으로 큰 내부 응력이 발생하여, 그 응력이 표면부에 장력으로 작용하면 더 한층 파손되기 쉽다.

또한 담금질한 마텐자이트는 준안정 상태이며 재가열하면 페라이트와 탄화물로 갈라지는 성질을 가지고 있다. 따라서 담금질 경화로 생긴 취성을 제거하고 페라이트 속에 적당한 평균 간격을 가지고 탄화물을 분산하는 상태로 만들어 강도와 인성을 향상시키는 일이 필요하다.

취성을 감속시키기 위한 응력의 제거 또는 완화, 그리고 강도와 인성의 증가 등을 목적으로 뜨임을 한다.

뜨임의 목적은 내부 응력을 제거하고 강도와 인성을 증가하는 것이다. 실제로 사용하는 뜨임은 사용 목적에 따라 다르며, 그 분류는 뜨임 온도에 따라 저온 뜨임과 고온 뜨임으로 구분한다.

1 저온 뜨임(내부 응력을 제거하고자 할 때)

내부 응력을 완전히 제거하려면 풀림을 하게 되는데, 이때에는 경도를 크게 감소시키지 않고 내부 응력만 제거해야 한다. 따라서 경도를 희생하지 않고 내부 응력을 제거하기 위해서는 100~200℃에서 뜨임 마텐자이트의 조직을 얻기 위하여 공랭으로 실시하는 것이 저온 뜨임이다.

■ 저온 뜨임 처리의 장점

① 내마모성의 향상

② 치수의 경년 변화 방지

③ 연마 균열 방지

④ 담금질에 의한 응력의 제거

뜨임을 하면 담금질할 때 생긴 내부 응력이 제거된다. 〈표 3-1〉은 탄소강의 저온 뜨임에 의한 조직 변화에 대하여 나타낸 것이다. 합금강의 경우 첨가 원소의 종류, 양에 따라 제1~4과정의 온도 범위, 변화의 속도 등이 달라진다. 400℃ 이하에서 시멘타이트는 점차 응집하여 입자가 커진다.

〈표 3-1〉 탄소강의 저온 뜨임에 의한 조직 변화

과정	온도 범위(℃)	조직의 변화
제1과정	100~120	퀜칭 마텐자이트 ➡ 뜨임마텐자이트 ➡ ε탄화물+잔류 오스테나이트
제2과정	200~300	잔류 오스테나이트 ➡ 뜨임 마텐자이트+ε탄화물
제3과정	300~400	시멘타이트+페라이트 ➡ 펄라이트(트루스타이트) 생성
제4과정	400~650	시멘타이트+페라이트 ➡ 펄라이트(솔바이트) 생성

2 고온 뜨임(인성을 증가하고자 할 때)

강재를 금형 부품으로 사용하고자 할 때, 그 강재에 요구되는 성질은 여러 가지가 있다. 즉 인장강도, 쉽게 휘지 않는 성질, 충격강도 등은 강재가 사용되는 때와 장소에 따라 다르다. 또한 구조용으로 사용되는 강에는 어느 정도의 강도와 인성이 있고 경도가 절삭 가공할 수 있는 범위(HB400 이하)로 요구될 때가 있다. 이때에는 상당히 높은 온도로 뜨임을 실시하여야 한다. 고온 뜨임에서 마텐자이트의 분해가 극히 짧은 시간에 일어나 페라이트와 탄화물의 혼합 조직으로 된다.

온도와 유지 시간에 따른 탄화물의 분산 상태에 따라 기계적 성질도 변화한다. 뜨임 온도의 상승에 따라 인장강도는 점차 감소하는 반면 인성은 점점 상승한다. 따라서 고탄소의 것은 저탄소의 것보다 인장강도가 높고 전성 등은 적다. 고온 뜨임 시 급랭하는 것이 좋으나 냉간 금형강의 경우는 서랭시켜 뜨임 경화(2차 경화)를 하여 사용한다.

3 뜨임 조직과 온도

담금질한 강은 경도는 크나 취성이 있다. 따라서 경도만 크면 이런 성질이 있어도 사용할 수 있는 줄, 면도칼 등은 그대로 사용한다. 그러나 경도가 다소 떨어져도 인성이 필요한 기계 부품에는 담금질한 강을 재가열하여 인성을 증가시킨다.

이와 같이 담금질한 강을 적당한 온도로 A_1 변태점 이하에서 가열하여 인성을 증가시키는 조작을 뜨임이라 한다.

뜨임의 목적은 내부 응력을 제거하고 강도 및 인성을 증가하는 것이다.

4 심랭 처리

0℃ 이하의 온도, 즉 심랭 온도에서 냉각시키는 조작을 심랭 처리라 한다. 이 처리의 주목적은 경화된 강 중의 잔류 오스테나이트를 마텐자이트화시키는 것으로 공구강의 경도 및 성능을 향상시킬 수 있다.

또한 게이지와 베어링 등 정밀 기계 부품의 조직을 안정시키고 시효에 의한 향상과 치수 변화를 방지할 수 있으며 특수 침탄용강의 침탄 부분을 완전히 마텐자이트로 변화시켜 표면을 경화시키고 스테인리스강에는 우수한 기계적 성질을 부여한다.

5 뜨임 경화

고속도강을 담금질한 후에 550~600℃로 재가열하면 다시 경화가 된다. 이것을 뜨임 경화라 한다. 따라서 이런 경우 뜨임 온도로부터의 냉각은 공기 냉각이 필요하며 급랭시키면 뜨임 균열이 일어나므로 주의하여야 한다.

뜨임 시간은 30~60분간을 표준으로 하되 필히 2~3회 반복 실시하는 것이 필요하다. 2회 때 뜨임 온도는 첫 번째보다 약 30~50℃ 낮게 하는 것이 좋다.

1-3 풀림(annealing)

단조 작업을 한 재료는 고온에서 작업을 하므로 조직이 불균일하고 거칠다. 이런 조직을 균일하게 하고 상온 가공에서 발생하는 내부 응력을 제거하기 위하여 조작하는 열처리를 풀림이라 한다.

결정 조직을 조정하고 연화시키기 위한 열처리 조작으로, 노멀라이징과의 차이점은 가열 온도가 과공석강에서 다르고 냉각 방식이 노중 냉각인 점이다.

① 금속 합금의 성질을 변화시킨다. 일반적으로 강의 경도가 낮아져서 연화된다.

② 조직이 균일화, 미세화 및 표준화가 된다.

③ 가스 및 불순물의 방출과 확산을 일으키고 내부 응력을 저하시킨다.

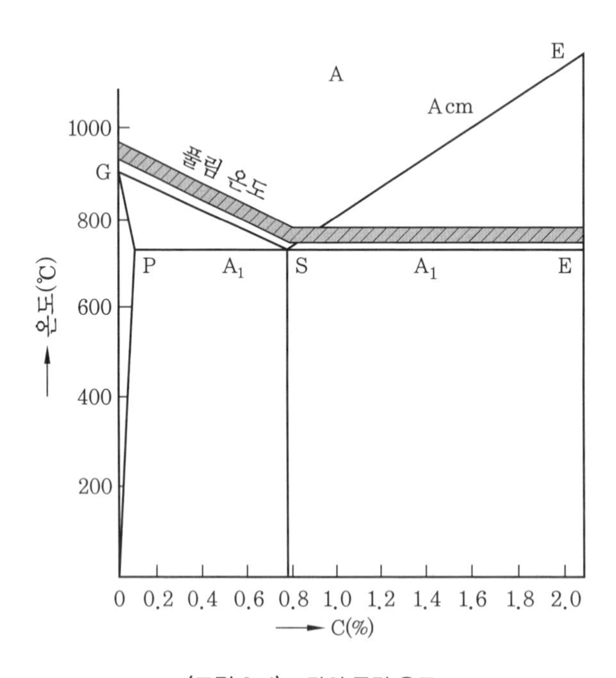

〈그림 3-4〉 강의 풀림 온도

1 완전 풀림(full annealing)

강을 Ac_3(아공석강) 또는 Ac_1(과공석강) 이상의 고온에서 일정 시간 가열한 후 천천히 노

안에서 냉각시키는 조작을 말하며, 강을 연화시키고 기계 가공과 소성 가공을 쉽게 한다.

〈그림 3-5〉는 완전 풀림 온도를 표시한 것이며, 이때 경도는 탄소의 함유량에 따라 달라진다. 일반적으로 경도는 강에서 탄소 함유량이 증가할수록 증가한다.

완전 풀림에서 중요한 것은 충분한 가열 시간과 가열 후의 서랭이다. 풀림을 위한 가열 시간은 강편의 크기, 형상, 열전도도 및 가열로의 구조 등에 따라 달라진다.

또한 서랭하는 방법은 실온까지는 보통 노중(路中)에서 행하나 550℃가 되면 공랭 또는 수랭하여도 무방하다.

이와 같이 최초에는 서랭하다가 다음에 급랭시켜 2단계로 냉각하는 것을 2단 풀림이라 한다. 서랭 시간을 단축할 수 있으며 노도 순화적으로 이용할 수 있으므로 편리하다.

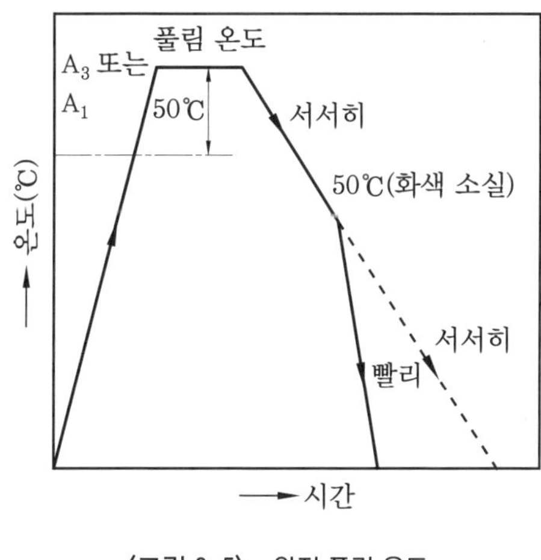

〈그림 3-5〉 완전 풀림 온도

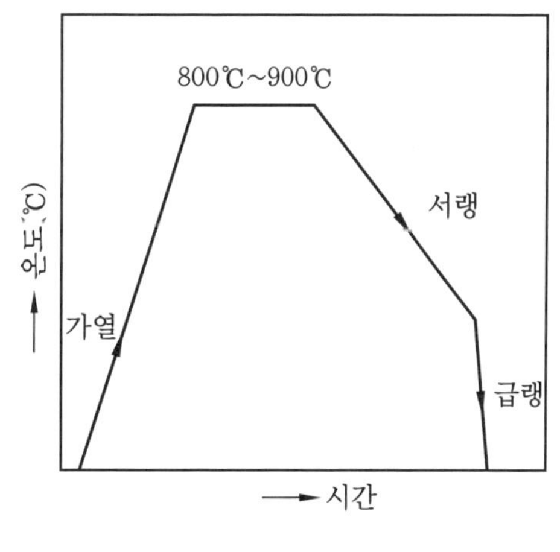

〈그림 3-6〉 2단 풀림

2 연화 풀림

아공석강은 완전 풀림을 하며 연화되지만 저탄소일 때에는 오히려 기계 가공면이 거칠어지므로 노멀라이징을 하여 경도를 약간 증가시킨다. 또한 고탄소강은 풀림 후에도 Fe_3C가 오스테나이트 중에 고용하지 않으므로 가공성이 낮아진다.

탄소 공구강 및 2종 이하의 합금 원소를 함유한 저합금 공구강의 연화에는 700~750℃의 온도로 일정 시간 유지한 후 판상(板狀) Fe_3C를 구상화하며, 보통 Ac_1보다 약간 높은 온도에서 650℃까지의 구역에서 서랭한다.

Ac_1 구역의 냉각 속도는 탄소강은 30(℃/hr) 이하로 하고 과공석강 또는 합금 공구강은 오스테나이트화 온도에서 장시간(약 10~15시간) 가열하여 변태시키면 좋다.

W, Mo, V을 함유한 것은 고온으로 가열할수록 합금 원소가 오스테나이트 중에 고용하고 안정된 경향이 있다.

3 구상화 풀림(spheroidize annealing)

아공석강에서 펄라이트 주의 시멘타이트는 보통 층상을 나타내므로 냉간 가공 시 피가공성이 좋지 않다. 또한 과공석강에서 초석 망상 탄화물이 존재하면 담금질 후 인성이 좋지 않아 실용될 수 없다. 그러나 시멘타이트를 구상화하면 피가공성이 좋고 인성이 증가하면 균일한 담금질이 된다.

특히 공구강, 베어링강 등의 고탄소강은 담금질 전 탄화물을 구상화시켜야 하며, 그 방법은 〈그림 3-7〉과 같다.

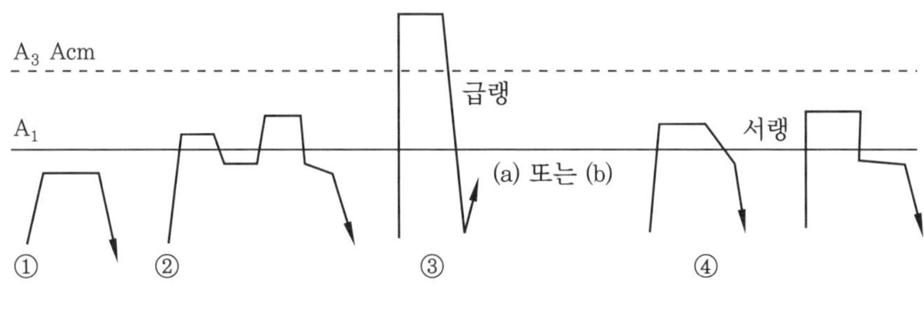

〈그림 3-7〉 Fe_3C의 구상화 풀림

① Ac_1 직하(直下) 650~700℃에서 가열 유지 후 냉각한다.
② A_1 변태점을 경계로 가열 냉각을 반복한다. (A_1 변태점 이상으로 가열하여 망상 Fe_3C를 없애고 직하 온도로 유지하여 구상화한다.)
③ Ac_3 및 Acm 온도 이상으로 가열하여 Fe_3C를 고용시킨 후 급랭하여 망상 Fe_3C를 석출하지 않도록 냉각한 다음 다시 가열하여 ① 또는 ②에 따르는 방법으로 과공석강을 구상화한다.
④ Ac_1점 이상 Acm 이하의 온도로 가열한 후 Ar_1점까지 서랭한 다음 실온까지 냉각하거나 또는 Ar_1 직하의 온도로 항온 유지한다.

공구강 구상화를 위한 열처리는 담금질 효과를 균일하게 하고 균열을 줄이며 공구의 성능을 향상시키고 가공성을 좋게 한다.

4 항온 풀림(isothermal annealing)

항온 풀림은 S곡선의 코(nose) 또는 이것보다 높은 온도에서 처리하면 비교적 빨리 연화된다. 이때 풀림 온도로 가열한 강을 온도 600~650℃에서 항온 변태를 시킨 후 공랭 및 수랭한다.

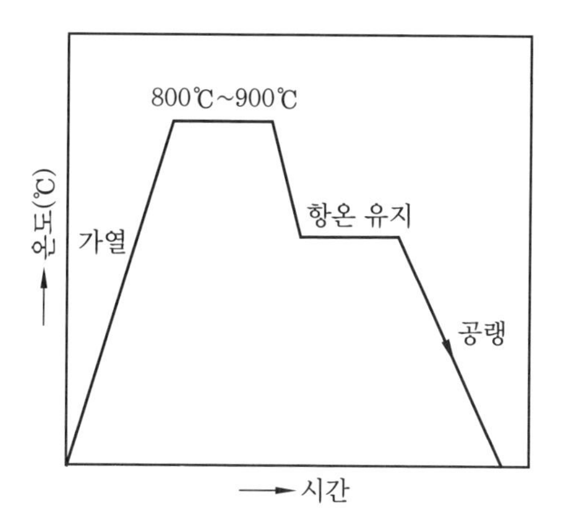

〈그림 3-8〉 항온 풀림 작업 과정

항온 풀림을 하면 짧은 시간에 작업을 끝낼 수 있으며 노를 순환적으로 이용할 수 있는 장점이 있기 때문에 순환 풀림이라 하기도 한다. 공구강, 합금강, 자경성(自硬性)이 강한 특수강을 연화 풀림하는데 적합한 방법이다.

5 응력 제거 풀림(stress-relief annealing)

응력 제거 풀림은 금속 재료를 일정 온도에서 일정 시간 유지한 후 냉각시킨 조작이며 주조, 단조, 기계 가공, 냉각 가공 후 잔류 응력을 제거하기 위함이다. 보통 500~700℃로 가열하여 일정 시간을 유지한 후 서랭하는데, 응력 제거로 인한 조직상의 변화는 일어나지 않더라도 제품을 사용하고 있는 동안 사고 등이 감소한다. 이 종류의 풀림은 A_1 변태점 이하에서 이루어지므로 저온 풀림이라 하기도 한다.

6 재결정 풀림

냉간 가공한 강을 600℃로 가열하면 응력이 감소하고 재결정이 일어나는데, 이것을 재결정 풀림이라 한다.

■ 재결정 풀림 현상의 특징

① 입자의 크기는 변형되는 양과 풀림의 온도에 관계한다.

② 일정한 온도 이상이 아니면 입자의 크기는 변화하지 않는다. 이때의 온도를 재결정 온도라 한다.

③ 입자의 크기에 변화를 주는 온도는 영구 변형의 양에 관계되며, 이때 변형이 크면 온도는 낮아지고 변형이 적으면 점점 고온을 필요로 한다.

④ 영구 변형을 일으키지 않으면 입자의 크기는 변화하지 않는다.

1-4 노멀라이징(normalizing)

강을 표준 상태로 하기 위한 열처리 조작이며, 가공으로 인한 조직의 불균일을 제거하고 결정립을 미세화시켜 기계적 성질을 향상시킨다.

① 가열 : A_3 또는 Acm + 50℃에서 가열 조작에 의하여 섬유상 조직은 소실되고 과열 조조직과 주조 조직이 개선된다.

② 냉각 : 대기 중에 방랭하면 결정립이 미세해져 강인한 미세 펄라이트 조직이 되어 강한테 비하여 연신율과 단면 수축률의 감소는 없다.

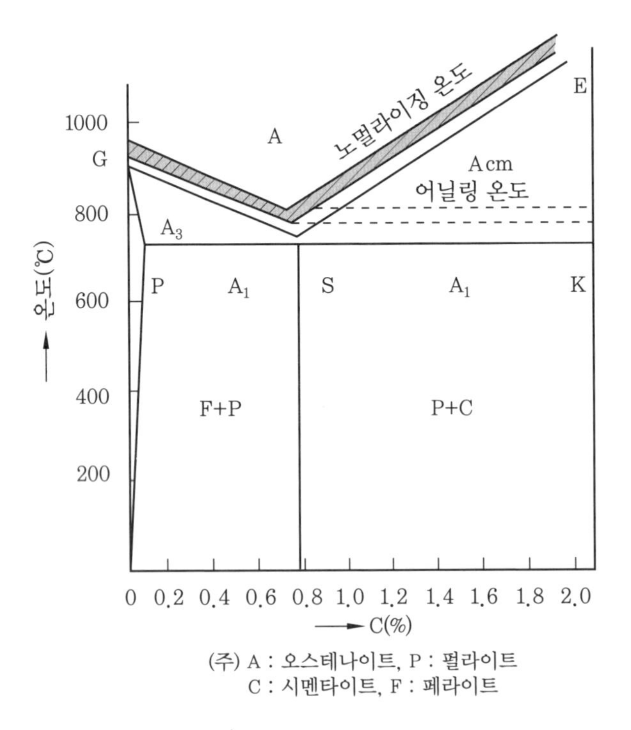

(주) A : 오스테나이트, P : 펄라이트
C : 시멘타이트, F : 페라이트

〈그림 3-9〉 강의 노멀라이징 온도

1 보통 노멀라이징(conventional normalizing)

일정한 노멀라이징 온도에서 상온에 이르기까지 대기 중에 방랭한다. 바람이 부는 곳이나 양지 바른 곳의 냉각 속도가 달라지고 여름과 겨울은 동일한 조건의 공랭이라 하더라도 노멀라이징 효과에 영향을 미치므로 주의한다.

2 2중 노멀라이징(stepped normalizing)

노멀라이징 온도로부터 화색이 없어지는 온도(약 550℃)까지 공랭한 후 피트(pit) 또는 서랭 상태에서 상온까지 서랭한다. 구조 용강(C 0.3~0.5 %)은 초석 페라이트가 펄라이트 조직이 되어 강인성이 향상된다. 또한 대형의 고탄소강(C0.6~0.9 %)에서는 백점과 내부 균열이 방지된다.

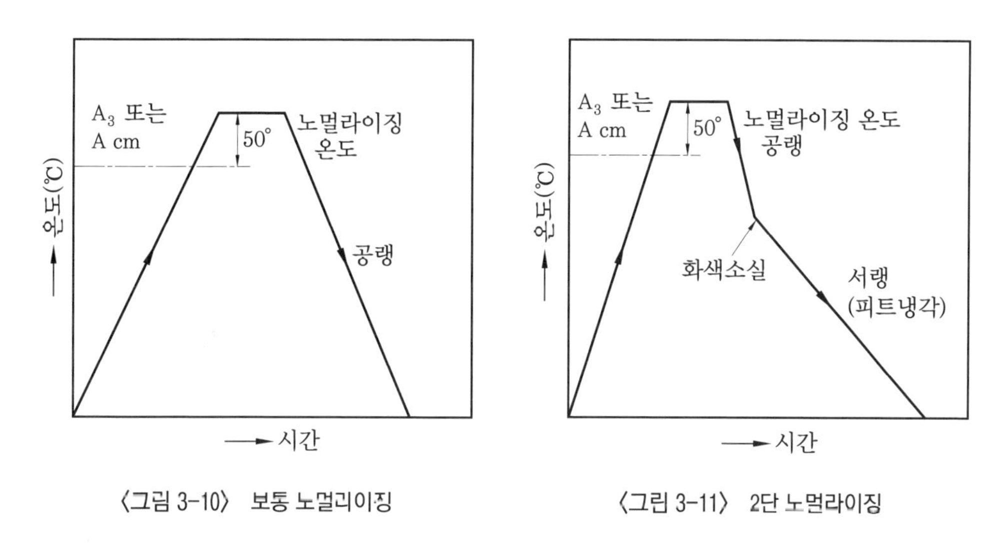

〈그림 3-10〉 보통 노멀리이징

〈그림 3-11〉 2단 노멀라이징

3 항온 노멀라이징(isothermal normalizing)

항온 변태 곡선의 코의 온도에 상당한 부근(550℃)에서 항온 변태시킨 후 상온까지 공랭한다. 노멀라이징 온도에서 항온까지의 냉각은 열풍 냉각에 의하여 이루어지고, 그 시간은 5~7분이 적당하며 보통 저탄소 합금강은 절삭성이 향상된다.

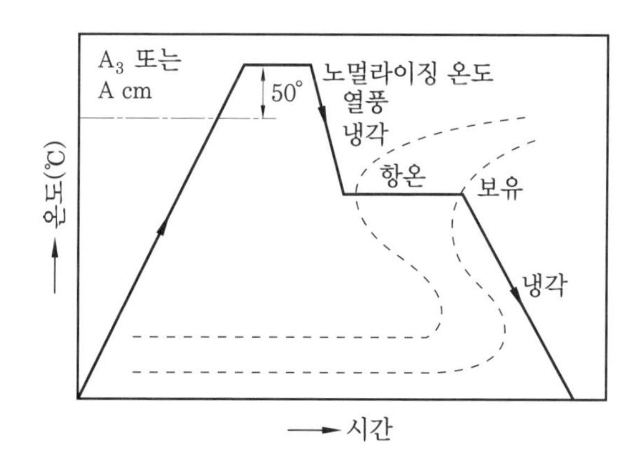

〈그림 3-12〉 항온 노멀라이징

4 2중 노멀라이징(double normalizing)

처음 930℃로 가열한 후 공랭하면 전 조직이 개선되어 저온 성분을 고용시키며 다음 820℃에서 공랭하면 펄라이트가 미세화된다.

보통 차축재과 저온용 저탄소강의 강인화에 적용된다.

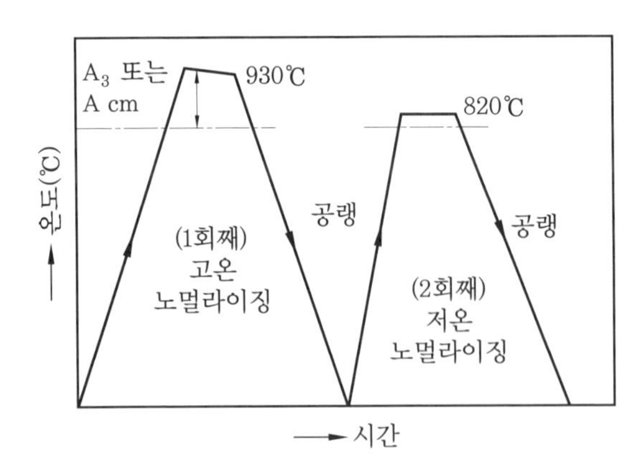

〈그림 3-13〉 2중 노멀라이징

1-5 진공 열처리

진공 열처리(vacuum heat treatment)는 밀폐된 용기 내에서(진공) 어느 압력 수준까지 공기를 배기시킨 상태로 열처리 작업을 수행하는 것이다. 진공 열처리는 복잡한 형상이나 막힌 부품의 후미진 부분 등의 열처리를 행할 때 열처리 효과가 크다.

열처리 할 재료 표면의 산화 반응을 방지할 수 있으며, 탈탄 방지 효과가 있고 열처리 도중 재료의 이동이 없어 재료의 변형이 적다.

고진공 하에서 열처리 작업이 이루어지므로 산화, 변색의 염려가 없어 제품의 깨끗한 표면과 광택을 유지할 수 있다. 소입 시 유랭을 할 수도 있고, 또한 새로운 방식으로 기화된 액화 질소를 가압 분사하여 급속 냉각을 할 수도 있다.

일반적인 열처리 외에도 용체화 처리, 시효 처리, 자성 처리, 브레이징 작업 등을 할 수 있다. 항공기 부품, 자동차 부품, 시계 및 전자 부품 등의 제조에 사용되는 초정밀 금형, 스테인리스강, 비철합금 등의 열처리에 적합하며, 주로 고합금 공구 강재(STD, STF, SKH, STS 등)의 열처리에 많이 사용된다.

■ 진공 열처리의 장점

① 노벽으로부터의 방열, 노벽에 의한 손실 열량이 적기 때문에 에너지 절감 효과가 크다.

② 정확한 온도 및 가열 분위기에 의하여 고품질의 열처리가 가능하다.

③ 무공해로 작업 환경이 양호하다.

④ 노의 수명이 길고 관리 유지비가 저렴하다.

2. 금형의 표면 경화

금형 표면 경화의 목적은 여러 가지의 용도를 수용할 수 있는 내구성의 향상에 있지만 경화 처리 공정 중에서 금형 정밀도 유지 및 재료 내질의 강도 저하가 없는 방법을 선택하여야 한다.

특히 표면 경화 처리는 열처리된 금형의 부품이 요구하는 내구성을 얻지 못할 때 열처리된 강의 표면에 하는 것이 원칙이다.

따라서 표면 경화의 처리 온도는 600℃ 이하가 바람직하며 처리 온도가 낮을수록 금형의 치수 정밀도를 유지할 수 있다.

금형의 표면 경화 처리 방법은 여러 가지가 있다.

금형의 용도에 따라 여러 가지 표면 경화 처리 방법 중 금형의 내구성 향상에 가장 적절한 것은 다음과 같다.

■ 처리 온도 600℃ 이하의 표면 처리

① 경질 크로뮴 도금

② 질화

③ PVD(물리 증착)

■ 처리 온도 600℃를 초과하는 표면 처리

① CVD(화학 증착)

② TD 프로세스

2-1 경질 크로뮴 도금

경질 크로뮴 도금은 플라스틱 금형의 표면 경화에 많이 사용되고 있으며 경면 다듬질한 금형 표면에 습식으로 도금한다.

전류 밀도 2.0 A/in^2, 욕온(浴溫) 50℃, 도금 시간 5분, 도금층 0.01 mm, HV1000 내외의 경도를 얻는다.

도금층과 금형재의 밀착강도는 크지 않으며 Cr과 강의 열팽창계수의 차가 크기 때문에 온도 변화가 큰 금형에서는 박리되기 쉽다.

2-2 질화법

질화는 강의 표면에 질소를 확산 · 침투시켜 금형 표면의 내마모성과 내식성 및 피로강도를 증가시키기 위하여 강 중에 함유한 Al, Cr, Mo, Ti 등 질소와 친화력이 강한 금속의 질화물을 표면에 형성하여 경화하는 방법이다.

이런 질화물은 매우 경질이며 내열성(상한 500℃)도 있으므로 고온, 고압의 고속 금형의 표면 경화로서 최적이다. 또한 처리 온도도 400~580℃의 범위이며 금형 강재 자신의 열처리 조직을 파괴하거나 연화시키지 않는다. 질화 처리법은 고압 질화법이나 2단 질화법 및 간단한 질화법으로서의 질화법이 있다.

1 가스 질화법

가스 질화법은 밀폐된 용기에 피처리물을 넣고 암모니아 기류 중에서 약 500℃의 온도로 25~100시간 가열한 후 냉각하여 표면에 경질이고 내식성이 있는 질화층을 형성하는 방법이다. 단 금형의 강종은 전기의 질화 친화성이 있는(질화물을 형성하기 쉬운) 합금 원소를 함유하는 것이 중요하며, 반대로 Cu 및 Ni 등의 원소의 함유는 질화물의 형성을 저해한다. 따라서 금형 용강 SKD11, SKD61 등은 최적이며, 표면 경화층의 경도는 HV 1000~1200 정도가 된다.

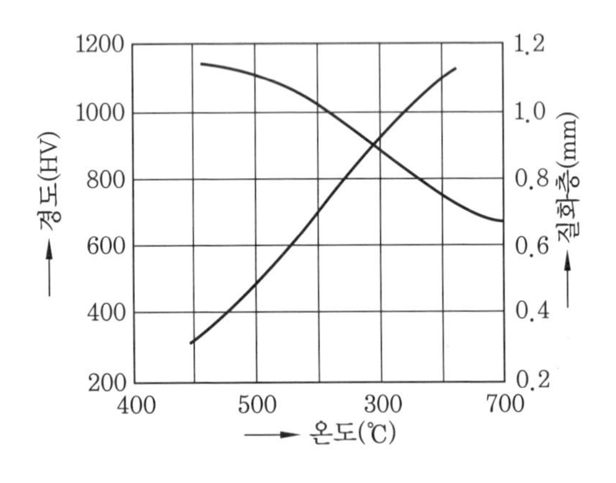

〈그림 3-14〉 온도와 질화층의 관계

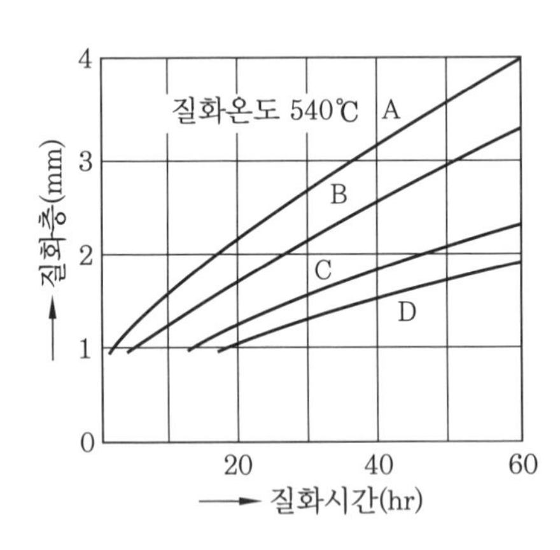

〈그림 3-15〉 질화시간과 질화층의 관계

2 액체 질화법

(1) 경질화법

경질화법은 질화욕 550℃에서 2~15시간 정도 강재를 유지시키면 가스 질화와 같은 경도와 내마모성, 내피로성, 내식성을 향상시킬 수 있다.

(2) 연질화법

최근 많이 이용하는 염욕 질화법의 일종으로, 520~570℃의 온도에서 단시간(10~100분) 동안 액체 질화처리를 하는 것이다. 연강의 경우 표면 경도가 HV570 정도이며 보통 강의 종류에 따라 다르지만 내마모성, 내피로성, 내식성을 향상시킬 수 있다.

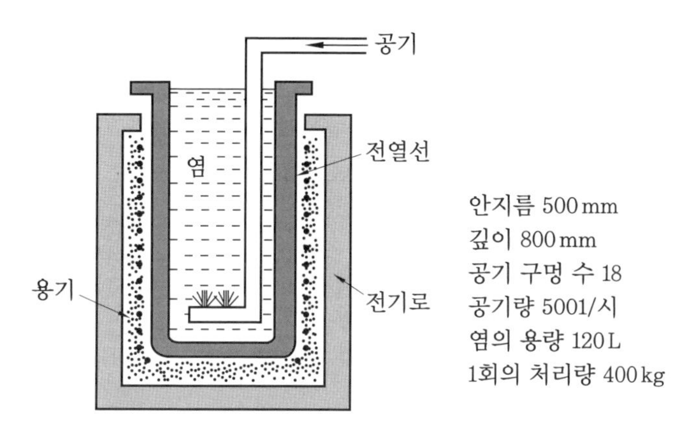

〈그림 3-16〉 연질화용 노

3 이온 질화법

이온 질화법은 밀폐된 진공 용기에 소재를 넣고 N_2와 H_2의 혼합가스를 주입하여 밀봉한 후 수 Torr(1 Torr = 1 mmHg)의 압력을 유지시킨다. 밀폐 용기 벽면은 ⊕로, 소재는 ⊖로 하고, 공간에 글로 방전을 발생시키면 가스 중 N_2는 이온화하며 ⊖의 소재에 가열과 질화가 동시에 진행된다.

이와 같은 질화법의 특징은 진공 상태에서 처리되므로 외부 공기의 혼합에 의한 영향이 적으며 완전 광휘인 질화 표면과 질화층의 조성 제어를 할 수 있다. 특히 금형의 사용 목적에 따라 우수한 내식성, 내마모성 또는 피로한도가 높은 인성이 있는 표면 경화를 할 수 있으며 가스 질화에서 실시하기 곤란한 스테인리스강, 고합금 공구강, 내열강의 균일 질화에 가장 적합하다.

4 산 질화법(NN법 가스 연질화)

질화가스로서 NH_3 95 %에 공기 5 %를 혼합하여 사용하며, 공기 중의 O_2는 NH_3의 분해를 촉진하여 질화 속도를 빠르게 한다. 질화 속도는 가스 연질화에 준하며 550~600℃가 표준이다.

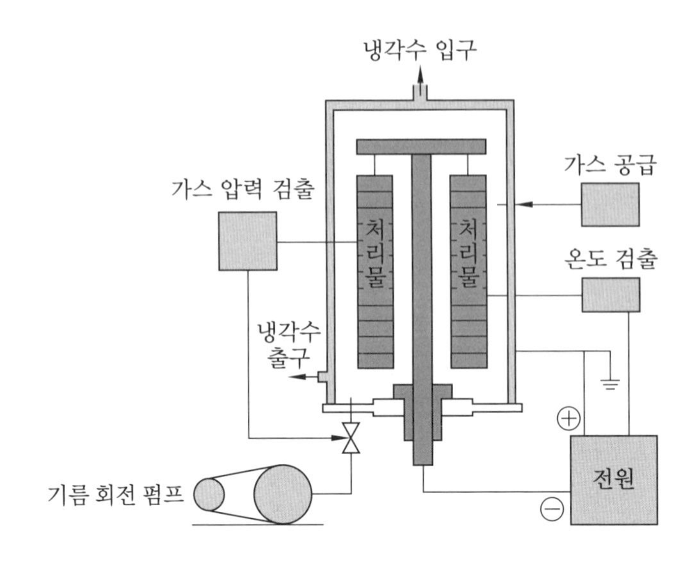

〈그림 3-17〉 이온 질화 장치의 구조

5 그 외의 질화법

(1) 가압 질화법

NH_3가스를 밀폐된 강제 용기 안에 고압 상태(8~20기압)로 주입하여 밀봉하면 NH_3가스의 분해가 억제되므로, 질화능이 저하하여 금형용 합금강의 표면에 생기는 취약한 백층을 감소시키고 확산층을 주체로 한 인성이 있는 질화층을 생성할 수 있다.

가압 질화 장치에 수증기 처리를 부가한 실험을 하여 담금질, 뜨임한 SKH9 및 SKD11에서 CVD 또는 PVD 경화층과 비슷한 내마모성을 얻을 수 있다.

(2) 고체 질화법

고체 질소 유기물과 함께 소재를 유지하여 세라믹 또는 알루미늄 용기에 넣고 570℃의 가열로에 넣어 용기 중에서 질화 반응을 일으키게 하는 질화법이다.

2-3 침탄법(carbonizing)

침탄법에는 침탄제에 따라 고체 침탄법, 액체 침탄법, 가스 침탄법 등이 있다. 고체 침탄법은 탄소 함유량이 적은 저탄소강을 침탄제 속에 묻고 밀폐시켜 900~950℃의 온도로 가열하면 탄소가 재료 표면에 약 1 mm 정도 침투하여 표면은 경강이 되고 내부는 연강이 된다. 이것을 재차 담금질하면 표면은 열처리가 되어 단단해지고 내부는 저탄소강이 그대로 연강이 되는 것을 침탄 열처리라 한다.

(1) 침탄용 강의 구비 조건

① 저탄소강이어야 한다.
② 표면에 결함이 없어야 한다.
③ 장시간 가열하여도 결정 입자가 성장하지 않아야 한다.

(2) 침탄제의 종류

① 고체 침탄제 : 목탄, 골탄 $(BaCO)_3$ 40 % + 목탄 60 %
② 액체 침탄제 : NaCN, B_2Cl_2, KCN, $NaCO_3$ 등
③ 가스 침탄제 : CO, CO_2, 메탄(CH_4), 에탄(C_2H_6), 프로판(C_3H_8), 부탄(C_4H_{10}) 등

(3) 침탄량을 증감시키는 원소

① 침탄량을 감소시키는 원소 : C, N, W, Si 등
② 침탄량을 증가시키는 원소 : Cr, Ni, Mo 등

〈표 3-2〉 침탄법과 질화법의 비교

침탄법	질화법
• 경도가 낮다. • 침탄 후 열처리가 필요하다. • 침탄 후에도 수정이 가능하다. • 표면 경화 시간이 짧다. • 변형이 생긴다. • 침탄층이 여리지 않다.	• 경도가 높다. • 질화 후 열처리가 필요 없다. • 질화 후 수정이 불가능하다. • 표면 경화 시간이 길다. • 변형이 적다. • 질화층이 여리다.

2-4 PVD(physical vapor deposition process : 물리 증착)

PVD 증착법이란 저융점 금속을 전기 저항 가열 또는 전자법으로 증발시킨 방법으로, 진공 용기 중에서 소재의 표면에 증착시키는 이온 플레이팅법과 방전으로 이온화한 증발 물질을 음극에서 가공한 모체의 표면에 충격적으로 증착시키는 스패터링법을 총칭한 것이다. 특히 금형, 공구의 표면 경화 처리에 사용하는 PVD법의 대부분은 이온 플레이팅법이라 할 수 있다.

PVD는 온도의 조절이 쉬우며 밀착성이 좋고 저온에서 처리가 가능하여 플라스틱 금형

의 표면 처리에 적용되고 있다. 냉간 압출, 냉간 단조, 냉간 포밍, 딥 드로잉, 트리밍 등의 금형 수명을 연장시킬 수 있다.

■ PVD의 특징

① 물리적인 변수의 제어로 공정을 결정할 수 있다.
② 정확한 합금 성분의 조절이 용이하다.
③ 저온(100~500℃)에서 가능하다.
④ 온도 조절이 용이하다.
⑤ 화학반응이 거의 없다.
⑥ 증착의 밀착성이 좋다.

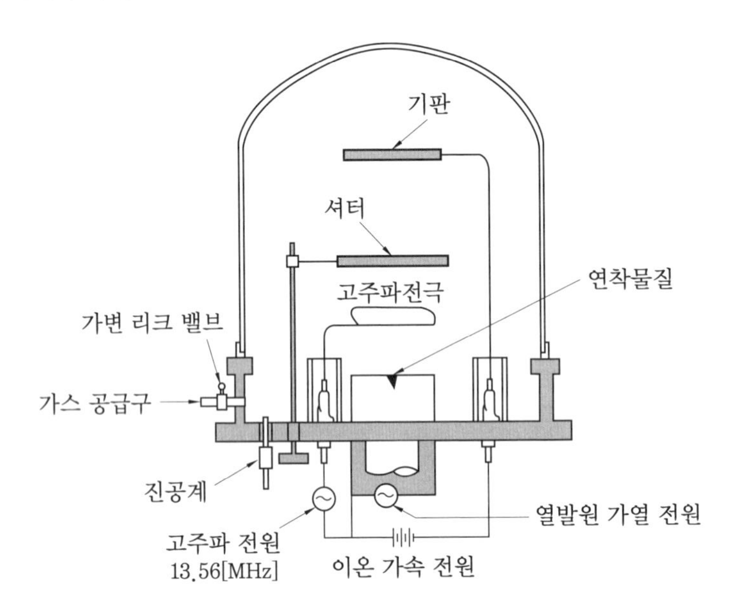

〈그림 3-18〉 고주파 여과기에 의한 이온 플레이팅 장치

2-5 CVD(chemical vapor deposition process : 화학 증착)

CDV란 CH_4, H_2 및 Ar 등의 가스로 휘발성 금속염의 증기를 고온으로 가열한 후 소재의 주변에 공급하여 소재 표면에서의 화학반응을 일으켜 표면 경화층이 되도록 화학적 증착을 하는 방법이다.

금형, 공구에는 TiC 코팅이 대부분이며 TiN, Al_2O_3 등이 있다. TiC의 CVD 장치에서 보면 반응질을 진공 펌프를 사용하여 H_2로 치환한 후 반응질 내의 소재가 900~1100℃가 되면 사염화타이타늄($TiCl_4$)의 증기 H_2와 CH_4를 캐리어로서 반응질에 보낸다.

반응질의 가열은 전기로로서의 외부가열이고, 내벽의 재질은 내약품성과 내열성을 고려하여 내열 유리, 석영유리, 하이테로이 및 인코넬을 사용한다.

처리 시간의 표준은 2~4시간이며, 소재의 표면에 생성된 TiC는 탁한 회색이고 경도는 HV 3000~4000에 이르며 막 두께는 8~10 μm이다.

CVD법은 PVD법에 비하여 피막의 밀착강도가 크기 때문에 고면압 하중에 견디지만 처리 온도가 높고 처리 후의 변형이 크며, 재열처리하지 않으면 금형 본체의 경도가 낮아지고 급격한 경도 구배로 피막이 쉽게 벗겨진다.

또한 CVD법은 요즈음 초LSI의 입구 제품이라 하는 64K DRAM 또는 256K DRAM의 박리 증착의 기본 처리법으로 하며, 냉간 가공용 금형에 고온 프로세스를 적용하여 표면 처리를 한다.

이 방면에서 다시 개량한 기술인 플라스마 CVD법은 처리 온도가 300~600℃인 강의 뜨임 온도보다 낮기 때문에 금형용으로서 앞으로 주목되는 방법이다.

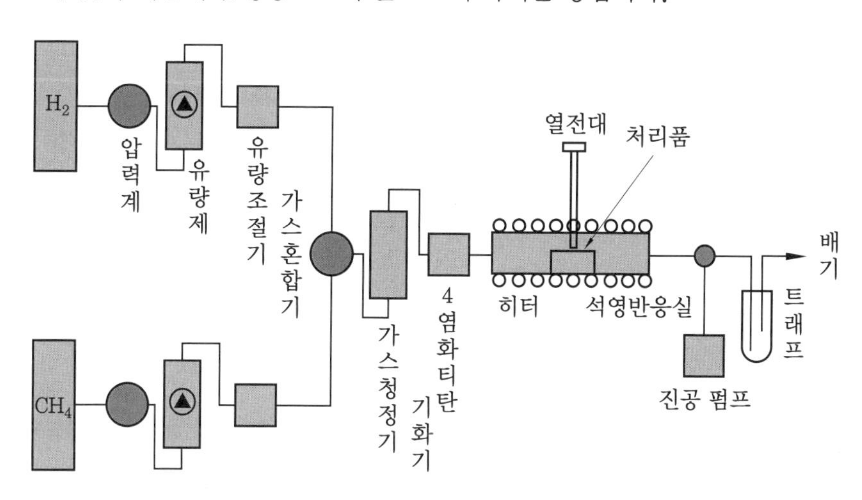

〈그림 3-19〉 TiC의 CVD 장치

〈표 3-3〉 CVD법과 PVD법의 특징

항목	CVD법	PVD법(이온 플레이팅법)
반응 속도	• 800~1100℃	• 상온~550℃
기판 재료	• 증착 온도와 부식에 견디는 금속이나 비금속	• 도체에는 쉽고 불량 도체에도 좋음
기판의 형식	• 복잡한 형상에도 비교적 균일한 피복이 가능함	• 복잡한 형상도 가능하나 균일한 피복은 곤란함
피복 물질	• 내열성 금속과 그 탄화물, 산화물, 붕화물, 유화물	• 순금속에 효과적 • 탄화물, 질화물, 산화물도 가능
접착 강도	• 고상 확산으로 접착도가 큼	• 매우 양호
증착 속도	• 일반적으로 수 시간 소요	• 증착 속도의 제어가 상당히 자유로움 • 빨리하는 것도 가능

2-6 TD(thoria dispersion)법

TD법은 도요타 자동차가 개발한 금형으로, 공구강의 표면에 초경 물질을 코팅하는 방법이며 침봉법(철강의 표면에 보론을 침수 확산시키는 방법)에서 발전하여 액체 침봉욕에 V, Nb, Ti, Cr 등의 탄화물을 첨가하여 금형의 용도 및 목적에 따라 800~1200℃의 고온에서 표면에 각종 탄화물을 침투·확산시킨다.

금형을 표면 경화시키려면 보통의 담금질, 뜨임만으로는 내구성이 부족한 경우가 있다. 사용처에 따라 또는 내시저성, 내마모성, 내식성, 내충격성, 내물어 뜯기성 등의 특성에 따라 표면 처리법을 바꾸어야 하는 곳에 이 방법이 사용되고 있다.

2-7 레이저법

레이저란 기저 상태의 입자를 외부로부터의 고에너지 준위의 상태로 여기시켜 보다 낮은 에너지 준위로 천이하는 현상이다. 이때 유도 방출되는 다량의 같은 파장을 가진 빛을 얻는 방법이다.

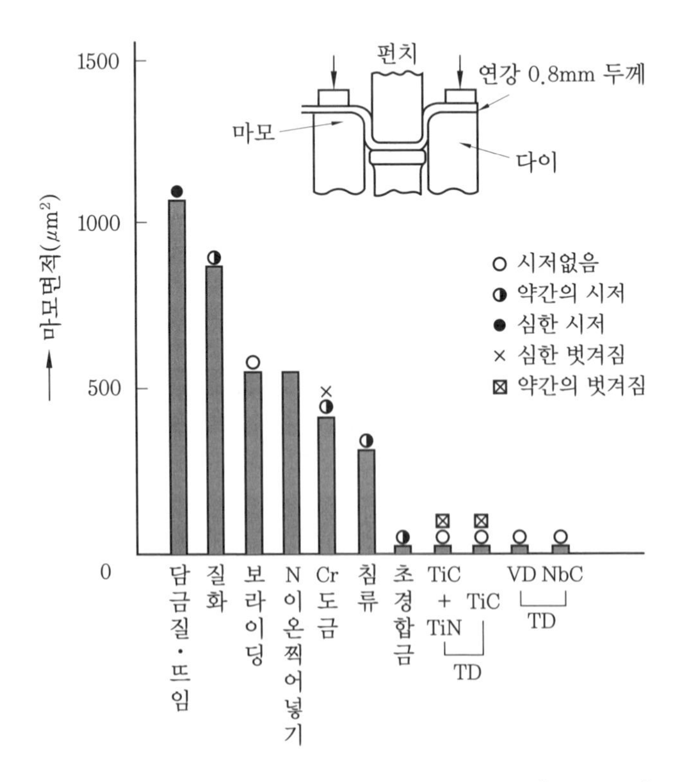

〈그림 3-20〉 열처리별 내마모성, 내지성, 내박리성 비교(U굽힘 실험)

이와 같은 단일 파장을 가지고 여러 방향의 빛을 공진시킴에 따라 발진 물질 중에서 유도 방출이 가속도적으로 증가하는 빛을 취하는 것이 레이저빔이다. 이것은 매우 직접적인 열원을 제공하며 많은 표면 개량 기술에 사용된다.

레이저 표면 가열 처리는 국부적인 부분을 경화시키기 위하여 많이 사용한다. 화학적 변화가 없으며 유도 불꽃 경화와 함께 재료를 선택적으로 가열하기 위한 효과적인 기술이다. 레이저 열처리는 비교적 낮은 경화능을 갖는 강을 매우 빠른 가열과 냉각으로 얇은 표면 지역을 생성할 수 있다.

■ 레이저를 이용한 표면 처리의 특징

① 고출력을 이용한 특수한 가공을 행할 수 있다.

② 한 대의 발진기로 다른 장소에서 복수의 작업을 동시에 행할 수 있다.

③ 국부 가열에 의한 필요 요소만의 처리가 가능하다.

④ 장치의 가격이 높고 처리에 대한 정확한 기술이 부족하다.

익 / 힘 / 문 / 제

1 담금질에 대하여 설명하시오.

2 뜨임에 대하여 설명하시오.

3 풀림에 대하여 설명하시오.

4 노멀라이징에 대하여 설명하시오.

5 진공 열처리에 대하여 설명하시오.

6 질화법에 대하여 설명하시오.

7 PVD법의 특징에 대하여 설명하시오.

8 CVD법에 대하여 설명하시오.

9 TD법에 대하여 설명하시오.

10 레이저를 이용한 표면 처리 특징에 대하여 설명하시오.

소성 가공

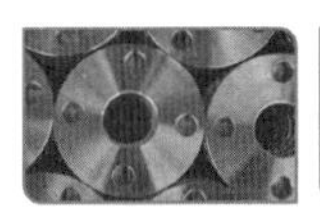

제4장 소성 가공

1. 개요

금속 재료에 외력을 가하면 재료가 변형되고 외력을 제거하면 재료가 원형으로 복귀하거나 영구 변형으로 남는다. 재료를 파괴시키지 않고 영구 변형시킬 수 있는 성질을 소성(plasticity)이라 하며, 그 변형을 소성 변형(plastic deformation)이라 한다.

이 소성의 성질을 이용하여 재료를 가공하는 것을 소성 가공이라 한다.

프레스 금형에 의하여 제품을 가공하는 것은 대표적인 소성 가공이라 할 수 있으며 금형에 의한 소성 가공에 영향을 미치는 것은 응력(stress), 변형, 가공 경화(work hardening), 시효 경화(age hardening) 등이 있다.

1-1 응력(stress)

응력이란 재료에 외력을 가하면 외력에 대응하여 재료 내부에 생기는 저항력(resistivity)이며 작용하는 외력의 종류에 따라 압축 응력(compressive stress), 인장 응력(tensile stress), 전단 응력(shearing stress), 굽힘 응력(bending stress) 및 비틀림 응력(torsional stress) 등으로 구분한다.

재료의 단위 면적당 가할 수 있는 최대 외력의 세기를 최대 강도 또는 파괴라 하며 재료에 외력을 가하여 사용할 수 있는 한계의 강도를 허용 강도라 한다.

프레스 금형에서는 재료의 파괴 강도를 이용하여 소재를 소성 가공한다.

1-2 변형(deformation)

소성 가공이 가능한 재료에 힘을 가하면 재료에 응력이 발생하며 외력이 증가하면 재료는 변형하지만 외력의 크기가 재료의 탄성 한계보다 약하면 외력 제거와 동시에 원래의 모양으로 돌아간다. 그러나 외력의 크기가 탄성 한계를 넘어서면 외력을 제거하여도 변형이 남아있게 되는데, 이것을 영구 변형(permanent set)이라 하며, 소성 가공은 재료를 영구 변형시킨 것이다.

변형은 작용하는 외력에 따라 인장, 압축, 굽힘, 전단 및 비틀림 변형 등으로 구분하고 제품을 가공하기 위한 변형은 한 가지의 변형이 아닌 복합 변형에 의하여 소성 가공이 이루어진다.

1-3 가공 경화(work hardening)

소성 가공이 가능한 재료를 상온에서 소성 가공하면 재질이 단단해지고 항복점이 높아지는 현상을 가공 경화 또는 변형 경화라 한다. 소성 가공 후 변형이 생기는 것은 가공 경화에 의한 잔류 응력이 원인이라 할 수 있다.

그러나 소성 가공에서 가공 경화된 제품은 재료가 단단해지기 때문에 가공 후 제품이 경화되어 가공력의 증가와 심한 변형 등이 발생될 수 있다.

가공 경화의 정도는 가공 내용 및 재질에 따라 다르며 가공도가 높을수록 경화도가 크다. 재질에 대해서는 알루미늄과 그 합금, 동과 그 합금, 스테인리스강 등이 심하고, 저탄소강은 거의 가공 경화가 되지 않으며 상온보다 낮은 재결정 온도를 가진 금속은 가공 경화가 되지 않는다.

특히 가공 경화성이 큰 재료를 여러 공정으로 소성 가공할 때에는 중간에 풀림 공정을 두지 않으면 가공이 불가능할 수도 있으므로 풀림 처리를 한 다음 가공을 계속하는 등 특별한 가공법을 이용하여야 한다.

1-4 시효 경화(age hardening)

시간이 경과함에 따라 금속 재료의 특성이 변하는 것을 시효(age)라 하며 시간이 경과함에 따라 재료가 경화되는 성질을 시효 경화라 한다.

금속 중에서 시간이 경과하여도 경화되지 않는 재료를 비시효성 재료라 한다. 이러한 재료는 소성 가공에서 문제가 되지 않지만, 시효 경화가 빠른 재료는 작업 공정이 많고 시간이 많이 걸리는 소성 가공에서 시효 경화에 의한 강도의 증가로 가공력이 많이 소요되고 가공성이 나빠지므로 시효 경화를 방지하면서 가공을 하여야 한다.

2. 소성 가공의 종류

소성 가공을 가공 온도로 분류하면 재결정 온도 이하에서 가공하는 냉간 가공과 이상에서 가공하는 열간 가공으로 구분된다. 소성 가공을 가공 방법으로 분류하면 다음과 같다.

2-1 소성 가공

1 압축 가공

압축 가공은 일종의 냉간 가공으로 상온 또는 재결정 온도 이하에서 금형 소재를 펀치와 다이 사이에 넣고 압력을 가하여 높이 또는 길이를 감소시켜 공구 형상에 따라 필요한 형상으로 성형하는 가공이다. 압축 가공의 장단점은 다음과 같다.

■ 압축 가공의 장점

① 다른 가공과 달리 부분 수축, 두께 감소 및 파단을 일으키지 않고 1회 가공으로 큰 변형을 얻는다.
② 펀치와 다이의 형상이 복잡하여도 정도 높은 제품을 얻을 수 있다.
③ 큰 변형을 받음으로써 일어난 재료의 가공 경화에 의하여 제품의 강도가 증가한다.
④ 소재 내에 높은 정수압이 생기고 소재의 연성이 증가한다.

■ 압축 가공의 단점

① 공구의 강도, 내마모성 및 프레스의 능력을 높이기 위한 기술이 필요하다.
② 펀치와 다이에 압축력과 마찰 응력이 높다.

2 압출 가공

압출 가공은 펀치와 다이 사이에 가공할 소재를 넣고 압력을 가함으로써 재료를 유출시켜 가공하는 것이다. 재료를 다이 안에 넣어 펀치로 강한 압력을 가함으로써 다이의 개구부로부터 펀치의 진행 방향으로 재료를 유출시켜 제품을 만드는 가공을 전방 압출 가공(forward extrusion)이라 하며, 철사와 같은 제품 생산에 사용된다.

다이 안에 놓여 진가소성 재료에 펀치로 힘을 가할 때 펀치와 다이의 틈새로부터 펀치의 진행 방행과 반대 방향으로 제품을 유출시켜 제품의 형상으로 만드는 가공을 후방 압출 가공(backward extrusion)이라 한다.

전방과 후방 압출 가공을 한 공정에 행하는 압축 가공을 복합 압출 가공이라 하며, 벽 두께가 매우 얇은(지름의 1/20~1/50) 압출 가공을 충격 압출 가공(impact extrusion)이라 한다.

일반적으로 충격 압출 가공은 후방 압출 가공을 말하며 가공재료는 납(Pb), 주석(Sn), 알루미늄(Al), 아연(Zn) 등의 연질금속에 한하여 가공이 가능하다.

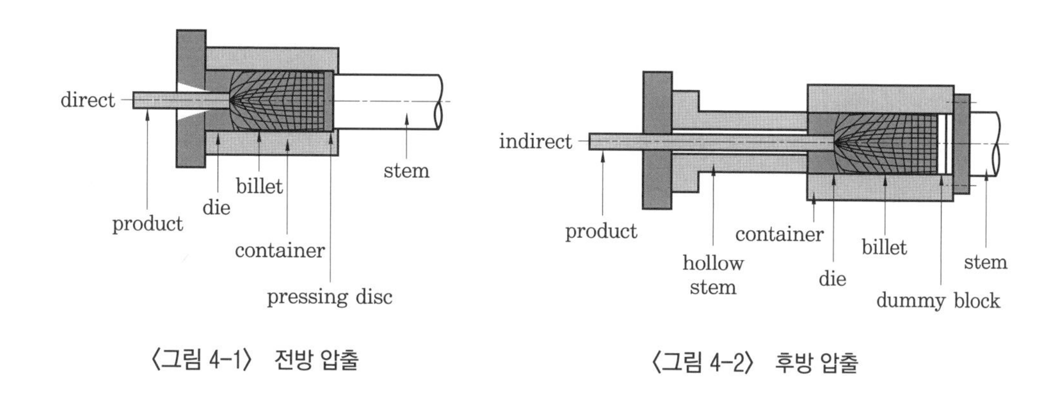

〈그림 4-1〉 전방 압출

〈그림 4-2〉 후방 압출

3 업세팅 가공(upsetting)

재료를 길이 방향으로 압축하며 길이를 감소시킴으로써 길이 방향과 직각 방향으로 재료를 유동시켜 큰 단면(길이 방향과 직각인 단면들)을 만드는 가공을 말한다.

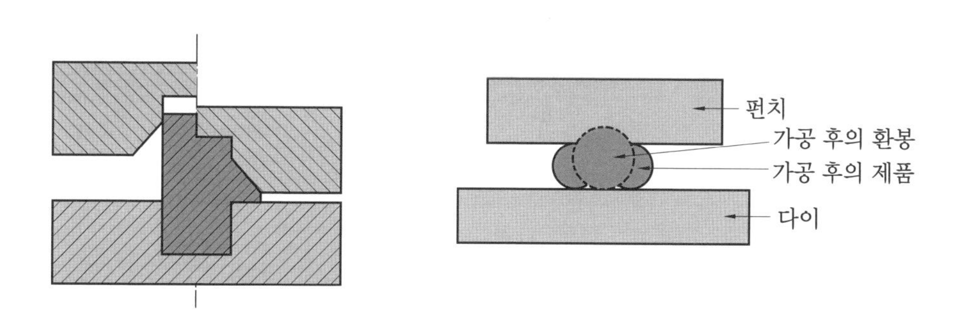

〈그림 4-3〉 업세팅 가공

4 헤딩 가공(heading)

환봉 재료의 끝을 업세팅하여 리벳, 볼트 등과 같은 부품의 머리를 만드는 가공으로, 일종의 업세팅 가공이다.

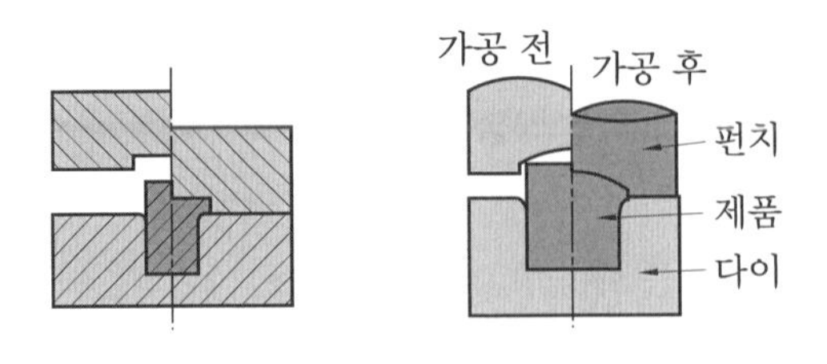

〈그림 4-4〉 헤딩 가공

5 압인 가공

① 압인 가공(coining) : 소재 표면에 필요한 모양이나 무늬가 있는 형공구를 눌러서 비교적 얕은 요철(凹凸)이 생기게 하는 것으로, 소성 가공법의 하나이며 화폐, 메달, 스푼, 나이프, 포크, 장식품, 금속 부품 등의 가공에 이용된다.

② 부조 가공(embossing) : 요철이 있는 철판이나 프레스로 종이, 금속, 플라스틱 등의 한쪽 면을 눌러 일정한 형태의 무늬가 두드러지게 만드는 가공으로, 그때 판의 두께는 그다지 변화하지 않는다.

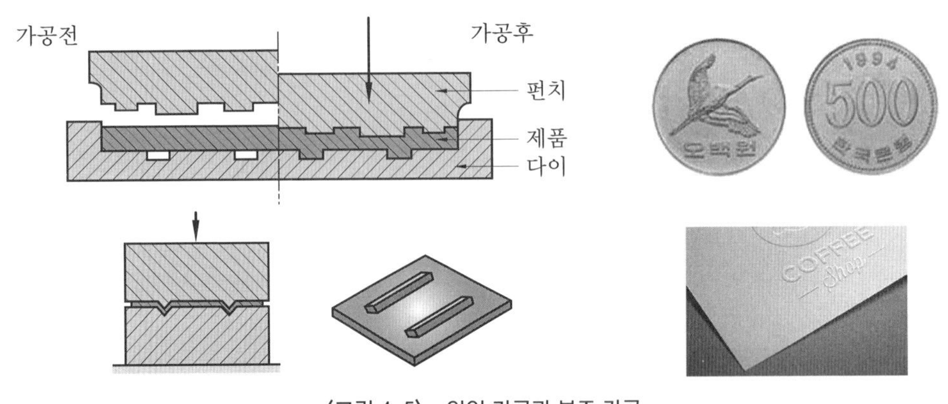

〈그림 4-5〉 압인 가공과 부조 가공

6 사이징 가공(sizing)

금형에 의하여 가공 부품의 전체 또는 일부에 강한 압력을 가하여, 그것에 의해 재료의 흐름을 일으켜 가공품의 치수 정도를 향상시키는 가공이다.

7 스웨이징 가공(swaging)

금속 재료 일부에 압축 소성 변형을 줌으로써 금형의 윤각(모양)대로 유동시키는 가공이다. 가공력을 받지 않는 부분은 변형되지 않고 원형대로 남으며, 유동은 가해진 압력 방향에 대하여 어떤 특정한 각도의 방향으로 흐르는 것이 일반적이다.

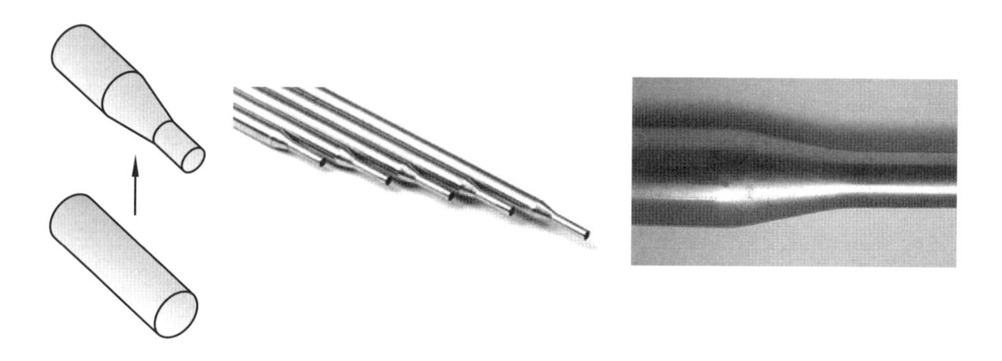

〈그림 4-6〉 스웨이징 가공

8 단조(forging)

단조는 금속을 소성 유동이 잘 되는 상태에서 압력을 가하여 조직을 균일화시키는 동시에 소정의 형상으로 성형하는 가공을 말한다. 단조물의 온도는 재질, 단조물의 크기, 단조 기계의 용량 등에 따라 다르다. 일반적으로 순금속일수록, 고온일수록 변형 저항이 감소하므로 단조가 용이하지만 높은 강도를 요구하는 단조품은 재결정 온도 이하에서 작업이 이루어진다. 냉간 단조의 장단점은 다음과 같다.

■ 냉간 단조의 장점

① 내구성이 향상된다.
② 재료 손실이 적다.
③ 저가 재료의 사용으로 원가 절감이 가능하다.
④ 정밀성, 생산성이 향상된다.
⑤ 후가공의 공정수가 감소된다.
⑥ 표면의 산화나 탈탄이 없는 우수한 표면을 얻을 수 있다.

■ 냉간 단조의 단점

① 금형 설계가 어렵다.
② 대량 생산에 적합한 공정이다.
③ 제품별 금형이 필요하므로 생산에 호환성이 없다.

(1) 자유단조(open-die forging)

가공물에 압력을 가할 때 가압력의 방향과 직각인 방향으로의 금속 유동에 구속을 주지 않는 단조를 말한다. 주로 소형물이 많고 단조 후 기계 가공을 하는 경우가 많다.

(2) 형단조(closed-die forging)

압축에 의한 금속의 유동이 형 내에서만 이루어지며, 여분의 금속은 형의 접합면 사이로 유출된다. 절삭 가공 또는 자유단조 후 절삭 가공에 의한 제품에 비하여 조직이 미세하고 강도가 크며, 스패너, 커넥팅 로드(connecting rod), 크랭크 축(crank shaft), 차축 등이 형단조에 의하여 제작된다.

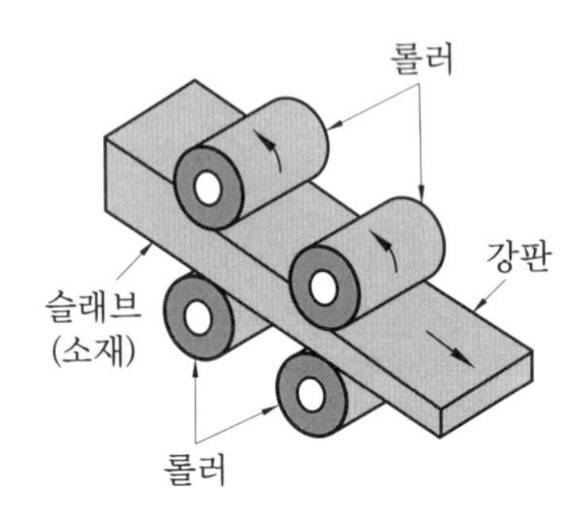

〈그림 4-7〉 자유단조

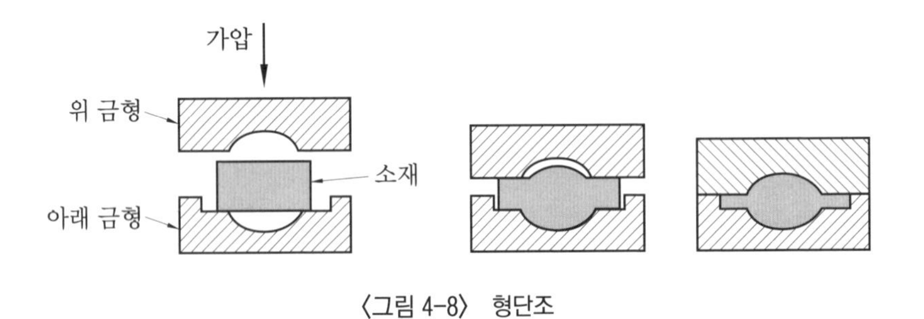

〈그림 4-8〉 형단조

2-2 프레스 가공

프레스(press) 가공이란 프레스라는 공작기계와 금형이라는 특수 공구를 사용하여 재료를 절단 또는 성형하는 작업을 말한다. 대체로 냉간 가공을 주로 하는 소성 가공법의 일종으로, 재료의 소성을 이용하는 가공법이다.

프레스 가공은 다른 가공법들과 비교하여 우수한 특징을 가지고 있다.

■ 프레스 가공의 장점

① 제품의 강도가 높고 경량이다.

② 재료의 이용률이 좋다.

③ 생산성이 높은 가공법이다.
④ 정도가 높고 균일성 있는 제품을 생산할 수 있다.

■ 프레스 가공의 단점
① 고가의 프레스 금형이 필요하다.
② 금형 제작에 장시간이 소요된다.
③ 다품종 소량 생산에서는 생산가가 높다.
④ 광범위한 지식과 경험이 필요하다.
⑤ 위험한 작업이므로 안전대책이 필요하다.

1 전단 가공

(1) 전단(shearing)

각종 전단기를 이용하여 재료를 직선 또는 곡선으로 전단하는 것을 말한다.

일반적으로 소재의 표면과 직각인 전단면을 가진 것을 전단 가공이라 하며, 직각이 아닌 것을 비낌 전단 가공(bevel shearing, 베벨 시어링)이라 한다.

(2) 절단(cutting)

절삭 날로 펀치(punch)와 다이(die)를 한 금형을 사용하여 스크랩(scarp)을 발생시키지 않고 절단하는 가공을 말한다. 절단선은 직선 또는 곡선을 가공할 수 있다.

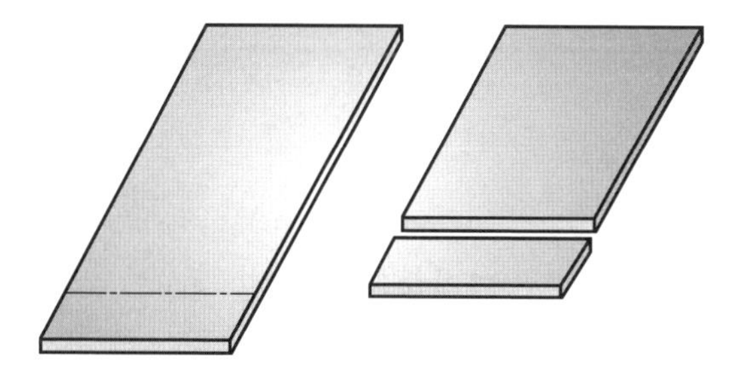

〈그림 4-9〉 절단 가공

(3) 분단(parting)

1회의 스탭 가공으로 2개 또는 그 이상의 개수의 부품을 만들기 위한 가공으로, 여러 개의 프레스 제품을 스크랩을 발생시키면서 2개 이상의 제품으로 가공한다.

성형된 용기의 형상에 따라 펀치 및 다이에 고저가 붙여진 경우의 파팅 가공을 폼 커팅이라 한다.

(4) 블랭킹 가공(blanking)

판금에서 제품(블랭크)을 타발하는 작업이다. 일반적으로 대상의 판금 재료에서는 일정한 간격을 두고 차례로 타발이 된다. 또한 타발 가공에 있어서는 타발된 것이 제품이고 나머지 부분은 스크랩이 된다.

(5) 피어싱(piercing)

피어싱은 블랭킹과는 반대로 타발된 쪽이 스크랩이고 나머지 쪽이 제품이다. 즉 재료에 필요한 치수 형상의 구멍을 내는 작업이다.

(6) 슬리팅(slitting)

둥근 칼날을 한 슬리팅 롤러를 회전시켜 넓은 폭의 코일 판재들을 일정한 폭의 코일재로 잘라내는 가공이다. 금형을 사용하여 재료의 일부에 절단선을 내는 것도 슬리팅이라 한다.

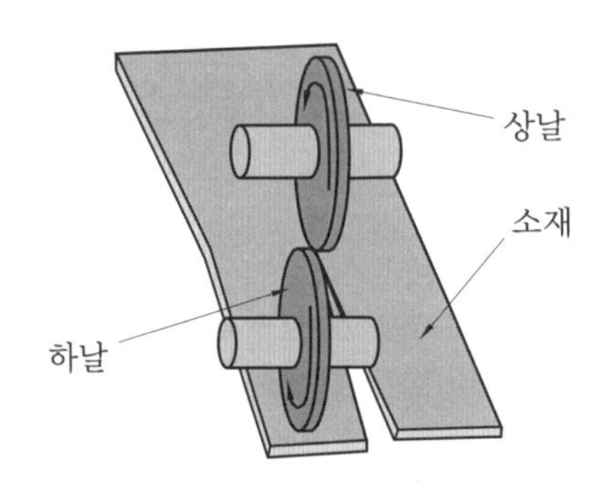

〈그림 4-10〉 슬리팅

(7) 노칭(notching)

스트립판, 블랭크재, 용기의 가장자리에 여러 가지 형상으로 따내기를 하는 가공이다. 〈그림 4-11〉과 같이 노칭은 동시에 가능한 경우도 있고 별개로 하는 경우가 있다.

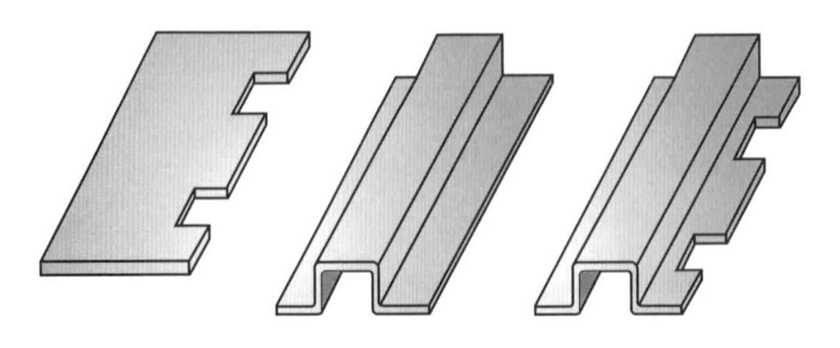

〈그림 4-11〉 노칭

(8) 트리밍(trimming)

드로잉이나 성형 가공을 하여 불규칙한 형상이 된 제품의 가장자리 및 플랜지 등의 윤곽을 전단하는 가공이다.

(9) 셰이빙(shaving)

전단 가공된 제품을 정확한 치수로 다듬질하거나 전단면을 깨끗하게 가공하기 위하여 시행하는 미소량의 전단(또는 깎아내는) 가공이다.

(10) 정밀 블랭킹(fine blanking)

펀치의 바로 바깥쪽의 누름면에 삼각형의 돌기(bead)를 가진 누름판을 설치하고, 이것에 의하여 전단면에 높은 압축 응력을 발생시킴으로써 고운 전단면을 얻도록 함과 동시에, 블랭킹할 때의 쿠션(스프링의 힘)에 의하여 펀치의 반대쪽은 제품을 강하게 눌러 휨과 거스러미가 없는 제품을 얻기 위한 가공이다.

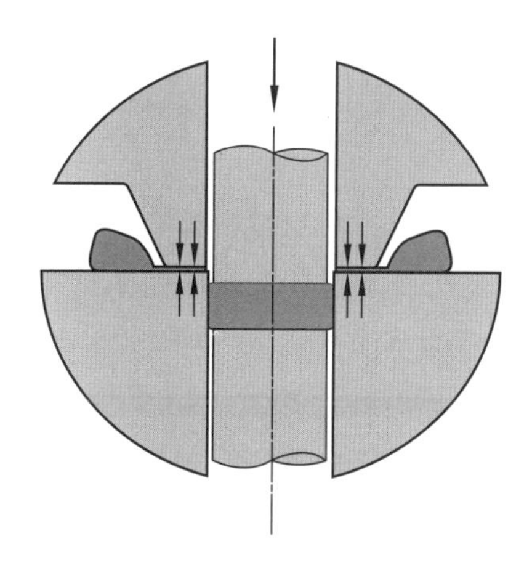

〈그림 4-12〉 정밀 블랭킹 가공

(11) 마무리 블랭킹(finish blanking)

다이(die)와 펀치(punch)의 클리어런스를 극히 적게 함과 동시에 다이의 모서리에 작은 R을 줌으로써 파단면이 없는 매끄럽고 치수 정도가 높은 전단면을 얻을 수 있는 블랭킹 가공을 말한다. 일반적으로 피니싱 블랭킹 가공이라 한다.

(12) 루버링 가공(louvering)

펀치와 다이에서 한쪽만 전단이 되고 다른 쪽은 굽힘과 드로잉의 혼합 작용으로 바늘창 모양으로 가공되는 것이다.

식품 저장고, 자동차의 통풍구 또는 방열창에 이용하며, 랜싱(lancing) 또는 슬릿포밍(slitforming)이라고도 한다.

(13) 일평명 커팅 가공(dinking)

펀치의 절삭 날은 보통 20° 이하의 예각이고 다이 쪽은 날 모양을 갖지 않으며, 반대로 다이에는 절삭 날이 있고 펀치는 날 모양을 갖지 않는 금형으로 가공하는 것이다.

경질 고무, 종이, 가죽, 연질금속의 피어싱 가공 또는 박판에 블랭킹을 하는 것을 일평면 커팅 가공이라 한다.

2 굽힘 성형 가공

재료에 힘을 가하여 굽힘 응력을 발생시킴으로써 판, 막대, 관 등의 재료를 여러 가지 모양으로 굽히거나 성형하는 가공이다.

■ 최소 굽힘 반지름

굽힘 반지름이 너무 작으면 재료가 늘어나는 바깥쪽의 표면에 균열이 생겨 가공이 불가능하게 된다. 이러한 한계 굽힘 반지름을 최소 굽힘 반지름이라 한다. 최소 굽힘 반지름은 R로 표시하며 R의 크기는 가공 소재의 재질, 판 두께, 가공 방법 등에 따라 각각 다르지만 일반적으로 다음 식을 사용하여 구한다.

$$R = R_b \cdot t(\text{mm})$$

R : 최소 굽힘 반지름(mm)

R_b : 굽힘 시험의 최소 굽힘 반지름의 비

t : 가공 소재의 판 두께(mm)

(1) 굽힘 가공(bending)

평평한 판이나 소재를 그 중립면에 있는 굽힘축을 기준으로 압력을 가하여 재료에 굽힘 변형을 주는 가공을 말한다.

가공에 있어서 굽혀진 안쪽은 압축을 받고 바깥쪽은 인장을 받는다.

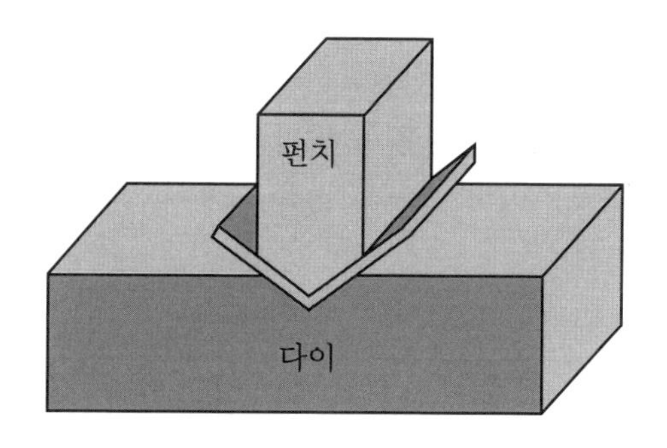

〈그림 4-13〉 굽힘 가공

(2) 성형 가공(forming)

성형 가공(forming)은 좁은 의미의 것으로, 판 두께의 감소를 의식적으로 행하지 않고 금속 재료의 모양을 여러 가지로 변형시키는 가공이다.

(3) 버링 가공(burring)

미리 뚫려 있는 구멍에 그 안지름보다 큰 지름의 펀치를 이용하여 구멍의 가장자리를 판면과 직각으로 구멍의 둘레에 테를 만드는 가공이다.

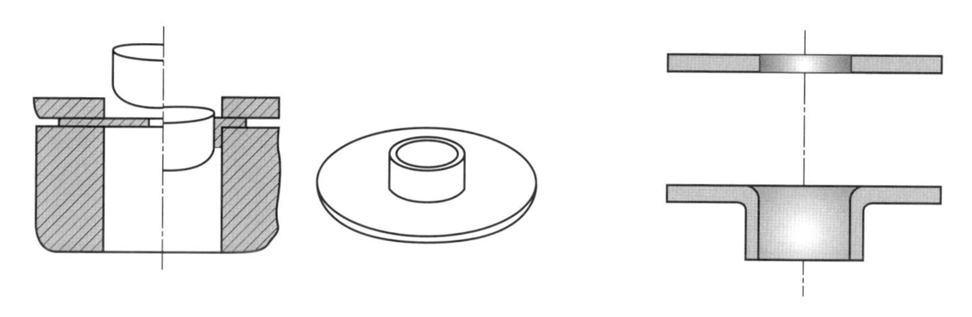

〈그림 4-14〉 버링 가공

(4) 비딩 가공(beading)

용기 또는 판재에 폭이 좁은 선 모양의 비드(bead)를 만드는 가공이다.

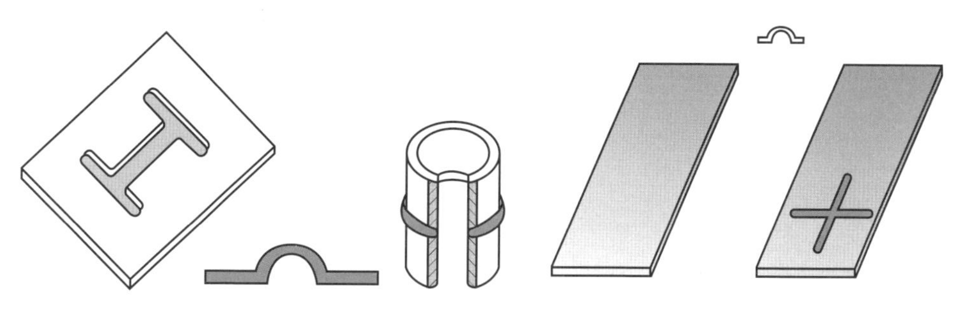

〈그림 4-15〉 비딩 가공

(5) 컬링 가공(curling)

판, 원통 또는 원통 용기의 끝부분에 원형 단면의 테두리를 만드는 가공이다. 이 가공은 제품의 강도를 높여주고 끝부분의 예리함을 없애 제품에 안정성을 주기 위하여 행해지는 가공이다.

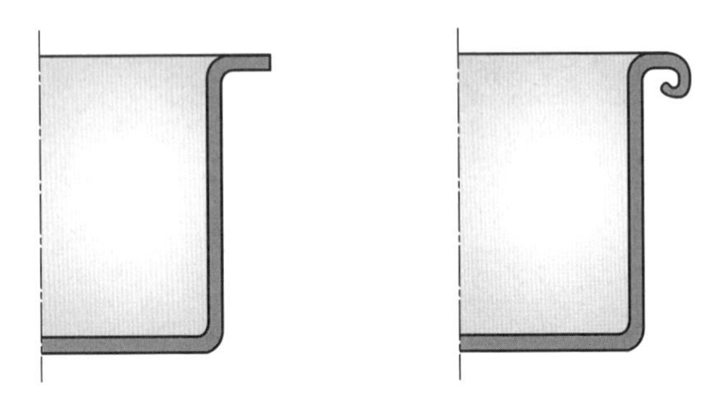

〈그림 4-16〉 컬링 가공

(6) 시밍 가공(seaming)

시밍 가공은 여러 겹으로 구부려 두 장의 판을 연결시키는 가공이다.

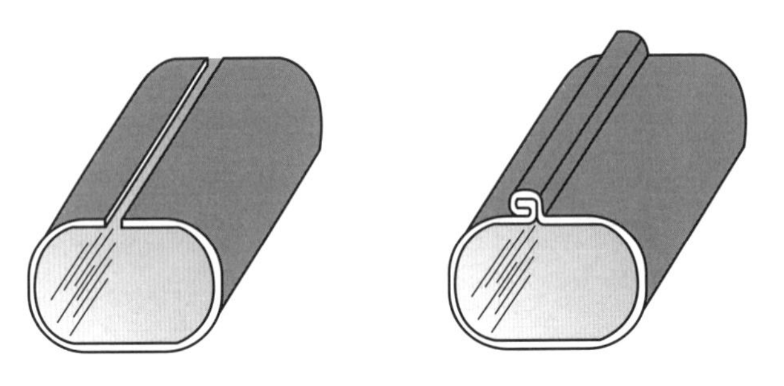

〈그림 4-17〉 시밍 가공

(7) 네킹 가공(necking)

네킹 가공은 원통 또는 원통 용기의 끝 부근의 지름을 감소시키는 가공이다.

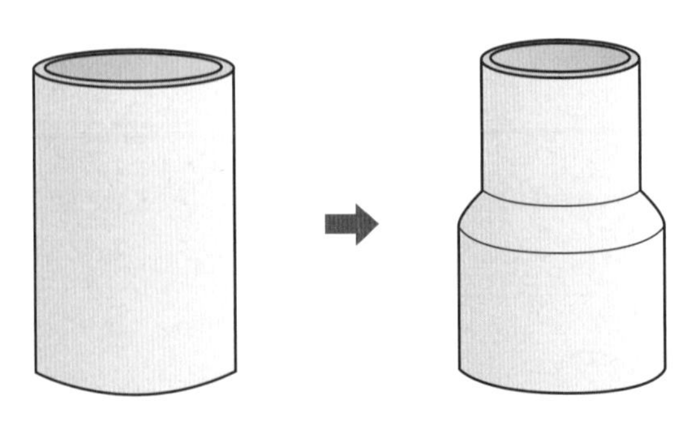

〈그림 4-18〉 네킹 가공

(8) 엠보싱 가공(embossing)

금속판에 이론적으로는 두께의 변화를 일으키지 않고 상하 반대로 여러 가지 모양의 요철(凹凸)을 만드는 가공이다.

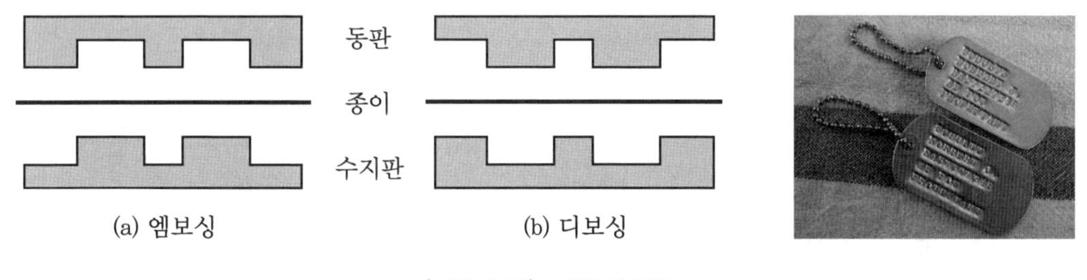

〈그림 4-19〉 엠보싱 가공

(9) 플랜지 가공(flanging)

재료의 끝부분을 굽혀서 플랜지(flange)를 내는 가공이다. 평판의 직선 부분에 플랜지를 붙일 때에는 직선 굽힘이지만 플랜지가 외측으로 향할 때에는 수축 플랜지 가공이며 내측으로 향할 때에는 신장 플랜지 가공이다.

소재의 단부를 직각으로 굽히는 작업으로 굽힘선의 형상에 따라 세 가지로 구분한다.

① 스트레이트 플랜징(straight flanging)
② 스트레치 플랜징(stretch flanging)
③ 슈링크 플랜징(shringk flanging)

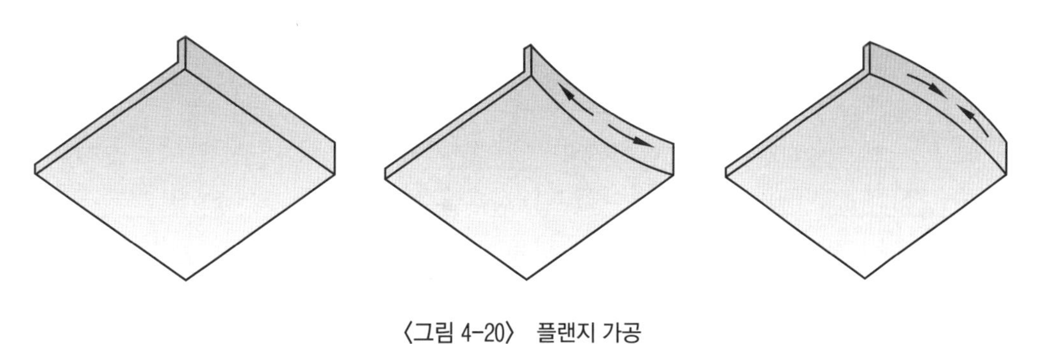

〈그림 4-20〉 플랜지 가공

3 드로잉 가공(drawing)

금속판 또는 소성이 큰 판재를 사용하여 컵 모양 또는 바닥이 있는 중공 용기를 만드는 가공으로, 평평한 판재를 펀치에 의하여 다이 속으로 이동시켜 이음매 없는 중공 용기를 만드는 가공이다.

역드로잉 가공(reverse drawing)은 드로잉 가공된 제품의 외측이 내측으로 되도록 뒤집어서 작은 지름으로 줄이는 가공이며, 아이어닝 가공(ironing)은 용기의 바깥지름보다 조금 작은 안지름을 가진 다이 속에서 펀치로 가공품을 밀어 넣음으로써 밑바닥이 달린 원통 용기의 벽 두께를 얇고 고르게 하여 원통도를 향상시키고 그 표면을 매끄럽게 하는 가공이다.

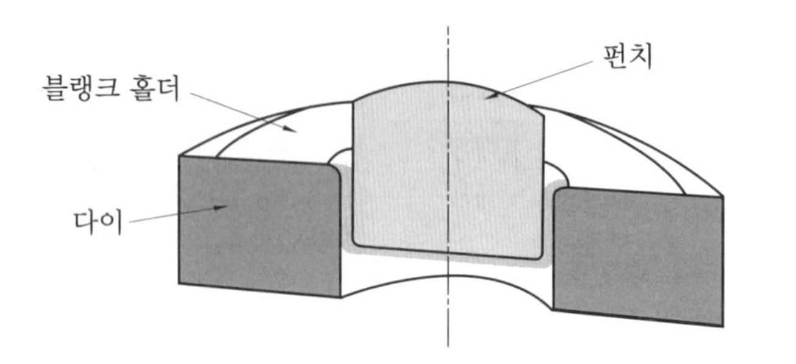

〈그림 4-21〉 드로잉 가공

4 기타 가공

(1) 벌징 가공(bulging)

통 모양의 용기, 관 등의 측벽을 내부로부터 압력을 가하여 배를 부르게 하는 가공이다. 내부로부터 압력을 가하는 수단으로는 방사상으로 분할된 펀치 유체, 겔(gel) 및 고무와 같은 탄성체 등이 사용된다. 또한 면적이 큰 판재에 외형이 변하지 않는 범위 내에서 국부적으로 판 두께를 얇게 하여 돌출 부분을 성형하는 가공도 벌징 가공에 속한다.

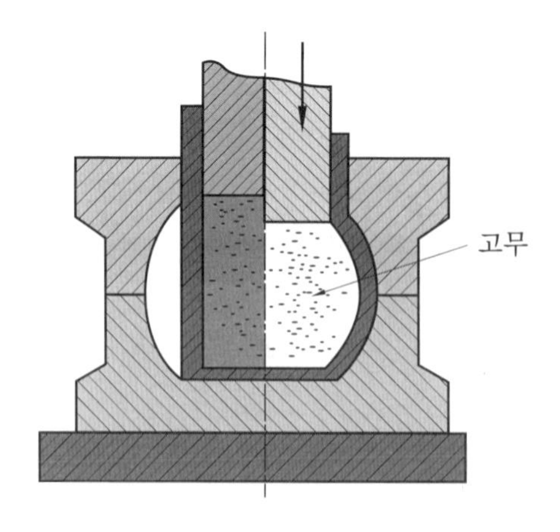

〈그림 4-22〉 벌징 가공

(2) 스트레치 드로 포밍 가공(stretch draw forming)

프레스 또는 금형의 양쪽에 설치된 스트레치 장치에 의하여 강판을 항복점 이상으로 늘리고, 그 상태에서 드로잉 또는 성형 가공을 행하는 것을 말한다.

■ 스트레치 드로 포밍 가공의 장점

① 변형 부분의 응력을 최소로 줄일 수 있다.

② 제품에 주름이 잡히지 않는다.

③ 제품의 두께가 균일하다.

④ 작업(가공) 공정수를 줄일 수 있다.

(3) 하이드로포밍 가공(hydroforming)

고무 패드 성형법과 유사하며, 펀치만 금형을 사용하고 다이는 유압으로 지지된 고무막을 사용하여 가공하는 방법이다. 일반적으로 어려운 제품을 가공할 수 있다.

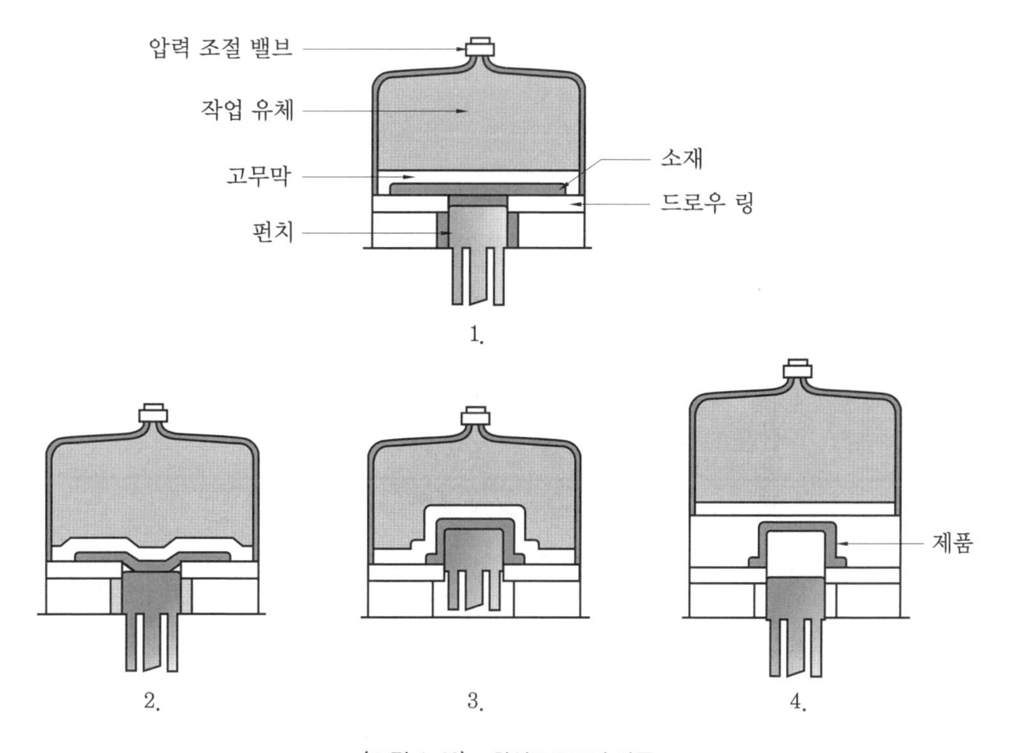

〈그림 4-23〉 하이드로포밍 가공

■ 하이드로포밍 가공의 장점

① 큰 블랭크를 한 번으로 가공할 수 있다.

② 하형 펀치만 만들면 되므로 금형의 제작이 용이하다.

③ 복잡한 형상의 것도 쉽게 성형할 수 있다.

④ 제품에 주름이 생기지 않는다. (442~703 kgf/cm^{2}의 고압으로 성형한다.)

■ 하이드로포밍 가공의 단점

① 드로잉 깊이에 한계가 있다.

② 기계 가격이 비싸다.

(4) 스피닝(spinning)

스피닝 가공(헤라시보리)은 프레스 기계나 금형을 사용하는 보통 프레스 가공과는 전혀 다르다. 스피닝 선반의 주축에 다이를 고정하고, 그 다이에 블랭크를 심압대로 눌러 다이에 함께 회전시켜 작업자가 직접 수공구를 이용하거나 기계적으로 스피닝 공구나 롤러로 블랭크를 다이에 밀어붙여 소요의 형상을 만드는 방법이다.

■ 스피닝 가공의 특징

① 시험 제작용에 적합하다.

② 금형 가격이 저렴하다.

③ 소량 생산에 적합하다.

④ 작업자의 숙련도에 따라 치수 오차가 크다.

〈그림 4-24〉 스피닝 가공 제품

(5) 팽창 성형(expanding forming)

원통 용기나 관의 끝부분의 지름을 넓게 하는 가공으로, 드로잉 가공이 다이와 펀치로 측벽부를 구속하는데 대하여 반구 형상이나 종 모양의 평행부가 없을 때의 가공이다.

■ 팽창 성형의 특징

① 드로잉보다 균열이 쉽게 일어난다.

② 펀치에 접하는 전면에서 인장을 받는다.

③ 다이 측은 전면 접촉하지 않는다.

④ 드로잉 가공에 비하여 재료의 유실이 적다.

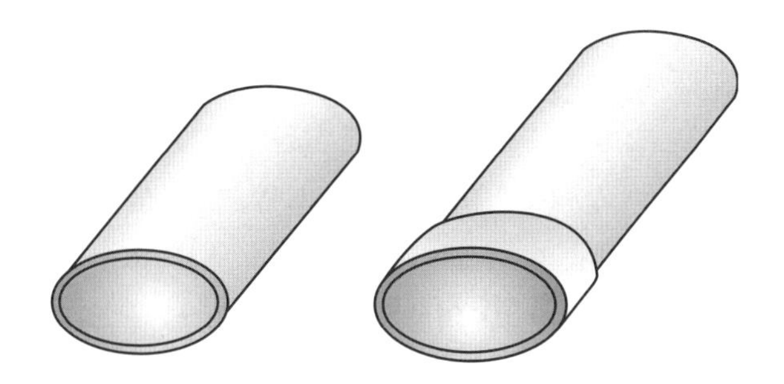

〈그림 4-25〉 팽창 성형

(6) 인장 성형법(stretch forming)

굽힘 가공에서 스프링 백을 제거하거나 줄이기 위하여 굽힘 가공 중에 소재를 항복 응력 이상까지 인장력을 주면서 성형하는 것을 인장 성형법이라 한다.

조(jaw)에 물리는 물림부의 재료 손실에도 불구하고 항공기의 탑 판넬 등의 성형에 많이 이용된다.

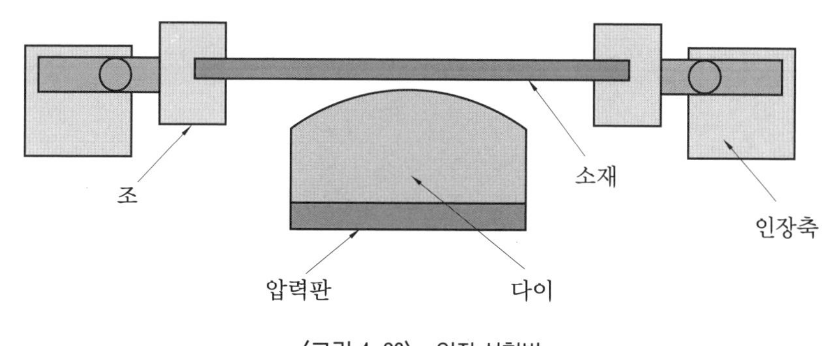

〈그림 4-26〉 인장 성형법

(7) 고무 패드 성형(rubber-pad forming or marform process)

고무 패드 성형 가공은 〈그림 4-27〉과 같이 펀치를 하형에 장착하고, 다이 대신 고무등과 같이 신축재로 채워진 고무 패드가 다이 역할을 하면서 위에서 소재를 눌러 가공하는 방법이다. 주로 익스팬딩(expanding), 드로잉(drawing), 복잡한 엠보싱(embossing) 가공 등에 적합하다.

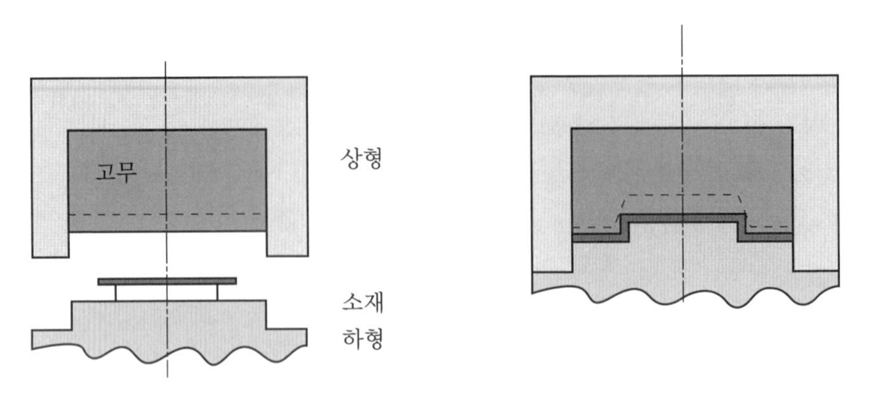

〈그림 4-27〉 고무 패드 성형

(8) 고에너지 성형(HERF : high energy rate forming)

고에너지 성형은 고압을 고속으로 작용시켜 생긴 고에너지를 이용하기 때문에 고속 성형(HVF : high velocity forming)이라고도 한다.

■ 고에너지 성형법의 특징

㈎ 시설비가 비교적 적게 든다.

㈏ 고장력 강판과 같이 강성이 큰 재료와 복잡한 형상도 1회 가공에 완전 성형이 가능하다.

㈐ 소량 생산일 때 유리하다.

㈑ 대량 생산에는 부적합하다. (사이클 타임이 길다.)

① 폭발 성형법(explosive froming)

폭발 성형은 폭약에 의하여 생성되는 고압력과 고온 그리고 충격파를 이용하여 수 μs 내에 성형 또는 합성하는 성형법이다.

반응이 고온 고압에서 이루어지므로 새로운 상이 생성될 가능성이 있고 수 μs간에 고온에서 상온이 되므로 재료의 급랭 효과를 얻을 수 있다는 장점이 있다.

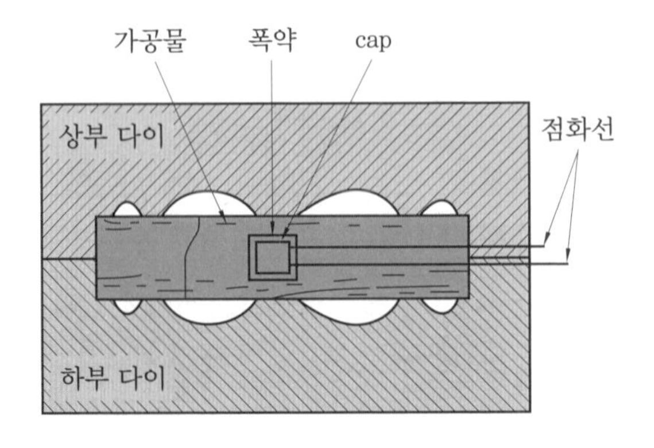

〈그림 4-28〉 폭발 성형법

또한 소결이나 가압성형과 같은 일반적인 방법으로 할 수 없는 크기의 재료도 성형이 가능하다. 높은 이론 밀도를 얻을 수 있고 특별한 장치가 필요하지 않아 성형 시 값이 저렴하다는 장점이 있다.

② 액중 방전 성형(electro hydraulic forming)

폭약 대신 고압으로 충전되어 콘덴서(condenser)가 고전류로 액중의 전압에서 방전을 시킴으로써 높은 열에너지로 액체를 급격히 가열하여 기화시킬 때 물이 팽창하고, 그 충격으로 인하여 성형되는 것이다.

③ 자력 성형법(magnetic forming)

자력 성형법은 전도성이 좋은 가공재에 대해서는 전자력을 이용하여 직접 성형을 하고, 도전성이 불량한 가공재에 대해서는 도전성이 좋은 재료를 보조로 사용하여 성형하는 방법이다.

콘덴서에 충전된 고압의 전류를 단시간에 방전할 때 생기는 고밀도의 자장이 생겨 강력한 힘으로 성형하게 된다.

〈그림 4-29〉는 자력 성형법을 나타낸 것이다.

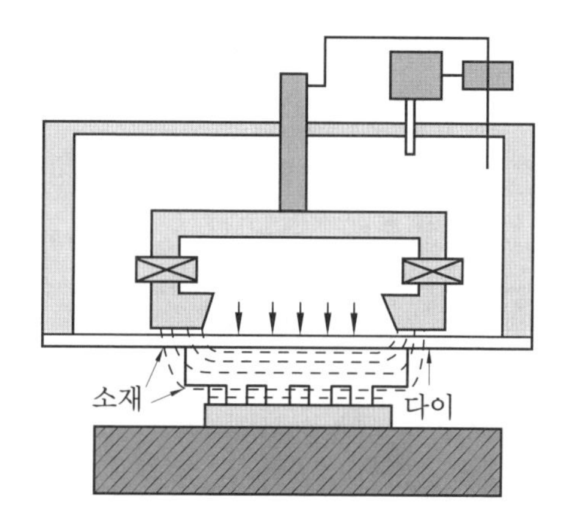

〈그림 4-29〉 자력 성형법

④ 가스 성형법(gas forming)

가스 성형법은 〈그림 4-30〉과 같이 고에너지 연료 가스에 점화하여 폭발 압력을 이용하는 방법이다.

폭발이 안정되어야 하고 사용 가스는 독성이 없어야 하며 어떤 온도나 압력에서도 가스 체적을 유지하고 있어야 한다.

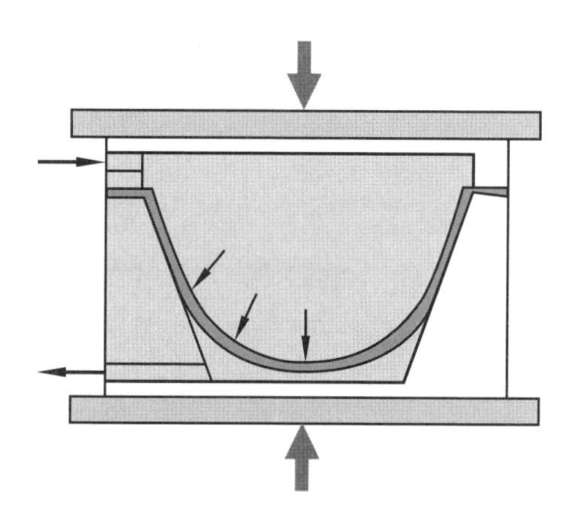

〈그림 4-30〉 가스 성형법

3. 사출 금형

3-1 압축 성형(compression molding)

압축 성형은 가열한 금형의 캐비티에 성형 재료를 넣고 유동 상태가 되었을 때 가압하여 성형하는 방법이다.

사용되는 재료는 열경화성 수지가 사용되고 성형이 아주 간단한 장치로 이루어질 수 있으며, 성형이 정확히 되고 성형 시간이 길어 생산성이 낮다.

압축 성형에는 플래시(flash) 금형(평압형 금형), 포지티브(positive) 금형(압입형 금형), 세미-포지티브(semi-positive) 금형(반압입형 금형)이 있다.

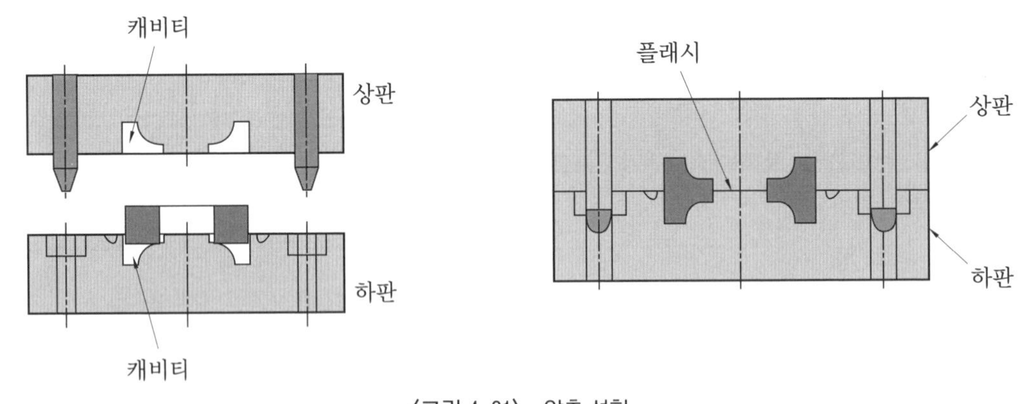

〈그림 4-31〉 압축 성형

3-2 이송 성형(transfer molding)

이송 성형법은 성형하기 전에 미리 금형 밖에서 성형 재료를 가열하고 가열된 성형 재료가 연화 상태로 되면 금형으로 이송한 후 플런저의 가압력으로 금형의 스프루, 러너 및 게이트를 통하여 캐비티로 유입된다.

이때 사용되는 수지는 열경화성 수지이며 성형 가공이 완료될 때까지 재료에 압력이 가해지고, 이송 성형에서는 1회분만 재료가 공급된다. 매회 새로운 성형 재료가 공급되기 때문에 조건 여하에 따라 재료를 충분히 고온으로 예열할 수 있으므로 1사이클의 시간이 단축되고 성형품의 품질이 향상된다.

금형만 이송 금형으로 하고 일반적으로 압축 성형 프레스를 사용하여 행하는 포트식과 보조램(플런저)을 갖춘 트랜스퍼 성형기를 사용하여 성형하는 플런저식이 있다.

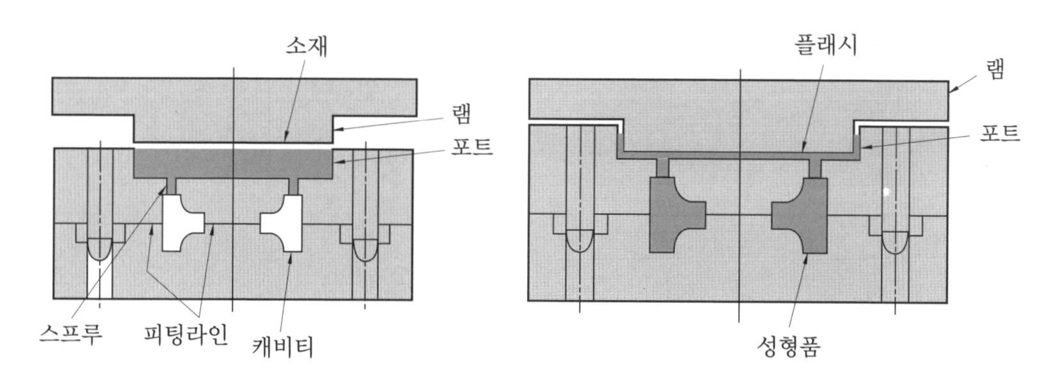

〈그림 4-32〉 이송 성형

3-3 적층 성형(laminated molding)

적층 성형은 종이나 천에 액체 상태의 수지를 스며들게 하여 시트(sheet)와 수지를 층상으로 적층시킴으로써 가열 및 가압으로 경화시켜 한 장의 판상 성형품을 만드는 것이다.

압력에 따라 고압적층과 저압적층으로 구분한다.

3-4 사출 성형(injection molding)

사출 성형은 실린더 속에서 가열, 유동화시킨 성형 재료를 고압으로 금형 내에 사출하고 냉각고화(열가소성 수지) 또는 경화(열경화성 수지)하여 금형을 열고 성형하는 방법이다.

열가소성, 열경화성의 모든 플라스틱에 적용된다.

3-5 압출 성형(extrusion molding)

실린더 속에서 가열 유동화시킨 플라스틱을 다이를 통하여 연속적으로 성형하는 방법을 압출 성형이라 한다.

압출 성형은 성형품의 단면이 직사각형, 원형, T형, 파이프 등의 일정한 단면 형상만을 성형한다.

성형 재료는 유동 상태로 다이에서 유출되어 냉각 고화되므로 대부분 열가소성 수지의 성형에만 한정된다.

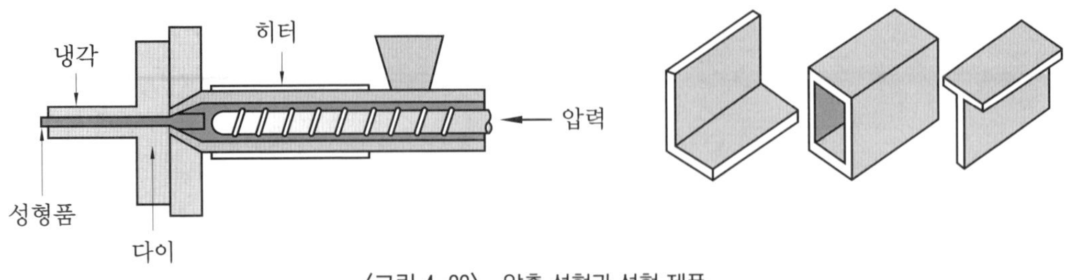

〈그림 4-33〉 압출 성형과 성형 제품

3-6 취입 성형(blow molding)

압출기에서 패리손이라 하는 튜브를 압출하고, 이것을 금형으로 감싼 후 압축 공기를 불어 넣으면 중공품을 만들 수 있다.

중공 성형이라고도 하며 PET병 등을 성형하는 것을 말한다.

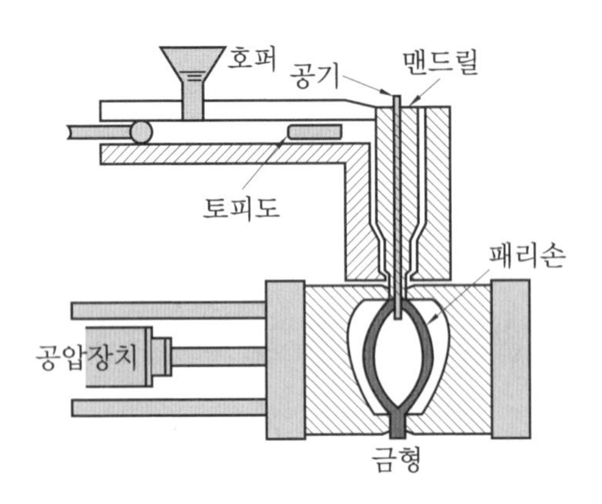

〈그림 4-34〉 취입 성형

3-7 캘린더 성형(calender molding)

캘린더 성형이란 혼련 롤 또는 압축지에서 나온 성형 재료로 주철제 롤을 평행하게 설치하여 조립한 캘린더 사이를 가압시키면서 통과함으로써 두께가 일정한 매우 얇은 시트(sheet) 제품이거나 필름을 연속적으로 성형하는 방법이다.

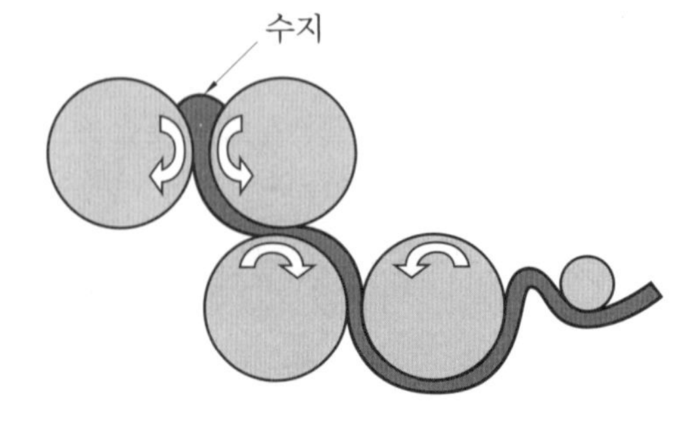

〈그림 4-35〉 캘린더 성형

3-8 사출 압축 성형

사출 압축 성형은 각종 CD(compact disc) 비구면 렌즈로 대표되며 액정 도광판의 성형에 사용되는 기술이다. 종래의 사출 성형에서는 금형 속을 유동하는 용융 재료를 유동하면서 고화되기 때문에 내부 변형이 발생하거나 전사가 유동 방향으로 영향을 미쳐 전사가 고르지 않게 되는 단점이 있다.

또한 사출 압력을 상회하는 형체력이 재료에 작용을 하기 때문에 전사성이 매우 좋아지는 특징이 있다. 금형에 새겨진 모양이나 정보의 전사가 뛰어나서 DVD(digital versatile disc)의 성형에 사용한다.

3-9 가스 사출 성형

가스 사출 성형은 사출 성형기 문제점 가운데 성형품의 두께나 성형 면적의 제약을 가급적 완화하려 하는 것이다. 두께 부에 생기는 기포나 유동단말에 생기는 싱크 방지를 위하여 적극적으로 불활성 가스를 노즐이나 금형 외부에서 보압 중에 주입하는 방법으로, 자동차 외장, 텔레비전 하우징의 성형에 이용된다.

3-10 인서트 몰드 시스템(insert-mold system)

복잡한 3차원 성형에서 질감이나 감촉까지도 재현할 수 있는 최신 기술이다. 금형 사이에 그림 등이 인쇄된 필름을 넣고, 거기에 수지를 흘려 넣어 성형과 동시에 전사하는 시스템으로 복합한 형상의 수지 제품에 선명한 인쇄가 가능하다. 휴대폰의 LCD window, 카메라 window, MP3 case, 화장품 case, 기타 휴대용 제품에 사용된다.

3-11 진공 성형(vacuum forming)

진공 성형은 얇은 플라스틱 재료를 가열하여 금형에 설치된 작은 구멍 또는 가느다란 홈으로 진공시켜 성형하는 방법이다.

면적에 비해 얇은 성형품을 만드는데 적합하며 진공 성형품에서 가장 비중을 차지하는 것은 포장 분야이다.

■ 진공 성형의 장점

① 설비 비용이 저렴하다.
② 생산성이 양호하다.
③ 금형의 소재가 다양하다.
④ 얇은 두께의 성형이 가능하다.
⑤ 장식 보호, 마무리 가공이 양호하다.
⑥ 제품의 완전 자동 포장이 가능하다.

■ 진공 성형의 단점

① 정밀한 두께 조정이 어렵다.
② 후 가공 및 마무리 작업이 필요하다.
③ 스크랩이 다량으로 발생한다.
④ 시트(sheet)의 선 제조가 필요하다.

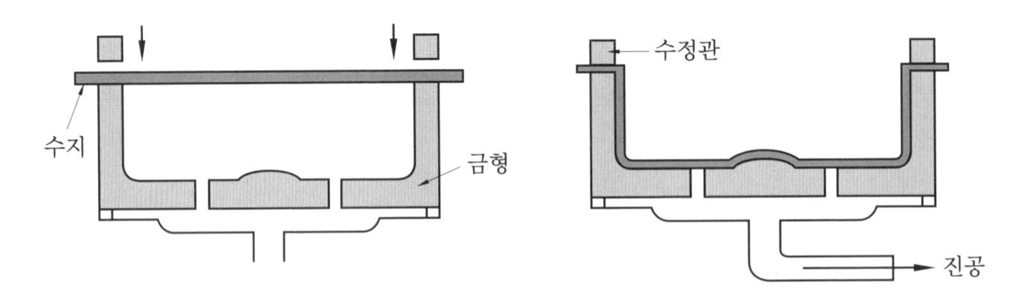

〈그림 4-36〉 진공 성형

〈표 4-1〉 진공 성형용 재료의 특성과 용도

재질	특성	용도
HIPS	• 반투명한 유백색 • 저온에서 PE에 비하여 충격에 약함 • 포장품의 스크래치 방지를 위해 사용	전자 · 전기 · 가전제품 포장, 부품 TRAY, TOY, 컴퓨터 주변기기, 사무용품, 선물 SET 포장, 식음용기, 토목 · 건축용 문양 거푸집 등
PVC	• 투명, 무투명(백색)으로 사용 • 제품의 색상 선택 가능	휴대용 단말기, 컴퓨터용 부품케이스, 전자소형가전, 장난감, 자동차 부품, 가전 부품 등
PP	• 반투명한 유백색 • 저온에서 PE에 비하여 충격에 약함 • 포장품의 스크래치 방지를 위해 사용	각종 액세서리, 사무용품 등의 이동 시 제품 보호를 위한 보호류
PET	• 내열성이 좋음 • 열변형이 적음 • 크랙 현상이 적음 • 무독성으로 음료수 용기에 사용	과학 기자재 포장, 디지털 카메라, 컴퓨터 주변기기, 포장, 식도락 용기 등

익 / 힘 / 문 / 제

1 진공 성형의 장단점에 대하여 설명하시오.

2 가스 사출 성형을 이용하여 성형할 수 있는 제품을 나열하시오.

3 고에너지 성형법의 특징에 대하여 나열하시오.

4 하이드로포밍 가공에 대하여 간단히 설명하시오.

5 굽힘 가공의 종류에 대하여 나열하시오.

6 냉간단조의 장단점에 대하여 나열하시오.

7 동전, 메달을 가공하는 방법을 쓰시오.

8 압축 가공의 장단점에 대하여 설명하시오.

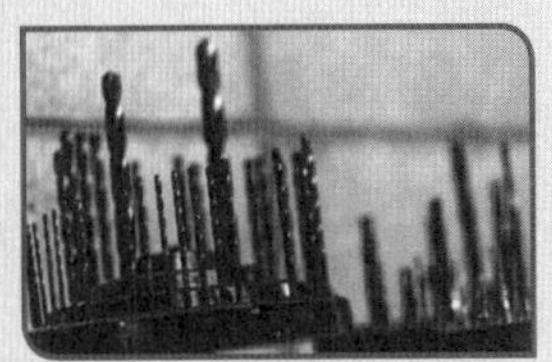

금형 측정

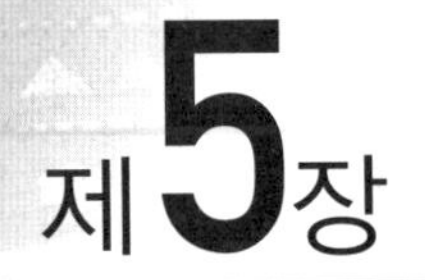

제5장 금형 측정

1. 금형 개요

금형 측정이란 금형을 제작하는 과정 또는 완성 후에 필요한 치수를 측정하는 것이다. 과거에는 mm의 개념에서 측정기기와 금형을 제작하는 장비와 공구의 발전으로 인하여 원자의 크기인 1Å과 동일한 0.1 mm까지 측정할 수 있어 나노 측정(nanometrology)이라는 용어를 사용하고 있다. 인간의 시각으로 볼 수 없는 원자의 세계를 관찰할 수 있는 기술 수준에 도달하게 된 것이다.

1 mm가 10억 분의 1 m이며 100만 분의 1 mm이므로 상상하기조차 어려운 크기이었으나 나노 기술시대에 빠른 속도로 접근하게 되었다.

측정 기술은 금형의 품질과 생산되는 제품에 직접적인 영향이 있으므로 금형 기술의 척도가 되며, 이는 국가의 기술 경쟁력과 직결되기도 한다.

1-1 측정법

측정법은 측정값의 취득 방법에 따라 분류한다. 주로 간접측정법, 직접측정법, 비교측정법으로 구분하며, 측정값은 알 수 없고 선정된 공차 기준에 적합한지의 여부를 판단하는 한계 게이지 방법이 사용되기도 한다.

1 직접측정법

마이크로미터나 버니어 캘리퍼스와 같이 넓은 측정 범위를 가지고 있는 측정기로 피측정물과 동일한 크기의 상태로 만든 다음 측정기에서 지시하는 눈금을 직접 읽어 측정하는 방법이다. 측정자가 측정값을 직접 읽을 수 있고 측정 범위도 넓으므로 소량 다품종의 품목에 적용하기 적합하다. 그러나 정밀한 측정기를 사용할 때에는 숙련과 경험이 요구된다.

2 간접측정법

더브테일의 홈의 각도, 거리 등을 측정하거나 원추의 테이퍼 양을 측정할 때와 같이 직접 측정값을 읽지 못하고 계산에 의하여 측정값을 구하는 측정법을 간접측정법이라 한다. 나사 측정, 기어 측정, 정반의 진직도와 평면도 측정 등이 간접측정법에 속한다.

3 비교측정법

치수를 알고 있는 표준 게이지인 게이지 블록과 피측정물을 나란히 설치하고 다이얼 테이스트 인디케이터나 전기 마이크로미터와 같은 비교측정기에 의하여 그 차를 측정하여 피측정물 치수를 측정하는 방법을 비교측정법이라 한다.

다량 소품종 생산에 가장 적합한 측정방법이며, 높은 정밀도의 측정을 용이하게 할 수 있고 피측정물의 형상 측정, 공작기계의 정밀도 측정, 자동화 측정 등에 광범위하게 응용되고 있다. 그러나 비교측정법은 측정범위가 좁고 기준이 되는 게이지 블록이 필요하며, 직접 피측정물의 치수를 읽을 수 없는 단점이 있다.

1-2 측정기의 분류

측정기의 구조, 형상, 측정원리 등에 따라 분류하며 길이 측정기는 도기, 지시 측정기, 시준기, 게이지 등으로 구분한다.

1 도기

길이 측정에서 사용하고 있는 대표적인 표준 게이지인 게이지 블록과 같이 습동 기구가 없는 구조로 일정한 길이나 각도들을 면이나 눈금으로 구체화한 측정기를 도기라 한다.

도기는 선도기와 단도기로 구분할 수 있다. 단도기에는 V 게이지 블록, 각도 게이지 블록, 직각자, 한계 게이지 등이 있으며, 선도기는 금속자, 표준자 등과 같이 한 개의 도기에 여러 눈금으로 나누어져 있어 여러 가지 치수를 측정할 수 있도록 제작된 측정기를 말한다.

2 지시 측정기

표점의 역할을 하는 눈금이나 지침이 측정 중에 이동하여 필요한 측정량을 읽을 수 있도록 제작된 측정기를 지시 측정기라 하며, 대부분의 측정기가 이에 속한다.

버니어 캘리퍼스, 마이크로미터, 지침 마이크로미터(지침 측미기), 다이얼 인디케이터 등을 지시 측정기로 구분할 수 있지만 다이얼 인디케이터를 별도로 구분하기도 한다.

3 시준기

광학적 확대장치와 광지침 또는 시준선(視準器)을 사용하여 비접촉으로 길이, 각도 등을 측정할 수 있는 측정기를 시준기라 한다. 공구 현미경, 투영기, 오토콜리메이터 등이 이에 속한다.

4 게이지(gauge)

게이지는 가동 부분이 없는 구조의 측정기로 주로 형상 측정에 사용되며 피치 게이지, 드릴 게이지, 반지름 게이지, 와이어 게이지 등이 있다.

2. 금형 측정

2-1 금형 측정의 문제점

금형의 측정 목적은 최종 성형품의 정밀도를 확보하는 것이다. 성형품의 다기능화에 따라 금형의 형상도 복잡하게 되어 고정도의 성형품을 생산하기 위해서는 신뢰성 있는 금형 계측 방법이 필요하게 되었다. 사출 성형 금형의 경우 형상 측정이 어렵고 파팅면의 기준면 설정도 정의하기 어려울 때가 있으며 완성된 금형도 성형품의 생산 도중에 발생되는 온도나 외력에 의한 변형은 정밀 성형품 생산 및 금형 계측의 최대의 관심이다.

예를 들면 실온 2℃의 변화로 길이 100 mm의 부분이 금형에서는 24 μm, 성형품에서는 10~30 μm가 변형한다. 측정물을 측정실에 잠시 방치하여 융합하여도 금형과 같이 열용량이 클 때에는 의외로 온도가 균일하게 되는 데 시간이 걸린다.

이와 같은 문제점을 해결하기 위하여 현장에서는 정확히 검증된 데이터에 의한 금형 가공, 정밀한 금형 계측 방법, 금형 공정 관리에 많은 연구를 하고 있다.

2-2 금형 측정용 기기

일반적으로 측정 공구에는 마이크로미터, 버니어 캘리퍼스, 확대경, 강철 자, 정반, 블록 게이지, 하이트 게이지, 다이얼 게이지, 실린더 게이지, 한계 게이지 등이 있다.

1 버니어 캘리퍼스(vernier calipers)

버니어 캘리퍼스는 곧은 자와 2개의 조 및 깊이 바로 되어 있는 주척의 눈금과 부척의 눈금으로 측정물의 바깥지름, 안지름 및 깊이를 측정하는 측정기이다.

측정 정도는 일반적으로 0.05 mm를 많이 사용하고 있으며 0.01 mm를 측정할 수 있는 것도 있다. 측정 조와 어미자 눈금 및 아들자 눈금에 의해 간편하게 치수를 측정할 수 있다.

버니어 캘리퍼스의 규격은 일반적으로 150, 200, 300, 600, 1000 mm가 있으며 이송구가 부착된 M형은 130, 180, 280, 600, 1000 mm가 있다.

금형을 측정할 때 사용하는 버니어 캘리퍼스의 종류에는 현장에서 가장 많이 사용하고 있는 일반형 버니어 캘리퍼스, 다이얼 게이지와 캘리퍼스가 조합되어 다이얼 게이지의 지침으로 길이를 측정할 수 있는 다이얼 버니어 캘리퍼스, 단차 측정에 많이 사용하는 오프셋 캘리퍼스, 깊이와 단차를 측정할 수 있는 깊이 버니어 캘리퍼스, 디지털 버니어 캘리퍼스 등이 있다.

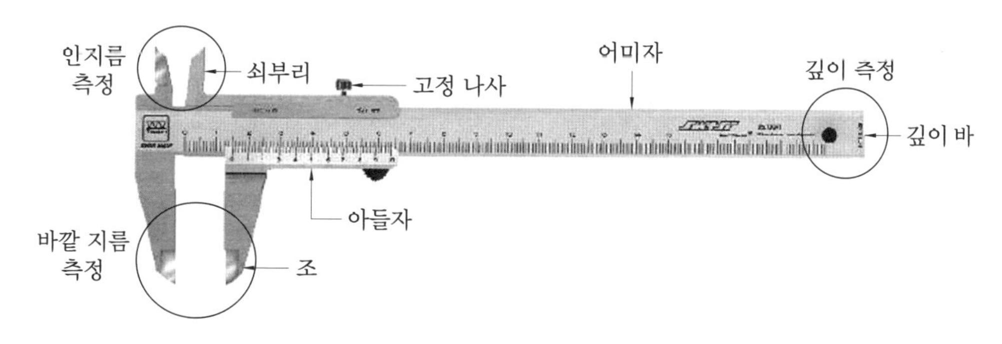

〈그림 5-1〉 버니어 캘리퍼스의 구조

(1) 버니어 캘리퍼스의 종류

① M_1형 버니어 캘리퍼스

㈎ 슬라이더가 홈 형이며, 내측 측정용 조가 있고 300 mm 이하에는 깊이 측정자가 있다.

㈏ 최소 측정값은 0.05 mm 또는 0.02 mm이며 호칭 치수는 150, 200, 300, 600 mm가 있다.

② M_2형 버니어 캘리퍼스

㈎ M_1형에 미동 슬라이더 장치가 붙어 있는 것이며 호칭 치수는 130, 180, 280 mm가 있다.

㈏ 최소 측정값은 0.02 mm이다.

③ CB형 버니어 캘리퍼스

슬라이더가 상자형으로 조의 선단에서 내측 측정이 가능하며 이송 바퀴에 의한 슬라이더를 미동시킬 수 있다.

CB형은 경량이지만 화려하기 때문에 최근에는 CM형이 많이 사용되며 5 mm 이하의 작은 안지름을 측정할 수 없다.

④ CM형 버니어 캘리퍼스

슬라이더가 홈 형으로 조의 선단에서 내측 측정이 가능하고 이송 바퀴에 의하여 미동이 가능하다.

최소 측정값은 1/50=0.02 mm로 호칭 치수는 300, 450, 600, 1000, 1500, 2000 mm 등이 사용된다. (CM형 타입은 조의 길이가 길어서 깊은 곳의 측정이 가능하며, 5 mm 이하의 작은 안지름은 측정할 수 없다.)

⑤ 기타 버니어 캘리퍼스

버니어 캘리퍼스 특수형은 구멍이나 오목한 곳의 깊이를 측정하는 버니어 깊이 게이지와 정반 위에서 높이의 측정이나 정밀한 금긋기 작업에 사용되는 버니어 높이 게이지, 지침으로 오차를 지시하는 다이얼 부착용 버니어 등이 있다.

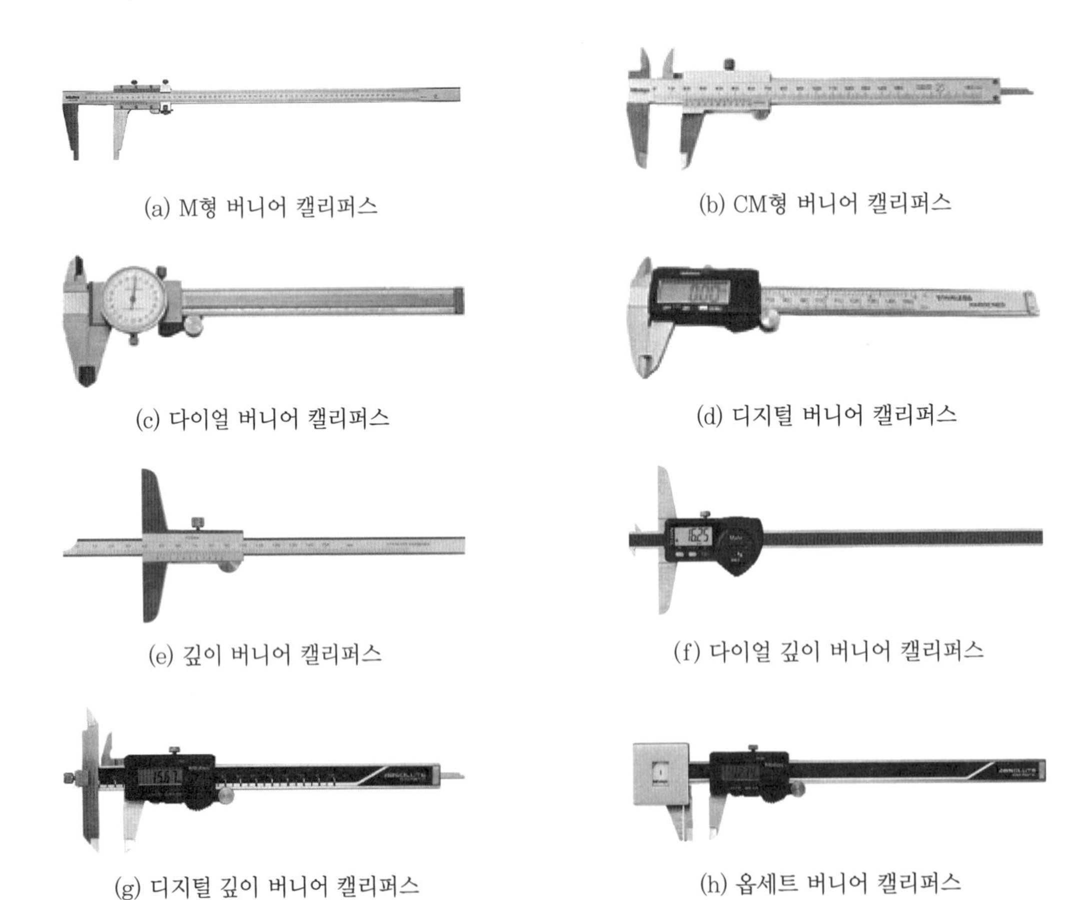

(a) M형 버니어 캘리퍼스
(b) CM형 버니어 캘리퍼스
(c) 다이얼 버니어 캘리퍼스
(d) 디지털 버니어 캘리퍼스
(e) 깊이 버니어 캘리퍼스
(f) 다이얼 깊이 버니어 캘리퍼스
(g) 디지털 깊이 버니어 캘리퍼스
(h) 옵세트 버니어 캘리퍼스

〈그림 5-2〉 버니어 캘리퍼스의 종류

2 하이트 게이지(height gauge)

하이트 게이지는 대형 금형, 복잡합 형상의 금형 부품 등을 정반 위에 올려놓고 정반면을 기준으로 하여 높이를 측정하며 스크라이버(scriber)로 금긋기 작업에 사용한다.

하이트 게이지에는 HM형, HB형, HT형, HM형과 HT형 병용형, 다이얼 하이트 게이지, 간이형 하이트 게이지 및 디지털 하이트 게이지가 있다.

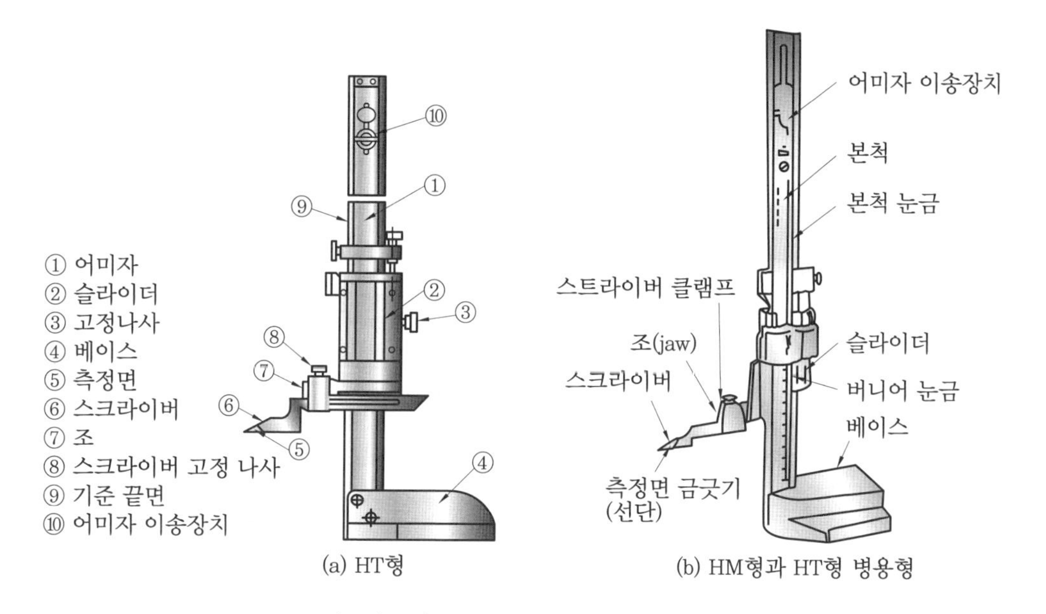

〈그림 5-3〉 하이트 게이지의 구조와 명칭

〈그림 5-4〉 각종 하이트 게이지

3 마이크로미터(micrometer)

마이크로미터는 나사를 이용하여 딤블과 스핀들의 눈금으로 길이, 바깥지름, 안지름 및 단차 등을 측정한다. 측정 정도는 일반적으로 0.15 mm를 많이 사용하며 0.001 mm를 측정할 수 있는 것도 있다.

마이크로미터의 종류에는 길이 및 바깥지름을 측정할 수 있는 바깥지름 마이크로미터, 안지름을 측정할 수 있는 안지름 마이크로미터, 0.001 mm까지 측정할 수 있는 마이크로미터, 엔빌 측에 다이얼 게이지를 부착한 다이얼 게이지 마이크로미터, 깊은 홈이나 곡면 형상을 측정할 수 있는 포인트 마이크로미터 및 깊이 측정을 할 수 있는 깊이 마이크로미터와 디지털 마이크로미터가 있다.

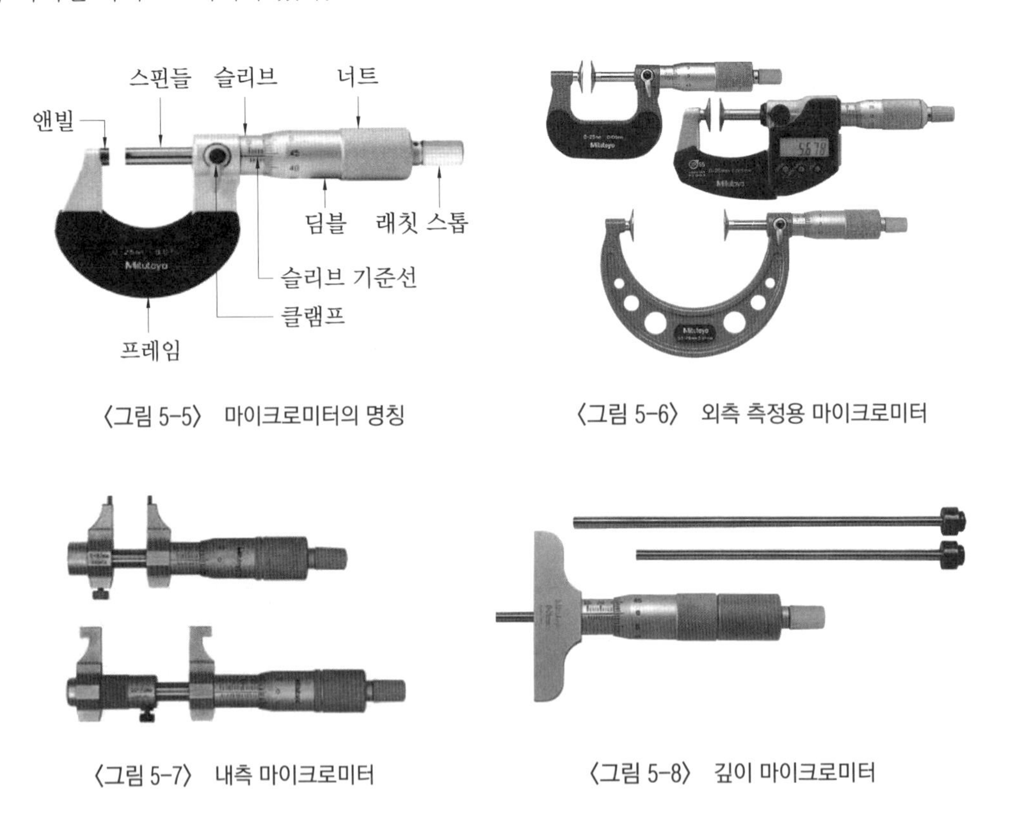

〈그림 5-5〉 마이크로미터의 명칭

〈그림 5-6〉 외측 측정용 마이크로미터

〈그림 5-7〉 내측 마이크로미터

〈그림 5-8〉 깊이 마이크로미터

4 게이지 블록

게이지 블록은 길이 기준으로 사용되며, 여러 개의 게이지를 조합하여 1~200 mm까지 0.01 mm 간격으로 높은 정밀도의 치수를 얻을 수 있다.

일반적으로 가장 많이 사용하는 직사각형의 단면을 가진 요한슨형, 중앙에 구멍이 뚫린 정사각형의 단면을 가진 호크형 및 원형으로 중앙에 구멍이 뚫린 캐리형이 있다.

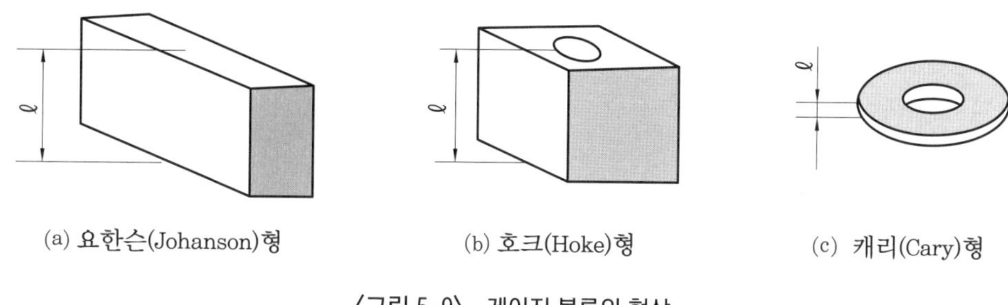

(a) 요한슨(Johanson)형 (b) 호크(Hoke)형 (c) 캐리(Cary)형

〈그림 5-9〉 게이지 블록의 형상

5 다이얼 게이지(dial gauge)

다이얼 게이지는 측정자의 직선 또는 원호 운동을 기구적으로 확대하여 그 움직임을 지침의 회전 변위로 변환시켜 눈금으로 읽을 수 있는 길이 측정기이다. 지침의 회전 범위가 1회전 이상이며 지침의 회전이 1회전 이하인 것을 지침 마이크로미터(지침 측미기)라고 한다.

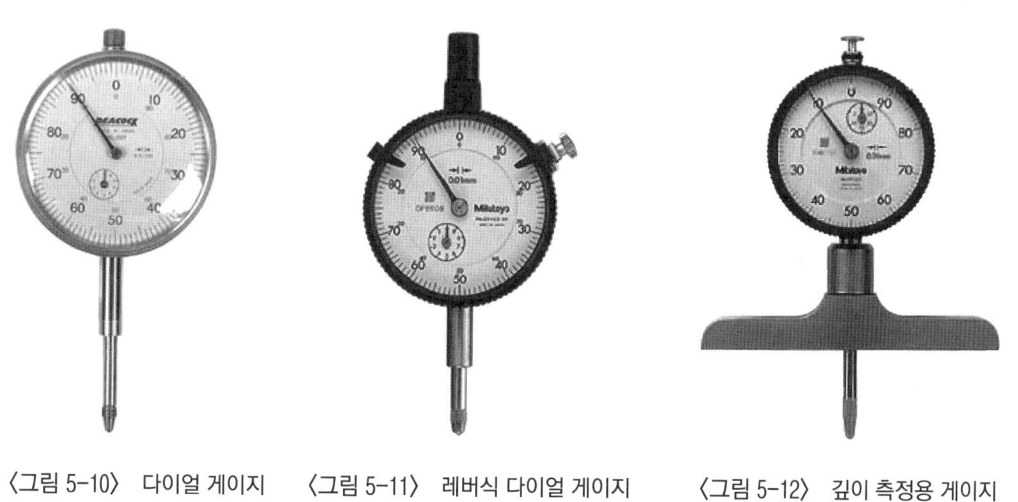

〈그림 5-10〉 다이얼 게이지 〈그림 5-11〉 레버식 다이얼 게이지 〈그림 5-12〉 깊이 측정용 게이지

■ 다이얼 게이지의 용도

① 안지름, 바깥지름 측정
② 높이, 두께, 깊이, 흔들림 측정
③ 진원도, 직각도 측정
④ 가공 길이, 공구 위치 측정

■ 다이얼 게이지의 특징

① 연속되는 변위량의 측정이 가능하다.
② 측정 오차가 작고 측정 범위가 넓다(1~수십 mm).
③ 소형, 경량으로 취급이 용이하다.
④ 다수 개소의 측정을 동시에 할 수 있다.
⑤ 치구의 사용에 따라 광범위하게 측정할 수 있다.

6 투영기

투영기는 복잡한 형상, 변형하기 쉬운 것, 기계적 측정이 곤란한 것 등에 사용된다. 투과 또는 반사에 의하여 측정하려고 하는 대상의 윤곽을 스크린에 나타내며, 10배 또는 20배의 배율이 많이 사용된다. 측정 방법은 다음과 같다.

① 정확한 배도와 스크린에 나타나는 측정물 형상의 차이를 본다.

② 스크린 상의 기준선에 형상의 한쪽을 맞춘 후 측정물을 올린 재물대를 X, Y의 방향으로 이동시켜 한쪽을 맞추고, 그 이동량을 읽는다.

원의 지름인 경우 〈그림 5-13〉과 같이 원의 우측에 기준선을 맞추고, 그때의 값 (20.13)을 읽은 후 우측에 맞춘 값(18.35)을 읽는다.

이때 원의 지름은 20.13-18.35=1.78 mm가 된다. 기준선은 직선 이외의 원을 중심으로 원의 피치 및 원호의 위치 등도 구할 수 있다.

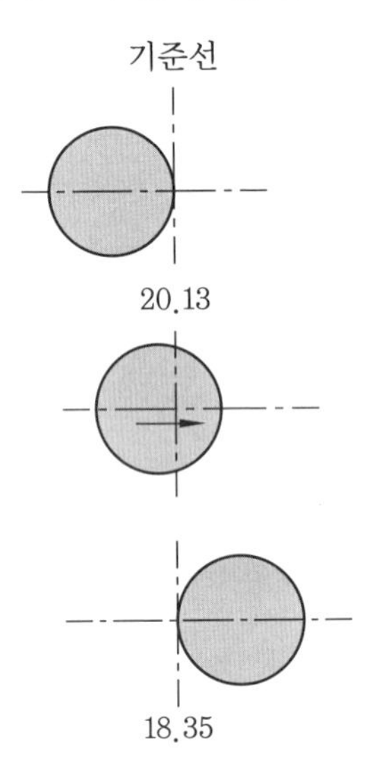

〈그림 5-13〉 투영기의 측정

③ 각도의 측정 방법

회전 스크린을 사용하여 각도 측정이 가능하다. 투영기는 평탄한 대상물이 측정에 적합하고 높이가 다른 것이나 윤곽부에 코너 R가 있는 것은 초점을 바꾸지 않으면 안 되고 오차도 많기 때문에 피하는 것이 좋다.

7 공구 현미경(tool maker's microscope)

공구 현미경은 렌즈로 보면서 X, Y 방향으로 테이블을 이동시켜 측정하며 길이, 각도, 윤곽 등을 측정하는데 편리한 기기이다.

투영기에 비하여 화상이 밝고 세부까지 표면 상태를 볼 수 있기 때문에 요철이 있는 형상의 측정도 용이하다.

배율을 올리고 초점 심도를 낮추어 높이 방향의 측정도 가능하며, 이동의 최소 눈금은 일반적으로 0.001 mm이고 고정도 측정이 가능하다.

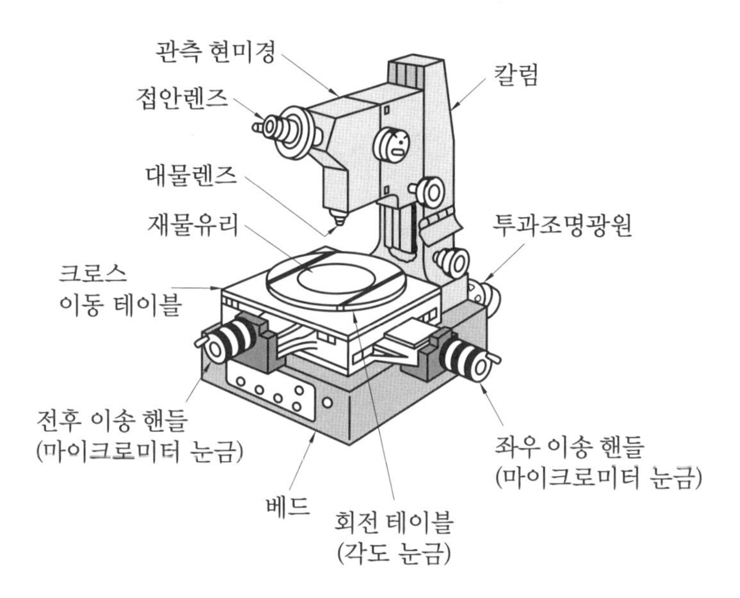

〈그림 5-14〉 공구 현미경의 구조

8 3차원 측정기(3-coordinate measuring machine)

3차원 측정기는 센서(프로브)로 피측정물의 위치를 X, Y, Z 각 좌표로 읽는다. 3차원 측정기는 3차원 수치를 디지털로 표시하지만 컴퓨터와 접속하여 CNC화한 것이 많다.

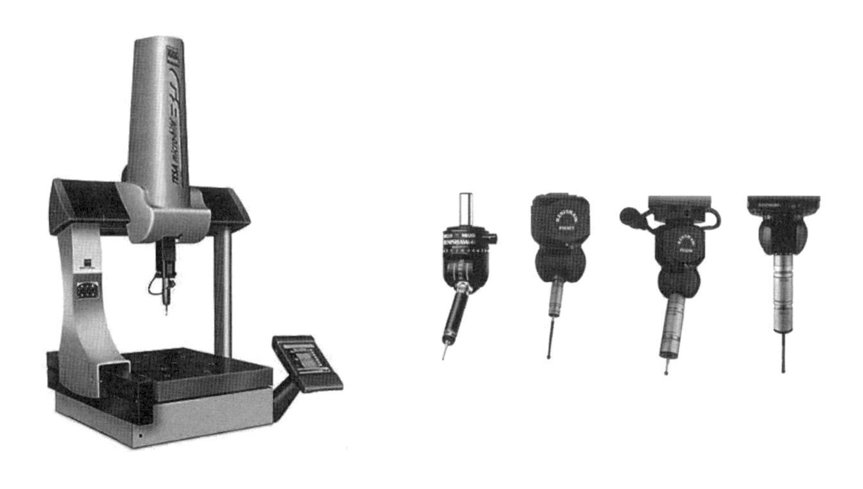

〈그림 5-15〉 3차원 측정기와 프로브

(1) 특징

금형 제작 및 측정에 이용되는 3차원 측정기의 특징은 다음과 같다.

■ 3차원 측정기의 특징

① 측정의 합리화와 성력화
② 금형 측정 데이터 작성
③ 측정 정도의 향상
④ 측정 및 판독 오차를 작게 함
⑤ 종래의 측정 불가의 형상 측정
⑥ 모방 모델의 정도 향상

(2) 사용 시 주의 사항

① 치수가 작은 금형이나 압출 성형에서와 같이 매우 좁은 홈이 많을 때 가늘고 저측 정력인 프로브를 사용한다.
② 프로브에 의한 홈을 막기 위하여 로터리형의 프로브를 사용한다.
③ 빼기구배가 클 때에는 프로브의 접촉점이 프로브 반지름을 R로, 경사각을 θ로 하면 R$\sin\theta$만큼 깊은 위치에서 접촉하게 되어 부위에 따라 경사각이 다를 때 오차의 원인이 된다.
이때에는 프로브 반지름을 극히 작게 하거나 같은 높이의 능선으로 접촉하는 반지름 프로브나 에지 프로브를 사용한다.
④ 자기를 띤 금형은 그 영향을 받지 않는 프로브를 선택한다.

(3) 구성 요소

일반적인 CNC 3차원 측정기의 구성은 다음과 같다.

■ 3차원 측정기의 일반적인 구성

① 측정기 본체
② 컨트롤러
③ 센서 : 전자식, 기계식, 광학식
④ 위치 표시 디스플레이(X축, Y축, Z축)
⑤ 외부 데이터 처리 장치 : 도형 처리, NC 테이프 작성, CAD/CAM 접속
⑥ 부속장치 : 로터리 테이블, 구성용 기준 공구

(4) 종류

〈표 5-1〉은 CNC 3차원 측정기의 종류와 특징을 나타낸 것이다.

〈표 5-1〉 CNC 3차원 측정기의 종류와 특징

구분	고정식 CNC	범용 CNC	인프로세스 CNC
측정 범위	소	중~대	소~중
측정 범위당 가격	고가격	저가격	고가격
측정 속도	저	중	고
측정 방식	point-to-point 모방 측정	point-to-point 모방 측정	point-to-point 모방 측정
측정 순서	터치형	터치형	가공 현장
측정 장소	전용 측정실	일반 검사실	가공 현장
특징	자동 측정에 의하여 인적 영향을 배제	측정의 성력화를 목적으로 한 매뉴얼기의 연장	생산 공장에서 자동화에 대응한 측정기

(5) 측정 적용의 예

① 3차원 형상의 점 표시(X, Y, Z)
② 원의 지름 및 위치 측정 : 임의의 세 점을 측정하여 원의 지름과 중심을 구한다.
③ 진원도 및 동심도
④ 높이가 다른 구멍의 위치
⑤ 오목 곡면의 형상
⑥ 3차원 형상 측정 : 측정 데이터 이외의 플로터로 형상을 작도한다.
⑦ 형상 검사 : 컴퓨터 내의 기준과 오차를 검출한다.
⑧ 형상 모델 측정 : 클레이 모델, 마스터 모델을 측정하여 형상 정보를 바꾼다. 이 정보에 따라 작도 및 NC 가공이 가능하다.
⑨ 시험 가공품의 측정
⑩ 조립 후의 상호 위치 정도
⑪ 어셈블리 부품의 상호 정도

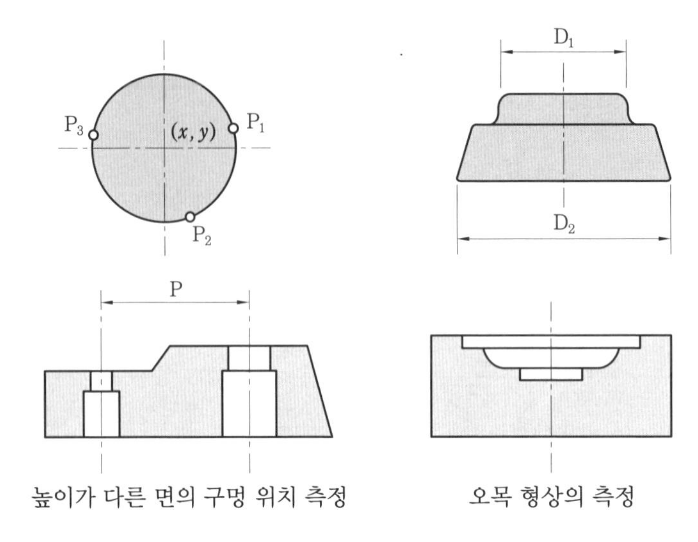

〈그림 5-16〉 3차원 측정기의 적용의 예

9 비접촉 3차원 측정기

비접촉 3차원 측정기는 영상 처리(image processing) 기술에 의하여 고속, 고정도 측정이 가능하며 디스플레이, 반도체 분야 및 산업 분야에 미세한 가공 개소가 많거나 유연성 재질의 제품 측정에 사용한다.

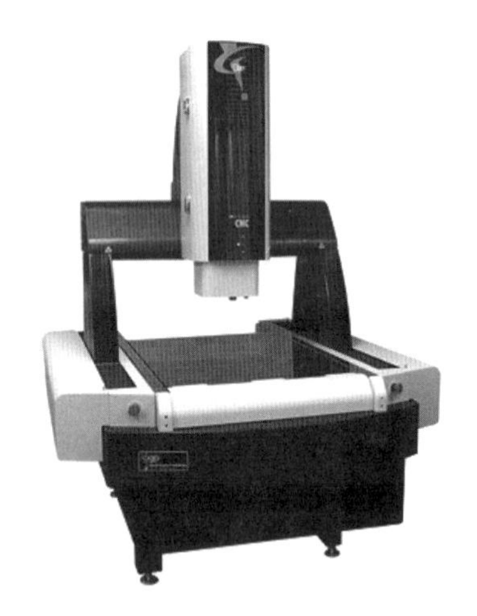

〈그림 5-17〉 비접촉 3차원 측정기

(1) 특징

① 고정도의 정밀도
② 신속 정확한 초고속 측정 가능
③ 다양한 기능의 측정 자료 처리

(2) 적용 분야

① 오일 링 등 고무 및 연질
② 반도체 부품
③ 플라스틱 사출 성형품
④ 소형 기계 가공 및 금형 부품 등 정밀 측정 제품
⑤ TFT-LCD 부품
⑥ MEMS, 광학렌즈, 박막의 단차 등의 표면 형상 측정

익 / 힘 / 문 / 제

1 금형 측정상의 문제점에 대하여 설명하시오.

2 길이 측정에 사용하는 측정기에 대하여 설명하시오.

3 3차원 측정기의 특징에 대하여 설명하시오.

4 비접촉 3차원 측정기의 적용 분야에 대하여 설명하시오.

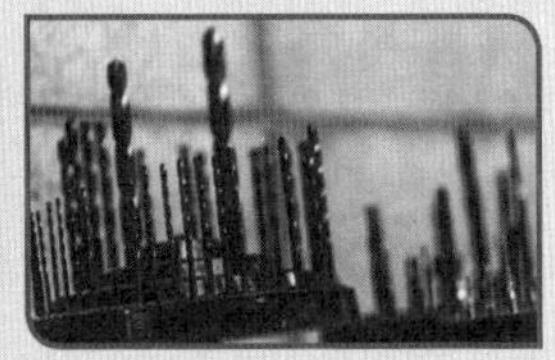

금형의 조립 및 검사

제6장 금형의 조립 및 검사

1. 금형의 조립

금형의 조립 작업은 금형의 성능을 충분히 발휘시키기 위한 중요한 작업으로, 금형의 사용방법을 충분히 이해하여야 하며, 조립은 가공 도면에 의하여 가공된 금형의 부품을 금형 조립 도면과 공정에 맞추어 조립 · 조정하며 마무리 작업의 각 요소를 전체 종합하여 결합, 끼워맞춤, 기타 작동 부분의 원활한 조립 · 조정 등 순서대로 정리해야 한다.

조립 순서는 먼저 금형의 조립도면에 따라 각 부품의 조립 작업을 시작하기 전에 제품 도면에 따른 측정 검사를 하여, 다듬질 작업에서 맞춤면 간격 등 가공의 여유가 각 부품에 어느 정도 남았는지를 측정하고 접촉 상태나 맞춤을 자기 손으로 반드시 확인한다.

특히 조립 시 가공 응력에 대한 변형이나 열처리에 의한 변형 등의 치수 변화도 조정하여야 하는데, 이때는 설계자와 협의하여 하도록 한다. 동일 현상이나 대칭물의 조립은 반드시 조립 후 맞춤 마크를 표시하고 동일 치수의 부품도 조정 후 다른 곳에 사용하지 않도록 한다.

1-1 조립의 일반 사항

금형 조립 시 일반 사항은 다음과 같다.

① 금형 요소 부품의 위치를 측정한 후 상대 조립품의 위치를 결정하여 조립한다.

①의 경우는 일반적 금형의 조립 방법으로 다음과 같은 특징이 있다.

㈎ 지그 보링 등의 고정도 가공용 기계가 없어도 고정도 금형을 만들 수 있다.

㈏ 조립공의 수가 많아진다.

㈐ 부품을 가공할 때 조립에 필요한 부분을 고정도로 다듬질 가공하지 않아도 된다.

㈑ 부품의 가공 불량이 적다.

㈒ 조립할 때 맞추기 때문에 조립 후의 전체 오차가 작아진다.

(바) 작업자의 손에 따라 조립 후의 정도가 달라진다.

(사) 보수 정비할 때 정도의 재현성이 나쁘다.

(아) 금형 제작의 기계화, 특히 NC 공작기계의 유효한 이용이 곤란하다.

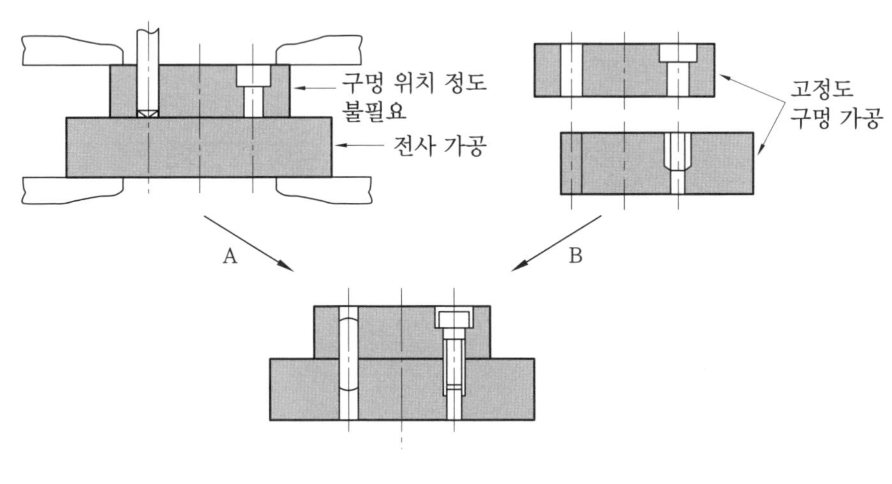

〈그림 6-1〉 금형의 조립 방법

② 설치용 구멍을 포함하여 모든 부품을 금형의 주요 블록별로 완성하여 조립한다.
②의 경우는 대체적으로 ①의 경우와 반대의 특징이 있다.

1-2 금형 부품의 위치 결정

정확한 금형 조립을 위한 필요 조건은 다음과 같다.

① 각 부품의 주요 조립 부분의 치수 정밀도가 정확해야 한다.

② 각 부품은 정확한 위치에 조립되어야 하며 위치는 금형의 분해 · 조립 후에도 위치의 변화가 없어야 한다.

③ 각 부품은 충분한 강도로 고정되어 사용 중에 헐거워지거나 분해되지 않아야 한다.

1 위치 결정 방법

(1) 다월 핀에 의한 위치 결정

다월 핀은 열처리한 평행 핀이며 두 개를 한 조로 하고 있다.

한 개일 때 위치는 결정하지만 회전에 대하여 엇갈림이 남으며, 3개 이상 사용하면 상호 구멍의 위치를 고정도 가공이 어렵다.

따라서 측압을 받아 처짐이 생기는 긴 부품에 3개 이상의 다월 핀을 사용하여 강성을 높이기도 한다.

다월 핀의 위치는 〈그림 6-2〉의 (a)와 같이 거리가 가까우면 회전력에 불안정하며 오차가 커질 수 있다. 특히 역방향으로 조립되는 것을 방지하기 위하여 (b)와 같이 핀의 위치를 변위시켜 가공한다.

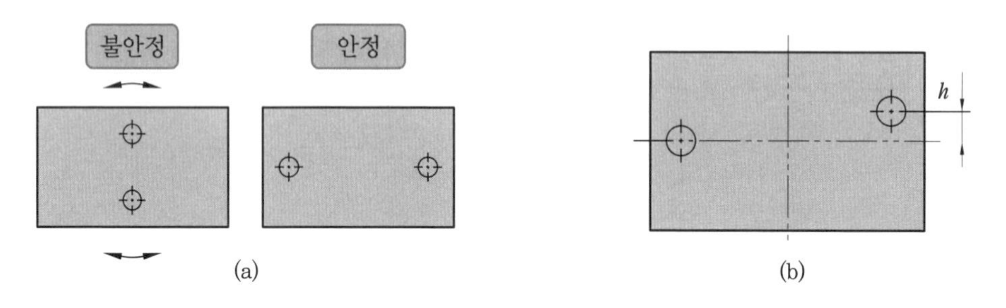

〈그림 6-2〉 다월 핀에 의한 위치 결정

(2) 홈에 의한 위치 결정

부품의 한쪽에 홈을 파고, 그 홈에 다른 부품을 조립하여 위치 결정을 하는 방법이다.

〈그림 6-3〉의 (a)는 플레이트에 블록을 고정하고 키를 병용하여 고정한 경우이며, (b)는 정밀 순차 이송 금형의 대표적인 구조인 채널 스플릿형(channel split type)으로, 전후 방향을 핀의 홈과 블록의 외형으로 위치를 결정한다.

이때 좌우의 위치 결정은 키 또는 누름판을 사용한다. (c)는 블록 상의 부품을 조합하는 경우이며 한쪽에 홈을 파고 다른 쪽에 돌기부를 만들어 조립한다.

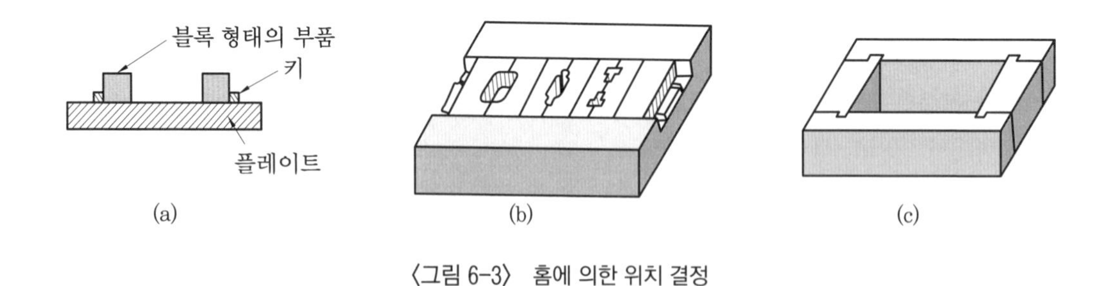

〈그림 6-3〉 홈에 의한 위치 결정

(3) 블록에 의한 위치 결정

블록의 부품을 여러 개 조합하는 경우 각각의 블록의 외형 치수를 정확하게 가공하여 상호 위치를 구한다. 정밀 가공부의 치수를 측정 · 검사하여 오차가 있을 때 블록의 외형 치수를 수정하여 맞춘다.

치수가 작을 때에는 블록 사이에 심을 넣어 조정하며 모든 부품을 정확히 조립한 후 외측의 부품을 다웰 핀으로 고정한다.

(4) 포켓 내의 인서트에 의한 위치 결정

부품의 한쪽에 고정도의 포켓(구멍)을 파고 인서트 부품을 조립하여 위치 결정을 하는 방법이다. 엔지니어링 플라스틱 성형 금형이나 순차 이송 금형에 많이 사용되고 있다.

포켓 가공 시 형상은 특수한 경우를 제외하고 대부분 원형과 사각형으로 하지만 원형일 때에는 회전 방지가 필요하다.

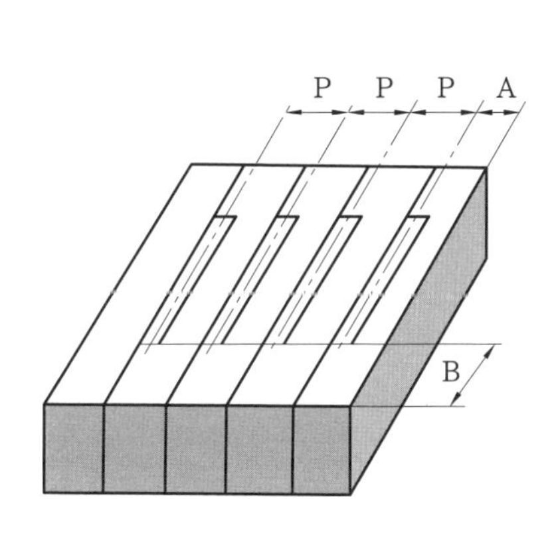

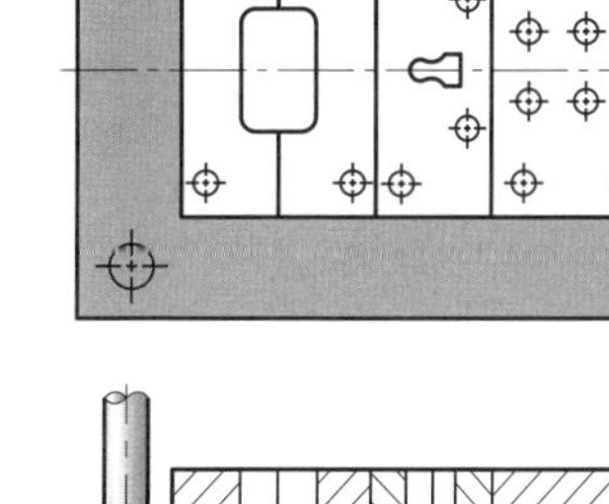

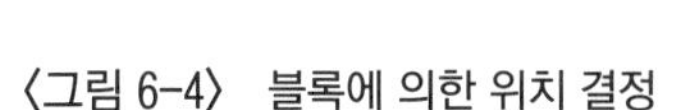

〈그림 6-4〉 블록에 의한 위치 결정

〈그림 6-5〉 포켓에 의한 위치 결정

(5) 로케이션 핀(location pin) 또는 탈착식 포스트에 의한 위치 결정

한 벌의 금형을 정확히 조립할 때 일반적으로 가이드 포스트 및 부시가 사용된다.

가이드 포스트가 조립 작업 시 장애가 될 때에는 로케이션 핀 또는 탈착식 가이드 포스트를 사용한다.

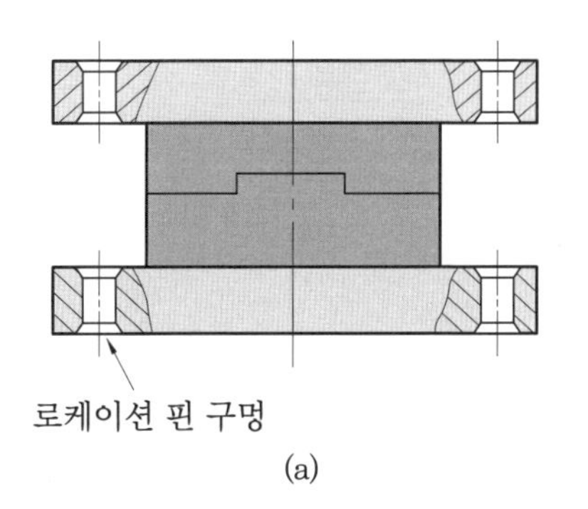

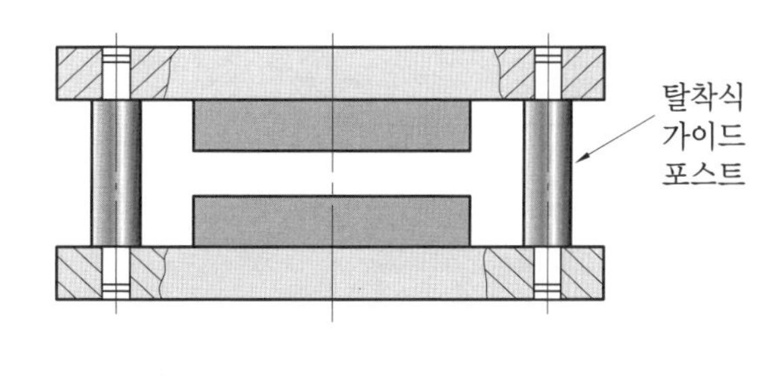

〈그림 6-6〉 로케이션 핀 또는 탈착식 포스트에 의한 결정

1-3 금형 부품의 고정

(1) 멈춤 나사

일반적으로 금형을 조립할 때 육각 홈붙이 볼트로 고정을 한다.

특히 사용 나사는 적은 수로 지름이 큰 나사를 사용하며 작은 부품일 때에는 3개의 나사로 고정하는 것이 좋다.

(2) 기타 고정법

멈춤 나사 이외의 고정 방법은 다음과 같다.

① 압입

② 판 누르기에 의한 고정

③ 압입과 멈춤 나사의 병용

④ 클램프에 의한 방법

⑤ 키에 의한 고정

⑥ 핀에 의한 고정

(3) 용접

자동차와 그 밖의 대물 금형 및 판금용 금형 등 용접 구조의 금형에 많이 사용한다. 특히 타발 금형은 얇아서 좋지만 프레스기의 다이 높이가 높기 때문에 용접 구조로 많이 사용한다.

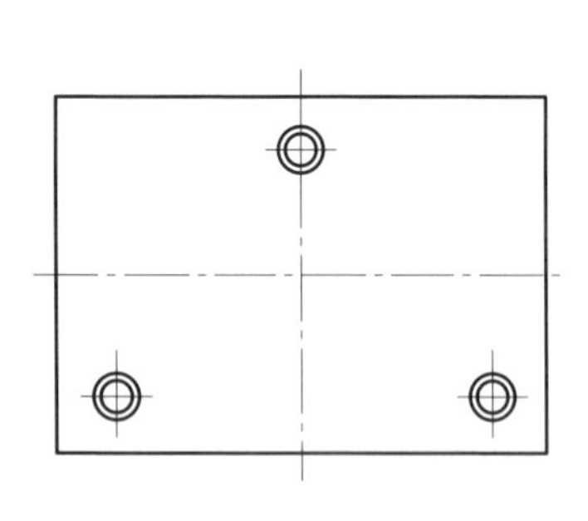

〈그림 6-7〉 작은 부품의 고정

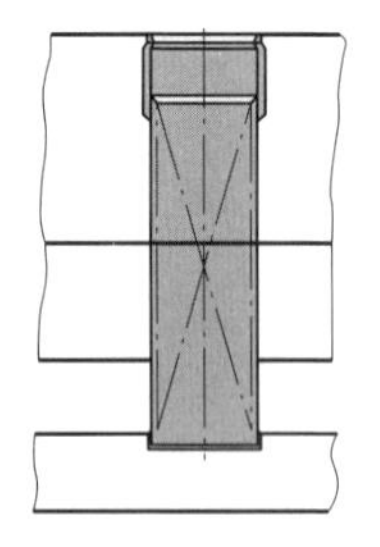

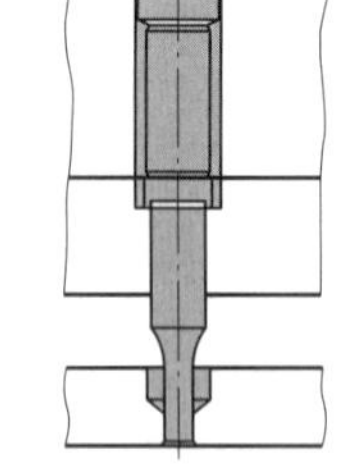

(a) 스프링 누름 (b) 끄집어 내는 부품의 누름

〈그림 6-8〉 기타 고정법

1-4 금형의 조립

프레스 금형에서 고정 스트리퍼형의 트리밍 다이 조립의 경우는 다음과 같다.

1 조립 순서

(1) 상형의 위치 결정

① 펀치 홀더에 펀치 플레이트를 고정한다.
② 다월 핀의 위치를 〈그림 6-9〉와 같이 가공한다.

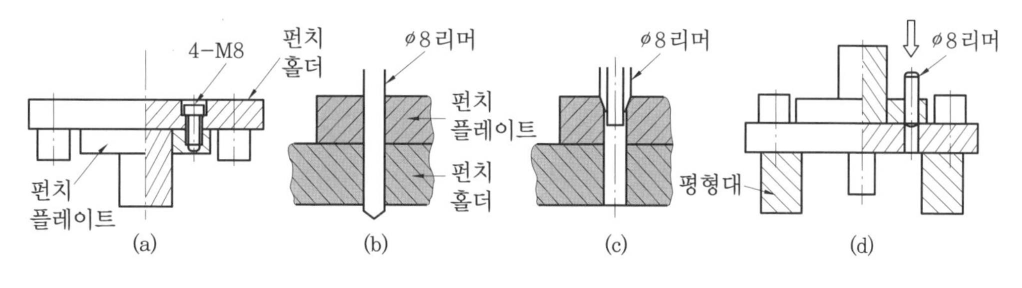

〈그림 6-9〉 상형의 위치 결정 작업

(2) 상형 조립

펀치 홀더를 평형대에 올려놓고 백킹 플레이트와 펀치 플레이트를 조립한다.

(3) 간극 조정 및 위치 결정

① 상형을 평형대 위에 올려놓고 펀치보다 2~3 mm 낮은 평행 블록을 펀치 플레이트 위에 고정한다.
② 다이 플레이트를 펀치에 끼워맞춤하여 평행 블록 위에 고정한다.
③ 다이 플레이트와 펀치 사이에 정해진 틈새 양의 시그니스 테이프를 끼워 넣는다.
④ 볼스터를 펀치 홀더에 맞추어 가이드 포스트의 원활한 작동 여부를 확인한 후 다이 플레이트 위에 올려 고정한다.
⑤ 볼스터와 다이 플레이트를 상형에서 빼내고 시그니스 테이프를 제거한다.

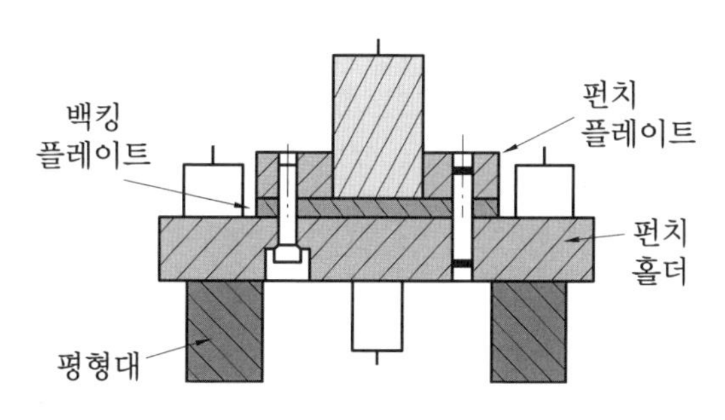

〈그림 6-10〉 상형의 조립 작업

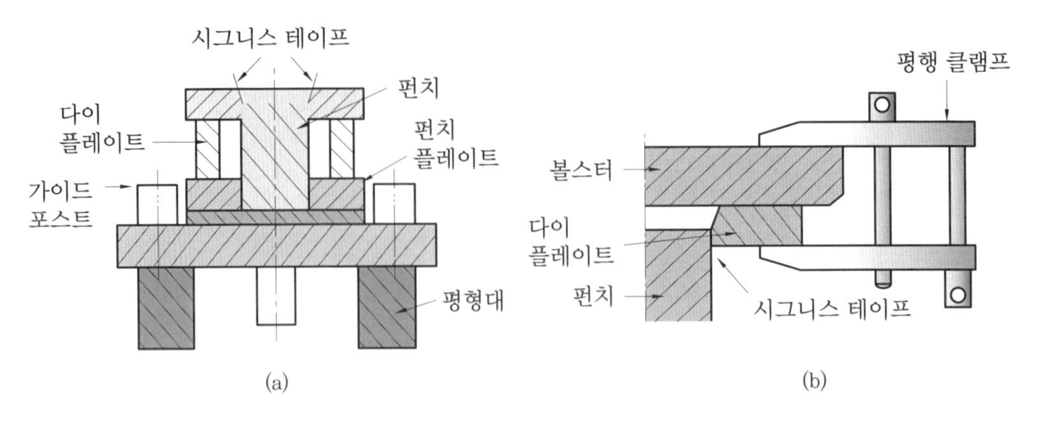

〈그림 6-11〉 간극 조정 및 위치 결정 작업

(4) 하형의 위치 결정

① 볼스터와 다이 플레이트를 클램프로 고정하여 금긋기한다.

② 다월 핀의 위치를 〈그림 6-12〉의 (b)와 같이 가공한다.

(5) 하형 조립

볼스터를 평형대에 놓고 다이 플레이트, 스트리퍼를 다월 핀으로 조립한다.

(6) 상하형 조립

① 가이드 포스트, 가이드 부시의 이물질을 제거하고 주유한다.

② 〈그림 6-12, 13〉과 같이 상형과 하형을 조립한다.

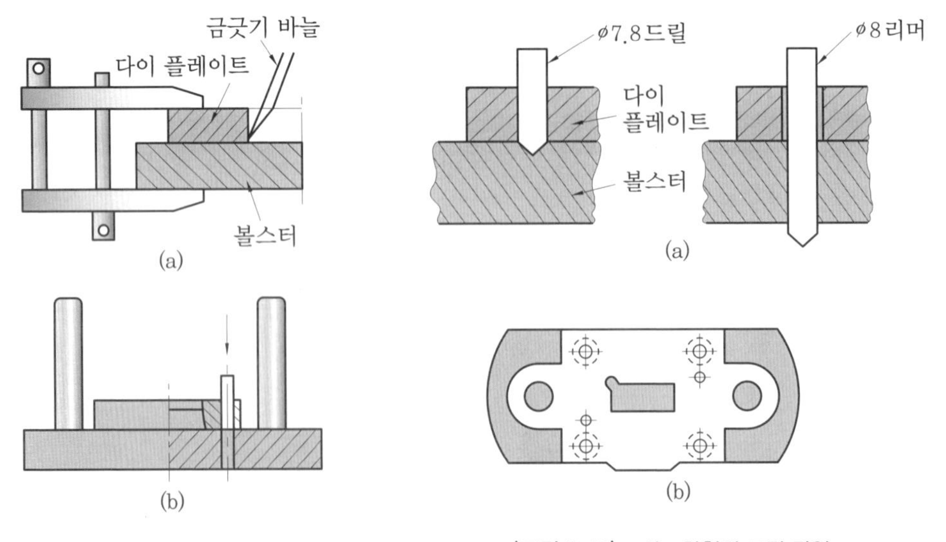

〈그림 6-12〉 하형의 조립 작업

〈그림 6-13〉 상 · 하형의 조립 작업

2. 금형 검사

금형 검사는 일반적으로 시험 가공을 한 후, 그 제품으로 판정할 때가 많다.

왜냐하면 정밀한 금형도 생산 중에 발생하는 변형이나 수축, 스프링 백 등이 작용하기 때문이다.

따라서 금형 검사는 수시로 공정마다 검사하는데, 최종적으로 필요한 검사는 금형으로 만들어낸 성형 제품의 형상이나 치수이다.

이때의 금형 검사는 실제 성형 기계에서 성형한 제품의 치수를 측정하는 것이 원칙이며, 사용할 기계에 부착하여 시험하는 것이 좋다.

2-1 프레스 금형의 검사

간단한 전단 금형 등은 종이, 박판 또는 얇은 목재 판재에 구멍을 뚫어, 그 뚫린 상태를 보고 형상을 검사한다.

금형의 형상이 복잡하거나 금형 드로잉 등을 포함하는 순차 이송형 등은 공정이나 금형의 검사가 복잡해진다.

이와 같은 금형의 검사와 수리는 타이프 리퍼를 사용하는데, 검사가 쉽고 안전하며 능률적으로 하기 위해 사용한다.

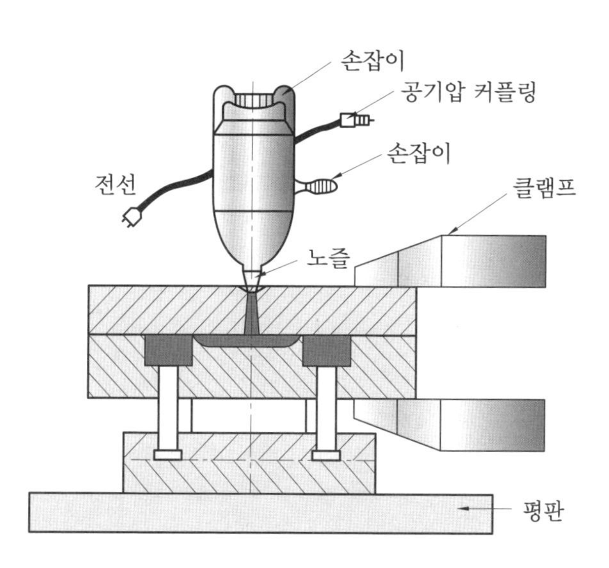

〈그림 6-14〉 시험 사출기

2-2 사출 금형의 검사

사출 성형의 금형 검사는 캐비티의 형상 치수와 러너, 수지의 흐름, 수축 여유, 살 두께, 거스러미, 경사 라운딩, 주름 누르기 등 복잡한 조건이 금형의 양부에 영향을 주기 때문에 1회에 완성된 제품을 생산하는 경우가 드물다.

따라서 생산 전에 시험 가능한 캐비티의 형상 치수 등은 캐비티에 석고, 플라스틱, 왁스, 저용융 금속 등을 주입하거나 점토와 같은 연질의 물질을 프레스로 압입하여 제품의 각 부분 형상을 검사한다.

이와 같은 사출 성형의 금형 검사용으로 수축이 적고 유동성이 좋은 특수 배합의 플라스틱, 왁스류를 사용하며 러너, 게이트, 캐비티의 상황까지 검사할 수 있는 금형 테스트 머신이 사용되고 있다.

이것은 특수 재료를 탱크에 넣고 전열 등으로 용해하여 공기압으로 사출 성형기의 노즐과 같은 주입구에서 금형 내에 사출한다.

익 / 힘 / 문 / 제

1 금형 조립 시 위치 결정 방법에 대하여 간략히 설명하시오.

2 금형 부품의 고정 방법에 대하여 설명하시오.

3 프레스 금형의 조립 순서에 대하여 설명하시오.

금|형|공|작|법

제 7 장

금형 작업 안전

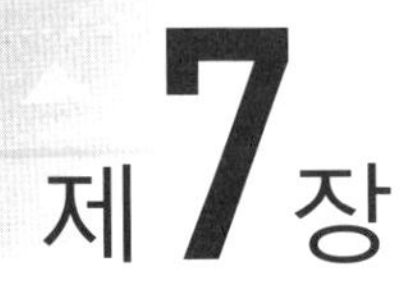

제 7 장 금형 작업 안전

1. 금형의 안전

1-1 프레스 금형 설치의 안전

프레스 작업에서 안전상 중요한 분야가 금형의 설치 작업이라 할 수 있다.

왜냐하면 프레스 작업은 곧 금형의 운반과 조립, 조정 작업, 그리고 해체와 입고되는 작업 등 일련의 설치 과정이 필요하기 때문이다.

따라서 프레스 작업에서 사고를 줄이기 위해서는 금형의 설계에서부터 안전 관리가 시작되어야 한다고 해도 과언이 아니다.

다시 말해 금형의 설계에서부터 안전 작업을 위한 개선을 고려하지 않는다면 금형을 조립하는데 있어서 불안전한 상태나 위험 부위가 발생하여 대형 사고를 일으킬 수 있다.

1 설치자의 직무

① 작업을 위하여 프레스나 금형을 조작 · 설치할 때 정확히 맞추어야 한다.

② 안전장치 및 개인보호구 등이 설치되고 준비되어 있는지 확인해야 한다.

작업성이 좋고 안전성이 높은 프레스와 금형을 설치 · 조정하는 사람은 안전에 깊은 관심을 가지고 있어야 한다.

설치자 자신이 위험에 노출될 수 있고 금형이나 기계를 조정할 때 자신의 손과 신체의 일부를 충분히 보호할 수 없을 때가 많기 때문이다.

따라서 많은 경험과 경륜을 가진 프레스 작업자가 설치 및 조정자로서 좋은 조건이라 할 수 있다.

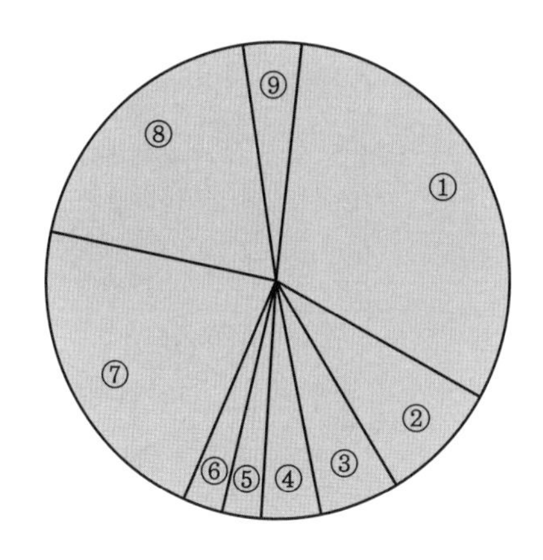

① 손 보호 안전장치 불량	33.6%
② 금형의 울 불량	7.6%
③ 치공구 사용 불량	5.0%
④ 자동 송급장치	4.5%
⑤ 전자동 장치	2.9%
⑥ 금형 부속품 파손 및 비산	2.4%
⑦ 기타	20.7%
⑧ 설치·조정 불량	19.9%
⑨ 불분명	3.4%

〈그림 7-1〉 프레스 사고의 원인 분포도

2 금형 설치 안전

(1) 일반적 시항

금형의 설계 · 제작에서부터 안전을 고려하지 못한 상태에서 프레스 금형 제작을 할 때에는 위험이 따르기 마련이며 이것은 사고로 연결된다.

따라서 설치하기 전에 금형을 검사하고 다음과 같은 점을 살펴보아야 한다.

■ 설치 전 점검 및 확인할 사항

① 안전 확보가 된 금형인가, 위험이 있는 금형인가?

② 금형이 어떤 프레스에 적당한가?

③ 상부 금형이 섕크를 슬라이드면에 어떻게 고정시킬 것인가?

④ 어느 정도의 행정 거리가 요구될 것인가?

⑤ 기계 작동에 행정 거리를 손으로, 또는 기계를 어떤 조작으로 조정할 수 있는가?

⑥ 설치 시 어떤 방호장치가 필요한가?

⑦ 어떤 방호장치가 시운전할 때 필요한가?

■ 작업 전 점검 및 확인할 사항

슬라이드가 하강할 때 금형에 파단 현상 또는 문드러지는 현상이 일어날 수 있으므로 다음과 같은 부품들과 금형의 이상 유무를 작업 전에 점검 및 확인하여야 한다.

① 펀치 면에 이물질은 없는가?

② 상부 금형 펀치에 붙어 있는 부품은 없는가?

③ 슬라이드에 섕크 고정 상태는 양호한가?

④ 슬라이드와 상부 금형 그리고 하부 금형과 볼스타면의 고정 상태는 어떠한가?

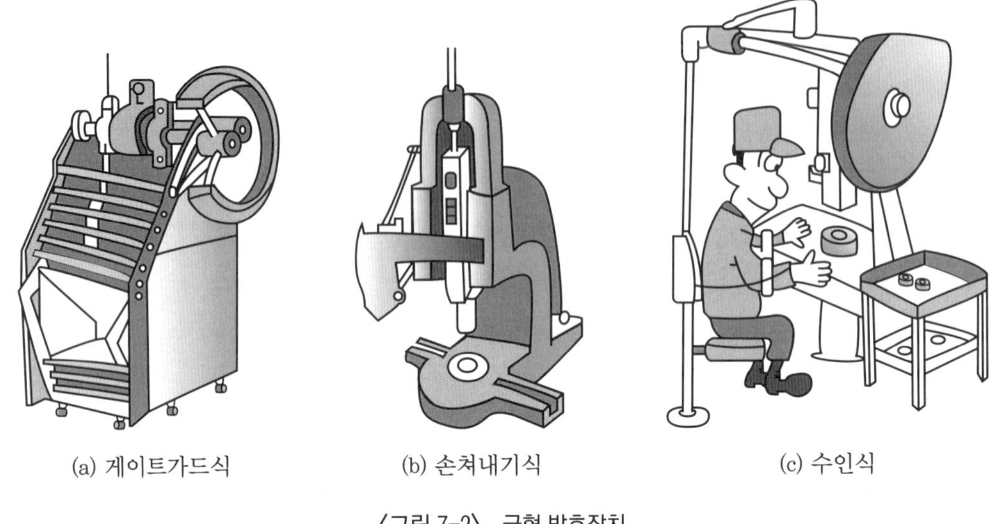

(a) 게이트가드식　　(b) 손쳐내기식　　(c) 수인식

〈그림 7-2〉 금형 방호장치

(2) 운반구 사용과 개인 보호구

금형을 운반할 때 사고를 방지하기 위해서는 지게차 및 운반구를 사용하여 안전하게 운반하여 조립하여야 한다. 안전화, 안전장갑, 안전모 등을 사용하여야 하며 소음이 많은 작업 지역에서는 소음을 방지할 수 있는 귀마개 및 귀덮개를 착용하여야 한다.

(3) 손 보호

설치자의 중요한 의무는 작업 공정마다 크기에 적합한 금형을 선택하는 것, 손을 보호하는 안전장치를 선택하는 것, 적절한 기종의 기계를 선택하는 것이다.

(4) 안전을 고려한 금형의 설치 방법 및 순서

프레스 작업은 많은 공정이 요구되므로 안전하게 금형을 설치하여야 한다. 예를 들어 조그마한 부품에 압력을 가할 때 타발 펀칭 공정에서 보면 가이드 포스트와 펀치, 다이가 마모되는 것을 방지하기 위하여 철판 소재가 아닌 알루미늄만을 사용하여야 한다.

금형에 다음과 같이 표시하여야 한다.

① 금형 일련 번호
② 사용 압력 : 40 ton
③ 조립 높이 : 171 mm
④ 행정 조정 거리 : 4~50 mm
⑤ 작업 기계 : 편심 프레스

⑥ 동력원 : 공압식
⑦ 제동장치 : 콤비네이션 클러치와 브레이크
⑧ 기타 : 공회전장치
⑨ S.P.M : 132
⑩ 압력 능력 : 160 ton
⑪ 다이 하이트(die hight) 표시 : 240 mm
⑫ 슬라이드 조정 거리 : 8~100 mm
⑬ 개인 보호구 : 안전화, 안전장갑, 귀마개 등

■ 금형 설치 방법과 순서

① 운반구로 적치대에 있는 프레스를 옮긴다.

〈그림 7-3〉 금형 운반구

② 구동 정지 스위치를 누르고 완전히 정지할 때까지 기다린다.
③ 작업의 종류, 설치할 기계, 수동과 자동을 먼저 숙지하여야 한다. 스위치 구동은 양손으로 하여 슬라이드를 하사점까지 내린다.
④ 슬라이드를 수동으로 하사점까지 서서히 내린다.
⑤ 요구되는 다이 하이트는 슬라이드를 조정하여 맞춘다.
⑥ 운반해 온 금형의 끈을 풀고 기계에 밀어 넣어 조정하기 위하여 당기면서 조일 수 있는 위치까지 가져다 놓는다.
⑦ 조임 나사로 상부 금형 섕크를 고정시킨다.
⑧ 손으로 그 작업의 특성에 알맞게 가장 가까운 스트로크를 1/2간격으로 조정한다.
⑨ 구동 스위치를 누르면 슬라이드가 상사점까지 도달하고 결국 리미트 스위치를 건드려서 멈춘다.
⑩ 금형의 섕크를 조일 때 빠지지 않을 정도로 가볍게 조여야 작업 시 금형의 제자리로 찾아 들어갈 수 있다. 이때 금형의 각 안전거리가 알맞은지 검사한다.

⑪ 선택 스위치를 구동으로 넣고 컨트롤 램프가 점등하는지 확인한다. 조정 시에는 부하를 걸지 않는다.
⑫ 섕크 고정용 볼트를 확실하게 조인 후 슬라이드의 가공 높이를 약간 위 또는 아래로 조정한다.
⑬ 작업을 시작할 때 안전장치를 작동시킨 후 부품의 작업 상태를 검사한다.
⑭ 하부 금형을 완전히 고정한다.
⑮ 부품의 형상, 각인 등을 관찰하면서 여러 번 작업하여 스트로크를 조정하여야 한다. 이때 안전장치가 정상적으로 작동되어야 한다.
⑯ 금형 단취가 완료되면 슬라이드의 위치를 조정하여 확정하고 안전장치를 정상 작동하게 한 후 1~3회 작동해 보면서 부품의 형상 및 각인 등의 상태를 확인한다. 충분하다고 생각되면 슬라이드를 완전히 고정시킨다.
⑰ 설치 · 조정자는 임명을 받은 사람이어야 하고 사용하는 치공구는 검, 교정 등을 필한 것이어야 한다. 이때 충분한 안전장치를 설치하여야 하며 효과적으로 작동되어야 한다.
⑱ 작업을 정리하고 '작업 중' 이라는 표찰을 잘 보이는 곳에 부착한다.
⑲ 작업을 해도 좋다는 허가와 함께 작업 지시를 한 후 다른 작업자의 안전을 확인함은 물론, 제품 또는 부품이 정확히 공급되는지 여부를 살펴보고, 오작동으로 인한 작업이 발생할 때에는 상급자에게 보고하여야 한다.

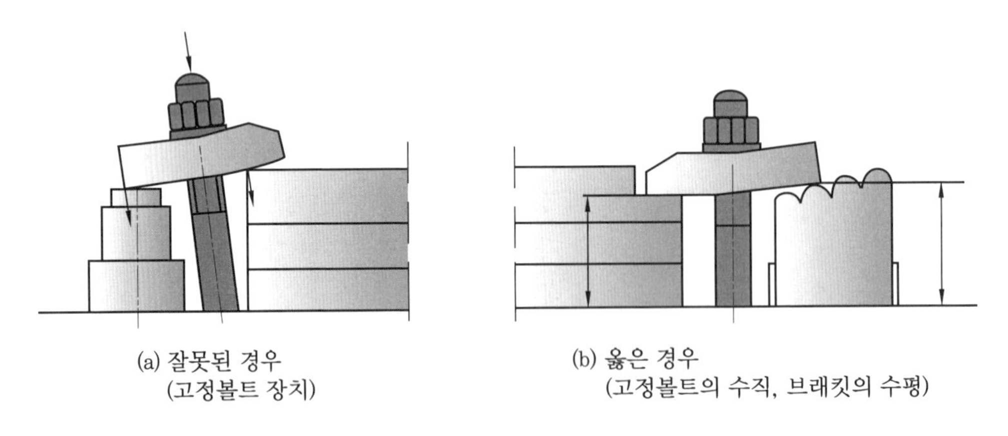

(a) 잘못된 경우
(고정볼트 장치)

(b) 옳은 경우
(고정볼트의 수직, 브래킷의 수평)

〈그림 7-4〉 고정 볼트의 압착

3 방호장치

(1) 가드식

가드식 방호장치는 가드의 개폐를 이용한 방호장치로 기계의 작동을 서로 연동하여 가드가 열려있을 때에는 기계의 위험부분이 가동하지 않고, 기계가 작동하여 위험한 상태에 있을 때에는 가드를 열 수 없도록 한 장치이다.

① 1행정 1정지 기구를 갖춘 프레스에 사용한다.
② 가드 높이는 부착되는 프레스의 금형 높이(최소 180 mm) 이상으로 한다.
③ 가드 폭이 400 mm 이하일 때에는 가드 측면을 방호하는 가드를 부착하여 사용한다.
④ 가드의 틈새로 손가락이나 손이 위험 한계 내에 들어가지 않도록 가드 틈새를 주어야 한다.
⑤ 미동(inching) 행정에서는 가드를 개방할 수 있는 것이 작업성에 좋다.
⑥ 오버런 감지장치가 있는 프레스에서는 상승 행정 완료 전에 가드를 열 수 있는 구조로 할 수 있다.
⑦ 급정지 기구를 구비한 부분 회전식 클러치 프레스에서 오버런 감지장치가 없는 것은 슬라이드가 하사점을 지나 상사점에 도달하여 동작이 정지된 후 가드를 개방할 수 있는 구조로 한다.
⑧ 부분 회전식 프레스에 급정지 기구가 없는 프레스를 사용할 때에는 슬라이드 상사점 정지를 확인한 후가 아니면 가드를 개방할 수 없는 구조로 한다.

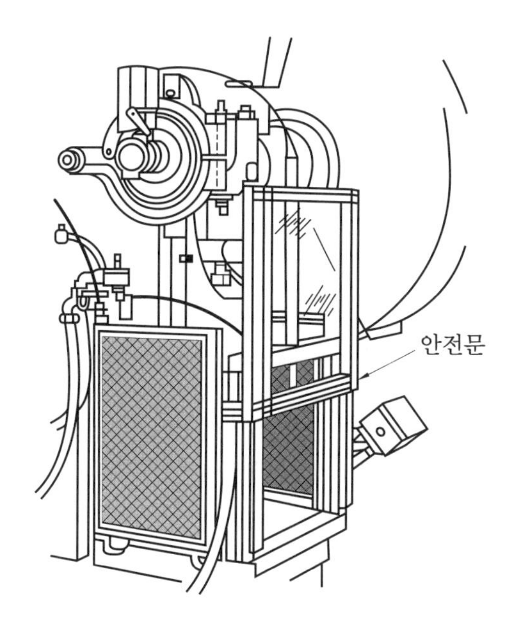

〈그림 7-5〉 가드식 방호장치

(2) 양수 조작식

양수 조작식 방호장치는 기계의 조작을 양손으로 동시에 하지 않으면 기계가 가동하지 않으며 한 손이라도 떼어내면 기계가 급정지 또는 급상승하게 하는 장치이다.

양수 조작식 스위치 방법은 작동시킬 때 두 손을 스위치에 대고 작동시키므로 안전한 작업 방법이다.

설치자는 설치한 후 양수 조작식 스위치를 검사하여야 한다.

① 조정 작업 시 양수 조작식 스위치의 작동 방법과 일행정 작동 등을 조정하여 검사하여야 한다.
② 2인 이상 작업으로 프레스를 작동시킬 때에는 두 사람 모두가 양수 조작식 스위치를 사용하면 안전작업에 효과적이다.
③ 안전거리를 측정하는 것은 스위치 위치를 정확하게 측정하는 것이다.
④ 프레스 기계에 부착되어 있는 스위치의 안전거리는 계속되는 작업 공정에서도 지켜져야 한다.
⑤ 양수 조작식 스위치는 조정할 수 있는 것과 고정되어 있는 것도 그 간격을 조정할 수 있어야 한다.
⑥ 프레스 뒷면은 양수 조작식 스위치로 비효과적일 때에는 덮개나 울을 하거나 원격 조정 방호장치를 하는 등 추가로 방호장치를 하여야 한다.
⑦ 옆과 뒷부분 또는 페달 부위에 발을 올려놓지 못하도록 미리 덮개를 씌워 안전하게 한다.
⑧ 스위치를 OFF했을 때 슬라이드는 정확히 정지하여야 한다.
⑨ 두 대의 스위치를 눌렀을 때 0.5초 이상 서로 차이가 나면 슬라이드 작동이 되지 않아야 한다.

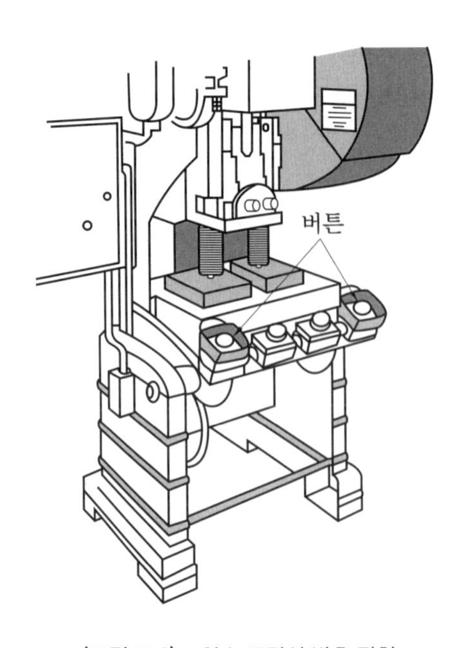

〈그림 7-6〉 양수 조작식 방호 장치

(3) 광전자식

광전자식 방호장치는 광선 검출 트립 기구를 이용한 방호장치로서 신체의 일부가 광선을 차단하며 기계를 급정지 또는 급상승시켜 안전을 확보하는 장치이다. 규격에 의하여 만들어져야 하며 제작 날짜, 업체 이름, 사인 등이 표지판에 기록되어 있어야 한다.

제품의 출하 색깔은 녹색이며 규칙적으로 검사한 후 표시 레벨은 노란색이다.

■ 설치자가 해야 할 일

① 설치 후 규격품으로 조립이 되었는지 광전자식 보호 장치의 작동이 정확히 작동되는지 검사하여야 한다.

② 위험 부위에는 사방, 위, 아래에서 감지할 수 있어야 하며 필요에 따라 고정 덮개를 사용하여야 한다.

③ 광전자식 보호장치를 설치할 때에는 임의로 작업자가 높이를 조정해서는 안 된다.

④ 다리의 구멍을 통해 밟고 올라가는 것을 방지하기 위하여 고정 덮개를 씌워 보호한다.

⑤ 광전자식 보호 장치로 보호되는 위험 부위나 금형이 작동할 때 위험 부위에는 위험감지를 방해하는 것이 없어야 한다. 필요에 따라 추가로 방호장치를 설치하여야 한다. 예를 들어 광전자식 보호 장치를 가로로 하는 것 등이 있다.

(4) 손쳐내기식

손쳐내기식 방호장치는 기계의 작동에 연동시켜 위험상태로 되기 전에 손을 위험 영역에서 밀어내거나 쳐냄으로써 위험을 배제하는 장치이다.

① 완전 회전식 클러치 프레스에 적합하다.

② 1행정 1정지 기구를 갖춘 프레스에 사용한다.

③ 슬라이드 행정이 40 mm 이상인 프레스에 사용한다.

④ 슬라이드 행정 수가 100 spm 이하의 프레스에 사용한다.

⑤ 금형의 폭이 500 mm 이상인 프레스에는 사용하지 않는다.

⑥ 방호판의 폭이 금형 폭의 1/2(최소폭 120 mm) 이상이어야 하며, 높이는 행정 길이 이상이어야 한다.

⑦ 슬라이드 조절 양이 많은 것에는 손쳐내기 봉의 길이 및 진폭의 조절 범위가 큰 것을 선정한다.

⑧ 쳐내는 방향은 우측, 좌측으로 변환이 용이하고 작업성에 맞아야 한다.

⑨ 손이 접촉되는 손쳐내기 봉에 완충조치를 한다.

(5) 수인식

수인식 방호장치는 슬라이드와 작업자 손을 끈으로 연결하여 슬라이드가 하강할 때 작업자 손을 당겨 위험영역에서 빼낼 수 있도록 한 장치이다.

① 완전 회전식 클러치 프레스에 적합하다.
② 가공재를 손으로 이동하는 거리가 너무 클 때에는 작업에 불편하므로 사용하지 않는다.
③ 슬라이드 행정 길이가 50 mm 이상인 프레스에 사용한다.
④ 슬라이드 행정 수가 100 spm 이하인 프레스에 사용한다.
⑤ 손의 끌어당김 양의 조절이 용이하고 조절 후 확실하게 고정할 수 있어야 한다.
⑥ 손의 끌어당김 양을 120 mm 이하로 조절할 수 없도록 한다.
⑦ 손목 밴드는 손에 착용하기 용이하고 땀이나 기름에 상하지 않는 것이어야 한다.
⑧ 수인하는 끈의 연결구는 가볍고 견고하여야 한다.
⑨ 수인하는 끈의 끌어당기는 양은 테이블 세로 길이의 1/2 이상이어야 한다.

(6) 안전 1행정식

안전 1행정식은 슬라이드가 하강 중에 작업자가 실수를 하여 슬라이드 사이(금형 사이)에 손을 넣게 되어 일어나는 경우의 상해를 방지하기 위한 목적으로, 양수 조작식 누름버튼 또는 조작 레버로부터 손을 떼면 슬라이드가 정지하는 방식이다.

작업자가 조작 버튼을 누르고 슬라이드가 하사점의 아주 가까운 거리까지의 하강 행정에서 조작 버튼의 손을 떼면 언제라도 슬라이드의 하강이 정지하고, 그 뒤는 조작 버튼을 떼어도 상사점에서 정지하기까지 운전이 된다.

부분 회전식 클러치 프레스에 있어서 대부분 적용된다.

1-2 프레스 안전

프레스로 인한 사고는 작업자의 손이나 팔 등에 영구 장애를 남기는 등 강도율이 높고 치명적인 경우가 많다.

이러한 사고는 주로 손이 프레스 금형 속으로 들어가기 때문에 발생된다. 그러므로 프레스 안전화의 근본적인 대책으로 기계 동작 부위나 금형에 손 등 신체가 접근하지 못하도록 구조적으로 안전화하는 것이 중요하다.

즉 금형이 안전하게 설계되어 위험 부위에 손의 접근이 차단되고, 금형이 파손되는 등의 고장이 발생하여 이로 인해 근로자가 상해를 입는 경우가 없도록 설계, 제작, 설치하는 것이 필요하다.

1 위험 부위와 위험 시간

(1) 위험 부위

프레스의 위험 부위는 슬라이드가 상하로 동작할 때 금형 사이에서 주로 발생한다. 즉 작동 중인 슬라이드에 부착된 상부 금형과 하부 금형 사이, 상부 금형과 제품 또는 부품 사이, 하부 금형과 제품 또는 부품 사이가 위험 부위이며, 금형 상면과 금형 부착 슬라이드면도 위험 부위라 할 수 있다.

안전 확보를 위해서는 위험 부위와 마찬가지로 위험 시기를 알아서 대처해야 한다.

즉 가동 중인 프레스에서 사고가 발생될 수 있는 시간적, 공간적 요건들을 정확하게 조사하여 대처하여야 한다. 일반적으로 슬라이드가 하강하여 하사점에서 100 mm 미만의 거리일 때 손을 넣으면 심한 부상을 입는 사고를 당하게 된다. 이러한 구역에서는 작동 중에 신체의 접근을 막을 수 있는 구조로 하여야 한다.

또한 슬라이드가 하사점에 도달하여 작업이 완료되었을 때 금형의 개구 틈새 간격을 좁게 하여 손가락 등이 끼이지 않도록 설계 · 제작하는 것도 중요하다.

〈그림 7-7〉은 그 간격을 4 mm로 하여 안전을 고려한 경우이다.

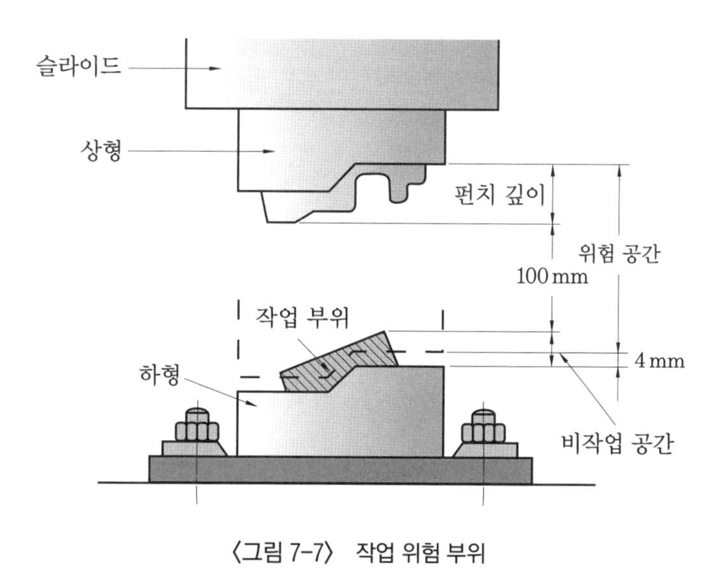

〈그림 7-7〉 작업 위험 부위

(2) 위험 시간

위험 시간이란 기계의 가동 부위가 위험점을 형성할 수 있는 거리를 이동하는 동안의 시간을 말한다. 예를 들면 슬라이드가 하사점에 근접하여 간격이 8 mm 이하가 되는 순간부터는 금형에 신체가 협착될 수 있는 위험 시간이라 할 수 있다.

슬라이드의 운동 속도가 빠르면 상대적으로 위험 시간이 짧아진다.

2 금형 제작 · 취급 시 안전조치

프레스 등을 사용하여 작업을 할 때에는 당해 작업 시작 전에 다음과 같은 사항을 점검하여야 한다.

① 클러치 및 브레이크의 기능
② 크랭크축, 플라이휠, 슬라이드, 연봉 및 연결나사의 볼트의 풀림 유무
③ 1행정 1정지 기구, 급정지 장치 및 비상 정지 장치의 기능
④ 프레서의 금형 및 고정 볼트 상태
⑤ 프레스의 작업 시 안전성 확보
⑥ 당해 방호장치의 기능 점검
⑦ 전단기의 칼날 및 테이블의 상태

(1) 프레스 작업 시 안전성 확보

① 상하 금형 사이에 신체의 일부분이 들어가지 않도록 제작한다.
② 작업 시 재료의 투입과 스크랩 배출이 자동화될 수 있도록 한다.
③ 금형 제작 시 금형에 적합한 안전율로 제작 · 설치한다.
④ 날카로운 모서리 부분이 없도록 제작한다.
⑤ 금형의 취약 부분을 보완하여 금형 파손에 의한 파편 비산을 방지한다.

(2) 금형 취급 · 설치 시 안전조치

프레스 등의 금형을 부착 해제 또는 조정 작업을 할 때에는 당해 작업에 종사하는 근로자의 신체 일부가 위험 한계 내에 들어갈 경우 슬라이드가 불시에 하강함으로써 발생하는 근로자의 위험을 방지하기 위하여 안전 블록을 사용하는 등 필요한 조치를 하여야 하며, 다음 사항에 유의하여야 한다.

① 금형은 아래 금형부터 취급하고 25 kg 이상의 무거운 금형은 동력운반기를 사용한다.
② 금형을 프레스에 설치하기 전 프레스의 하사점을 확인한다.
③ 상하 금형을 프레스에 설치하기 전까지는 동력을 사용하지 말아야 한다.
④ 금형의 체결은 올바른 치공구를 사용하고 전후좌우가 체결력이 균등하도록 한다.

3 가공작업 중 안전조치

① 상하 금형 사이로 작업자 손의 삽입을 금지한다.
② 작업 특성에 따라 설정된 작업 표준을 준수한다.
③ 발 스위치 사용 시 1회마다 스위치에서 발을 뗀다.

④ 재료 송급이나 가공품을 취출할 때에는 수공구를 활용한다.
⑤ 2인 1조 작업 시 책임자를 지정하여 신호에 따라 작업한다.
⑥ 작업 중단 시 프레스 정지 후 금형 내의 가공품을 제거한다.
⑦ 가공 중 이상음 발생 시 즉시 정지한 후 점검한다.

4 작업 종료 후 안전조치

① 플라이휠의 정지를 위하여 손으로 잡지 말아야 한다.
② 프레스 및 전단기의 클러치가 연결된 상태로 정지하여 두지 말아야 한다.
③ 정지 중인 프레스 페달은 절대로 밟지 말아야 한다.
④ 정전 시 즉시 스위치를 꺼야 한다.
⑤ 작업 종료 후 프레스 및 전단기의 플라이휠이 정지한 다음 청소, 주유 등을 실시한다.

5 기타 안전조치 사항

① 프레스 및 전단기와 안전 · 방소장치는 월 1회 이상 정기점검을 실시한다.
② 금형 교환 작업은 안전 담당자 또는 안전 담당자가 지정한 자가 수행하여야 한다.
③ 안전장치는 안전 담당자 또는 관리 감독자의 허가 없이 해체하거나 기능을 저하시키지 말아야 한다.
④ 해체 시 해체 사유 종료 후 즉시 정상적인 기능이 유지되도록 원상 복귀하여야 한다.

6 안전 점검 기준

(1) 동력 프레스

동력 프레스는 매년 1회 이상 정기적으로 다음 각 호의 사항에 대한 자체 검사를 하여야 한다.

① 방호장치의 이상 유무
② 크랭크축, 플라이휠, 기타 동력 전달 장치의 이상 유무
③ 클러치, 브레이크, 기타 제어 장치의 이상 유무
④ 1행정 1정지 기구, 급정지 장치 및 비상 정지 장치의 이상 유무
⑤ 연결봉과 슬라이드와의 상호 기능 상태의 이상 유무
⑥ 전자밸브, 유압력조정밸브 기타 공압 제품의 이상 유무
⑦ 전자밸브, 유압펌프 기타 유압 계통의 이상 유무
⑧ 리미트 스위치, 릴레이 기타 전자부품의 이상 유무

(2) 전단기

전단기는 매년 1회 이상 정기적으로 다음 각 호의 사항에 대한 자체 검사를 하여야 한다.

① 방호장치의 이상 유무

② 클러치 및 브레이크의 이상 유무

③ 슬라이드 기능의 이상 유무

④ 1행정 1정지 기구, 급정지 장치 및 비상 정지 장치의 이상 유무

⑤ 전자밸브, 감압밸브 및 압력계의 이상 유무

⑥ 배선 및 개폐기의 이상 유무

1-3 사출 작업 안전

사출 작업은 사출 성형기를 이용하여 열가소성 수지를 가열 용융하여 고압(500~2000 kgf/cm^2)으로 캐비티를 사출하여 성형하는 기계이다. 사출 성형기를 사용할 때에는 작업자에게 위험을 미칠 우려가 있는 부위가 있는지 확인하며 특히 다음의 장소에 유의한다.

① 형체 기구의 운동 부분

미취출 성형품을 제거하거나 자동 취출 성형품 제거 및 금형 내 이물질 제거 작업 중 협착이 되지 않도록 주의하여야 한다.

② 형체장치

고압으로 가동측 형판이 운동하므로 고정 측과 가동 측 사이에 협착이 되지 않도록 주의하여야 한다. 금형 교환 작업 시 금형과 프레임과의 손 협착 사고 위험이 있다.

③ 사출장치

고온으로 가열된 실린더에 접촉 및 노즐 오분사로 고온의 용융 수지에 의한 화상 위험이 있으며, 높은 호퍼에 수지를 투입하는 작업 중 추락 위험이 있으므로 주의하여야 한다.

④ 감전 위험 부분(노출 충전부, 누전 부분)

실린더 가열용 배선 열화 및 충전부 노출 감전 위험에 주의하여야 한다.

1 사출성형기의 안전장치

(1) 안전문

전기식, 유압식, 기계식 등 3종 안전장치가 사출 성형기의 작동과 연관되어 있다.

① 전기식

2개의 리미트 스위치(4개)가 부착되어 있으며, 수동 및 전자동 운전 시 안전문을 열면 안전문에 부착된 캠에 의하여 리미트 스위치가 작동하여 전체 제어회로가 차단되고 기계의 동작이 정지된다.

② 유압식

형폐 행정 중 조작측 안전문을 열면 레버가 안전도어에 의해 눌러져 유압밸브가 작동하고, 형개 행정 전환 밸브를 중립 위치로 돌려 형폐 행정을 정지시킨다.

③ 기계식

형폐 행정 중에 조작된 안전문을 열면 셔트(shut)가 하강하여 기계적으로 형폐 행정을 정지시킨다.

(2) 히터 커버

가열 실린더의 고온에 의한 화상을 방지한다.

(3) 안전바

금형의 수리 및 이물질 제거 등으로 금형 내부에 사람의 신체가 들어가야 할 때 조작 측의 왼쪽에 설치된 안전대를 볼스터와 금형 판 사이에 밀어 넣어 형폐 동작을 방지한다.

(4) 퍼징(purging) 커버

퍼징 커버에 의해 분산된 용융 수지(약 180℃)에 의한 화상을 방지한다.

(5) 비상정지 스위치

조작 측과 반조작 측에 각각 설치되어 있으며, 스위치를 조작하면 펌프 모터가 정지하여 사출 성형기가 정지한다.

2 사출 성형기의 안전 작업

사출 성형기는 수지를 고온으로 용융시켜 높은 압력으로 사출하기 때문에 사고가 발생할 수 있으므로 안전장치를 항상 점검하여야 한다.

(1) 사출 작업 전 안전 사항

① 작동 스위치의 상태를 확인한다.
② 안전문을 닫고 펌프의 작동 상태를 확인한다,
③ 안전문이 열린 상태에서 슬라이드가 작동하면 수리한 후 작업한다.
④ 안전문의 손잡이와 투명창을 확인한다.
⑤ 시운전 또는 수지 교환 시 사출 속도를 줄인다.
⑥ 안전문의 작동 상태를 확인한다.
⑦ 금형의 체결 상태를 확인한다.
⑧ 비상 정지용 스위치의 위치를 확인한다.

(2) 사출 작업 중 안전 사항

① 가열 실린더의 덮개를 확인한다.
② 실린더 내의 가스 압력에 의하여 용융 수지의 분출에 주의한다.
③ 용융된 수지가 흘러나오면 성형기를 정지한 후 수지를 제거한다.

(3) 사출 작업 후 안전 사항

① 보수 · 점검 시 가동 스위치에 잠금장치를 하거나 '작업 중' 표지판을 부착하여 다른 작업자가 잘못 조작하지 않도록 하여야 한다.
② 가열 실린더의 커버를 제거하였을 때 원 상태로 설치한다.
③ 내부 점검 및 청소 시 보호구를 착용한다.

3 사출 성형기 점검 사항

기계의 지속적인 보전 관리를 위하여 정기점검을 행하는 것이 중요하며 기계의 정기점검에는 일상점검, 주간점검, 월간점검, 연간점검이 있다.

(1) 일상점검

① 모터 : 모터 가동 시 이상음이나 진동 상태를 점검한다.
② 펌프 : 펌프 가동 시 이상음 상태를 점검한다.
③ 솔레노이드 : 작동 시 소음이나 둔탁음의 발생을 점검한다.
④ 전자 개폐기 릴레이 : 작동 시 소음이나 둔탁음의 발생을 점검한다.
⑤ 구동 부취 : 구동 부위의 움직임 상태를 점검한다.

⑥ 누름 스위치 및 절환 스위치류 : 작동 및 절환이 정상인지 확인한다.
⑦ 압력계 : 압력계는 형체 압력, 사출 압력, 계량 압력, 기본 압력 등을 압력 게이지로 점검한다.
⑧ 작동유 온도계 : 작동유의 적정 사용온도는 45~55℃ 범위이므로 작동유 온도를 점검한다.
⑨ 누유 부분 점검 : 각 실린더 및 배관 연결 및 마니 홀더부의 누유 여부를 점검한다.

(2) 주간점검

주간 정기점검은 일상점검 항목에서 변화가 있는 항목을 재점검하고, 다음 항목을 점검한다.

① 그리스 공급 : 구동 부위의 윤활 상태를 점검한다.
② 냉각수 라인 점검 : 냉각수 배관 및 호스를 점검한다.

(3) 월간점검

월간점검은 일상점검 및 주간점검에서 변화가 있는 점검 항목을 재점검하고, 다음 항목을 점검한다.

① 전기 배선반의 점검 및 청소 : 전기 박스 내 전기 부품의 취부 상태 및 전기 배선을 점검한다.
② 작동유의 오염 상태 점검 : 작동유 탱크 뚜껑을 열고 작동유의 청결 상태와 필터를 점검한다.
③ 전원 전압 : 가동 중 전압 변동(±10 V 이내)을 측정하고 점검한다.
④ 전자 개폐기와 전자 접촉기의 접점 점검 : 전자 개폐기 및 전자 접촉기의 접점 마모 상태를 점검한다.

(4) 연간점검

연간점검은 일상점검, 주간점검 및 월간점검에서 변화가 있는 점검 항목을 재점검하고 다음 항목을 점검한다.

① 전기 박스 내의 주전원의 절연 저항을 점검한다.
② 모터 주회로의 절연 저항을 점검한다.
③ 히터 주회로의 절연 저항을 점검한다.
④ 접지 절연 저항을 점검한다.

1-4 금형 교환 장치 (QDC : quick die changing system)

금형 교환 장치는 한 공정에서 제품이 바뀔 때 실시하는 금형 교환을 원터치(one touch) 화하는 형식의 금형 교환 장치로, 금형을 교환할 때 소요되는 시간을 단축시켜 생산성을 향상시킨다. 그러나 단전이나 회로에 이상이 발생하거나 사고의 위험이 있어, 이에 대한 대비를 하여야 한다.

프레스 또는 사출 성형기의 정격 용량에 충분하도록 금형 체결력이 있어야 하며 금형의 전체 체결력은 정격 용량(기계 능력)의 5~15 % 정도를 유지하여야 한다.

사출 성형기의 경우 형개력으로 검토하며, 금형에 대한 체결력이 고르게 분산되도록 클램프 설치 위치를 고려하여 대칭으로 체결하도록 한다. 금형 체결력의 확인 방법은 사용된 클램프의 상용 체결력의 적정성을 확인하여야 한다.

QDC에 사용하는 공압 및 유압 게이지의 압력은 필요한 체결력의 1.5~3배의 압력이 작용하도록 하고 수시로 압력 게이지를 확인하여야 하며, 공압 및 유압 라인에 공기의 누출이나 유압유의 누출을 육안으로 확인하여야 한다.

작업 중 안전을 위하여 정전이나 사고 등이 발생할 때 클램프의 체결 압력이 적정 수준(체결력의 60 %) 이하가 되면 기계가 정지되어야 한다.

1 프레스 금형 체결력

프레스 용량의 10 % 이상의 체결력을 유지하여야 하며, 전체 체결력의 60 %가 상형의 체결력이 되도록 하며, 하형은 전체 체결력의 40 % 정도가 되도록 한다. 이때 사용하는 클램프의 수량에 따라 클램프마다 작용하는 체결력이 달라진다.

| 예제 1 | 용량이 300 ton인 프레스에서 상 · 하형 프레스 금형에 각각 4개의 클램프(QDC)를 체결하려 할 때 각 클램프에 필요한 체결력은 얼마인가?

풀이 용량이 300 ton일 때 프레스 금형의 전체 체결력을 10 %로 적용시키면

전체 체결력 : 300 ton × 10 % = 300 × 0.1 = 30 ton이 필요하다.

상형의 체결력 : 30 ton × 60 % = 30 ton × 0.6 = 18 ton

하형의 체결력 : 30 ton × 40 % = 30 ton × 0.4 = 12 ton

상 · 하형에 클램프를 각각 4개 사용한 경우

상형 : 18 ton ÷ 4개 = 4.5 ton/개, 하형 : 12 ton ÷ 4개 = 3 ton/개

따라서 상 · 하형에 사용된 클램프의 체결력은 각각 4.5 ton, 3 ton 이상이어야 한다.

2 사출 금형 체결력

사출 금형의 체결력은 성형 면적에 의한 형체력에 따라 달라진다. 프레스 금형의 체결과는 달리 가동 측과 고정 측은 동일한 체결력이 필요하다.

〈표 7-1〉은 사출 성형기의 일반적인 형개력을 나타내었지만 사출 성형기의 특성에 따라 차이가 있을 수 있다.

〈표 7-1〉 사출 성형기 능력별 통상 형개력

사출기 능력	~100톤	~150톤	~250톤	~350톤	~550톤	~850톤	~1250톤	~2000톤
형개력	8톤	10톤	16톤	24톤	40톤	64톤	100톤	160톤

| 예제 2 | 용량이 1000 ton인 사출 성형기에 형개력이 60 ton인 사출 금형을 QDC를 이용하여 클램핑하여 사출 작업하려고 한다. 고정 측과 가동 측에 각각 4개의 클램프를 체결하려 할 때 각 클램프에 필요한 체결력은 얼마인가?

풀이 사출 성형기 능력이 1000 ton, 사출 작업에 필요한 형개력이 100 ton이며 가공 측과 고정 측이 동일한 체결력을 필요로 하므로

고정 측 금형에 클램프를 4개 사용한 경우 : 100 ton÷4개 = 25 ton/개

가동 측 금형에 클램프를 4개 사용한 경우 : 100 ton÷4개 = 25 ton/개

따라서 금형 체결에 사용할 클램프의 체결력이 각각의 클램프마다 25 ton 이상어야 한다.

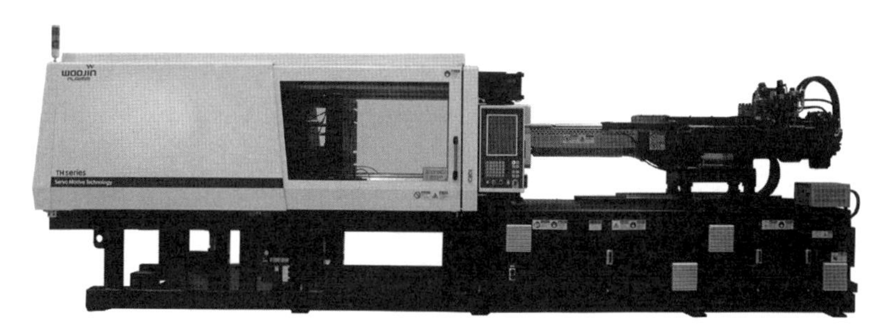

〈그림 7-8〉 사출 성형기

익 / 힘 / 문 / 제

1 프레스 작업 시 방호 장치의 종류를 설명하시오.

2 광전자식 방호장치된 프레스의 테이블 높이는 얼마가 적당한가?

3 양수 조작식 스위치는 두 개의 스위치를 눌렀을 때 두 개의 누름 시차가 몇 초 이상 되면 작동되어서는 안 되는가?

4 사출 성형 작업을 할 때 위험을 미칠 우려가 있는 것에 대하여 설명하시오.

5 사출 성형기의 안전장치에 대하여 설명하시오.

6 사출 성형기의 용량이 2000 ton이고 형개력이 160 ton인 사출 금형을 QDC를 이용하여 클램핑하여 사출 작업을 할 때 고정 측과 가공 측에 각각 4개의 클램프(QDC)를 체결하려 하면 각 클램프에 필요한 체결력은 얼마인가?

부 록

- 익힘문제 풀이
- 찾아보기

제 1 장 금형 제작

1. 금형 제작의 개요

1 ① 프레스 금형에는 전단, 벤딩, 드로잉, 압축, 성형 가공이 있다.
② 플라스틱 금형에는 압축, 이송, 사출, 진공, 블로 성형이 있다.
③ 특수 금형에는 다이 캐스팅 금형, 단조형, 분말 야금형, 요업형, 고무형, 유리형, 주조형 등이 있다.

2 압축 성형, 이송 성형 및 사출 성형에는 경강을 사용하며, 진공 성형과 블로 성형에는 알루미늄, 연 · 경강을 사용한다.

3 용융 합금, 아연 합금, 알루미늄, 주석, 납 합금, 마그네슘, 동합금 등

4 금형 설계 계획→금형 설계(성형 해석)→금형 가공→금형 조립→시험 및 검사→제품 생산

5 ① 제품 규격이 동일하여 호환성이 있고 조립 생산이 쉽다.
② 숙련된 기술이 없어도 제품 생산이 가능하다.
③ 제품의 생산 시간이 단축된다.
④ 자동화 시스템을 이용하여 무인 생산 공장 운영도 가능하다.
⑤ 제품을 만들기 위한 재료가 절약된다.
⑥ 제품의 품질을 균일화할 수 있다.

2. 금형의 수기 가공

1 금긋기용 정반(surface plate), 금긋기용 바늘(scriber), 서피스 게이지(surface gauge), 펀치(punch), 컴퍼스(calipers), V 블록(V-block), 직각자, 평행대, 앵글 플레이트, 각도 분도기, 하이트 게이지, 디바이더 등

2 마진(margin)은 드릴의 홈을 따라 만들어진 좁은 날이며, 드릴의 크기를 정하고 드릴의 위치를 잡아 안내하는 역할을 한다.

3 $V=\dfrac{\pi\times D\times n}{1000}$에서 $n=\dfrac{1000\times V}{\pi\times D}$ 이므로

$$n=\frac{1000\times V}{\pi\times D}=\frac{1000\times 15}{\pi\times 20}\fallingdotseq 240\text{ rpm}$$

4 $T=\frac{t+h}{n\times f}$에서 주어진 절삭 조건으로 회전수 n을 먼저 구한다.

$$n=\frac{1000\times V}{\pi\times D}=\frac{1000\times 16}{\pi\times 18}\fallingdotseq 283\text{ rpm}$$

$$\therefore T=\frac{t+h}{n\times f}=\frac{5.2+40}{283\times 0.3}\fallingdotseq 0.532\text{분}\fallingdotseq 31.9\text{초}$$

5 ① 구멍이 너무 작거나 구부러진 경우
② 탭이 경사지게 들어간 경우
③ 탭의 지름에 적합한 핸들을 사용하지 않은 경우
④ 너무 무리하게 힘을 가하거나 빠르게 가공할 경우
⑤ 막힌 구멍의 밑바닥에 탭의 선단이 닿았을 경우

6 솔리드 리머, 셸 리머, 조정 리머, 팽창 리머

3. 공작기계

1 주분력(P_1) : 이송분력(P_2) : 배분력(P_3)=10 : (1~2) : (2~4)

2 유동형 칩(flow type chip)

3 ① 절삭 깊이(depth of cut)를 적게 할 것
② 경사각(rack angle)을 크게 할 것
③ 윤활성이 좋은 절삭제를 사용할 것
④ 절삭 속도를 크게 할 것 등
⑤ 절삭 공구의 인선을 예리하게 할 것

4 크레이터 마모, 플랭크 마모, 치핑, 온도 파손

5 ① 공구의 인선을 냉각시켜 공구의 경도 저하를 방지한다.
② 가공물을 냉각시켜, 절삭열에 의한 정밀도 저하를 방지한다.
③ 공구의 마모를 줄이고 윤활 및 세척작용으로 가공 표면을 양호하게 한다.
④ 칩을 씻어주고 절삭부를 깨끗이 닦아 절삭작용을 쉽게 한다.

6 윤활작용, 냉각작용, 밀폐작용, 청정작용 등

7 베드(bed), 주축대, 심압대(tail stock), 왕복대(carriage), 이송 기구(feed mechanism)

8 $H_{max} = \frac{S^2}{8r}$에서 $H_{max} = \frac{0.1^2}{8 \times 0.4} = 0.003\ \text{mm} = 0.3\ \mu\text{m}$

9 호칭 번호, 즉 0~5호로 표시하여 보통 새들의 크기가 50 mm간격으로 커진다.

10 $n = \frac{1000 \times V}{\pi \times D}$에서 절삭 속도가 120 m/min이므로

$n = \frac{1000 \times V}{\pi \times D} = \frac{1000 \times 120}{\pi \times 120} \fallingdotseq 318\ \text{rpm}$ ➡ 320 rpm 선정

4. 정밀 가공

1 연삭입자, 결합제, 기공

2 $f = (1/4 \sim 1/3)$

3 연삭숫돌의 결합도가 필요 이상으로 높을 때, 연삭숫돌의 원주 속도가 너무 빠를 때, 가공물의 재질과 연삭숫돌의 재질이 적합하지 않을 때

4 ① 가공면이 매끈한 거울면(mirror)을 얻을 수 있다.
② 정밀도가 높은 제품을 가공할 수 있다.
③ 가공면은 윤활성 및 내마모성이 좋다.
④ 가공이 간단하고 대량 생산이 가능하다.
⑤ 평면도, 진원도, 직선도 등의 이상적인 기하학적 형상을 얻을 수 있다.
⑥ 잔류 응력 및 열적 영향을 받지 않는다.
⑦ 가공면은 내식성과 내마모성이 양호하다.

5 ① 발열이 적고 경제적인 정밀 가공이 가능하다.
② 전 가공에서 발생한 직진도, 진원도, 테이퍼 등을 수정할 수 있다.
③ 표면 거칠기를 좋게 할 수 있다.
④ 정밀한 치수로 가공할 수 있다.

6 숫돌의 압력 : 가공물의 크기, 숫돌의 소모량, 다듬질면의 거칠기, 연삭액 등을 고려하여 선택하지만 호닝보다 0.1~3 kgf/cm²의 범위로 사용한다.
진폭 : 숫돌의 운동은 초기 가공에서는 2~3 mm, 다듬질 가공에서는 진폭이 3~5 mm 정도이다.

7 장점

① 가공 시간이 짧다.

② 가공물의 피로강도를 10 % 정도 향상시킨다.

③ 형상이 복잡한 것도 쉽게 가공한다.

④ 가공물 표면에 산화막이나 거스러미(burr)를 제거하기 쉽다.

단점

① 호닝 입자가 가공물의 표면에 부착되어 내마모성을 저하시킬 우려가 있다.

② 다듬질의 진원도와 직진도가 좋지 않다.

8 ① 절삭 과정에서 발생한 거스러미(burr)를 제거한다.

② 가공물의 치수 정밀도를 높인다.

③ 녹이나 스케일을 제거한다.

9 와셔(washer), 핀(pin) 종류, 차축, 기어(gear) 등의 가공에 이용한다.

10 폴리싱 : 피혁, 직물 등 탄성이 있는 재료로 된 바퀴 표면에 부착시킨 미세한 연삭입자로서 연삭작용을 하게 하여 가공물 표면을 버핑하기 전에 다듬질하는 방법

버핑 : 모, 직물 등으로 원반을 만들고 이것들을 여러 장 붙이거나 재봉으로 누비거나 또는 나사못으로 겹쳐서 폴리싱 또는 버핑 바퀴를 만들고, 이것을 윤활제를 섞은 미세한 연삭입자의 연삭작용으로 가공물의 표면의 매끈하게 하여 광택을 내는 가공

5. 특수 가공

1 ① 절삭보다 빠른 시간 내에 복잡한 형을 제작할 수 있다.

② 형의 면이 유리면과 같은 광택을 가지므로 다듬질 작업이 단축된다.

③ 가공 변형이 없어 경도, 강도가 크고 내구성이 있다.

④ 한 개의 호브로 다량의 형상을 제작할 수 있다.

⑤ 장식 무늬, 오목형 제작에 적합하고 절삭이 어려운 석재 가공도 할 수 있다.

2 보통 보링 머신(general boring machine), 수직 보링 머신(vertical boring machine), 정밀 보링 머신(fine boring machine), 지그 보링 머신(jig boring machine), 코어 보링 머신(core boring machine)

3 ① 가공 구멍의 정밀도가 우수하다.

② 고경도의 재질까지 구멍 뚫기 가공할 수 있다.

③ 가공 시간이 대폭적으로 단축된다.
④ 경사 구멍 및 관통 구멍의 가공이 용이하다.
⑤ 공구의 재연삭이 쉽다.
⑥ 연속 무인 운전이 가능하다.

4 ① 가공 재료의 두께는 0.5~3.0 mm 정도이며 표면 정밀도는 2.5 μm 정도이다.
② 종래에 가공이 어려웠던 유리, 수정, 루비, 다이아몬드, 열처리 강 등의 재료를 가공할 수 있다.
③ 굴곡 구멍 가공, 얇은 판 절단, 성형, 표면 다듬, 조각 등의 가공이 가능하다.
④ 가공 물체에 가공 변형이 남지 않는다.
⑤ 가공물 표면에 공구를 가볍게 눌러 가공하는 간단한 조작으로 숙련이 필요 없다.
⑥ 공구 이외에는 거의 마모 부품이 없다.

5 ① 비접촉 가공이므로 공구의 마모가 없다.
② 빛을 이용한 가공이므로 거울이나 광파이버(fiber)를 사용하여 임의의 위치에서 가공이 가능하다.
③ 열 가공이나 열에 의한 변형은 적다.
④ 자동 가공이 쉽고 특히 CNC 이용이 가능하다.
⑤ 세라믹, 유리, 석영, 타일, 인조 대리석 등 고경도 취성재료의 가공이 용이하다.
⑥ YAG 레이저광은 산업용 로봇 등과 결합하여 복잡한 경로의 시스템을 용이하게 구축할 수 있다.

6 ① 도체라면 가공물의 경도, 취성, 점도에 관계없이 가공할 수 있다.
② 무인 자동화 가공이 가능하다.
③ 숙련된 작업자를 필요로 하지 않는다.
④ 전극의 형상대로 정밀도 높은 가공을 할 수 있다.
⑤ 전극 및 공작물에 큰 힘이 가해지지 않는다.
⑥ 가공 조건의 선택과 변경이 쉽다.
⑦ 전극 및 공작물의 어느 한쪽도 회전시킬 필요가 없다.
⑧ 공구 전극이 필요하다.
⑨ 가공 부분에 변질층이 남는다.
⑩ 방전 클리어런스(clearance)가 있어야 한다.
⑪ 가공 속도가 느리고 액 중에서 가공하지 않으면 안 된다.

7 ① 담금질된 강이나 초경합금의 가공이 가능하다.

② 공작물 형상이 복잡해도 범용 공작기계와 비교하여 가공 속도가 변하지 않는다.
③ 전극이 불필요하며 NC 프로그램 작성 시 요구 조건이 적다.
④ 복잡한 공작물 형상이라고 분할하지 않고 높은 정밀도의 가공이 가능하다.

8 1차로 가공된 가공물의 안지름보다 다소 큰 강철 볼(ball)을 압인하여 통과시켜서 가공물의 표면을 소성 변형시켜 가공하는 방법

6. 모델 제작

1 목재모델, 점토모델, 석고모델, 절삭에 의한 모델

2 장점
① 모든 형상의 시제품 가공이 용이하다.
② 비숙련자에 의한 운용이 가능하다.
③ 시제품 형상에 따른 재료만 필요하다.
④ 제작 속도가 매우 빠르다.
⑤ 작업을 위한 별도의 세팅 및 공작물의 방향성 변환이 불필요하다.
단점
① 장비비가 높다.
② 적층에 따른 단차가 발생한다.
③ 재료비가 고가이다.
④ 다양한 재료의 시제품 제작이 불가하다.

3 ① 왁스 주조 : 각종 RP 모델로부터 간접적으로 investment 쉘을 만들거나 왁스 형상재를 직접 만들어 사용한다.
② 금속 분사 모델링 : 원형 모형 위에 직접 또는 간접으로 용융 금속을 분사하여 도포하는 것으로 사출 성형에 사용한다.
③ 실리콘 진공 모델링 : 원형 모델을 패턴으로 이용하여 상온에서 경화되는 실리콘 고무를 형으로 만든 후, 이 실리콘 고무형에 왁스를 주입하여 로스트 왁스를 만들어 사용한다.
④ 진공 성형 : RP에서 만든 원형 모델의 재료로 비교적 단단한 재료를 사용한 경우 고분자 재료가 진공 성형 시 형과 소재 사이의 습동이 비교적 작기 때문에 몇 개 정도의 진공 성형 제품을 직접 만들 수 있다.

4 표면 처리, 장식 추가 및 독특한 형상 추가 작업을 빠르게 수행하며, 모델링을 시작할 때 개념 설계 과정에서 스케일, 크기, 형상의 비율을 원하는 대로 조절하여 완성 모델링의 트림

수정을 단시간에 모델링하는 것이다.

5 반도체 칩에 내장된 센서, 밸브, 기어, 반사경 및 구동기 등과 같은 아주 작은 전자적인 제어, 측정되는 초소형 기계 장치류를 의미하며, 초소형 전자 정밀 기계라고도 한다.

7. 화학적 가공

1 ① 정밀한 사실성을 이용하여 각종 천연물(식물이나 동물에 있는 모양)이나 레코드판의 보사 등 정밀한 치수 정도에 사용된다.
② 금속 재질은 선택이 자유롭다. 형에는 Ni, Ni-Co 전주를, 방전가공용 전극에는 Cu 전주를 사용한다.
③ 2종 또는 3종의 금속을 겹쳐 합친 복합재를 만들 수도 있다.
④ 전사 가공을 행할 수 있다.
⑤ 크기, 형상에 제한이 없고 도금 탱크의 크기만 충분하면 어떤 크기도 제작이 가능하다.
⑥ 어려운 작업을 전주의 이용에 의해 쉽게 할 수 있다.

2 ① 거의 모든 금속에 가공이 될 수 있으며 유리, 석판 등의 비금속에도 적용된다.
② 인장, 변형, 가공 경화가 없다.
③ 곡면에도 쉽게 가공이 된다.
④ 재료의 경도에는 관계없고 물리적 변화를 주지 않는다.
⑤ 고가인 치구 등을 사용하지 않는다.
⑥ 가공액에 노출하고 있는 면은 동시에 전부 가공되며, 기계적 가공법으로서는 하지 못하는 매우 어려운 복잡한 형상의 가공도 가능하다.

3 ① 전기 저항이 작을 것
② 액압에 견디는 강성을 가질 것
③ 기계 가공성이 좋을 것
④ 내식성이 좋을 것
⑤ 열전도도가 좋고 융점이 높을 것

4 ① 연삭 능률이 일반 기계 연삭보다 높다. 특히 초경합금에 효과가 있다.
② 연삭 저항이 작아 가공물의 변형이나 처짐이 없다.
③ 연삭열의 발생이 적고 숫돌 소모가 적어 수명이 길다.
④ 강과 초경이 동시에 연삭된다.
⑤ 설비비가 많이 들고 숫돌의 가격이 비싸다.

⑥ 가공면에 광택이 나지 않는다.

8. CNC 가공

1 제품의 균일성 유지, 생산성 향상, 제조원가 및 인건비 절감, 특수 공구 제작의 불필요로 공구 관리비 절감, 제품의 난이성에 비례하여 가공성 증대

2 자동 공구 교환 장치(ATC)

3 자동 팰릿 교환 장치(APC)

4 ① 가공 시간을 단축시켜 가공 능률과 생산성을 향상시킨다.
② 2차 공정을 감소시킨다.
③ 금형 가공에 있어서 수작업을 줄여준다.
④ 표면 정도를 향상시킨다.
⑤ 작은 지름의 공구를 효율적으로 사용한다.
⑥ 얇고 취성이 있는 소재를 효율적으로 가공한다.
⑦ 공작물의 변형을 감소시킨다.
⑧ 얇은 공작물 가공을 할 수 있다.

5 ① 비대칭 형상
② 키 홈, 공구 고정용 나사
③ 절삭 공구와 콜릿의 편심
④ 중량의 공구나 긴공구
⑤ 단일날 보링 바

6 ① 고경도
② 내마모, 내마멸, 절삭 인선의 치핑에 대한 내성
③ 높은 인성(충격 강도)
④ 높은 고온 경도
⑤ 부피 변형에 저항하는 강도
⑥ 양호한 화학적 안정성
⑦ 적절한 열적 성질
⑧ 고탄성 계수
⑨ 일관성 있는 공구 수명

제2장 금형 재료

1 ① 내마모성이 좋아야 한다.
② 인성이 커야 한다.
③ 피로한도가 높아야 한다.
④ 압축내력이 높아야 한다.
⑤ 내열성이 우수해야 한다.
⑥ 가공이 용이해야 한다.
⑦ 열처리성이 우수해야 한다.
⑧ 가격이 저렴하고 시장성이 좋아야 한다.

2 탄소공구강에 Cr 및 W를 첨가함으로써 담금질성을 개선하고 금형의 내구성을 향상시킨 강으로 일반적으로 SKS2, SKS21 및 SK3이 많이 사용되고 펀치 및 다이의 금형 재료로서 가장 많이 사용되는 재료이다.

3 HP-70, HP1A, HP4A, HP4MA, IPMAX, HPM1, HPM38, HPM17과 NAK55, NAK80 등

4 ① 펀칭용 펀치, 다이의 프레스 금형, 정밀 블랭킹 금형
② 냉간 · 온간 압출 금형, 냉간 · 온간 단조 금형, 분말 성형 금형, 볼트, 너트 성형 금형
③ 전단 공구, 냉간 압연 롤, 그 외 압축 파괴, 피로 파괴

5 Cu-Al-BerP의 내마모성 합금으로 각종 재료의 딥 드로잉에 사용되며, 기계적 성질은 인장강도 50~65 kg/mm^2, 신장 0.5~2.0 %, 경도(HB) 180~400이다.

6 ① 기계 가공성이 우수한 것
② 강도, 인성, 내마모성이 좋은 것
③ 열처리가 용이하고 열처리 시 변형이 적은 것
④ 표면 가공성이 우수한 것
⑤ 용접성이 좋은 것
⑥ 내식성, 내열성이 좋으며 열팽창 계수가 적은 것

7 플라스틱 금형용 재료로서는 높은 강도와 인성을 겸비한 특성에서 노치가 있는 정밀금형, 복잡한 금형, 얇은 부분, 핀 종류 등 결손, 균열의 우려가 있는 것, 경면 연마를 필요로 하는 투명 제품의 성형용 금형 등에 주로 사용한다.

제3장 금형의 열처리

1 아공석강에서는 A_3 변태선 이상 30~50℃, 과공석강에서는 A_1 변태선 이상 30~50℃ 가한 후 냉각 도중에 변태를 저지하기 위해 행하는 조작으로 강을 강하게 하고 경도의 향상을 위해 하는 것으로, 매우 단단한 마텐자이트로 된다.

2 취성을 감속시키기 위한 응력 제거 또는 완화, 그리고 강도와 인성의 증가 등을 목적으로 하는 조작이다.

3 조직을 균일하게 하고 상온 가공에서 발생되는 내부 응력을 제거하기 위하여 조작하는 것이다.

4 강을 표준 상태로 하기 위한 열처리 조작이며, 가공으로 인한 조직의 불균일을 제거하고 결정립을 미세화시켜 기계적 성질을 향상시킨다.

5 밀폐된 용기(진공으로) 내에서 어느 압력 수준까지 공기를 배기시킨 상태로 열처리 작업을 수행하는 것으로, 복잡한 형상이나 막힌 부품의 후미진 부분 등의 열처리에 적합하며, 재료 표면의 산화 반응 방지, 탈탄 방지 효과와 재료의 변형이 적다.

6 강의 표면에 질소를 확산 · 침투시켜 금형 표면의 내마모성과 내식성 및 피로강도를 증가시키기 위해 강 중에 함유한 Al, Cr, Mo, Ti 등 질소와 친화력이 강한 금속의 질화물을 표면에 형성하여 경화하는 방법이다.

7 ① 물리적인 변수의 제어로 공정을 결정할 수 있다.
② 저온(100~500℃)에서 가능하다
③ 정확한 합금 성분의 조절이 용이하다.
④ 온도 조절이 용이하다.
⑤ 화학반응이 거의 없다.
⑥ 증착의 밀착성이 좋다.

8 CH_4, H_2 및 Ar 등의 가스로 휘발성 금속염의 증기를 고온으로 가열한 후 소재의 주변에 공급하여 소재 표면에서의 화학반응을 일으켜 표면 경화층이 되도록 화학적 증착을 하는 방법이다. 금형, 공구에는 TiC 코팅이 대부분이며 TiN, Al_2O_3 등이 있다.

9 금형, 공구강의 표면에 초경 물질을 코팅하는 방법으로 액체 침봉욕에 V, Nb, Ti, Cr 등의 탄화물을 첨가하고, 금형의 용도 및 목적에 따라 800~1200℃의 고온도에서 표면에 각종의 탄화물을 침투 · 확산시키는 것이다.

10 ① 국부 가열에 의한 필요 요소만의 처리가 가능하다.
② 한 대의 발진기로 다른 장소에서 복수의 작업을 동시에 행할 수 있다.
③ 고출력을 이용한 특수한 가공을 행할 수 있다.

제4장 소성 가공

1 장점
① 설비 비용이 저렴하다.
② 생산성이 양호하다.
③ 금형의 소재가 다양하다.
④ 얇은 두께의 성형이 가능하다.
⑤ 장식 보호, 마무리 가공이 양호하다.
⑥ 제품의 완전 자동 포장이 가능하다.
단점
① 정밀한 두께 조정이 어렵다.
② 후가공 및 마무리 작업이 필요하다.
③ 스크랩이 다량으로 발생한다.
④ 시트의 선 제조가 필요하다.

2 자동차 외장, 텔레비전 하우징, 위성 안테나 등

3 ① 고장력 강판과 같이 강성이 큰 재료와 복잡한 형상도 1회 가공에 완전 성형이 가능하다.
② 시설비가 비교적 적게 든다.
③ 소량 생산일 때 유리하다.
④ 대량 생산에는 부적합하다.

4 고무 패드 성형법과 유사하며 펀치만 금형을 사용하고, 다이는 유압으로 지지된 고무막을 사용하여 가공하는 방법이다.

5 굽힘 가공(bending), 성형 가공(forming), 버링 가공(burring), 비딩 가공(beading), 컬링 가공(curling), 시밍 가공(seaming), 네킹 가공(necking), 엠보싱 가공(embossing), 플랜지 가공(flanging)

6 장점
① 내구성이 향상된다.

② 재료 손실이 적다.
③ 정밀성, 생산성이 향상된다.
④ 저가 재료의 사용으로 원가 절감이 가능하다.
⑤ 표면의 산화나 탈탄이 없는 우수한 표면을 얻을 수 있다.
⑥ 후가공의 공정 수가 감소된다.
단점
① 금형 설계가 어렵다.
② 대량 생산에 적합한 공정이다.
③ 제품별 금형이 필요하므로 생산에 호환성이 없다.

7 압인 가공(coining)

8 장점
① 다른 가공과 달리 부분 수축 두께 감소 및 파단을 일으키지 않고 1회 가공으로 큰 변형을 얻는다.
② 소재 내에 높은 정수압이 생기고 소재의 연성이 증가한다.
③ 큰 변형을 받음으로써 일어난 재료의 가공 경화에 의하여 제품의 강도가 증가한다.
④ 펀치와 다이의 형상이 복잡하여도 정도 높은 제품을 얻을 수 있다.
단점
① 펀치와 다이에 압축력과 마찰 응력이 높다.
② 공구의 강도, 내마모성 및 프레스의 능력을 높이기 위한 기술이 필요하다.

제5장 금형 측정

1 성형품의 형상에 따라 금형의 형상도 복잡하여 신뢰성 있는 금형 방법이 필요하나 사출 성형 금형의 경우 형상 측정이 어렵고 파팅면의 기준면 설정도 정의하기 어려운 경우가 있다. 완성된 금형도 성형품의 생산 도중에 발생되는 온도 또는 외력에 의한 변형은 정밀 성형품 생산 및 금형 측정의 정밀도이다.

2 ① 버니어 캘리퍼스 : 공작물의 안지름, 바깥지름, 깊이 단차 등을 측정하는데 사용
② 하이트 게이지 : 대형 금형, 복잡한 형상의 금형 부품 등을 정반 위에 높이 측정
③ 마이크로미터 : 길이, 안지름, 바깥지름 및 단차 등을 측정
④ 게이지 블록 : 길이의 기준으로 사용
⑤ 다이얼 게이지 : 지침의 회전 변위로 변환시켜 눈금으로 읽을 수 있는 길이 측정

⑥ 투영기 : 복잡한 형상, 기계적 측정이 곤란한 것, 변형하기 쉬운 것 등을 측정
⑦ 공구 현미경 : 길이, 각도, 윤곽 등을 측정
⑧ 3차원 측정기 : 길이, 각도 및 3차원 형상 측정

3 ① 측정의 합리화와 성력화
② 측정 및 판독 오차를 작게 함
③ 금형 측정 데이터 작성
④ 종래 측정 불가의 형상 측정
⑤ 모방 모델의 정도 향상

4 ① 소형 기계 가공 및 금형 부품 등 정밀 측정
② 반도체 부품
③ 플라스틱 사출 성형품
④ 오일 링 등 고무 및 연질 제품
⑤ TFT-LCD 부품

제6장 금형의 조립 및 검사

1 ① 다월 핀에 의한 위치 결정
② 홈에 의한 위치 결정
③ 블록에 의한 위치 결정
④ 포켓 내의 인서트에 의한 위치 결정
⑤ 로케이션 핀(location pin) 또는 탈착식 포스트에 의한 위치 결정

2 ① 압인
② 판 누르기에 의한 고정
③ 압입과 멈춤 나사의 병용
④ 클램프에 의한 방법
⑤ 키에 의한 고정
⑥ 핀에 의한 고정
⑦ 멈춤 나사
⑧ 용접

3 ① 상형의 위치를 결정한다.
② 상형을 조립한다.

③ 간극 조정 및 위치 결정
④ 하형의 위치 결정
⑤ 하형의 조립

제7장 금형 작업 안전

1 가드식, 양수 조작식, 광전자식, 손쳐내기식, 수인식, 안전 1행정식

2 0.75 m

3 0.5초 이상

4 ① 형체 기구의 운동 부분 : 미취출 성형품을 제거하거나 자동 취출 성형품 제거 및 금형 내 이물질 세서 작업 중 협착이 되지 않도록 수의
② 형체 장치 : 고압으로 가동측 형판이 운동하므로 고정 측과 가동 측 사이에 협착이 되지 않도록 주의
③ 사출 장치 : 고온으로 가열된 실린더에 접촉 및 노즐 오분사로 고온의 용융 수지에 의한 화상 위험이 있으며, 높은 호퍼에 수지를 투입하는 작업 중 추락 위험이 있으므로 주의
④ 감전 위험 부분(노출 충전부, 누전 부분) : 실린더 가열용 배선 열화 및 충전부 노출 감전 위험에 주의

5 ① 안전문 : 전기식, 유압식 및 기계식 등 3종의 안전장치가 사출 성형기의 작동과 연관되어 개폐 시 전체 제어회로가 차단되어 기계의 동작이 정지
② 히터 커버 : 가열 실린더의 표면 온도는 250℃ 이상이므로 고온에 의한 화상 방지
③ 안전 바 : 금형의 수리 및 이물질 제거 등으로 금형 내부에 사람의 신체가 들어가야 할 때 조작 측의 좌측에 설치된 안전대를 볼스터와 금형 판 사이에 밀어 넣어서 형폐 동작을 방지
④ 퍼징(purging) 커버 : 퍼징에 의해 분사된 용융 수지(약 180℃)에 의한 화상을 방지
⑤ 비상 정지 스위치 : 조작 측과 반조작 측에 각각 설치되어 있으며, 스위치를 조작하면 펌프 모터가 정지하여 사출 성형기가 정지됨

6 사출 작업에 필요한 형개력이 160 ton이므로 가동 측과 고정 측에 동일한 체결력이 필요하다.
고정 측 금형에 클램프를 4개 사용한 경우 : 160 ton ÷ 4개 = 40 ton/개
가동 측 금형에 클램프를 4개 사용한 경우 : 160 ton ÷ 4개 = 40 ton/개
따라서 금형 체결에 사용할 클램프의 체결력이 각 클램프마다 40 ton 이상 되어야 한다.

찾아보기

ㄱ

ㄴ

ㄷ

ㄹ

ㅁ

ㅂ

ㅅ

ㅇ

찾아보기

ㅋ

ㅌ

ㅍ

ㅎ

영문

사출 프레스
금형공작법

2017년 3월 10일 1판 1쇄
2020년 4월 20일 2판 1쇄

저자 : 정인룡
펴낸이 : 이정일

펴낸곳 : 도서출판 **일진사**
www.iljinsa.com

04317 서울시 용산구 효창원로 64길 6
대표전화 : 704-1616, 팩스 : 715-3536
등록번호 : 제1979-000009호(1979.4.2)

값 20,000원

ISBN : 978-89-429-1631-3